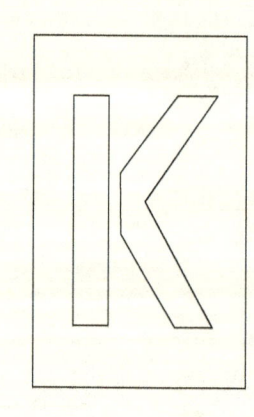

Kálathos®ediciones 2020

Jaime Requena

Jaime Requena. Biólogo de la UCV, Doctor en Ciencias y Profesor Simón Bolívar de la Universidad de Cambridge en Inglaterra (1994-1995). Investigador en Biofísica Celular del IVIC y del IDEA. Miembro de varias Academias de Ciencias: la de Venezuela, la de América Latina y la del Tercer Mundo.

Fernando Merino †

Fernando Merino. Médico de la UCV y Doctor de la Universidad de Nueva York. Investigador en Inmunología Clínica de la UCV y del IVIC. Profesor de la Universidad de Bilbao.

Blas Bruni Celli †

Blas Bruni Celli. Médico de la UCV e investigador en Patología. Profesor de su alma mater y Profesor Simón Bolívar de la Universidad de Cambridge (1988-1989). Filósofo, Historiador y Literato, fue Académico de múltiples Academias de Venezuela.

Antología del pensamiento científico venezolano

Jaime Requena, Fernando Merino*† y Blas Bruni Celli †

Academia de Ciencias Físicas, Matemáticas y Naturales,
Caracas, Venezuela y *Universidad del País Vasco, Bilbao, España.

Kálathos®ediciones 2020

*Antología del pensamiento
científico venezolano*
Jaime Requena
Fernando Merino*†
Blas Bruni Celli†

ISBN: 9798567836958

©Kálathos Ediciones S.L.
©Jaime Requena
©Fernando Merino
©Blas Bruni Celli
Reservados todos los derechos.
Queda rigurosamente prohibida
sin autorización escrita
de los titulares del *copyright*,
bajo las sanciones establecidas
en las leyes, la reproducción parcial
o total de esta obra
por cualquier medio.

Dirección editorial:
Artemis Nader Latuff
David Malavé Bongiorni

Consejo editorial:
Tomás Páez
Marianella Durán
Fernando Gerbasi
Carmelo Chillida
Edda Armas

Diseño de la portada y diagramación:
Carlos Witzke Rojas

Corrección de textos:
Daniela Díaz Larralde

Kálathos Ediciones S.L.
NIF: B87542189
Paseo de los Parques, Número 7,
Portal 2, Piso 1-C,
28109 Alcobendas, Madrid, España.
Teléfono: 0034 916252172
Email: kalathosespana@gmail.com

www.kalathoslibros.com
kalathoseditorial@gmail.com
@kalathoslibros
Kalathos Editorial
@kalathosediciones

DEDICATORIA:

A los 2.530 colegas que se vieron forzados a abandonar el terruño que les dio todo lo necesario para llegar a ser los científicos que siguen siendo ahora, pero, desgraciadamente, más allá del suelo que nos vio nacer.

Madrid, noviembre 2020.

PORTADA:

BOLÍVAR Y BELLO

El Monumento a Bolívar y Bello (1971) es creación de la escultora venezolana Marisol Escobar (1930-2016), precursora del pop art en Estados Unidos. Esta artista, reconocida internacionalmente, vivió en el Instituto Venezolano de Investigaciones Científicas mientras creaba la obra en la que se representa a Simón Bolívar y Andrés Bello de civiles, acompañados de algunos animales característicos de ese instituto. Marisol dedicó esta escultura a Olga Lagrange de Gasparini, Juana Velutini y al perro Pecos, un mucuchíes que le sirvió de modelo para representar al que está en la obra.

ÍNDICE

Presentación	13
Prefacio	25
Científicos y sus logros	33
• Ciencia muerta	35
• Vitalismo	41
• Ocaso del vitalismo	57
• Beauperthuy: Precursor de la inmunología	75
• Alborada del positivismo	81
• Viraje del foco intelectual	189
• La conquista de la salud pública	195
• Pininos de la experimentación	207
• Altos de Pipe: Crisol de un *Ethos*	219
• Las facultades de ciencias	243
• Habilitación de las humanidades y las ciencias sociales	269
• Hecho en Venezuela	321
• Marxismo con posmodernismo: receta desastrosa	347
A modo de epílogo	395
Reconocimientos	399
Bibliografía	401
Notas en el texto por secciones	417

PRESENTACIÓN

Aunque no estemos suficientemente calificados para opinar sobre un libro que versa sobre ciencia y tecnología, al terminar de leer la *Antología del pensamiento científico venezolano*, de Jaime Requena, Fernando Merino y Blas Bruni Celli, creemos poder emitir una opinión válida sobre su relevancia y el vacío que va a llenar. Los temas que en él se abordan y la importancia para el país de los investigadores vinculados a ellos son partes de nuestra historia que han sido muy ignoradas en nuestras instituciones docentes. Para nosotros, esos investigadores, a veces con poca o ninguna ayuda, son los que han construido el país.

En nuestras escuelas y liceos se les da más importancia a los héroes militares que a los civiles. Pero son éstos los que se proponen hacer habitable el país, erradicar las enfermedades que destruyen o paralizan a sus habitantes, desarrollar el pensamiento, buscar el saber. La verdadera grandeza es la de estos admirables héroes civiles. Enseguida nos viene a la memoria el discurso de Don Quijote sobre las armas y las letras:

...dicen las letras que sin ellas no se podrían sustentar las armas, porque la guerra también tiene sus leyes y está sujeta a ellas, y que las leyes caen debajo de las que son letras y letrados... A esto responden las armas que las leyes no se podrán sustentar sin ellas, porque con las armas se defienden las repúblicas, se conservan los reinos, se guardan las ciudades, se aseguran los caminos, se despojan los mares de corsarios, y finalmente, si por ellas fuere, las repúblicas, los reinos, las monarquías, las ciudades, los caminos del mar y tierra estarían sujetos al rigor y a la confusión que trae consigo la guerra y el tiempo que dura, y tienen licencia de usar de sus privilegios y de sus fuerzas, y es razón averiguada, que aquello que más cuesta se estima y debe estimar en más.

No finaliza aquí el discurso de Don Quijote, pues a continuación compara lo que significa dedicarse a las letras y a las armas:

> Alcanzar alguno a ser eminente en letras, le cuesta hambre, vigilia, desnudez, vaguidos de cabeza, indigestiones de estómago, y otras cosas a éstas adherentes, que en parte ya las tengo referidas; más llega uno por términos a ser buen soldado, le cuesta todo lo que al estudiante, en tanto mayor grado, que no tiene comparación, porque a cada paso está a pique de perder la vida.[1]

Cervantes describe lo que constituía la moral y el oficio de letrados y militares. No contempla que cada bando quiera tomar el lugar del otro. Pero ello ha cambiado bastante. Los letrados, los científicos nunca han pretendido apropiarse del oficio de los militares. Éstos, en cambio, no se conforman ni resignan a estar en los límites propios de su oficio. Los militares se consideran capaces de ejercer oficios para los cuales no están preparados e incluso pretenden imponer lo que se ha de saber e investigar, y desafortunadamente hay muchos ejemplos de esto. Un caso notable fue el de la Unión Soviética, donde el gobierno llegó a controlar las instituciones científicas, determinando lo que se debía investigar o no, según las prioridades establecidas por él.

En nuestro país, en el sedicente socialismo del siglo XXI, vemos repetirse esas mismas características, como se nos revela al reseñar lo escrito por Giordani, Montilla, Morles y Navarro, quienes afirman que al modelo anterior, las fuerzas progresistas deben contraponer, para el corto plazo, uno distinto: el establecimiento de un gobierno popular, nacionalista y patriótico, cuyo proyecto nacional implique la existencia de un Estado nacional soberano que administra sectores estratégicos de la economía; una democracia del pueblo, una ampliación de la propiedad social o cooperativa sobre la privada (especialmente monopólica) y la estatal [p9] (…) el criterio básico para evaluar y financiar obras científicas o técnicas será siempre su pertinencia o relevancia social [p10].

La conclusión de ese escrito es siniestra: un Estado convertido en un ogro filantrópico que sabe lo que se debe investigar y lo que no. Toda iniciativa individual desaparece en las fauces del Estado. Las instituciones creadas para organizar y dirigir la ciencia siempre se han convertido en obstáculos para la ciencia, cuya verdadera finalidad es encontrar la verdad. Lo que está en el fondo de esa propuesta de Giordani *et al.* es la creencia de que lo colectivo es superior a lo individual; la historia ha demostrado que ello no es cierto.

En toda la historia del pensamiento, son los grandes individuos los que han encontrado nuevas tesis que sacudirán las verdades vigentes. Lo colectivo más bien ha sido una barrera firme para impedir la difusión de la nueva verdad. No hay más que recordar el caso de Galileo, quien estableció firmemente el movimiento de la Tierra. Pero ese movimiento fue declarado herético por una congregación de Cardenales, y Galileo, el más ardiente defensor del movimiento de la Tierra, demandado ante el tribunal de la Inquisición, fue obligado a retractarse para evitar una prisión más severa. Hegel, ante ese evento, escribió lo siguiente: "En los hombres de espíritu, la pasión por la verdad es una de las pasiones más fuertes"[1]. Por esta pasión, Galileo continuó sosteniendo su tesis. La presentó en forma de diálogo entre tres personas, pero la ventaja estaba de parte del defensor del sistema copernicano. Fue citado de nuevo ante el tribunal de la Inquisición. Se le encerró de nuevo en una prisión y se le exigió una segunda retractación, la cual reproducimos a continuación:

> Yo, Galileo, en mis setenta años de edad, habiéndome presentado personalmente ante el tribunal, puesto de rodillas y los ojos dirigidos a los Santos Evangelios, a los cuales toco con mis manos, abjuro, maldigo y detesto, con corazón honrado y verdadera fe, el absurdo, la falsedad y la herejía de la doctrina del movimiento de la Tierra[2].

No crea el lector que un organismo tan siniestro como la Inquisición ha desaparecido. En los sistemas totalitarios resurge para cuidar de la supuesta verdad, propiedad exclusiva de los que el Estado designa. Georg Lukács (1885-1971), como Galileo, tuvo que retractarse porque su interpretación de Marx no coincidía con la de Lenin. Su retractación tuvo un nuevo nombre: crítica y autocrítica.

Al final de su escrito, afirman Giordani *et al.* que son los burócratas del gobierno quienes deben tener la potestad exclusiva para "[evaluar] y [financiar] los proyectos u obras científicas o técnicas cuyo criterio será siempre su pertinencia o relevancia social". Pertinencia y relevancia social son determinadas por los funcionarios del Estado. Ellos son los que poseen la verdad, los criterios para determinar si una investigación es pertinente, relevante o no. Pero, ¿por qué han de ser ellos, los funcionarios, los que determinen si una investigación o una hipótesis es pertinente o no, es o no relevante? ¿El hecho de ser funcionarios los coloca por encima de cualquier otro investigador o científico? ¿Y en qué consiste la pertinencia o la relevancia?

Como en la antigua Inquisición, los funcionarios, por el poder que tienen, se colocan por encima de todos los otros. Pero el poder político no da sabiduría ni competencia. La intromisión de la política, o del poder, es funesta para la ciencia. Hasta ahora, los que han contribuido al desarrollo del saber han sido las grandes individualidades.

El libro *Antología del pensamiento científico venezolano* es la mejor prueba de ello. Allí están para demostrarlo los textos antológicos relativos al trabajo creador de Vargas, Beauperthuy, Ernst, Domínici, Rangel, Torrealba, Gabaldón y un largo etc. Ellos sí sabían qué era lo pertinente y lo relevante, lo que se necesitaba en Venezuela, y no necesitaban de un poder político superior que los guiara. Ningún poder político o de cualquier otra clase le determinó lo que era pertinente investigar a Mendel, Darwin, Laplace, Lavoisier, Pasteur, Newton, Einstein, Madame Curie, etc. En todas las ramas —literatura, ciencia, filosofía— donde se instala un poder —religioso, político—, lo que produce es un empobrecimiento. Esos poderes no toleran un saber que contradiga o muestre la falsedad de los dogmas. No hay que ir muy lejos en el tiempo para encontrar la confirmación de lo que hemos afirmado.

Uno de los señalamientos más sorprendentes y que demuestra que el poder político no acarrea sabiduría, es el que encontramos al inicio del escrito de Giordani *et al.*, en el que se refiriere a los grandes avances en ciencia y técnica de las naciones avanzadas. Allí comentan que, "aunque todavía son obra de una minoría privilegiada, hace tiempo que dejaron de ser pasatiempos de la aristocracia" [p5]. Nada nos dicen los autores acerca de cuál es esa minoría privilegiada. ¿A qué llaman privilegio? ¿A lo económico? ¿Mendel y compañía eran ricos? ¿Será un privilegio en pensamiento y en conocimiento? Si en eso consiste el privilegio, ¿quién se los dio? ¿No tiene ese privilegio su origen en ellos mismos, en su tenacidad, en su esfuerzo, en sus capacidades para explotarse a sí mismos? No puede llamarse a esto privilegio. Su capacidad no es el resultado de una ley especial. Hasta ahora, no ha habido ley que reparta las capacidades, el talento, el esfuerzo por saber.

Pero lo más vergonzoso de ese escrito de Giordani *et al.* que citamos es la afirmación de que la ciencia fue un pasatiempo de la aristocracia. Ninguno de los científicos que hemos nombrado antes era aristócrata. Rousseau, Comte, eran pobres de solemnidad. Y así mismo, Tomas Edison, Graham Bell, Morse, Watt. Este último era hijo de un arquitecto constructor de barcos y fabricante de instrumentos náuticos. A la edad de 13 años ya estaba haciendo modelos de máquinas y en su adolescencia ya era un consumado artesano. Quiso establecerse en Glasgow, pero no fue acogido por el gremio de martilladores, que se opuso a que Watt fabricara instrumentos matemáticos. Se refugió entonces en la Universidad y allí, en 1764, le llamó la atención una antigua máquina de vapor, poco satisfactoria, inventada por Newcomen. Watt perfeccionó esa máquina hasta lograr una de eficiencia extraordinariamente poderosa. Pero su éxito se debió a que John Willkinson, hijo de un antiguo productor de hierro, había logrado diseñar un procedimiento para elaborar cilindros exactos y para la manufactura de tuberías de hierro. Su obsesión fue hacer todo de hierro y esto lo llevó a construir incluso un barco con láminas de ese material. Fue la elaboración en hierro de pistones y cilindros precisos por parte de Wilkinson lo que le permitió a James Watts la invención de la máquina de vapor; sin duda, el más grande invento industrial individual.

No obstante, hubo otras invenciones que contribuirían a la Revolución Industrial. Aparecieron, por ejemplo, máquinas importantes para la producción textil; la más importante, la de hilar de Arkwright. Él era un barbero y su negocio estaba cerca de los barrios tejedores de Manchester. Escuchó el clamor de los hilanderos, quienes hablaban de la necesidad de una máquina que les permitiera ponerse a la altura de los tejedores. Más adelantado en el aspecto técnico, Arkwright entró en contacto con un relojero llamado John Kay y ambos trabajaron para perfeccionar una máquina que Kay ya había empezado. Kay abandonó el negocio acusado de robo y desfalco y Arkwright apareció como el único inventor de una máquina de hilar en 1769. Se asoció luego con dos calceteros, Samuel Need y Jedediah Strutt, y empezaron a producir máquinas de hilar. En 1771, la firma construyó una fábrica de hilados. En pocos años, Arkwright había amasado una inmensa fortuna y una industria textil de enormes dimensiones. Thomas Carlyle escribió lo siguiente acerca de ese personaje: "¡Qué fenómeno histórico es este barbero, cachetón, barrigón, tan aguantador, tan inventor! Era este hombre el que le iba a dar a Inglaterra el poderío del algodón"[3].

La lista de los hombres nuevos que posibilitaron la Revolución Industrial es bastante larga. Dice Heilbroner: "Ninguno de los grandes precursores de la industria tiene un linaje noble y con pocas excepciones, tales como Matthew Boulton, ninguno contó jamás con un capital monetario"[4]. Peter Onions, inventor del proceso de cimentación, era un oscuro capataz; Arkwright era barbero; Benjamín Huntsman, pionero del acero, había sido originalmente relojero; Maudslay, inventor de la máquina automática de tornillo, era un brillante joven mecánico en el Arsenal Woolwich. En cambio, en la agricultura, los nuevos métodos revolucionarios de cultivos científicos disfrutaron del patrimonio y la dirección de la aristocracia, especialmente del famoso Jethro Tull y de Lord Townshend; pero, añade Heilbroner: "en el terreno de la industria, la batuta fue a parar a manos de hombres cuyo origen y linaje eran humildes"[5].

Es evidente entonces que lo propuesto por Giordani *et al.* se sustenta en afirmaciones infundadas, ignorantes de la historia y sobre todo del valor de los que se dedican a la ciencia. ¿Por qué los que se dedican a la ciencia son una minoría privilegiada? Esa minoría no goza de privilegio alguno. Están dotados de capacidades y también de la pasión por el conocimiento. Es esto lo que los distingue del resto de los seres humanos. Privilegio es una palabra odiosa. Supone que una ley o un reglamento conceden a ciertas personas el goce y el disfrute de bienes que sólo existen por efecto de una concesión. No es éste el caso de la minoría que se dedica a la ciencia, una de las actividades más exigentes y difíciles que se les presenta a los hombres. Lo que molesta a Giordani *et al.* es lo de la élite, a la que llaman aristocracia. La élite era el resultado de un esfuerzo, propio de los individuos. Lo que los coloca en esa situación de élite es su esfuerzo, su capacidad, la continuada explotación de sí mismos por sí mismos. En cambio, la nueva élite, la que recibió el nombre de la *nomenklatura* en la URSS, es una élite formada por los políticos, y no por los más meritorios, sino por los que tienen habilidad para colocarse siempre donde está el poder. Pero el poder no dota de sabiduría a quien no la posee. Giordani *et al.* pertenecen a la nueva élite. Y su tesis fundamental consiste en la superioridad del trabajo organizado colectivamente sobre el trabajo individual. Tal vez esto sea cierto para ciertas actividades en las que tiene que regir la división del trabajo. Pero en el campo de la ciencia no parece sustentarse.

En el libro que nos presentan Requena, Merino y Bruni Celli vemos a los científicos venezolanos trabajar en un campo elegido por ellos mismos. Pero, aunque su esfuerzo es individual, no están aislados de la comunidad científica. Todos se intercomunican y utilizan el saber logrado por otros científicos, en otros países, para aplicarlo a sus investigaciones. No existe, ni parece ser preciso, un poder que determine lo que es prioritario, relevante; los mismos científicos son capaces de determinarlo. Ese poder supra científico fue el que se estableció en la URSS, en ciencia, literatura, filosofía. Algunos analistas de esa época le atribuyen a eso el estancamiento, y el atraso, respecto a otros países.

Los autores de este libro que rescata los aportes de los héroes civiles —esos héroes de la investigación y de la ciencia— nos permiten ver la importancia que tuvo el positivismo en el desarrollo de la ciencia en Venezuela. Sin embargo, nos parece que no se conoció la totalidad del pensamiento de Comte y sus implicaciones. En primer lugar, Comte llamó a su doctrina positivista[6] para diferenciarla de la filosofía negativa.

La filosofía negativa es propia de una etapa de la historia humana. Recordemos la importancia que tiene para Comte la ley de los tres estados. La primera etapa en la historia de la humanidad es la teológica. En esa etapa, la teología fue una personificación ingenua de los fenómenos, un antropomorfismo de imaginación y sentimiento. Sin embargo, tuvo una gran importancia porque guio al hombre primitivo en sus observaciones y le sirvió para orientarse en la naturaleza. La metafísica, propia de la segunda etapa, y crítica de la primera, es demasiado abstracta y cuestionadora y, por consiguiente, distanciada de lo real e incapaz de organizar. Esa etapa tiene su apogeo en la Revolución Francesa. Fue ésta una experiencia solemne que dio lugar a la impotencia de los principios críticos para organizar el nuevo orden social. La intención de reconstruir ese nuevo orden estaba condenada al fracaso. No podía estatuirse ningún orden por la naturaleza únicamente crítica de la doctrina revolucionaria, la cual hizo imposible la acción del poder, fraccionándolo y restringiéndolo, con el pretexto de equilibrarlo.

La filosofía negativa tiene su base en el libre examen. Ello desempeñó un papel importante en el derrumbe de la etapa teológica. Pero en la etapa positivista, última de la historia, tiene que ser suprimida. El positivismo no puede dejar subsistir el principio revolucionario del libre examen. Encontramos aquí una enorme diferencia entre la concepción de la historia de Comte y la de Hegel. Para este último, la negatividad es la fuerza que mueve la historia. Es el momento esencial de su dialéctica. Aparece en la historia con Sócrates y es una adquisición definitiva de la formación de la conciencia humana. Aunque el mundo griego haya desaparecido, sus aportes a la cultura humana no desaparecen. Es lo que llama Hegel *aufhebung*, negación que conserva. En Comte la negación no conserva. Y no puede hacerlo, pues la etapa final de la historia humana no puede tolerar la fuerza crítica de la negatividad. El libre examen ya no corresponde a nada, tan pronto como se hayan establecido los principios positivos de gobierno y de moralidad. Quedará reducido a discutir y analizar las consecuencias de los principios y sus aplicaciones, pero queda eliminado del análisis y la crítica de esos principios.

Como decíamos, en Hegel ese poder crítico de la conciencia no desaparece con la época que surgió. El hombre siempre tiene el derecho de analizar y criticar los principios y normas de su acción. La negación no puede ser eliminada, pues constituye una oposición que surge o es puesta al asumirse una posición. A lleva dentro de su seno $\overline{A}$ (léase NO-

A) y es $\overline{A}$ lo que nos permite afirmar y comprender a **A**. La posición de Comte respecto al libre examen es semejante a la de Lenin. El político comunista eliminó, de lo que él llamó la dialéctica, la negatividad. ¿Cómo podía admitir que la sociedad instaurada por él podía ser analizada y criticada? A Lenin cabría decirle lo que Marx decía de los pensadores burgueses que afirmaban que la sociedad burguesa era una sociedad que duraría eternamente. Decía Marx: "hubo historia, pero ya no la hay"[7]. Lo mismo puede decirse del positivismo de Comte. El último estadio de la evolución histórica se propone acabar con la anarquía producida por el libre examen. Para ello se requiere una autoridad fuerte:

> Tanto en el orden intelectual como en el material, los hombres encuentran, por encima de todo, la necesidad indispensable de alguna dirección suprema, capaz de fundamentar sus continuas actividades, relacionándolas y fijando sus esfuerzos espontáneos[8].

En la última etapa de la historia, la autoridad cambia, pero no queda abolida. El liberalismo que considera que la autoridad se basa en el consentimiento individual desaparece en Comte. En su lugar, surge un himno a la obediencia y al liderazgo: "¡Qué dulce es obedecer cuando se disfruta de la felicidad... de estar convenientemente eximido de la dirección general de nuestra conducta, por sabios y valientes dirigentes"[9]. El más alto grado de seguridad lo proporciona la sumisión a una autoridad todopoderosa.

La influencia de Comte en nuestros teóricos políticos fue notable. Lo comprobamos en *El gendarme necesario* (1911), de Laureano Vallenilla Lanz. Pero no parece ocurrir lo mismo en el campo de las ciencias naturales. El dogma comtiano de la invariabilidad de las leyes de la naturaleza encuentra discusión entre nuestros científicos, quienes constatan cómo esas leyes sufren modificaciones por el ambiente y por otros factores.

Al concluir la lectura del trabajo de Requena, Merino y Bruni Celli, y ante los rasgos principales de la filosofía positivista, nos surgieron dudas sobre la aplicación del positivismo en las ciencias biológicas. Habría que estudiar y conocer más a fondo la influencia del positivismo en esa disciplina. Importantes científicos como Beauperthuy, Santos Aníbal Domínici, Rafael Rangel y otros parecen depender de los conocimientos adquiridos en el Instituto Pasteur. Habría que estudiar y conocer más a fondo la influencia del positivismo en los estudios de parasitología. Donde no nos cabe duda alguna es en la influencia que tuvo en la política. La época de la dictadura de Gómez encuentra su defensa en la llamada por Comte tercera etapa o etapa positivista. El gendarme necesario excluye el libre examen y exige sumisión y obediencia. Éste no parece ser el caso de las investigaciones de las ciencias naturales. Y así nos lo revelan los textos reseñados.

Eduardo Vásquez (1927-2018)
Profesor Titular
Universidad Central de Venezuela
Caracas, septiembre 2012

PREFACIO

La ciencia y la técnica son actividades de alto nivel intelectual. Ellas responden a una concepción de la vida, de lo natural y de lo social que surge como resultado de la observación, análisis, estudio, indagación, investigación o experimentación. Estas dos últimas acciones, la investigación[10] y/o la experimentación[11] —enmarcadas dentro de lo racional—, han sido universalmente aceptadas como las formas más idóneas de aprehender la realidad que, una vez hecha del conocimiento público a través de mecanismos de divulgación apropiados, termina siendo aquello que definimos como ciencia. En ese orden de ideas, la ciencia es una actividad eminentemente creativa, íntimamente ligada a la educación y sus procesos de formación profesional y, por ende, a su entorno social.

En nuestro ámbito, América hispánica, el coloniaje practicado por la Corona española trajo como marca de nacimiento la religión católica, que fue impuesta a sangre y fuego. Ese catolicismo conllevaba el pensamiento escolástico[12] que pasó a constituirse en un rasgo fundamental de la identidad de los hispanoamericanos, quienes, al no disponer de autonomía en lo político, social o económico, no podían decidir sobre su educación, un asunto fundamental para el devenir. Es así que, desde la llegada de los conquistadores en el año 1492, hasta después de las guerras de independencia —en las primeras décadas del siglo XIX— el predominio del modo de pensar y vivir impuesto por la impronta escolástica, selló el rumbo de los quehaceres en ciencia o técnica en la región y, muy probablemente, tuvo mucho que ver con que los logros de los científicos hispanoamericanos de esa época no fueran muchos ni tan significativos[13].

Durante los dos primeros siglos del coloniaje, la formación de los criollos venezolanos dependió de un peregrinaje a la madre patria y, en menor escala, a otras latitudes donde unos pocos pudieron apreciar las bondades de otras formas de ver las cosas. Es apenas en el año de 1673 cuando se funda el Colegio Seminario de Caracas, también conocido como Colegio Santa Rosa. Cincuenta años más tarde —hacia finales del año 1721—, el rey Felipe V crea la Universidad Real de Caracas, regida por los estatutos de la Universidad de Santo Domingo. Un año más tarde, la Universidad de Caracas[14] fue elevada a la categoría de Real y Pontificia por Bula Apostólica de Inocencio XIII. La Universidad de Caracas comienza impartiendo clases en latín de Teología, Filosofía y Derecho.

En el año 1763, se constituye en la Universidad de Caracas una Cátedra Prima de Medicina que llegará a ser el crisol de los científicos del país en las décadas siguientes (Archila, 1966). Su primer regente fue Lorenzo Campins y Ballester (1726-1785), quien la llevó a la condición de Protomedicato en el año 1780. En relación con las otras disciplinas del saber, allí se dictaba el Trienio Filosófico para optar por el título de Bachiller. En el año 1788, Baltasar de los Reyes Marrero (1752-1809) comienza a enseñar las primeras nociones en los campos de la física y la matemática, asignaturas reservadas para la enseñanza de los ingenieros reales y los oficiales del ejército español destacados en la Capitanía General de Venezuela (Freites, 2002).

Una antología del pensamiento científico y técnico desarrollado en Venezuela debe comenzar por revisar la presencia del nombre del país en las imprentas internacionales y nacionales. Blas Bruni Celli (1925-2013) recopiló en su obra *Venezuela en 5 siglos de imprenta* todas las instancias en las que el nombre de nuestro país figura en el título de algún libro mayor editado fuera del país. Comienza la serie de fichas bibliográficas por la primera referencia conocida y que corresponde a la obra *Suma de Geographia*, de Martín Fernández de Enciso, publicada en 1519. Desde esa hasta la última entrada en su catálogo, que corresponde al año de 1930, Bruni Celli logró recopilar 6.982 obras (Bruni Celli, 1998). Durante el siglo XVII, Bruni Celli registra 579 entradas; en el siglo XVIII, unas 868 menciones, mientras que en el siglo XIX ya se contabilizan 3.123 títulos. Es evidente que en los albores del siglo XIX se desata un interés por nuestro país, muy probablemente a partir de los reportes de las visitas de los grandes exploradores naturalistas europeos.

Desde siempre, los investigadores venezolanos han considerado a las revistas científicas extranjeras especializadas como el medio más idóneo para dar a conocer los resultados de sus investigaciones. El primer artículo científico publicado por un venezolano en una de ellas (del que tengamos noticia) es de 1893, de Santos Aníbal Domínici (1869-1954) junto con su tutor francés. Ese artículo recoge parte de la tesis doctoral en medicina que Domínici presentó en la Universidad de París[15]. Desde esa referencia hasta el presente, los investigadores venezolanos han publicado unos 35 mil trabajos en revistas especializadas en el extranjero, parte de un gran total de 72.617 artículos registrados en una base de datos de publicaciones venezolanas llamada BIBLIOS, que es mantenida por uno de nosotros (JR). Entre 1893, año de ese primer artículo, y 1950, la base sólo registra 111 trabajos en revistas extranjeras.

Los logros de nuestros académicos también pueden ser examinados mediante la revisión de las menciones, en las más importantes revistas, sobre lo realizado en Venezuela en ciencia y técnica. Por ejemplo, en la revista norteamericana *Science*[16]. Venezuela se encuentra mencionada en ella 1.480 veces. La primera vez fue el 9 de noviembre de 1883, en relación con la demarcación de límites entre Brasil y Venezuela (*Science*, **2** (40) 630). La primera carta escrita desde Venezuela al editor de *Science* versa sobre una controversia estrictamente científica; fue enviada en el año 1937 por Augusto Bonazzi, del Ministerio de Agricultura y Cría, sobre el tema de las "Inclusiones Celulares en Azotobacter chroococcum Bej" ("Cell inclusions in Azotobacter chroococcum Bej") (Bonazzi, 1937). El primer artículo científico[17] que describe una investigación llevada a cabo enteramente en el país y que fue publicado en la revista *Science* es del año 1939, y corresponde a una investigación de Kubes y Ríos, del Laboratorio de Bacteriología Veterinaria y Parasitología del Ministerio de Agricultura y Cría, sobre "El agente causante de la encefalitis equina infecciosa en Venezuela" ("The causative agent of infectious equine encephalomyelitis in Venezuela") (Kubes y Ríos, 1939). Vladimir Kubes (1904-¿?) era un veterinario checoslovaco que llegó a Venezuela desde el Ecuador en 1993, contratado por la Unión Panamericana (Freites, 1999), y Francisco A. Ríos, un técnico laboratorista venezolano.

Otra fuente obligada de referencia sobre la actividad científica de valor internacional es la muy prestigiosa revista inglesa *Nature*. En uno de sus primeros números —febrero de 1870— se menciona a Venezuela en relación con una conferencia a ser dictada por el profesor John Campbell en la Anthropological Society de Londres (*Nature*, 1 (17) 394, 1879). De ahí en adelante y hasta el presente, la palabra Venezuela aparece unas 821 veces citada en esa revista. En su mayor parte, corresponde a noticias sobre el acontecer científico criollo, y las demás, a artículos científicos originales producidos por investigadores que trabajaban desde instituciones localizadas en nuestro país. La primera referencia a un trabajo científico —propiamente dicho— desarrollado en Venezuela aparece en el número de *Nature* correspondiente al 7 de febrero de 1889, cuando Adolfo Ernst reporta, en 1879, mediante una Carta al Editor de la revista, las perturbaciones sísmicas en Venezuela (Ernst, 1879).

En el mundo académico, las Cartas al Editor son pequeños escritos enviados a alguna revista especializada y sometidos a muy rigurosos procesos de revisión de pares. En ellas, los investigadores exponen sus opiniones sobre cualquier asunto tratado directa o indirectamente por la revista, la mayor parte de las veces referida a asuntos estrictamente investigativos o académicos, aunque también se ventilan materias de orden gremial o de política científica.

La segunda fuente idónea de divulgación la constituyen las revistas especializadas locales. Las primeras son las que circulan en el país durante la segunda mitad del siglo XIX, siendo las pioneras *El Naturalista* y *El Eco Científico de Venezuela*, que datan del año 1857[18] (Freites, 1992a). Una que tuvo mucha importancia y trascendencia, por tener un amplio espectro cultural y recoger trabajos científicos de mucho rigor, fue *El Cojo Ilustrado*, que apareció en el año 1892 pero sucumbió en el año 1915. De todas las revistas científicas o académicas creadas en Venezuela durante el siglo XIX, sólo una ha sobrevivido hasta nuestra época: la *Gaceta Médica de Caracas*. Ésta pasó a ser el órgano de difusión de la Academia Nacional de Medicina en los años 1902/1904.

En efecto, Freites sostiene que "cada grupo cultural, al igual que los políticos, invariablemente tendía a crear a la par su órgano divulgativo; claro está, la mayoría de ellos desaparecería después de los tres primeros números" (Freites, 1992a. [p. 64]). Aun cuando, a lo largo de la primera mitad del siglo XX, se mantuvo en el país el patrón de nacimiento y pronta muerte de revistas locales periódicas de ciencia, hacia mitad de ese siglo y con el proceso de institucionalización de la ciencia y la tecnología, comenzaron a aparecer entre nosotros canales de difusión más estables. Algunos de corte multidisciplinario, como *Acta Científica Venezolana,* creada en año 1950 —órgano de expresión de la Asociación Venezolana para el Avance de la Ciencia (AsoVAC)—, y otros más especializados como, por ejemplo, el *Boletín de la División de Malariología,* creado en el año 1960 por el Ministerio de Sanidad y Asistencia Social.

Para mantenerse presentes en los turbulentos últimos tiempos, buena parte de nuestras revistas académicas se han visto en la necesidad de apelar a la infrecuencia o disminuir el número de fascículos que producen cada año. Actualmente, en Venezuela existen apenas unas cuantas decenas de esas revistas, certificadas en atención a su pertinencia, política editorial, sistemas de evaluación y periodicidad. Ese grupo selecto es lo que sobrevive de entre algo más de doscientas revistas que existían a finales del siglo XX y constituye el canal local por donde los investigadores venezolanos dan a conocer al mundo sus logros.

Lo descrito sugiere que hasta mediados del siglo XX la producción académica venezolana no fue abundante, mientras que sí lo fue a partir de 1950. Pareciera entonces que alrededor de ese año ocurrió un quiebre cualitativo en la actitud de los venezolanos con relación a los asuntos de ciencia y técnica. Hay quienes suponen que lo analizado refleja los atrasos de la ciencia hispánica —y por ende la de Venezuela— y que en ello tuvo que ver el espíritu autoritario-ascético imbuido por el catolicismo en nuestro gentilicio. Marcel Roche[19] (1920-2003) afirmó que "la exageración del sentimiento religioso (…) ha contribuido bastante a marchitar la flor de nuestra originalidad científica" (Roche, 1968. [p. 44]), discurriendo sobre las reflexiones de Miguel de Unamuno (1864-1936) en su libro de ensayos *En torno al casticismo* (1902). Roche elevó ese tema ante el gran público venezolano a través de una glosa publicada en el diario *El Nacional*, lo que le dio pie a Raimundo Villegas (1931-2014) —contrapartida social cristiana de Roche en la institucionalización de la ciencia en Venezuela— para responder al planteamiento[20], apoyándose para ello en las meditaciones de otro ilustre pensador español, Santiago Ramón y Cajal (1852-1934).

En su discurso de incorporación como miembro de la Real Academia de Ciencias Exactas, Físicas y Naturales de España, el 5 de diciembre de 1897, titulado *Reglas y consejos sobre investigación biológica: los tónicos de la voluntad*, Santiago Ramón y Cajal sostuvo que, entre las causas del estancamiento científico hispánico, lo religioso no tiene mucho peso, pues existían para él otros factores mucho más determinantes, como el "enquistamiento intelectual de la península". Éste jugó un papel preponderante al mantener a España (y sus colonias) alejada del poderoso movimiento crítico y revisionista que impulsó en Europa a las ciencias y las artes en el siglo XVII. Más aún, en el Capítulo X de ese discurso, *Deberes del Estado en relación con la producción científica*, Ramón y Cajal sostiene que:

> a causa de esta incompleta conjugación con Europa, nuestros maestros profesaron una *ciencia muerta* esencialmente formal, la ciencia de los libros, donde todo parece definitivo (cuando nuestro saber hállase en perpetuo *devenir*) e ignoraron la ciencia viva dinámica, en flujo y reflujo perennes, que sólo se aprende conviviendo con los grandes investigadores, respirando esa atmósfera tónica de sano escepticismo, de sugestión directa, de limitación y de impulsión sin las cuales las mejores aptitudes se petrifican en la rutinaria labor del repetidor o del comentarista. (Ramón y Cajal, 1991. Resaltado nuestro).

Ese silencio de nuestros investigadores ha sido también explicado en términos del número de obstáculos que impiden la investigación o la "insuficiente dedicación a la disciplina entre los que ocupan las posiciones investigativas" (Gasparini, 1969. [p. 105]). También existe una percepción de que no se ejerce ningún tipo de presión sobre los académicos para que publiquen, ni reconocimientos por hacerlo, o por no hacerlo (Roche y Freites, 1982). En términos coloquiales, se dice que Olga Lagrange de Gasparini (1932-1971) calificaba a la ciencia en Venezuela como *anticultural*.

Aunque en las versiones oficiales de la historia de las ideas o en los registros de grandes descubrimientos, los venezolanos no aparecemos calificados como pensadores por antonomasia, por estimarse que no hemos sido muy exitosos a la hora de crear paradigmas que hayan impactado el conocimiento universal; ese, creemos, no es el caso. En los dominios de la creación intelectual, ilustres venezolanos han sido pioneros. Para muestra de ello basta citar al Libertador Simón Bolívar en temas de ideario político, a Teresa Carreño en música, Rómulo Gallegos en literatura, Carlos Cruz Diez y Jesús Soto en artes plásticas, y un largo etc. Aun así, en los dominios de la ciencia y la técnica, alguien pudiera afirmar que Venezuela está en deuda. Empero, eso tampoco es cierto ya que, como pretendemos demostrar a lo largo de estas páginas, Venezuela ha producido investigadores que, a través de su quehacer creador o de su capacidad para diseñar, organizar, administrar y divulgar la investigación, merecen un lugar en la historia universal. Llamar la atención sobre los logros de esos gigantes venezolanos es el objeto de este estudio[21], pero no así el descifrar las claves de por qué ellos no han sido suficientemente reconocidos.

CIENTÍFICOS Y SUS LOGROS

CIENCIA MUERTA

Conviene iniciar el viaje por la historia del devenir del pensamiento científico y técnico desarrollado en Venezuela de la mano de Alejandro de Humboldt (1769-1859) quien, en su libro *Viaje a las regiones equinocciales del nuevo continente,* recopila y cuidadosamente documenta una serie de observaciones que revelan las maravillas naturales —geografía, flora y fauna— de nuestro continente (Humboldt, 1820). Humboldt, junto a Aimé Bonpland (1773-1858), recorre nuestra geografía —entre los años 1799 y 1800— como parte de un gran periplo por Suramérica, cuyo objetivo era catalogar sus recursos naturales y estudiar su geografía, especialmente la climatología de la zona intertropical. Su apasionante descripción de nuestra naturaleza motivó que, a lo largo del siglo XIX y bien entrado el siglo XX, otros grandes naturalistas europeos nos visitaran o se radicaran entre nosotros y continuaran con sus investigaciones.

El barón Humboldt comenzó su visita a Venezuela explorando la Cueva del Guácharo, convirtiéndose, así, en uno de los precursores de la espeleología en América Latina. Como zoólogo y especialista en ornitología, su visita le permite describir al poblador por excelencia esa maravilla natural: el pájaro guácharo (*Steatornis caripensis,* Humboldt, 1817). En su periplo por el país, Humboldt conoce a Don Carlos del Pozo y Sucre[22] (1743-1813), un buen ejemplo del científico venezolano de muchas épocas, probablemente autodidacta e ingenioso, pero incapaz de transmitir sus hallazgos. Y es que, de no haber sido por la visita de Humboldt a la ciudad de Calabozo (estado Guárico), en el año 1800, las invenciones del criollo serían desconocidas. Aunque no era ingeniero,

Carlos del Pozo y Sucre emplea una inusual habilidad mecánica en el diseño de estructuras para controlar los estragos de las tempestades atmosféricas, eléctricas o pluviales, y llega a construir muchas de ellas.

En el medio del agreste y solitario llano venezolano, en la ciudad de Calabozo, le da rienda suelta a su afición por la física para estudiar fenómenos eléctricos, construyendo instrumentos y máquinas para su generación y medición a partir de descripciones encontradas en un par de publicaciones de la época. Alejandro de Humboldt se asombra de encontrar baterías, electrómetros y electróforos, hechos por Del Pozo sin conocer otros instrumentos similares desarrollados en Europa, los cuales —según el mismo Humboldt— no tenían nada que envidiarle a los disponibles en los mejores laboratorios de Europa. Con esos aparatos, Humboldt y Carlos del Pozo y Sucre realizaron lo que probablemente constituye el primer experimento de electrofisiología en América: midieron las descargas eléctricas del pez temblador (*Electrophorus electricus*, Linnaeus, 1766). Años después, en 1870, esa experiencia fue repetida en la misma ciudad de Calabozo por Carl Sachs, discípulo de Du Bois Raymond (Herrera, 2009).

Carlos del Pozo y Sucre constituye el arquetipo de lo que en la hispanidad ha sido una constante: la presencia de un número significativo de personas consideradas como investigadores pero que no publican o difunden los resultados de sus investigaciones. En definitiva, la publicación es lo que hace que las investigaciones sean del conocimiento de todos y le da visibilidad al hallazgo científico. De no haber sido por Alejandro de Humboldt, quien dio a conocer al mundo las invenciones e innovaciones de Carlos del Pozo y Sucre, éstas nos serían totalmente desconocidas. A continuación, un extracto del texto de Humboldt donde refiere su paso por la ciudad de Calabozo[23].

—Artículo—

ALEJANDRO VON HUMBOLDT. "MONTAÑAS QUE SEPARAN LOS VALLES DE ARAGUA DE LOS LLANOS DE CARACAS, VILLA DE CURA, PARAPARA, LLANOS O ESTEPAS CALABOZO"

Encontramos en Calabozo, en el corazón de los llanos una máquina eléctrica de grandes discos, electróforos, baterías, electrómetros, un material casi tan completo como el que poseen nuestros físicos en Europa. No habían sido comprados en los Estados Unidos todos estos objetos; eran la obra de un hombre que nunca había visto instrumento alguno, que a nadie podía consultar, que no conocía los fenómenos de la electricidad más que por la lectura del Tratado de Sigau de La Fond y de las Memorias de Franklin.

El Sr. Carlos del Pozo, que así se llamaba aquel estimable e ingenioso sujeto, había comenzado a hacer máquinas eléctricas de cilindro empleando grandes frascos de vidrio a los cuales había cortado el cuello. Desde algunos años tan sólo pudo procurarse, por vía de Filadelfia, platillos para construir una máquina de discos y obtener efectos más considerables de la electricidad.

Fácil es suponer cuántas dificultades tuvo que vencer el Sr. del Pozo desde que cayeron en sus manos las primeras obras sobre la electricidad, cuando resolvió animosamente procurarse, por su propia industria, todo lo que veía descrito en los libros. No había gozado hasta entonces sino del asombro y admiración que sus experiencias producían en personas carentes por completo de instrucción, que jamás se habían apartado de la soledad de los llanos.

Nuestra mansión en Calabozo le hizo experimentar una satisfacción del todo nueva. Por supuesto que había de dar alguna importancia a los votos de dos viajeros que podían comparar sus aparatos con los que se construyen en Europa. Yo llevaba electrómetros de paja, de bolilla de saúco, y de hojas de oro laminado, y asimismo una botellita de Leyden que podía cargarse por frotamiento, según el método de Ingeuhouss, la cual me servía para experiencias fisiológicas.

No pudo el Sr. del Pozo contener su alegría al ver por primera vez instrumentos no hechos por él y que parecían copia de los suyos. Le mostramos también el efecto del contacto de metales heterogéneos sobre los nervios de las ranas. Los nombres de Galvani y Volta todavía no habían resonado en aquellas vastas soledades. Después de los aparatos eléctricos, obras de la industriosa sagacidad de un habitante de los llanos, nada podía ya precisar nuestro interés en Calabozo que los Gimnotos, que son aparatos eléctricos animados. Diariamente interesado, desde hace gran número de años, en los fenómenos de la electricidad galvánica, entregado a ese entusiasmo que excita a investigar, pero que impide ver bien lo que se ha descubierto, habiendo construido, sin imaginármelo, verdaderas pilas colocando discos metálicos unos sobre otros y haciéndolos alternar con trozos de carne muscular o con otras sustancias húmedas (76), estaba impaciente desde mi llegada a Cumaná por procurarme anguilas eléctricas. Nos las habían a menudo prometido, y siempre dejaban fallidas nuestras esperanzas.

Los españoles confunden con el nombre de Tembladores (que hacen temblar, o propiamente, que tiemblan) todo pez eléctrico. Los hay en el mar de las Antillas, hacia las costas de Cumaná. Los indios Guaiqueríes, que son los más hábiles pescadores y los más industriosos en aquellos parajes, nos llevaron un pez que, a lo que decían, les adormecía las manos. Este pez sube por el pequeño río Manzanares. Era una nueva especie de Raya cuyas manchas laterales son poco visibles, que se asemeja bastante al Torpedo de Galvani. Los Torpedos están provistos de un órgano eléctrico visible de fuera a causa de la trasparencia de la piel y forman un género o subgénero diferente de las Rayas propiamente dicha (77). El Torpedo de Cumaná era muy vivo, muy enérgico en sus movimientos musculares, y no obstante eran sumamente débiles las conmociones eléctricas que nos comunicaba. Éstas se hicieron más fuertes galvanizando el animal por el contacto del zinc y el oro. Otros tembladores, verdaderos Gimnotos o anguilas eléctricas, habitan el río Colorado, el Guarapiche y varios riachuelos que riegan las misiones de los indios Chaimas. Abundan asimismo en los grandes ríos de América, el Orinoco, el Amazonas y el Meta; mas la fuerza de la corriente y la profundidad de las aguas impiden a los indios cogerlos. Con frecuencia antes de ver estos peces sienten las conmociones eléctricas cuando nadan o se bañan en la orilla. Es en los llanos, sobre todo en los alrededores de Calabozo entre las alquerías del Morichal y las Misiones de arriba y de abajo, donde los depósitos de agua rebalsada y los afluentes del Orinoco (el río Guárico, los caños del Rastro, de Berito y de la Paloma) están llenos de Gimnotos.

Al principio deseábamos hacer nuestras experiencias en la casa misma que habitábamos en Calabozo; pero el temor de las conmociones eléctricas del Gimnoto es tan grande entre el pueblo, y tan exagerado, que en el espacio de tres días no pudimos procurárnoslos, aunque sea muy fácil pescarlos y aun habiendo prometido a los indios dos pesos por cada pescado bien grande y vigoroso (...).

NOTAS: (76) Véanse mis *"Expériences sur la fièvre irritable"*, T. I, p. 74, Lám. III. IV, V de la edición alemana. (77) Cuvier, *"Règne animal"*, T. II, p. 136. El Mediterráneo, según el Sr. Rísso, tiene cuatro especies de Torpedos eléctricos, que antes se las confundía a todas con el nombre de *Raia Torpedo*.

VITALISMO

A lo largo del siglo XIX, la ciencia se debatía entre dos concepciones: el vitalismo y el positivismo. El vitalismo era una corriente filosófica que había surgido como reacción al materialismo mecanicista que imperó durante una buena parte del siglo XVII. El vitalismo explicaba los fenómenos biológicos, por la acción de las fuerzas propias de los seres vivos y no sólo por las de la materia y llegó a predominar en la medicina europea a finales del siglo XVIII y principios del siglo XIX.

A finales de la gesta independentista, el 22 de enero de 1827, El Libertador Simón Bolívar (1783-1830) recrea la Universidad Real y Pontificia de Caracas bajo el nombre de Universidad Central de Venezuela (UCV). Su primer Rector fue José María Vargas[24] (1786-1854) quien, conjuntamente con El Libertador, dicta sus Estatutos Republicanos (Leal, 1963). La primera transformación de la Universidad Central comprende una nueva doctrina docente junto con la creación de nuevas cátedras como las de Matemática, Física y Química, que pasan a integrar el Trienio Filosófico. Asimismo, introduce un conjunto de normas transformadoras de la universidad llenas de un profundo contenido social: se elimina el latín como idioma docente y se suprimen absurdos tabúes de ingreso como exigir un color de piel apropiado o una carta de buenas costumbres.

El rector Vargas ha sido definido como el reformador de la Universidad. En cuanto a los estudios médicos, funda propiamente la Facultad a partir del Protomedicato existente (Plaza Izquierdo, 1977). Con la puesta en marcha de la Cátedra de Anatomía, iniciará, en el año 1825, las disecciones de cadáveres, un procedimiento sumamente novedoso para la época. En el año 1832 crea la Cátedra de Cirugía. Vargas también se distinguió por sus contribuciones a la botánica.

En el año 1827 fundó la Sociedad Médica de Caracas, pionera de las reuniones científicas en el país, y se abocó a la aplicación de sus conocimientos en problemas sanitarios concretos. Una de las expresiones que revela magistralmente su maestría en medicina y, muy en especial, su vocación humanitaria, fue su contribución a las medidas de prevención y profilaxis cuando, en el año de 1832, se extendió al continente americano la pandemia de *cólera morbus asiática* (Guerrero, 2007), que se había iniciado en la India en 1826 y propagado rápidamente, afectando a Rusia y a la mayor parte de los países europeos. Hacia mediados del año de 1831 la enfermedad llega a América del Norte, Canadá y Estados Unidos. Es entonces cuando se produce una muy justificada alarma en los países de América Latina.

No fue sino hasta el año de 1884 cuando Robert Koch (1843-1910) relacionó el Cólera con un agente etiológico específico, la bacteria conocida como *Vibrio cholerae*. Durante la pandemia, y cuando Vargas escribe su trabajo —1831—, se discutía mucho sobre el origen de la enfermedad, pero en general se tendía a creer que se trataba de una enfermedad que se propagaba principalmente en ambientes malsanos. Le llamaba la atención al doctor Vargas que la enfermedad se propagaba "marchando en todas direcciones, penetrando en los países por las montañas y llanuras, según el curso de los vientos o contra ellos, sin respetar estación, localidades y ni aun siquiera climas o costumbres, parece que tiene por límites de su influencia los mismos de la tierra" (Vargas, 1833. [pp. 224 y ss]).

La reflexión resulta interesante, pues obviamente los médicos de esa época tomaban muy en cuenta las circunstancias del ambiente para determinar lo que llamaban el "genio epidémico" de una enfermedad. En la observación apuntada por Vargas, la enfermedad resultaba completamente atípica desde un punto de vista epidemiológico. No obstante, el doctor Vargas observó, con marcada agudeza, que la enfermedad tenía una mayor mortalidad "...en las ciudades muy populosas y poco civilizadas de Asia y que a proporción que iba avanzando al oeste en la civilizada Europa su desoladora influencia ha sido inmensamente limitada"; para luego observar que el cólera respetaba a personas "...con aseo y limpieza, templanza y régimen en el modo de vivir ...mientras que ... otras enfermedades como la viruela, la escarlatina ...e influencias catarrales, indistintamente atacan a todos los habitantes" (Vargas, 1833. [pp. 224 y ss.]). Esta observación era primordial para recomendar como primera medida profiláctica mantener la ciudad en el mejor estado de limpieza.

En la sesión del 1º de octubre de 1831, el Tribunal de la Facultad Médica de Caracas —organismo para entonces encargado legalmente del manejo de la salud pública venezolana— se pone al corriente de la pandemia mediante un oficio enviado por el Despacho de Interior y Justicia, en el que puede leerse: "se manifiesta los estragos que actualmente causa en otros países la enfermedad conocida con el nombre de *cólera morbus*", y donde se le hace la invitación para que, sobre ella, publíe una memoria. El doctor José María Vargas fue comisionado para prepararla y en la sesión siguiente, del 8 de octubre de 1831, presentó la memoria titulada *Descripción de la forma más común de la Cholera morbus que está actualmente progresando en Europa*[25]. Esta constituía una minuciosa descripción de los síntomas de la enfermedad, instruía sobre las formas de prevención y explicaba las medidas de primeros auxilios. Un año más tarde, al aparecer nuevos brotes en la región, el Tribunal se vuelve a ocupar del tema y pide al doctor Vargas que amplíe su anterior Memoria. La nueva versión es divulgada el 8 de agosto de 1832 con el nombre de *Instrucción popular acerca de la cólera morbo, o su mejor método de preservación: su descripción y el tratamiento que la experiencia ha probado ser más feliz*, la cual de seguidas se transcribe aquí [26].

—Artículo—

JOSÉ MARÍA VARGAS. "INSTRUCCIÓN POPULAR ACERCA DE LA CÓLERA MORBO, O SU MEJOR MÉTODO DE PRESERVACIÓN: SU DESCRIPCIÓN Y EL TRATAMIENTO QUE LA EXPERIENCIA HA PROBADO SER MÁS FELIZ"

Cuando la cólera morbo, llamada asiática, ya ha invadido este continente después de haber llenado de terror casi todo el antiguo, en la dirección de oriente a poniente, y en una extensión de latitud muy considerable; cuando desde el Canadá ya viene marchando hacia el sur afligiendo los Estados de América del Norte: es indispensable llevar a su debido cumplimiento todas las medidas de aseo y limpieza pública recomendadas por el Gobierno, cooperar a ellas con las domesticas y personales análogas, y preparar los auxilios necesarios para un caso de conflicto, si es que la Divina Providencia en su justicia permite que también nosotros experimentemos tan terrible azote. Pero además es muy conveniente que se generalice entre todos el conocimiento de aquellos medios de procurar la preservación posible contra la influencia de este mal, conforme a la experiencia de todos los países que ya lo han sufrido, el de las señales con que se manifiesta, y en fin, el de los métodos más acreditados de curación, de manera que cada persona sea capaz de tributar a su pariente, amigo, compañero o vecino, un auxilio pronto, el más eficaz en esta enfermedad, sin perder momentos por aguardar la asistencia de un médico.

Nada más natural que el pavor que inspira una epidemia universal y prontamente mortífera que en el espacio de quince años ha dado vuelta a todo el mundo desde el Japón y los archipiélagos del Asia hasta el Canadá; que marchando en todas direcciones, penetrando en los países por las montañas y llanuras, según el curso de los vientos y contra ellos, sin respetar estación, localidades y ni aun siquiera climas o costumbres, parece que tiene por límites de su influencia los mismos de la tierra; que ha devastado muchas ciudades muy populares del Asia, afligido muchas de Europa, sacrificando en tan corto tiempo muchos millones de hombres y que ya viene enseñoreándose en nuestro continente.

Sin embargo es muy consolatorio observar, que ha hecho su mayor mortandad en los primitivos tiempos de su desarrollo, en las ciudades muy populosas y poco civilizadas de Asia; y que a proporción que ha ido avanzando al oeste en la civilizada Europa, su desoladora influencia ha sido inmensamente limitada, y muy disminuida la malignidad de su carácter; que apenas ha llegado a uno por cada ciento y aun por cada doscientos el número de los acometidos en aquellas mismas poblaciones que presentaban más exposición a su severidad; que las circunstancias que favorecen su influjo han sido también conocidas, que las medidas de aseo y limpieza, templanza y régimen en el modo de vivir por lo general han desarmado su furor. Que bajo este respecto se puede asegurar que el hombre la comanda más que a otras muchas epidemias de viruela, escarlatina, fiebres, influencias catarrales, etc., que indistintamente atacan a todos los habitantes de los lugares infestados. Esto ha hecho conocer y decir con razón que la cólera es más horrible cuando se teme, que peligrosa cuando ya se experimenta por lo que hace a la universalidad de su invasión. Si a esto añadimos las grandes garantías que nos ofrecen nuestro clima equinoccial, y nuestra población diseminada con respecto a muchas enfermedades contagiosas en los países templados y fríos y que aquí nunca reinan con este carácter: tendremos motivos de esperar que no nos visite este ángel exterminador; o por lo menos, que tomando las precauciones preservativas que han empleado otros países seremos muchísimo mejor librados que ellos.

MEDIOS PRESERVATIVOS CONTRA LA CÓLERA MORBO

Las fuertes pasiones de ánimo, la cólera, el miedo, el susto, la gran alegría, etc., predisponen al mal. Es preciso conservar nuestra alma tranquila: las razones susodichas deben disminuir muchísimo el temor de su ataque. Así no debemos pensar en él, sino con el objeto de adoptar las precauciones necesarias para impedirlo. Cuanto menor sea el miedo, menor será el peligro.

Es una observación constante que cuanto más puro es el aire, menos exposición hay a la cólera morbo. Así nunca será demasiado todo el cuidado que se ponga en conservar la salubridad de nuestras casas. No deben vivir muchas personas, menos dormir en un mismo aposento. Todos los cuartos deben ser ventilados por la mañana, y en el curso del día, abriendo las puertas y ventanas tan frecuentemente como sea posible. Si hay aposento u otras piezas de la casa que por mal ventiladas tengan mal olor, purifíquense o poniendo en ellos vasijas con agua impregnada de cloruro de cal o de sosa[*], para lo cual basta disolver una onza de esta sal en dos botellas de agua; o encendiendo un poco de fuego de carbón o de leña, cerrando en ambos casos la pieza y absteniéndose de respirar el vapor del carbón cuando es éste el que se emplea.

Cuídese de no abrir las puertas y ventanas hasta no estar uno vestido para no exponerse al resfriado; y aun es mejor pasar a otra pieza durante esta operación. No convienen las cortinas o colgaduras demasiado tupidas que impidan el libre tránsito del aire alrededor de nuestras camas.

Las tintas, barriles y otros utensilios de lavar o asear las personas y muebles deben limpiarse con prolijidad y prontitud después de su uso, y no dejarse llenos de agua sucia. Bien aseados y con agua limpia, purifican el aire libre.

El aire húmedo de los aposentos, malsano en todos tiempos, es muy peligroso cuando prevalece la cólera; así no debe secarse la ropa dentro de las piezas de habitación, mucho menos dentro de los dormitorios. Es indispensable conservar el mayor aseo no sólo en los aposentos, sino en toda la casa y en sus arrimos. Las cloacas deben estar muy limpias y purificadas con cal si no tienen corriente, o bien lavadas sin permitir el depósito de inmundicias, si por ellas corren acequias de agua sucia. Manténganse los agujeros o asientos bien tapados, todo el tiempo en que no hayan de ser usados.

Las cañerías de agua sucia y mucho más las de agua limpia, los pozos, lavaderos, albañales y demás depósitos, o desagües exigen gran cuidado y limpieza, pues con la negligencia se convierten en otros tantos lugares de infección y pestilencia que exponen la salud y la vida no solamente de los que viven cerca, sino también de los transeúntes.

La influencia de la luz contribuye mucho a la purificación de nuestras casas y a la conservación de la salud. Así la abertura de las puertas y ventanas contribuye a la salubridad no sólo renovándose el aire, sino dando libre paso a la luz.

Todos los despojos y basuras, animales o vegetales deben ser arrojados inmediatamente lejos de las casas. La conservación dentro de ellas de animales domésticos inútiles, que en todo tiempo es desagradable, cuando reina una enfermedad de la especie de la cólera, es perniciosa. Los puercos, gallinas, palomas, conejos, etc., no deben criarse en lugares estrechos, ni aun en corrales capaces si no hay bastante aseo y ventilación.

Los que habitan las casas particularmente en aquellos barrios muy poblados de gente pobre y calles angostas deben redoblar la vigilancia sobre la limpieza, porque el descuido de unos compromete la salud y la vida de los otros: en todos casos y mucho más en el de tener una epidemia como la cólera, el aseo común es parte principal del bien común.

Los resfriados o calofríos se consideran por todos los médicos que han observado esta enfermedad una de las causas más favorables a su desarrollo. Así es preciso por medio del vestido conservar el cuerpo en buen calor, abrigar bien el vientre y mantener los pies libres de la acción del frío. Un ceñidor de lana alrededor del vientre, el chaleco de franela pegado al cutis y el escarpín de lana son muy convenientes a las personas delicadas y muy susceptibles de las impresiones del frío y humedad. La sequedad y el aseo de las piezas de ropa interna apenas necesita de recomendación; nada es más perjudicial que dejarlas pegadas al cuerpo estando húmedas.

Los pies de las personas que habitualmente van calzadas deben ser lavados con agua templada y bien protegidos contra la humedad y el frío. Una de las causas que más fácilmente obran sobre el estómago y producen aun la cólera morbo común, es su exposición repentina al frío y a la humedad estando calientes, o la aplicación de aquél y ésta por algún tiempo. Un descuido de esta especie cuando reina este mal ha traído efectos funestos.

El temor de cortar la transpiración y resfriarse debe impedir que aun cuando la estación es calurosa se duerma con las ventanas abiertas o al aire libre. Sin embargo, la temperatura de los aposentos debe ser moderada porque siendo muy elevada, hace a las personas que los habitan más susceptibles de las impresiones del frío exterior. Por la misma razón conviene recogerse temprano y no pasar una parte de la noche, particularmente si es fría o húmeda, en partidas de juegos o entregados a los excesos de comer y beber.

Es preciso llevar una vida activa y bien ejercitada, evitando sin embargo toda fatiga excesiva, pues éste es uno de los más seguros medios de conservar la salud y la tranquilidad del ánimo. Los pasatiempos que envuelven a los hombres en disputas o desazones son muy nocivos. Lo mismo debe entenderse de aquellos trabajos que absorben una parte del descanso necesario y sueño de la noche.

Como la limpieza y el aseo son las circunstancias para precaver la cólera, los que puedan usar los baños templados harán bien en tomarlos: más no deben estar dentro sino el tiempo necesario para limpiar el cuerpo: después se enjugarán con una toalla seca y tibia y evitarán la exposición inmediata al aire frío. Esta precaución es particularmente necesaria en días fríos y húmedos.

Las fricciones secas son útiles, pueden usarse de mañana y noche por un cuarto de hora en los miembros y el cuerpo con una escobilla suave o un pedazo de tejido de lana. Con respecto al vestido, el grado de temperatura y de humedad de la estación, día u hora forma la mejor regla, cuidando que el cuerpo se mantenga siempre bien abrigado.

Cuando prevalece la cólera, el modo de vivir por lo que hace a la comida y bebida es de gran importancia. Nunca será demasiada la recomendación de la sobriedad. Los excesos de la mesa y la intemperancia son unas de las causas que más exponen a los estragos de la cólera.

Los artículos alimenticios deben ser bien cocidos o asados, el pescado fresco, los huevos para los que los digieren bien, el pan bueno, ligero, bien cocido de trigo o maíz según la costumbre de cada individuo, las carnes tiernas sencillamente preparadas deben componer el régimen de alimento. La demasiada grasa y la gordura hacen mal. Entre los vegetales deben usarse los menos acuosos y los ligeros, el frijol pequeño, y las caraotas bien secas, el guisante verde sin las vainillas y el pergamino que, sin contener parte alguna alimenticia, suelen ser para algunas personas de difícil digestión, el apio, el ñame y la papa pueden formar parte de nuestros alimentos. Las carnes y pescados muy salados, la cecina, las carnes ahumadas, toda especie de chorizo o salchicha, los pasteles demasiado condimentados, son artículos muy indigestos.

En cuanto a las frutas, es preciso tomarlas con precaución, en particular si no están bien maduras. Todas las que por ser groseras se digieren difícilmente son perjudiciales. Las frutas cocidas, pasadas o en dulces son mejores, más no se tomen con exceso. Bajo este respecto cada uno debe consultar las disposiciones peculiares de su estómago, conocidas por la experiencia.

Las bebidas requieren no menos prudencia: las muy frías son peligrosas cuando el cuerpo está caliente y transpirando. Las consecuencias de este abuso son fatales en proporción a la frialdad de ellas. El agua debe ser clara bien limpia, la filtrada es preferible. En días muy calurosos, especialmente las personas que están en un ejercicio fuerte y transpirando mucho, pueden mitigar la sed con el agua mezclada con unas gotas de aguardiente o vino. más téngase muy presente que nada es más pernicioso que el abuso de los licores espirituosos; así es que se ha observado en un grandísimo número de casos que los dados a este vicio y aun aquellos que sin ser viciosos han cometido un desarreglo en su uso han sido atacados de la cólera morbo. En Haddington, una de las ciudades de Inglaterra que han sufrido en estos meses esta epidemia, los casos más violentos y los cuatro quintos de los muertos por este mal, sucedieron en personas de una constitución arruinada por los excesos de los licores.

El uso del aguardiente en ayunas como lo acostumbran los hombres de trabajo y otras personas, siempre muy dañoso, lo es particularmente durante esta pestilencia. Los que tienen esta costumbre, y sufrirían mucho en dejarla, deben comer algo, por lo menos un pedazo de pan antes de tomar el licor. Con las mismas precauciones debe tomarse el vino en ayunas. En la comida y después de ella, usado con moderación, no perjudica, pero téngase cuidado de no beber vinos torcidos, o ácidos, o adulterados con litargirio y otra porción de drogas con que muy comúnmente los especuladores mezclan en este país los vinos blancos y mucho más los tintos, para aumentar su criminal ganancia con mengua de la policía del país y a expensas de la salud y vida de sus semejantes. La cerveza, sidra y guarapos cuando están nuevos y mal fermentados o agrios descomponen el estómago, turban la digestión y disponen a la diarrea y cólera.

DESCRIPCIÓN DE LA CÓLERA MORBO EN SUS TRES ESTADOS

El primer estado llamado precursor y al cual debe dirigirse con cuidado la atención del médico, y de los asistentes a falta de éste, se distingue por la languidez, debilidad de los miembros, incomodidad de la cabeza, algún vértigo, o estupor y aun una ligera sordera. Hay palidez, muchas veces, alguna frecuencia del pulso, y un estado irritable de los intestinos al grado de producir tres o cuatro evacuaciones diarias. Estas cámaras son al principio delgadas y naturales como las de la diarrea ordinaria; más a proporción que el mal avanza se hacen más pálidas hasta que toman la apariencia característica de las evacuaciones de la cólera morbo, esto es, una materia pálida acuosa que se parece al agua de arroz o atol delgado. Generalmente hay algún dolor con retortijón de tripas y más o menos dolor y sensibilidad en la boca del estómago, que a veces radia con violencia considerable del lado derecho al través de la región del estómago. Hay frecuentemente calosfríos u horripilación en el espinazo con despeluznos del cutis. En algunos casos los síntomas febriles parecen estar más distintamente marcados con rubor de la cara y de los ojos. La lengua generalmente está blanca, el apetito disminuido, hay sed y deseo de calmarla por bebidas frías. A veces hay vómitos, calambres en los miembros y músculos del abdomen; mas en otros casos este estado pasa sin vómitos ni calambres. Durante este período importante del mal, el enfermo puede estar andando y aun entregarse a sus ocupaciones usuales. Su duración parece variar muchísimo. En algunos lugares y en algunos casos ha durado hasta una semana, en otros desde un día hasta tres o cuatro; y en otros desde pocas horas hasta un día; hay en fin casos tan graves que el primer estado pasa con rapidez y apenas se percibe; el segundo estado de postración aparece, desde luego, y termina muy pronto por la muerte.

El segundo estado se presenta con una postración súbita y considerable de las fuerzas, los ojos pierden su animación y brillo, el pulso se siente extremadamente débil y muchas veces apenas perceptible: vienen los calambres en ambas piernas y brazos y en los músculos del vientre que se contraen y amontonan en globos. Es preciso observar que estos pueden también ocurrir con los síntomas que se refieren al primer estado, esto es, antes de sobrevenir la postración remarcable de las fuerzas o la asfixia. Aquel flujo natural de vientre que antes existía desaparece: suceden algunos ruidos de tripas con cólicos pasajeros, y las evacuaciones salen con gran violencia y muchas veces en inmensas cantidades; más en muchos casos no son muy frecuentes; quizá no hay más que una en dos o tres horas.

La materia evacuada es delgada, y pálida blanquecina como agua de arroz, a veces como agua pura con algún moco, materia floculante difundida en ella y muchas veces sin olor alguno. Entonces generalmente hay vómito urgente, y la materia vomitada tiene también la apariencia de agua de arroz y a veces de un moco delgado espumoso. La lengua generalmente está limpia y fría al tacto, los ojos están hundidos de un modo notable, con un color aplomado o azulado del cutis a su rededor y en torno de la boca; hay grande alteración de los rasgos de la fisonomía y todo el aspecto parece singularmente exhausto y cadavérico. La superficie del cuerpo está por lo general fría, el cutis especialmente de las manos, dedos y pies está notablemente arrugado, frío y seco, a veces cubierta de sudor frío, y presenta un color azulado en las personas de tez blanca, que suele extenderse a las otras partes del cuerpo.

No hay secreción de orina. La respiración en algunos casos es suave y fácil, en otros oprimida, incómoda y sonora. La voz está enteramente mudada: el enfermo contesta a las preguntas con un murmullo o con un sonido peculiar de sollozo o plañido. Por lo común se queja de dolor y una incomodidad muy fuerte de calor y ardor en la boca del estómago, o detrás de la parte inferior del esternón; y siente a veces puntadas dolorosas debajo de las costillas inferiores. Si se abre con la lanceta una vena la sangre fluye de ella con dificultad, y la poca que sale es notablemente oscura y de una consistencia espesa y grumosa. Durante este período las facultades mentales parecen permanecer del todo ilesas.

El mayor número de los muertos sucede en este estado, siendo ineficaz toda tentativa para levantar el sistema de la postración en que se hunde. Su duración en Inglaterra parece haber variado desde diez o doce horas, hasta dos días. Sus límites y duración varían como en el primero según las circunstancias de los lugares y personas, o según la mayor o menor violencia del mal.

Tercer estado. Cuando el enfermo sobrevive al estado anterior de postración puede restablecerse pronto a su salud acostumbrada, excepto en cuanto a la tardanza de la convalecencia ocasionada por la debilidad. Mas en otros casos pasa a un tercer estado que puede llamarse el de reacción. Éste se distingue por el recobro del pulso y del calor y color de la fisonomía. A estas señales siguen entonces con prontitud el rubor e inyección de los ojos, el calor febril, alguna inquietud, muchas veces con tendencia notable al coma o sopor. La lengua se carga; pero generalmente está húmeda, y el caso está entonces en el camino de tomar los caracteres usuales de la fiebre continua. El estómago e intestinos están más o menos irritables, mas en un grado mucho menor que antes. Vuelve la secreción de la orina; las evacuaciones albinas son menos pálidas, manifestando una materia biliosa o feculenta que a veces es de un color oscuro y muy fétida. Estos materiales son muchas veces evacuados en grandísima cantidad, este estado es el de una fiebre continua con un éxito dudoso y puede terminar fatalmente hasta el día catorce.

Estos tres estados no siempre se marcan con distinción, con frecuencia los síntomas de uno se confunden con los del otro, ofrecen una duración muy varia; mas su distinción hecha por uno de los más célebres médicos de Europa, el Dr. Juan Abercrombie, de Edimburgo, es muy útil para la aplicación de los remedios y para calcular la esperanza o el peligro: ella explica y concilia las descripciones tan varias que tenemos de este mal en cuanto al orden de sus fenómenos y su duración, en los muy diversos países en que ha hecho sus estragos.

MEDIOS DE CURACIÓN QUE DEBEN EMPLEARSE INMEDIATAMENTE Y SIN ESPERAR EL MÉDICO

Los síntomas del primer estado y que indican la invasión de la enfermedad no siempre se presentan todos, ni en el orden en que han sido enumerados. Sin embargo, cuando muchos de ellos, particularmente la alteración de la cara, la incomodidad de la cabeza, la sordera incipiente, la laxitud, la sensación de ardor en la boca del estómago, el ruido de las tripas y los cólicos pasajeros se muestren con desorden de la evacuación ventral, calosfríos, despeluznos, etc., es preciso llamar inmediatamente al médico.

Mas no debe perderse un solo momento esperando por el auxilio médico: téngase muy presente que es una observación general e invariable que en donde quiera que esta cruel enfermedad ha ejercido su influencia, los casos que se salvan son proporcionados a la prontitud de la asistencia; y que cuanto antes se da el remedio después de las primeras señales de la invasión, tanto mayor es la probabilidad de la curación. En este caso como en muchos otros de las dolencias humanas, más hace un remedio, el más sencillo, aplicado con prudencia y tino oportunamente, que los más eficaces métodos de los médicos si se aplican tarde. Teniendo pues presente los primeros síntomas del mal ya enunciados, procédase sin dilación a la práctica siguiente:

Excítese fuertemente la cutis y restablézcase su calor poniendo inmediatamente al enfermo entre frazadas, franelas u otros artículos de lana calentados antes: pásese un aparato cualquiera de hierro, u otro metal, o un hierro común de planchar caliente sobre los cobertores aplicados estrechamente al cuerpo, particularmente sobre la boca del estómago, sobre el corazón y en los pies; frótense las extremidades fuertemente y por algún tiempo con un cepillo seco o un trapo de lana caliente. Apliquese a todo el cuerpo, y frotado tibio el linimento siguiente que ha sido usado con muy buen suceso en Francia, teniendo cuidado de no destapar el enfermo, sino sólo aquellas partes en que se esté dando la fricción, y para darla con más prontitud, la harán dos personas, encargándose cada una de una mitad del cuerpo.

LINIMENTO SUSODICHO

Tómese de brandy, aguardiente o ron fuerte media libra u ocho onzas, de vinagre fuerte seis onzas, de semilla buena de mostaza media onza, de alcanfor dos dracmas y un par de dientes de ajo molidos; póngase todo en una botella bien tapada en infusión por tres días al sol o en algún lugar caliente.

Bien se deja ver que este remedio sencillo debe estar preparado con anticipación esperando el momento de ser empleado. Pero si no está preparado de antemano, poniendo el aguardiente y vinagre unidos con la mostaza, alcanfor y ajo en un jarro de loza o de barro común no vidriado, bien tapado al fuego por un rato, se suple la infusión de los otros días. Este abrigo entre lana y las fricciones deben continuarse por mucho tiempo. También pueden aplicarse cataplasmas tibias de harina, pimienta y mostaza al vientre y al espinazo, botellas llenas de agua caliente y bien tapadas a los pies, saquillos de ceniza o arena caliente, etc.

El baño de vapor impregnado de alcanfor y vinagre ha producido mucho bien en esta epidemia. Así mientras se sigue calentando el enfermo como queda dicho, puede prepararse este baño en las casas en donde sea practicable del modo siguiente: Caliéntense ladrillos, piedras o pedazos de hierro, siéntese al enfermo en una silla de asiento de rejilla o bien agujereado, tápese ésta y el enfermo, menos la cabeza, con una manta, colcha gruesa o frazada, cubriendo también los pies con lana, póngase debajo de la silla un lebrillo, cazuela u otra vasija con un poco de vinagre y aguardiente alcanforado, para lo cual basta echar un par de dracmas de alcanfor en una copa grande de aguardiente y una y media de vinagre: tráigase los ladrillos, pedazos de hierro o piedras bien calientes y váyanse echando, uno después de otro, dentro de la vasija con el líquido para que se convierta en vapor, y continúese este baño por diez o quince minutos. Concluido el baño colóquese al enfermo en su cama entre frazadas secas y calientes, y déjese tranquilo si se establece la transpiración. Si no se ha logrado excitar el sudor síganse las fricciones mientras llega el médico.

MÉTODO INTERNO

No basta excitar la cutis exteriormente, es también preciso reanimar interiormente el sistema. Para lograr esto désele al enfermo una media tacita de infusión caliente de flores de saúco o de hierbabuena cada media hora. También se le administrará cada hora quince o veinte gotas de agua de amonia, o de espíritu de amonia anizado, espíritus que se encuentran siempre preparados en todas las boticas. Cualquiera de estos que se administre se dará en un poquito de la misma infusión de flores de saúco o de yerba buena, o lo que parece mejor en un poquito de tisana de cebada o de arroz o de sulú delgado, haciéndole beber después un poco de la infusión de saúco o yerba buena. Se le puede dar hasta dos dosis sin esperar al médico.

Estas medidas deben emplearse con prontitud y regularidad, más sin precipitación ni aturdimiento. Siempre que sea posible conviene poner al enfermo en una pieza separada de las del resto de la familia para la mejor asistencia de aquel y mejor desahogo de esta.

Las ropas del enfermo deben lavarse en una lejía caliente de jabón.

Las otras medidas médicas y el método de convalecencias serán usadas y variadas por los médicos según los casos. Ellas dan espera y por tanto no pertenecen a la naturaleza de esta instrucción.

Sin embargo, no es posible dejar de recomendar en este papel un método que en estos últimos meses ha sido encomiado por algunos profesores de la Gran Bretaña, como dotado de un buen suceso que sorprende, anunciado en varios periódicos de aquel ilustrado país, y desde el año de 1825 insinuado por el célebre Dr. Witelan Ainslie, autoridad muy respetable en las enfermedades de la India Oriental en donde ha practicado por treinta años.

Este método se reduce al de excitación exterior antes recomendada, y al uso interno de la magnesia calcinada o el carbonato de esta tierra en cantidad de una y dos dracmas desleída en un poco de agua tibia, con el objeto de neutralizar los ácidos de estómago y detener el vómito. Este era el método del citado médico. Más en estos últimos meses el Sr. Walkefield, cirujano inglés, sobre la autoridad del Dr. Stevens de San Tomas y Santa Cruz, y juzgando por muchísimos resultados felices que ha obtenido en el tratamiento de la cólera que ha afligido algunas ciudades de Inglaterra, juzga muy superior a todos los métodos establecidos el siguiente:

1° Úsense las mismas medidas antes citadas de restablecer el calor de la cutis.

2° Adminístrese el siguiente polvo cada hora en medio vasito de agua fría: de carbonato de sosa media dracma; de sal común o de cocina, veinte granos; de oximuriato de potasa, siete granos.

Mézclese todo y fórmese una papeleta. Advierte que por irritable que esté el estómago, el polvo común de seidlitz o el de soda efervescente lo calmará en la mayor parte de los casos. Que cuando nada pueda contener el vómito, se dé al enfermo una cucharadita de las de tomar café de carbonato de soda disuelto en medio vaso de agua dado en aquella dosis que el estómago pueda retener, desde una cucharadita de té arriba hasta que cese el vómito, y el estómago pueda recibir el polvo dicho. "El suceso (añade) de este método ha sido admirable, y me hace creer que se adoptará generalmente. Con todo, en los casos de cólera morbo es preciso supervigilar mucho a los enfermos".

"La sed se calma con pequeñas dosis de la disolución efervescente de seidlitz o soda".

Por último, téngase presente que las personas que han padecido una vez del cólera quedan muy expuestas a la recaída, y por tanto deben seguir un régimen muy estricto de precauciones. Ojalá que este pequeño trabajo sea útil al público, y que de este modo se logre todo el objeto que nos hemos propuesto.

NOTA: (*) Al Gobierno ha propuesto la Facultad Médica como uno de los auxilios más necesarios, la adquisición de una cantidad considerable de estas sustancias para proveer gratis al público.

OCASO DEL VITALISMO

El episodio anterior revela la vigencia del vitalismo en la Venezuela de comienzos del siglo XIX, aunque estaba perdiendo fuerza. Y es que, con la gesta independentista, la influencia hispánica en Venezuela estaba empezando a disminuir, lo que permitía el ingreso de nuevas concepciones filosóficas al país. En ese sentido, el padre Arturo Sosa Abascal, S. J., sostiene que el pensamiento positivista se "presentó como tabla de salvación en medio de la tempestad social provocada por el rompimiento del orden colonial" (Sosa, 1985. [pp. 9 y 71]).

Enmarcado entre el fracaso de la Revolución Liberal del año 1848 y los inicios de la Primera Guerra Mundial en el año 1914, el mundo occidental estuvo dominado por el positivismo, una teoría nacida del "empirismo"[27] y que arranca con Auguste Comte (1798-1857) y su *Curso de Filosofía Positiva* (1830-1842). El positivismo surge como paradigma contrario al vitalismo. Como corriente filosófica, sostiene que el único conocimiento válido es el que se adquiere a través del método científico[28] y la experimentación. Toma como objetivo la explicación de las causas de los fenómenos mediante leyes generales únicas y de validez universal. Es por ello que, a mediados del siglo XIX, la práctica médica oscilaba entre dos paradigmas: "O la medicina se hace ciencia natural, o no será nada", de Hermann von Helmholtz (1821-1894), y "el verdadero santuario de la ciencia médica es el laboratorio", de Claude Bernard (1813-1878).

El tránsito del vitalismo al positivismo en Venezuela fue lento, pero durante el tortuoso proceso surgió entre nosotros un gran reformulador del paradigma médico imperante, el cumanés Louis

Daniel Beauperthuy[29] (1807-1871), quien postuló la transmisión insectil del virus de la fiebre amarilla[30] y del protozoario de la malaria (o paludismo)[31]. En la Francia de los años 1827 a 1837, cuando Louis Daniel Beauperthuy estaba terminando su formación como médico, la teoría miasmática del contagio en las enfermedades epidémicas — el anticontagionismo[32]— era el paradigma médico imperante. Según Lemoine y Suárez, la tesis de grado de Beauperthuy muestra un "determinismo geográfico y racial, y [el] predominio en las ciencias médicas de la teoría de la flegmasía[33] y de la concepción miasmática" (Lemoine y Suárez, 1984. [p. 68]). No obstante, Beauperthuy pudo desechar esos criterios adquiridos a medida que sus investigaciones en Cumaná le mostraron que ciertas enfermedades podían ser transmitidas por vectores animales, concretamente artrópodos.

Aun cuando la conexión entre mosquitos y malaria había sido sugerida en textos antiguos[34] y para la fiebre amarilla había sido esbozada por autores como Giovanni María Lancisi (1654-1720) en el siglo XVI, se suele considerar que ésta fue planteada formalmente como una teoría científica por Josiah Nott (1804-1873) en el año 1848. Contrariamente a lo afirmado por la teoría miasmática, Nott considera que la enfermedad como tal no es debida al contagión, sino a un animáculo, siendo, en ese sentido, análoga al mecanismo de transmisión formulado en la hipótesis insectil de Henry Holland (1788-1873), en 1839. Holland había sido uno de los primeros en intentar desarrollar una teoría parasitaria de la enfermedad, al proponer que los agentes causantes de epidemias podían ser transmitidos por una miríada de minúsculos seres aéreos, imperceptibles insectos, pero en una forma pasiva. Nott no planteó una transmisión por insectos de la fiebre amarilla, sino por animáculos de vida aérea, análogos a las formas acuáticas.

La idea de la transmisión insectil de estas enfermedades y su epidemiología será planteada con claridad, por vez primera, por Louis Daniel Beauperthuy en el año 1853, cuando afirma que:

> No se puede considerar a la fiebre amarilla como una afección contagiosa (...) [p266] Las típulas introducen en la piel su chupón, compuesto de un aguijón canalizado punzante y de dos sierras laterales; ellas instilan en la herida

un licor venenoso que tiene propiedades idénticas a aquellas del veneno de las serpientes con colmillos (...) [p267] Los agentes de esta infección presentan un gran número de variedades que no son todas perjudiciales en el mismo grado. La variedad zancudo bobo, de patas rayadas en blanco, en cierto modo la especie doméstica, es la más corriente, y su picadura es inofensiva comparativamente a la de las otras especies. El puyón es más grueso y más venenoso; produce una roncha; su aguijón es bifurcado en su extremidad (Beauperthuy. Extraído de Llopis, 1963. [pp. 266-268]).

Es así que para Beauperthuy no es solamente la corrupción de las aguas lo que las hace insalubres, malsanas o causantes de enfermedad, sino que, para que ésta aparezca, se requiere además de la presencia de los insectos tipularios (del latín *tippŭla* o mosquito). En este sentido, él sigue abrazando el concepto imperante de los miasmas[35] pero bajo la modalidad del no-contagionismo. Es decir, Beauperthuy continúa acogiéndose al planteamiento de la enfermedad como causada por miasmas, pero referidos ahora en la forma de un virus vegeto-animal que es transmitido por los mosquitos, los cuales constituyen sólo el vehículo (vector) del ente causante de la enfermedad (Beauperthuy, 1875). A continuación, se transcribe el relato de Beauperthuy[36] sobre las "Fiebres" publicado en la *Gaceta Oficial de Cumaná*, en mayo de 1854 (Beauperthuy, 1854).

—Artículo (A)—

LUIS DANIEL BEAUPERTHUY. "FIEBRES"

El tifus, la fiebre amarilla, la peste, las fiebres palúdicas, las enfermedades epidémicas e infecciosas, están ligadas entre sí por la misma cadena de síntomas: estas son las causas originales de un mismo proceso mórbido que están puestas en acción.

Si no se hubiese considerado a las emanaciones miasmáticas como causa de un gran número de enfermedades epidémicas y contagiosas, los observadores, en lugar de quedarse satisfechos con la fe de un nombre habrían investigado las causas de esas enfermedades en el estudio más profundo del mal.

Las fiebres palúdicas producen un agotamiento general de las fuerzas que predispone a otras enfermedades. Las fiebres intermitentes, remitentes y perniciosas, así como la fiebre amarilla, el cólera morbus y los accidentes causados por las culebras y otros animales venenosos, reconocen por causa un virus animal o vegeto-animal, cuya introducción en el organismo humano se hace por vía de inoculación. Los fluidos o virus inoculados determinan, después de un período de incubación más o menos largo, síntomas nerviosos en el principio, y más tarde una infección pútrida de la sangre y de otros fluidos de la economía perturbando la circulación, la respiración, la digestión y todas las demás funciones.

Las fiebres intermitentes son graves en razón del desarrollo de los insectos tipulares, y esas fiebres dejan de existir o pierden mucho de su intensidad en las montañas que por su elevación alimentan pocos de aquellos insectos, sea cual fuere la masa de materias vegetales que allí sufren la descomposición pútrida.

Los indios para garantizarse de las fiebres, hacen uso de ciertos preservativos, y cuando habitan en valles malsanos, emplean braseros encendidos o fogatas a la entrada de sus chozas durante la noche. Este arbitrio es muy eficaz para ahuyentar los tipularios; y los indios lo abandonan cuando viajan por otras localidades.

De todos los medios puestos en práctica para preservarse de la acción enervante ocasionada por las picaduras de los insectos tipularios, el más eficaz es el que emplean los mismos indios frotándose la piel con substancias oleosas. Es verdad que su piel queda indefensa contra la introducción del aguijón de esos insectos; pero el contacto de una sustancia grasa en el interior del tubo capilar que sirve a la inoculación del veneno, basta para obstruir el conducto capilar y oponerse a la instilación del virus secretado por las glándulas salivares del insecto: la picadura pierde entonces todas sus propiedades deletéreas, y se reduce a una simple incomodidad que nada tiene de perjudicial a la salud y que en nada altera la composición de la sangre.

La expresión de serpientes aladas, empleada por Herodoto, es muy aplicable a los insectos tipularios y a la acción de sus picaduras sobre la economía humana. Tan es cierto y digno de mencionarse, que, la verdad aparecía a los antiguos hasta en sus fábulas.

La fiebre eruptiva constituye más la enfermedad que la erupción misma. La causa prexistente de la erupción no es más que un síntoma de la afección general.

En las fiebres eruptivas simples, todo puede ser previsto y calculado.

La tumefacción de la piel es debida, al menos en parte, a la del tejido celular subcutáneo correspondiente.

El trastorno general de las funciones debe ser tomado muy en cuenta en la apreciación de los fenómenos de esas enfermedades y en las reglas de su tratamiento. Las fiebres cesan algunas veces y disminuyen siempre en el momento de la erupción. Varias inflamaciones internas, y especialmente las anginas, se desarrollan del mismo modo a la continuación de un estado febril.

La inflamación de la piel no es, en la mayoría de los casos sino uno de los elementos de fiebres eruptivas y algunas veces uno de los menos graves.

Las fiebres eruptivas y un gran número de otras afecciones no presentan a su principio sino caracteres generales aplicables a un gran número de enfermedades. Este trastorno general es debido a la intoxicación de las circulaciones linfáticas y sanguíneas por el agente séptico inoculado. Se manifiesta con síntomas idénticos en sus formas y no varían sino en su grado de intensidad, según el veneno sea más o menos violento y más o menos abundante. Las enfermedades de la piel están algunas veces complicadas con enfermedades de las membranas mucosas o de las vísceras, estas complicaciones deben ser estudiadas.

Examen de la materia azulada excremencial de un individuo atacado de fiebre pútrida.

Glóbulos transparentes y regularmente esféricos; un pequeño número dotado de movimientos voluntarios.

FIEBRES DEL YURUARI

Como ya lo hemos dicho, los gérmenes introducidos en la economía por uno o varios ataques de fiebres intermitentes tienen una tendencia en reproducir esas mismas enfermedades hasta en épocas alejadas. Bajo este punto de vista, las fiebres del Yuruari, cantón de Upata, en la Guayana Española, son de una tenacidad que forma el carácter especial de las afecciones de esta localidad. Ellas se reproducen en diferentes intervalos, y, pese a los tratamientos en apariencia los más completos y mejor dirigidos, varios años después del primer ataque.

FIEBRE AMARILLA

El vómito negro (tifus amarillo, tifus icteroide) hizo su aparición en Cumaná a principios del mes de octubre de 1853. La primera víctima fue un margariteño quien tomó el germen de esta enfermedad en Barcelona donde reinaba entonces, y sucumbió pocos días después de su llegada a nuestra ciudad en el lugar que lleva el nombre de El Salado.

El tifus no tardó en propagarse en medio de nuestras ruinas, en primer lugar, por un pequeño número de casos. A fines de diciembre y en el mes de enero y febrero las lluvias, lluvias conocidas bajo el nombre de garúas, generalizaron el mal, que se extendió sobre la casi totalidad de la población. Hubo familias que contaban a la vez cuatro, seis y hasta once enfermos.

El Sr. Valentín Machado, Comandante de Ingenieros y Gobernador de la Provincia, alarmado con la invasión del flagelo epidémico, convocó al Consejo de Sanidad, quien, en su Ordenanza del 25 de octubre, encargó al Licenciado Cáceres y a mí de la redacción de las medidas higiénicas, las más eficaces, para prevenir los estragos de la enfermedad.

En la misma sesión, el Consejo de Sanidad me nombró médico de la ciudad, con la misión de prodigar mis cuidados gratuitos a las familias pobres. Esta medida a la vez humanitaria y política era tanto más necesaria cuanto que un gran número de habitantes de Cumaná, por consecuencia del terremoto del 15 de julio, se encontraban reducidos a la última miseria. Los socorros fueron igualmente por votación, para la distribución gratuita de los medicamentos a las personas necesitadas. Las alarmas excitadas por la aparición del tifus amarillo en medio de las ruinas de Cumaná no eran desdichadamente sino demasiado legítimas. Grandes masas de materias putrecibles permanecían acumuladas bajo los escombros de las casas, y la fermentación de esas substancias activada por las lluvias y los fuertes calores de la estación, hacían de esta ciudad un vasto foco de infección. Además, la fiebre amarilla alcanzaba un grado de malignidad poco común. La epidemia se extendió sobre los Indígenas como sobre los europeos, sin distinción de razas. Los negros mismos no fueron exceptuados. Atacaba desde los niños de cuatro años hasta hombres de edad la más avanzada; el Sr. Manuel Ortiz, viejo casi centenario, fue víctima del tifus amarillo. Le aseguré que él llegaría al siglo y tuve la felicidad de cumplir mi palabra. En la misión que tenía que llenar, aportaba el fruto de 14 años de observaciones hechas con el microscopio sobre las alteraciones de la sangre y otros fluidos de la economía animal en las fiebres de todos los tipos.

Estas observaciones, hechas en regiones ecuatoriales e intertropicales, me fueron de gran ayuda para reconocer la causa de la fiebre amarilla, y los medios propios para combatir esta terrible enfermedad. En cuanto a mis trabajos sobre la etiología de la fiebre amarilla, me abstendré por ahora de darlos a la publicidad. Mis investigaciones a este respecto forman parte de un gran trabajo, cuyos resultados ofrecen hechos totalmente nuevos y tan alejados de las doctrinas recibidas, que no debo presentarlas a la publicidad sin llevar en su apoyo las demostraciones más evidentes. Por lo demás, envío a la Academia de Ciencias de París una carta sellada que encierra el resumen de las observaciones que he hecho hasta aquí, y cuyo objeto es asegurarme a toda eventualidad la prioridad de mis descubrimientos sobre las causas de las fiebres en general. En cuanto al método curativo que empleo y que ha tenido éxito igualmente sobre los europeos y los Indígenas atacados de fiebre amarilla no temo publicarlo. Estos hechos son fáciles de observar y todo médico inteligente y de buena fe que haga uso, sin restricción, de mis preceptos contra el tifus amarillo obtendrá los resultados que he obtenido yo mismo.

Aparte de un gran número de fiebres biliosas, intermitentes y remitentes, que he tenido que tratar durante la invasión de la fiebre amarilla y que forman siempre un cortejo numeroso a esta enfermedad, he podido atender trescientos noventa y dos casos bien constatados de tifus amarillo. En este número, no he tenido que deplorar sino siete casos de muerte, generalmente, los enfermos han sido curados en el corto período de una semana; la convalecencia ha sido pronta y las recaídas poco numerosas. Además de la epidemia de vómito negro que tuve ocasión de observar en Guadalupe en 1838, época a la cual se remontaban mis primeras investigaciones sobre las alteraciones de la sangre y otros fluidos en esta enfermedad, había asistido de 1842 a 1845 varios casos esporádicos de vómito negro en los europeos, y aunque la medicina que yo empleaba entonces hubo tenido felices resultados, yo no me apresuré en preconizar las ventajas. Los casos observados no eran bastante numerosos para autorizarme a presentar como infalible el método curativo que yo había adoptado. Este método consiste en neutralizar la acción deletérea del principio mórbido de la economía. Las píldoras de las que doy a continuación la fórmula cumplen esta primera indicación; además, es importante expulsar las materias negras cuya persistencia en el tubo intestinal llegaría a ser una causa de graves peligros. Este resultado se obtiene por medio de laxantes, tomados en frecuentes y fraccionadas dosis... (Omissis) (Omissis)... Bajo el régimen de esta medicina, se ve al segundo o al tercer día, y muy raramente después de este término, disminuir la fiebre, cesar la cefalalgia, los vértigos y quebrantos desaparecer, la sed apagarse, un sudor abundante cubrir la superficie del cuerpo, el apetito y las fuerzas retornan.

Las evacuaciones llegan a ser negras como el carbón molido; pero las evacuaciones abundantes y fétidas, lejos de ser un síntoma enojoso, indica una marcada mejoría. Se presentan en el tiempo en que deberían manifestarse los vómitos negros. Por un feliz efecto de la medicina, la materia negra arrojada por las deyecciones deja de ser una fuente de graves complicaciones en la economía. Así todos los desórdenes nerviosos y los síntomas de congestiones viscerales que acompañan el término funesto de la fiebre amarilla son suprimidos.

La fiebre amarilla atacada en el primer y segundo día de la invasión del mal por el método que indico viene a reducirse al cuarto, quinto o sexto día, a proporciones de una fiebre intermitente fácil de curar. Si desde el principio de la enfermedad mi medicamento es empleado, raramente los vómitos negros se presentarán; si se presentan después que los remedios hayan sido administrados desde doce o quince horas, se verá al continuar el empleo de los mismos, cesar los vómitos y la enfermedad marchar a un feliz término.

En el caso donde el médico fuere llamado después que los vómitos negros se han declarado, es decir a un tiempo muy avanzado de la enfermedad, toda medicina viene a ser entonces casi inútil; el mal es demasiado grave, la infección de la sangre demasiado profunda, su fluidez incompatible con los fenómenos reparadores de la vida. Por otra parte, el estómago, arrojando los remedios, se opone a su acción curativa, y el poder de absorción del intestino grueso es tan débil para que los remedios introducidos por esta vía puedan ser eficaces. El médico entonces no es más que el espectador de una lucha desigual donde una desorganización rápida vence sobre las fuerzas de la vida. Es precisamente durante este segundo período de la fiebre amarilla, cuando toda medicina es inútil, que se ha preconizado los tónicos, y estos al momento mismo en que su acción cesa de ser ventajosa.

Si durante el tratamiento los enfermos experimentan zumbido en los oídos o una sordera momentánea, esos fenómenos de poca importancia no deben trabar el tratamiento que indico. Es preciso someter a los purgativos el cuidado de hacerles desaparecer.

La afección conocida bajo el nombre de tifus amarillo, vómito negro, etc. es producido por la misma causa que ocasiona la fiebre remitente e intermitente. Es por consecuencia de una distracción muy grande que se ha hecho de la fiebre amarilla una enfermedad inflamatoria. El examen microscópico de las materias negras arrojadas por los individuos atacados de fiebre amarilla muestra que son de la misma naturaleza que aquellos observados en las fiebres intermitentes, remitentes y perniciosas. La analogía es completa; es la misma sustancia, con diferencia de color, es casi amarillo, verduzco oscuro en las otras fiebres. No hay diferencia más que en el grado de intensidad de la enfermedad. Bajo la preocupación de querer hacer de la fiebre amarilla una afección distinta de las otras fiebres, no se ha tenido en cuenta principalmente que este mal reconocía por causa los mismos focos de putrefacción producida por la descomposición de las substancias animales y vegetales que ocasionan las fiebres que se llaman miasmáticas de todos los tipos; y que esas fiebres coexisten constantemente con las epidemias de tifus amarillo. A menudo, por lo demás, la fiebre amarilla reviste una forma normal que no es una complicación (como se ha dado a entender) y presenta los tipos remitentes e intermitentes y en este caso todos los autores están de acuerdo sobre la eficacia de los antiperiódicos para detener la marcha de esta enfermedad. No podemos compartir la opinión de los autores que atribuyen los síntomas observados en el primer período de la fiebre amarilla a una gastritis. La autopsia no confirma esta manera de ver, ya que en el mayor número de casos la mucosa intestinal está intacta, y las equimosis que se observan algunas veces en sus superficies no deben ser atribuidas a un estado inflamatorio puesto que las petequias y equimosis de la piel no proceden de la inflamación de esta membrana, esos derramamientos son debidos a la gran licuación de la sangre que exuda de algún modo a la superficie de las mucosas, como sucede en el escorbuto, la fiebre tifoidea, en los casos de muerte debida a la mordedura de serpientes venenosas, etc.

El escalofrío, la cefalalgia, las náuseas, los vértigos, los quebrantos etc. que se observan al principio del tifus amarillo, son los mismos síntomas que se observan en menor grado, es verdad, en la invasión de la fiebre intermitente y remitente; y nadie en estas últimas enfermedades se ha propuesto atribuirlas a la inflamación de la membrana gastrointestinal y jamás esos síntomas han sido vistos como una contra indicación al empleo de los antiperiódicos.

El tifus amarillo es una fiebre de tipo anormal que debe atacarse sin esperar la remisión de los síntomas, y es necesario administrar los neutralizantes de las influencias reputadas miasmáticas, en la efervescencia misma de la fiebre, como se practica en los primeros accesos de fiebre perniciosa; método que es constantemente seguido de los más felices resultados.

Séame permitido, al terminar esta corta exposición, decir algunas palabras de los tratamientos preconizados con el fin de colocar a la fiebre amarilla bajo el imperio de ciertas doctrinas.

La sangría es constantemente perjudicial; tiene dos graves inconvenientes: el de activar la absorción de la materia alterada y que constituye en un grado avanzado la substancia negra de las deyecciones, y de preparar una convalecencia muy larga. Las sangrías locales son igualmente nocivas por las mismas razones, aunque en un grado menor.

Los vomitivos son inútiles por lo menos. Fatigan a los enfermos, y no tienen el poder de destruir al agente mórbido.

Los purgantes no son indicados más que cuando los antiperiódicos han neutralizado la acción deletérea del agente reputado miasmático.

No se puede considerar a la fiebre amarilla como una afección contagiosa. Las causas de esta enfermedad se desarrollan en las condiciones climatéricas que le permiten extenderse a la vez o sucesivamente sobre varias localidades. Estas condiciones son: la elevación de la temperatura, la humedad, el vecinaje de cursos de agua, de lagunas, la poca elevación del suelo sobre el nivel del mar. Estas condiciones son aquéllas que favorecen el desarrollo de los insectos tipularios. La fiebre amarilla no extiende jamás sus estragos a los terrenos pantanosos del interior de la provincia de Cumaná. Es desconocida en los fértiles valles de Cumanacoa, San Antonio, San Francisco, Guanaguana y Caripe, valles destinados a hacer con el tiempo grandes centros de población y cuya altitud varía de 200 a 800 metros.

La fiebre amarilla no difiere de las fiebres pútridas, remitentes e intermitentes más que por la intensidad de síntomas. Como esas enfermedades, ella se desarrolla después de un período más o menos de incubación, período durante el cual los fluidos linfáticos y sanguíneos son alterados profundamente, hasta antes que ningún síntoma haga oír su grito de alarma.

Las típulas introducen en la piel su chupón, compuesto de un aguijón canalizado punzante y de dos sierras laterales; ellas instilan en la herida un licor venenoso que tiene propiedades idénticas a aquellas del veneno de las serpientes con colmillos. Ablanda los glóbulos de la sangre, determina la ruptura de sus membranas tegumentarias, disuelve la parte parenquimatosa, facilita la mezcla de la materia colorante con suero. Esta acción es en cierto modo instantánea, como lo demuestra el examen microscópico, ya que la sangre absorbida por estos insectos, al momento mismo de la succión, no presenta glóbulos. Esta acción disolvente parece facilitar el paso del fluido sanguíneo en el conducto capilar del chupón. Si el insecto es interrumpido en la operación de la succión, todo el veneno queda en la herida y produce una viva picazón más que cuando una gran parte del fluido venenoso es rebombeado con la sangre. Se atribuye sin motivo la picazón a la ruptura del aguijón; este aguijón es una substancia córnea elástica, cuya ruptura no he observado jamás en mis numerosas observaciones.

Los agentes de esta infección presentan un gran número de variedades que no son todas perjudiciales en el mismo grado. La variedad **zancudo bobo**, **de patas rayadas en blanco**, en cierto modo la especie doméstica. Es la más corriente y su picadura es inofensiva comparativamente a la de las otras especies. El **puyón** es más grueso y más venenoso; produce una roncha; su aguijón es bifurcado en su extremidad; su picadura, en los casos más favorables, donde el veneno no es absorbido en la economía, determina una irritación local que presenta la forma de un botón pruriginoso semejante al escabeis purulento, pero nunca contagioso. Es sobre todo a los niños que él ataca. La extensión del foco de supuración hace más difíciles las investigaciones que tienden a descubrir la existencia de un sarcopte en esas vesículas. Las playas de las regiones ecuatoriales e intertropicales están cubiertas de restos de plantas marinas, de crustáceos, de peces, de moluscos, etc., cuya acumulación produce una fermentación muy activa, sobre todo en la época de la invernada, cuando las lluvias y la humedad de la estación forman nuevos elementos añadidos a la putrefacción. Las raíces y los troncos de los peletuviers (**rhizophora**) y otros árboles pelágicos se cubren en la marea alta de capas de materias animales, de mucosidades y de minadas de **zoofitos** gelatinosos, cuyos vastos bancos, se extienden durante ciertas estaciones del año a varias millas de largo sobre la superficie de las olas, son generalmente conocidas bajo el nombre de agua mala. En la marea baja, todas esas substancias glutinosas aplicadas contra la corteza de los árboles se deseca y forman una capa que no tarda en corromperse. Los insectos tipularios que frecuentan las sombras retiradas formadas por los manglares, mantienen su existencia absorbiendo esos fluidos descompuestos. Es accidentalmente, puede decirse, que ellos hacen servir a la sangre del hombre para su alimentación y en este caso, el poder disolvente de los jugos contenidos en el tubo intestinal de esos insectos es tal, que los glóbulos de la sangre son reblandecidos y licuados de una manera casi instantánea, como he tenido la ocasión de hacer la observación por medio del microscopio. ¿Qué son esas materias pelágicas de que los tipularios se alimentan, sino substancias animales fosforescentes como las carnes de los pescados? ¿Qué hay de extraño [en] que la instilación en el cuerpo del hombre de esas substancias en estado pútrido produzca desórdenes muy graves? ¿El Sr. Magendie no ha probado que algunas gotas de agua de pescado podrido, introducidos en la sangre de animales, determinan en pocas horas los síntomas análogos a aquellos del tifus y de la fiebre amarilla, no es en efecto, una instilación de pescado en putrefacción que vierten estos insectos bajo la piel y el tejido celular del hombre?

No es ya necesario investigar por qué el tifus icteroide, tan común al vecinaje del mar, es tan raro en el interior de las tierras y sobre los lugares poco frecuentados por los insectos tipularios. Se ha observado en Basse-Terre, capital de una de nuestras Antillas, que las epidemias de fiebre amarilla no extienden su influencia perniciosa sino hasta la población de Matouba, localidad situada a una distancia apenas de una legua de esta villa. Es preciso convenir que esta distancia es bien próxima para preservar a Matouba de los efluvios pretendidos perjudiciales exhalados sobre el litoral, y que las corrientes aéreas que le sirven de vehículos pueden transportar allí en pocos minutos cuando el viento sopla en la dirección del Oeste; mientras que este alejamiento de la orilla del mar, es decir de las localidades habitadas por los insectos tipularios, es más que suficiente para preservar de su acción y de los graves inconvenientes que produce. Por otra parte, la química ¿no ha examinado los gases de los pantanos y las materias animales en putrefacción?

Sus medios perfectos de análisis le han permitido encontrar que los productos volátiles de esas descomposiciones no son sino ácido carbónico, hidrógeno sulfurado e hidrógeno fosforado. Es perfectamente reconocido que esos gases pueden a un cierto grado de concentración determinar la asfixia, pero jamás producir ninguna enfermedad comparable a los síntomas de las fiebres de accesos.

No solamente el virus de los insectos tipularios varía según sus especies y las localidades que habitan; sino también según las estaciones del año. Es después de las grandes inundaciones y en la época del descenso de las aguas que les riegan, que los aluviones depositados sobre los bordes de los ríos son reputados malsanos. Es una verdad reconocida que sobre los bordes de todos los grandes ríos de los países cálidos, las fiebres esenciales disminuyen y son más benignas durante el aumento de las aguas. Estos hechos se aplican al Orinoco y al Amazonas, también al Magdalena. Se sabe que la peste desaparece en Egipto en la época del desbordamiento del Nilo.

Se dice que los efluvios desprendidos de los pantanos ejercen sobre la economía animal una influencia más perjudicial durante la noche que durante el día. ¿Por qué razón sería así? ¿Esos efluvios no son al contrario mucho más abundante durante la permanencia del sol sobre el horizonte? ¿El calor no es el agente el más activo de la descomposición de las materias vegetales y animales, y de la formación de gases que se escapan de ellos? Es una explicación poco satisfactoria como la suposición de la inocuidad de los efluvios, precisamente en el momento del día donde son más abundantes. Se admite que esos efluvios, después de haber montado a la atmósfera durante el día, caigan durante la noche como un rocío maligno a las cercanías de los pantanos. Para que esta explicación fuese exacta necesitaría admitir la inmovilidad del aire sobre los parajes pantanosos. ¿La atmósfera de esas localidades no está pues sometida a esas grandes corrientes aéreas que barren con una rapidez de varias leguas por hora, la superficie de la tierra? ¿Qué vendrían a ser los efluvios en medio de esos grandes movimientos de ventilación? En las regiones ecuatoriales y tropicales, es precisamente durante el día que el sol, este poderoso ventilador, da impulsión a las corrientes aéreas y es por lo contrario durante la noche que la atmósfera permanece en calma.

Animálculos de la fiebre amarilla. Gusanillos linfáticos.

Estos animálculos se mueven en todas las direcciones, remontan la corriente, y están dotados de un movimiento giratorio de derecha a izquierda y de izquierda a derecha.

Una pequeña cantidad de sulfato de quinina mezclada con el líquido, paraliza instantáneamente la acción de los animálculos. Son arrastrados por la corriente del líquido sin manifestar ningún movimiento.

———•———

Si bien las mejores instancias del saber de su época no le prestaron la debida atención a la proposición de Beauperthuy acerca de la naturaleza de la transmisión insectil de la fiebre amarilla, su rol como formulador de un paradigma científico es innegable por haber ofrecido una revolucionaria explicación sobre el contagio de la enfermedad (Agramonte, 1903). Esto ha sido impecablemente establecido por Lemoine y Suárez (1984) al afirmar que Beauperthuy:

había propuesto una idea que al desafiar el sistema de prácticas y creencias basado en los miasmas iniciaba un cambio conceptual en las ciencias médicas. El hallazgo de Beauperthuy podía por tanto, en su momento, haber impulsado el estudio de las enfermedades endemo-epidémicas y haber servido de orientación a nuevas búsquedas, pero no le prestaron atención y con el tiempo fue dando origen a un proceso de resistencia académica que se prolongó hasta 1907, cuando Arístides Agramonte dejó claramente establecido en la historia de la medicina, que Beauperthuy había sido el primero en señalar el papel de los zancudos *tipularios* en la transmisión de la fiebre amarilla. [p11] (...) Una visión retrospectiva de los escritos de Beauperthuy y de los tópicos que le interesaron, puso de manifiesto cómo la orientación miasmática, que en un comienzo predominaba en sus escritos, se fue atenuando gradualmente mediante un delicado proceso cognoscitivo que hizo posible relacionar hechos y observaciones, los cuales terminaron por sugerirle la idea de la transmisión insectil de la fiebre amarilla: el miasma patógeno procedente de las materias putrefactas, introducido en el cuerpo humano por la "doble absorción pulmonar y cutánea", había sido sustituido, de acuerdo a su hallazgo, por un zancudo bobo de patas rayadas de blanco o especie doméstica [p12] (Lemoine y Suárez, 1984. [pp. 11 y 12]. Resaltado nuestro).

A continuación, se reproduce la comunicación de Beauperthuy a la Academia de Ciencias de París, fechada 18 de enero de 1856, soporte primario del reclamo a su autoría de la teoría insectil de transmisión de la fiebre amarilla (Beauperthuy, 1986) [37].

—Artículo (B)—

LUIS DANIEL BEAUPERTHUY. "CARTA" A MR. FLEURENS SECRETARIO DE LA ACADEMIA DE CIENCIAS DE PARÍS

Señor:

Séame permitido, como uno de vuestros antiguos discípulos y honrado en otro tiempo con vuestra protección, recomendaros una Memoria que dirijo a la Academia de Ciencias. Encierra esta Memoria una relación sucinta de mis investigaciones sobre la causa de las fiebres intermitentes, de la fiebre amarilla, y del cólera morbus epidémico.

Mis observaciones sobre las fiebres de los lodazales fueron emprendidas desde 1838 y continuadas en gran número de localidades malsanas, especialmente en los caños del Guarapiche, las sabanas anegadizas del Tigre, las riberas del Neverí (Barcelona), los Golfos de Cariaco y Santa Fe, el Delta del Orinoco y las orillas del Yuruari (Guayana Venezolana).

En 1838 observé el tifus icteroides en Guadalupe, y por segunda vez la misma epidemia en Cumaná en noviembre y diciembre de 1853, enero y febrero de 1854. En noviembre y diciembre de este mismo año pude estudiar la terrible epidemia del cólera morbus que azotó parte de las Antillas inglesas, la isla de Margarita, el Golfo Triste y todo el litoral de la costa de Paria.

Las fiebres intermitentes, remitentes y perniciosas, así como la fiebre amarilla, el cólera morbus y los accidentes que ocasionan las mordeduras de serpientes y otros animales venenosos, reconocen por causa un virus animal o vegeto-animal que se introduce en la economía humana por vía de inoculación. Después de un período de incubación, más o menos largo, los fluidos inoculados determinan al principio síntomas nerviosos y luego una infección pútrida de la sangre y demás fluidos del organismo que perturban la circulación, la respiración y demás funciones.

Los insectos tipularios, causa de las fiebres intermitentes y del tifus icteroides, se encuentran con frecuencia en las riberas del mar, los pantanos y en lagunas de agua dulce en donde se mantienen absorbiendo las partes líquidas de materias animales y vegetales en descomposición. Rara vez emplean para su nutrición la sangre humana, y en estos casos es tal el poder disolvente de los jugos salivares y gástricos que los glóbulos de la sangre se reblandecen y licúan casi instantáneamente, como lo he observado al Microscopio.

El procedimiento que emplean los insectos tipularios para instilar materias animales y vegeto-animales en la organización humana, me recuerdan que Mr. Magendie ha determinado idénticos síntomas a los del tifus y la fiebre amarilla, introduciendo algunas gotas de agua de pescado podrido en la sangre de los animales. En gran cantidad de casos ¿no son sustancias análogas la que instilan bajo la piel del hombre los insectos Tipularios que viven en las riberas del mar en las regiones ecuatoriales y tropicales?

¿No ha examinado la Química los efluvios de los charcales y de las materias animales en putrefacción? Los gases ácido carbónico, hidrógeno sulfurado e hidrógeno fosforado, productos volátiles de estas descomposiciones en cierto grado de concentración, pueden muy bien determinar la asfixia, pero jamás producir malestar alguno comparable a los síntomas del tifus y de las fiebres intermitentes.

Las mismas exhalaciones fétidas de la gangrena, ¿no tienen igual inocuidad en la zona ecuatorial que en los países fríos?

El temor de hacer demasiado extensa la Memoria que tengo el honor de enviar a la Academia me impide presentar las observaciones que tengo hechas sobre el veneno de varias especies de serpientes, sobre el virus de los insectos tipularios y otras observaciones. No debo dejar, sin embargo, de manifestar que el jugo de limón y el sulfato de quinina paralizan el movimiento de las monadas y vibriones observados en la deyección de individuos mordidos por serpientes o atacados de fiebres intermitentes, del tifus icteroides y del cólera morbus.

A más he encontrado animalículos análogos a los que se hallan en las deyecciones de las fiebres perniciosas, en las aguas corrompidas y en materias animales y vegetales en putrefacción. Por lo que concierne a las monadas que forman la materia negra de los vómitos en el período de gravedad de la fiebre amarilla, ellas son esféricas, negras y en extremo pequeñas. No puedo compararlas sino a los glóbulos del pigmento de las coroides, observados por medio del Microscopio acromático aplicado en su mayor aumento. Para distinguir bien estos glóbulos hay que desleír una cantidad muy pequeña de la materia negra del pigmento en una gotita de agua destilada, y colocar luego un átomo de ese líquido sobre el porta-objetos. Estas observaciones deben hacerse por personas habituadas a los estudios microscópicos.

Al presentar a la Academia el resultado de mis observaciones sobre el insecto productor del Cólera y sobre el papel que representan los insectos tipularios en el desarrollo de la fiebre amarilla, así como en el de las fiebres de toda especie, no tengo la pretensión de haber resuelto todos los datos de esos grandes problemas. Es mi principal objeto llamar la atención hacia el parasitismo de los animales microscópicos introducidos en la economía humana por la inoculación de venenos y virus malsanos.

Agrego a Ud. los sentimientos de mi distinguida consideración.

Beauperthuy.
Cumaná, Venezuela
1856

BEAUPERTHUY:
PRECURSOR DE LA INMUNOLOGÍA

Hace más de 2.400 años que Hipócrates de Cos expresó la idea de que la enfermedad puede estar conectada con el ambiente, la atmósfera y el clima donde reside la persona. Las teorías hipocráticas y las ideas que trataban de establecer la relación existente entre putrefacción, el secado ocasional del medio ambiente y el modo de enfermar, gozaron de gran crédito. Esos conceptos sobre la enfermedad y clima derivaron eventualmente en reglas para el comportamiento en el trópico y para la higiene tropical, ya que se pensaba que los seres humanos tenían que estar "acostumbrados" a la vida tropical.

El concepto de "aclimatación"[38] se deriva de la asociación entre clima y enfermedad por un lado y, por el otro, de la observación o conocimiento popular de que los recién llegados a la América debían pasar por una especie de habituación o adaptación a las enfermedades propias del territorio, las cuales cobraban su peaje vital. Aquellos que sobrevivían, obtenían entonces una resistencia frente a esas enfermedades, es decir, se habían "aclimatado" al nuevo continente.

En este orden de ideas es que se debe resaltar una observación de Alejandro de Humboldt en su recorrido a lo largo de la geografía venezolana, y que constituye una muy ilustrativa y excelente descripción del proceso de adaptación fisiológica al clima, proceso que fue posteriormente teorizado por Beauperthuy. Es así que en el desplazamiento marítimo hacia Caracas y con su llegada al Puerto de La Guaira el 20 de noviembre del año 1799, el naturalista alemán habla de "aclimatación" de los europeos a (o en) ciudades "eminentemente" sanas de los países de climas tropicales, y hace la siguiente descripción, extraída de su *Viaje a las regiones equinocciales del nuevo continente*, en la edición traducida por Lisandro Alvarado en 1956:

> ...Sabido es, que los europeos corren los más grandes riesgos durante los primeros meses de su mudanza bajo el cielo ardiente de los trópicos. Se consideran aclimatados cuando han pasado la estación de las lluvias en las Antillas, en Veracruz o en Cartagena de las Indias. Esta opinión está bastante fundada, aunque haya ejemplos de personas que, librándose de una primera epidemia de fiebre amarilla, han sido víctimas de la misma enfermedad en alguno de los años subsecuentes. La facilidad de aclimatarse parece estar en razón inversa de la diferencia que existe entre la temperatura media de la zona tórrida y la del país en que ha nacido el viajero o el colono que muda de clima, porque la irritabilidad de los órganos y su acción vital son modificados poderosamente por la influencia del calor atmosférico. Un prusiano, un polaco, un sueco, están más expuestos, al llegar a las islas o a Tierra Firme, que un español, un italiano, y aun que un habitante de la Francia meridional. Para los pueblos del Norte la diferencia de temperatura media es de 19 a 21 grados, mientras que para los del mediodía no es más de 9 a 10. Hemos tenido la dicha de pasar el tiempo en que el europeo recién desembarcado corre el mayor riesgo en el clima cálido con exceso, aunque muy seco, de Cumaná, ciudad celebrada por su gran salubridad (Humboldt, 1820. [p. 267]).

Más aún, la importancia económica de la aclimatación se señala cuando Humboldt comenta que "un adulto y un esclavo aclimatado vale a partir de cuatro cientos y cincuenta a cinco cientos piastras; un negro bozal, adulto, no aclimatado, trescientos y setenta a cuatro cientos piastras". (Humboldt, 1820). Este principio de la aclimatación, especialmente como lo emplea Humboldt, estuvo en buena medida referido a la fiebre amarilla; a ese gran depredador por varios siglos de las poblaciones de los puertos y las tripulaciones de los barcos. El virus de la fiebre amarilla tuvo su origen en África y su presencia en el continente americano es consecuencia de la colonización y el tráfico de africanos en el siglo XVII. Si bien el amerindio fue muy vulnerable al virus, no así lo fue el esclavo del África Occidental.

Cabe destacar y remarcar, muy especialmente por lo que tiene de interés e importancia, que por aclimatación Beauperthuy no sigue el paradigma de la constitución de los tiempos, sino que define o expresa el concepto de "que no deba verse en la aclimatación más que una inoculación[39] y prosigue, no es que el virus febril introducido bajo la piel del hombre le preserve de las fiebres pero disminuye la acción perniciosa de esas enfermedades y le hace perder una gran parte de su gravedad" (Beauperthuy en Llopis, 1963. [pp. 192-193]).

Creemos ver, y entendemos de esta manera, que por "aclimatación" Beauperthuy hizo la postulación de un concepto de "inmunidad adquirida natural"[40]. Es decir, la respuesta del sistema inmunitario o inmunidad producida por la exposición de un agente infeccioso. Algo diferente a la inmunidad adquirida por la vía artificial, como sería el caso de la vacunación contra viruela, sobre la cual Beauperthuy teoretiza: "Algunas infecciones virulentas no atacan a los sujetos sino una vez y parecen imprimir a la economía una modificación que hace imposible un nuevo ataque" (Beauperthuy en Llopis, 1963. [p. 45]).

Si bien, en el año 1796, Edward Jenner (1749-1823) había demostrado que una inoculación artificial controlada de la viruela bovina confería protección o resistencia a la enfermedad, desde la antigüedad se sospechaba o sabía que la infección natural por enfermedades contagiosas, viruela, sarampión y, cómo no, fiebre amarilla, conferían un estado de exención a padecer nuevamente la enfermedad. Jenner nunca —o al menos no existe conocimiento de ello— especuló sobre por qué la vacuna causaba inmunidad. Una respuesta a la interrogante había sido formulada a partir de las experiencias de Eli Metchnikoff (1845-1916), de George Nuttal (1862-1937) y de Louis Pasteur (1822-1895), quienes desembocaron en el desarrollo de las teorías celular y humoral de la inmunidad entre los años 1880 y 1898, y dieron pie al nacimiento de la inmunología como disciplina científica.

Uno de los puntos más resaltantes de la fiebre amarilla es el hecho de que un ataque de la infección confiere al huésped "inmunidad" contra la reinfección por el resto de su vida. De esta manera, poblaciones enteras en áreas endémicas o en áreas visitadas con frecuencia por la fiebre amarilla pueden hacerse inmunes. Bajo tal circunstancia, una epidemia nunca es vista, a menos que, o hasta que, grandes contingentes de inmigrantes o militares arriben a las Américas.

Aun cuando no es posible precisar con exactitud la fecha en la cual Beauperthuy escribió su reflexión sobre la aclimatación, se puede afirmar que, habiendo ocurrido su muerte en 1871, Beauperthuy estaba muy adelantado para su época en su concepto o noción sobre el estado de protección frente a las infecciones como la fiebre amarilla, cuando el organismo ha sido inoculado de forma natural del material mórbido. Siendo esto así, es posible postular que Beauperthuy no sólo fue el primero en plantear que el mosquito era el agente transmisor de la fiebre amarilla y el paludismo, sino que fue pionero en el marco de la inmunología, en sus conceptos y conocimientos universal, al plantear la aclimatación como un mecanismo o una teoría de inmunidad adquirida[41]. A continuación, se reproduce "Aclimatación", escrito por Beauperthuy probablemente en el año 1855[42].

—Artículo C—

LUIS DANIEL BEAUPERTHUY. "ACLIMATACIÓN"

Entre las cuestiones que esperan aún una solución satisfactoria, se debe colocar en primera línea la aclimatación. El señor Dr. Lagasquie preguntaba a un árabe, habitante de un oasis, cuáles eran las causas que hacían a su país malsano para los extranjeros."Es, respondió el árabe, que esta tierra no les conoce por sus hijos". Esta respuesta, impregnada de un espíritu de patriotismo exclusivo, explica mal un fenómeno cuya causa es todavía misteriosa.

Quizá no deba verse en la aclimatación más que una inoculación. No es que el virus febril introducido bajo la piel del hombre le preserve de las fiebres pero disminuye la acción perniciosa de esas enfermedades y le hace perder una gran parte de su gravedad. Actúa a manera de inoculación variólica que, sino [sic] preserva siempre de las afecciones pustulosas, posee indiscutiblemente la ventaja de disminuir la virulencia del fluido contagioso. Esta analogía es aún más sorprendente en lo que concierne a la fiebre amarilla que no ataca generalmente sino una sola vez al mismo individuo. Después de haber sufrido el ataque de esta grave potente epidemia, el europeo no es sorprendido más sino débilmente por las causas que la producen y no es atacado más que por las pequeñas epidemias: es decir, las fiebres intermitentes y remitentes.

Este asunto de la aclimatación tiene por solución aquella de la inoculación, que modifica lentamente, y en algún modo de una manera insensible, el conjunto de la economía, produce una mayor fluidez del elemento sanguíneo, decolora la piel, introduce en los órganos la siembra de gérmenes anémicos, del cual el estado de clorosis nos ofrece, en el más alto grado de desarrollo, el tipo mórbido. Esta modificación saludable, verdadera vacunación, disminuye la intensidad de acción del virus tipulario sobre la economía y modifica profundamente la constitución de los fluidos sanguíneos.

ALBORADA DEL POSITIVISMO

Durante el primer período de gobierno de "El Ilustre Americano" Antonio Guzmán Blanco (1829-1899), conocido como el "Septenio" (1870-1877), y en menor escala durante su segundo mandato — el "Quinquenio" (1879-1884)—, se llevaron a cabo profundas transformaciones políticas, sociales y económicas en Venezuela que permitieron el florecimiento de la cultura y las ciencias y que trajeron paz y sosiego a la atribulada sociedad venezolana. Es así que El Ilustre Americano decretó la instrucción primaria pública obligatoria, ordenó la creación de la Moneda Nacional, creó la Biblioteca Nacional y el Museo Nacional de Ciencias, formó el Archivo de la Nación, fundó la Academia de la Lengua, estableció la Dirección Nacional de Estadística y dictó los Códigos Civil y de Comercio. Como Presidente de la República, Guzmán Blanco llevó a cabo un vasto programa de construcción de importantísimas obras públicas dirigidas a sacar a Venezuela del atraso en que estaba sumida. Es durante el guzmancismo que el movimiento positivista se arraiga en el país. En buena medida, ello se debe al accionar de El Ilustre Americano, como también a la ayuda que brindaron intelectuales nacidos más allá de nuestras fronteras, quienes, impresionados por los relatos de Humboldt, decidieron inmigrar y radicarse en Venezuela a finales del siglo XIX y principios del siglo XX.

Adolfo Ernst[43] (1832-1899) fue uno de ellos y en una antología del pensamiento venezolano no puede faltar su nombre, pues él es uno de los más notables e importantes polígrafos de nuestro siglo XIX; está entre los que más contribuyeron al conocimiento del mundo natural de Venezuela. Dejó una vastísima obra en el ámbito cultural, con una especial significación en el campo de las ciencias naturales.

Adolfo Ernst llega al país, desde su Alemania natal, en el año 1861, casi por una afortunada jugada del destino, y en muy poco tiempo se integra a la sociedad caraqueña, conquista el favor de las élites políticas y participa activamente en los cambios que se estaban suscitando en la sociedad venezolana para, con su quehacer investigativo, promover el desarrollo de disciplinas distintas a las médicas en el país. En efecto, en el año 1874 Ernst participa activamente en la creación de las cátedras de Historia Universal y de Historia Natural en la Universidad de Caracas. Junto a Rafael Villavicencio (1832-1920), desde esas cátedras y otras tribunas, se encarga de difundir las nuevas teorías, bastiones del positivismo, como la de la evolución de Darwin[44] o la del transformismo de Lamarck, pilares de la nueva zoología o botánica.

La obra académica de Ernst se caracteriza por estar dedicada enteramente al estudio de asuntos propios de Venezuela. Ella es extensa y sumamente variada. Su catálogo de obras consta, al menos, de 458 referencias bibliográficas que comprendían libros, artículos y folletos. Entre las materias que abarca se destacan lo realizado en campos como la botánica, la zoología y la etnología, aunque también derivó su atención a la geología, la geografía y la mineralogía de nuestro espacio.

La botánica constituye una de las disciplinas académicas favorecidas por su atención, por la que siente una especial predilección. De hecho, uno de sus más interesantes trabajos fue revisar el quehacer, como coleccionista y taxonomista, del doctor José María Vargas, uno de los primeros venezolanos en alcanzar logros en esa disciplina (Ernst, 1877). Sin embargo, Ernst se interesaba más por las aplicaciones prácticas de la botánica, especialmente los cultivos del café, cacao o caucho; la explotación maderera; las ceras y resinas vegetales; los productos alimentarios, fécula o fibras. Estudió también las aplicaciones medicinales de variedades vegetales y, en particular, la de plantas venenosas. Siendo la Venezuela del siglo XIX un país fundamentalmente agrícola, los males del campo constituían auténticas calamidades. En el campo de la fitopatología, Ernst analizó muy detenidamente las enfermedades del café, del maíz y de la caña de azúcar.

En el campo de la zoología, su labor, aunque menos extensa que en la botánica, fue densa y bastante variada. Comprende estudios sistemáticos de la fauna nacional y de la del área de Caracas en particular. Describió especies para Venezuela que no eran conocidas hasta entonces. Estudió los animales útiles a la agricultura y al hombre y, desde luego, con mucha mayor razón, estudió aquellos que, como la langosta (*Acrididae*), eran perjudiciales a la agricultura de la Venezuela del siglo XIX. Igualmente, fueron objeto de varias de sus publicaciones las enfermedades de algunos animales y la biología de los parásitos de animales. Como paleontólogo describió los mamíferos fósiles que encontró en el país. En San Juan de los Morros estudió los restos de un mastodonte que estaba allí.

Adolfo Ernst fue un naturalista de primera línea. Aparte de su interés en las ciencias naturales también se empeñó en el estudio del folklore, particularmente de la gramática de lenguas autóctonas, habiendo hecho de ellas exactas traducciones a la lengua alemana. De particular interés son una serie de artículos de aspectos etnográficos de la población de Venezuela. Uno de ellos, "Ethnographische Mitteilungen aus Venezuela", publicado originalmente en 1986, en el *Verhandlungen der Berliner Gesellschaft für Anthropologie* de Berlín, se transcribe aquí en su versión traducida al español y titulada "Comunicaciones etnográficas de Venezuela", extraída de la colección de obras completas de Ernst compiladas por Blas Bruni Celli en 1986[45].

—Artículo—
ADOLFO ERNST. "COMUNICACIONES ETNOGRÁFICAS DE VENEZUELA"

El Sr. A. Ernst envía desde Caracas, el 18 de agosto este trabajo, explicado con ilustraciones, según originales del Museo Nacional de Caracas.

I.-ALIMENTOS Y ESTIMULANTES

Los primeros conquistadores españoles encontraron ya en cada una de las tribus de Venezuela el cultivo de plantas alimenticias que daban harina. Así Nicolaus Federmann menciona ya en su "Indianische Historie" (1) que él y sus acompañantes en el sitio de los *Allamares* (un grupo étnico hasta entonces desconocido al sur de Coro), que alcanzaron el 27 de setiembre de 1530, "encontraron ahí una abundancia de *mamis*, juca, *batata*, *oyama*", y agrega "clases de provisiones que en su momento describiré", lo que, sin embargo, lamentablemente olvidó. La palabra *oyama* concuerda completamente con el nombre *aullama* que hoy, por lo demás, se usa en el país; sin embargo, aquél no designaba entonces seguramente esta planta, sino una especie de *Dioscorea* o raíz de ñame, como se desprende también de una observación de Alcedo (2). Tenemos aquí uno de los ejemplos nada raros de desplazamiento de nombres, que a veces dificultan de manera bastante importante la comprensión de las viejas crónicas (3).

El maíz tenía originariamente en Venezuela diversas clases de denominaciones, de las que Caulín (4) nos ha conservado *erepa y amapo*, utilizadas por los cumanagotos. De éstos procede la palabra *arepa* con la que se designa a los pequeños panecillos de maíz, que constituyen en el campo la forma común del pan.

La planta de *yuca* tiene especial importancia desde el punto de vista etnográfico: primero por haber sido decididamente la planta de pan más importante de los cisandinos de Sudamérica, y luego porque del nombre que a ella se refiere resulta una nueva prueba de su procedencia brasilera y de las migraciones prehistóricas hacia el norte de las así llamadas tribus caribes.

En el Brasil se usa muy generalmente la vieja palabra guaraní *mandioca*. Aun Almeida Nogueira, el conocedor más profundo del antiguo guaraní, declara que hallar su procedencia no es asunto fácil (5); sin embargo, hay dos explicaciones, una realista y otra idealista. A propósito de la palabra *mitióg*, que significa "desenterrado", observa: "Aparte de las leyendas (6) se puede admitir con gran facilidad que de aquí procede *mindiog* o *mandiog*, y aun la contracción *ibamindiog*; esta última significa "fruto desenterrado". La contracción y la elisión son cosas seguras; solamente falta todavía el establecimiento de las leyes que están en la base". Esta derivación tiene muchísimo atractivo debido precisamente a su sobriedad y se podrían mencionar formaciones paralelas especialmente en nombres de plantas de cultivo, también en otros campos lingüísticos. La segunda derivación, por así decirlo idealista, se encuentra en la pág. 227 del *Voc. Guar.* bajo la palabra *mbaihog*, que Ruiz de Montoya, en su "*Tesoro de la lengua guaraní*", indica como de igual significado que *mandióg*. Almeida Nogueira dice: "Las historias que se contaban sobre el primer cultivo de esta planta atribuido a Tumé (7) nos dan derecho a más consideraciones; y no sería aquí un despropósito explicar *mbai* con *ybai* (árbol del cielo) y *mbaihog* como "hojas del árbol del cielo". También para ello se podrían traer ejemplos parecidos de otros países, como por ejemplo el origen mítico del olivo como regalo de Palas Atenea sobre suelo ático.

En el nombre brasilero de la mandioca dulce, *aipí*, Almeida Nogueira sospecha con alguna duda una contracción de *a* (fruto) e *ipí* (seco); la explicación no satisface, ya que todas las especies de mandioca tienen frutas secas; y si entendemos por *fruto* también la *raíz*, ésta precisamente no es seca; pero es difícil ofrecer algo mejor.

Cualquiera que sea el origen de las mencionadas palabras, lo cierto es que entre las tribus guaraníes de Brasil el cultivo de la mandioca se remonta lejos a los tiempos prehistóricos; y en consecuencia de ello la lengua ha acuñado un considerable número de expresiones que se refieren al cultivo de la planta, la elaboración de sus raíces, y a los alimentos y estimulantes que se preparan de ella.

Los descubridores españoles conocieron la misma planta primero en Santo Domingo, donde se la denominaba *yuca* y debido a ello este nombre alcanzó una especie de derecho de prioridad, y llegó con el progreso de los descubrimientos hacia todos los países conquistados por los españoles, por lo tanto, también hacia tierra firme sudamericana.

Desde hacía años me había llamado la atención el parecido de los nombres *yuca* y mand-*ioca* que hace suponer una vinculación. Después de una investigación exacta de numerosas palabras que se refieren a este objeto, creo ahora poder probar esta relación, en el sentido de que el punto de partida de las formas usuales en la América española se puede encontrar en el guaraní, de donde se sigue, entonces, que también el cultivo y la utilización de la planta debe haber proseguido hacia el norte partiendo del Brasil.

La patria brasilera de la mandioca es ya, por motivos geográfico-botánicos, altamente probable; pues de las 43 especies del género *manihot*, que Müller enumera en su monografía de las euphorbiáceas en el Pródromo de Candolle, no menos de 38 pertenecen a la región del Brasil; del este del Perú (una región fronteriza) se conocen dos especies características, de Guayana (también una región fronteriza) una, de México tres y sólo las dos especies cultivadas (*manihot utilissima y m. aipí*) se encuentran en todos los países tropicales de América; sin embargo ninguna como planta que crezca completamente salvaje. El cuartel general del género está, pues, en Brasil, donde además es muy grande el número de variedades de las dos especies cultivadas; Peckholt enumera 17 formas de mandioca dulce y 32 de amarga (8).

Antes de que pase a las explicaciones lingüísticas correspondientes, que hacen que la procedencia brasilera de la mandioca, hasta ahora probable, pase a ser segura, quiero anticipar algunas observaciones generales. No se pueden realizar investigaciones etimológicas en el ámbito de las lenguas americanas con aquella seguridad que distingue, por ejemplo, a la gramática comparada de las lenguas indo-germánicas. El material disponible, aunque de valor muy desigual, es bastante rico; pero carece todavía de exámenes críticos y de una penetración analítica aguda. De las leyes fonéticas se conoce extremadamente poco, y a menudo parece como si las mismas se quisieran sustraer a toda fijación en la aglutinación que, a primera vista, parece ocurrir en forma completamente arbitraria. Los múltiples desplazamientos del domicilio de cada tribu y el aislamiento de su existencia como consecuencia de impedimentos naturales y enemistad mutua y temor ('*mutuo metu aut montibus*'), han traído con el correr del tiempo una dispersión que directamente podría llamarse destrozamiento y no es siempre posible adivinar, en los restos reunidos en nuevos conglomerados de palabras, las raíces antiguas de las cuales se han originado. A ello se agrega todavía, que las lenguas americanas tienen casi siempre un carácter específicamente descriptivo; y a menudo sucede, a consecuencia de esto, que una y la misma cosa tenga nombres completamente distintos, según la forma de la percepción de un individuo solo o de toda la tribu, y cuyas raíces pertenecen, entretanto, todas a la misma lengua (9). Esta situación favorece considerablemente intentos de derivación hipotéticos; y ¿quién podría encontrar siempre lo correcto en tales circunstancias? Y, efectivamente, en ningún dominio de la investigación etnográfica se ha pecado más que en el de la lingüística americana, y tanto más cuanto entre los así llamados "americanistas" se encuentran no pocos que no tienen la menor idea del lenguaje ni de la investigación lingüística.

Tomando en cuenta plenamente estas dificultades, he tomado por regla mantener solamente las derivaciones que: 1. no estén en contra de ninguna de las leyes fonéticas que me son conocidas y de ninguna regla gramatical del guaraní; 2. que satisfagan la fonía; y 3. que no contradigan el sentido.

La forma yuca proviene, por el desprendimiento de la primera sílaba, del guaraní *mandiog* o *mandioca*; así se obtuvo *dioca* o quizás correctamente *ndioca* cuya vocal nasal inicial se funde fácilmente con la vocal siguiente para dar la y consonántica del español. La supresión de una sílaba no es descomún. Así, del guaraní *pirantá* (de piel gruesa) se ha hecho el español *anta*, más tarde *danta* (tapir), y una especie pequeña de abeja negra se llama en Coro (Venezuela) *ruba* —del guaraní *eirumbi*—, que tiene exactamente el mismo significado.

Hay todavía una circunstancia más que hace probable que se entienda a *mandiog* como una composición separable. Oviedo (10) llama con el nombre de *diacamán* a una de las variedades de la yuca cultivadas en Santo Domingo. Me parece que esta palabra se origina por la modificación de las sílabas de *mandioca*, ya que el metaplasmo es de aparición muy corriente en las lenguas americanas y en especial en el guaraní, como Almeida Nogueira lo ha comprobado en numerosos ejemplos (11).

De los restantes nombres mencionados en el lugar citado de la obra de Oviedo, *itapex* (o *itapei*) puede ser descompuesto en *ituá-ipé* ("lo que tiene un tronco cubierto de nudos"), y eso se ajusta en general muy bien a la planta de la mandioca. De las palabras que faltan todavía, *nubaga, tubaga, tabacán* y *coro*, esta última es idéntica a *caraú*, el nombre general para raíces comestibles con corteza de color oscuro (*Voc. Guar.*, 69); no sé interpretar las otras; sin embargo, parece estar en todas el adjetivo *ag* (amargo).

Si esta última suposición es correcta, debe haber sido conocida en Santo Domingo en la época del cultivo de estas variedades, también la mandioca no amarga. Oviedo dice, efectivamente, que ésta era más rara que en el continente, y agrega: "y cierto debe haber venido de allá". También el texto de Pedro Mártir (*Decad.* III, lib. 9, pág. 301) en el que comunica la leyenda de que un viejo hombre blanco había encontrado la yuca primero *en la orilla de un río*, me parece aludir a una procedencia extraña. *La orilla de los ríos* son en las costas los puntos preferidos donde arriban extraños y donde aparecen primero nuevos productos del reino vegetal.

Según Reynoso (12) y Bachiller y Morales (13) se da en Cuba el nombre de cangre a los trozos de troncos y ramas de las plantas desenterradas y utilizadas para las nuevas plantaciones de mandioca. Esta palabra se ha originado presumiblemente del guar. *acang* (rama).

En la lengua de los cumanagotos en Venezuela la yuca amarga se llamaba *quichere*, la dulce *cachite* (14); la primera palabra vinculada con el guaraní *cuí* (harina de mandioca), la segunda *cagüi* (nombre de una bebida embriagante que se prepara de la yuca dulce).

Entre los utensilios necesarios para la utilización de las raíces de la mandioca hay que mencionar primero a aquellos que sirven para rallar las raíces. Más abajo describiremos los aparatos de este tipo realizados con planchas de madera e incrustaciones de trozos de piedra; el nombre *itaiba* usado en el Orinoco superior es guaraní puro. En las Antillas se sirven para el mismo fin de planchas de madera cubiertas con la piel áspera de una especie de raya, y que se denomina *Iabusa o Iebisa* (15). La palabra se debe descomponer en *yabebir-aci* y significa "parte (de la piel áspera) de la raya".

La prensa para la masa de raíces ralladas se llama en guaraní *tepetí*, de *ti-pi-iti* (líquido-prensar-echar afuera). En Venezuela y en las Antillas se denomina al utensilio a describir más abajo, *sebucán o cebucán* y esta palabra es del guaraní *ce-bucán* (hacer correr hacia afuera). Una prensa de madera que se usaba también en las Antillas se llamaba *cuisa o cusía* (16). Pienso que la primera forma es la correcta; evidentemente se trata del guaraní *cuica-iça* (bloque de madera de harina), esto es, "bloque de madera para la preparación de la harina".

La masa prensada se ve casi como aserrín grueso; se la espolvorea sobre planchas de barro o de hierro, debajo de las cuales hay fuego; por el calor los granos de abajo se juntan al hornearse, con lo que la masa se vuelve suficientemente consistente como para que con alguna habilidad se le pueda dar vuelta. Estas planchas se llaman hoy en Venezuela *budare*; antes se decía lo más a menudo *burén*; ambas palabras proceden del guaraní *mboyi-ari* (hornear, tostar-encima). Las tortillas en forma de círculo que se hornean sobre el budare son el conocido pan de cazabe. Se ha querido explicar esta palabra americana tan usual como procediendo del árabe (!), sin embargo, no es nada más que el part. guar. *caaçá* (tostado, horneado).

Los escritores más viejos denominan a un tipo de este pan de mandioca con el nombre de *xauxau o jaojao* (17). Es una reduplicación del guaraní *hau* (yo como), en el tupí todavía hoy *xau*. Bachiller menciona como sinónimo la palabra suibaja, que se deja descomponer en ibá-cui (harina del fruto) por la eliminación de la metátesis probablemente existente, en donde bajo el nombre de fruto se debe entender la parte útil de la planta, como en el alemán fruto del campo.

El jugo de la mandioca que corre de la prensa se llama en Venezuela *yare*. En el guaraní existe para ello la palabra *mandiicuer* o *mandiocuer* (Almeida Nogueira, *Voc. Guar.*, 216). Primero supuse que de *cuer* se daría una derivación para *yaré*; sin embargo, no es así. En cambio, satisface el guaraní *i-yaráb* (líquido que fluye, *Voc. Guar.*, 212) en cuanto a forma y significado.

Del *yaré* se precipita la harina de sedimento o *tapioca*, así llamada según el guaraní *tipiá* (sedimento); en Venezuela no se usa popularmente la palabra, se dice *almidón* (= amylón).

De acuerdo con Bachiller (18) se llamaría en Cuba *naiboa* el líquido que fluye de la prensa; el mismo nombre tiene en Venezuela un pastel de dos tortillas de cazabe, una encima de la otra, entre las cuales se pone queso rallado y azúcar morena, y que luego se vuelve a tostar en el budare. La cosa es antiquísima; sólo que los indios no utilizaban queso (pues no lo conocían), y aplicaban miel en lugar de azúcar. En estas condiciones se puede descomponer *naiboa* en *ei-amboyá* (miel-agregar). La b nasal de la segunda palabra requiere, según una regla general del guaraní, también una pronunciación nasal de la vocal que la precede (19); así se originó *ei-boyoá*, que pudo transformarse fácilmente en *naiboa* (20).

Los numerosos nombres para bebidas embriagantes, preparadas por la fermentación de la raíz de la mandioca en toda la región de su cultivo, se remiten en su totalidad a un origen guaraní, como lo quiero probar considerando las formas más importantes.

El conocido *masato* (21), al este del Perú, viene de *mbaiog-çuú* (mandioca-morder-masticar), porque las mujeres mastican las raíces para introducir por medio del fermento contenido en la saliva, la transformación del almidón en glucosa. El *paiwari* de los indios de Guayanas (22) es una bebida muy parecida, cuyo nombre completo en guaraní *paia-uarú* es mencionado por Martius (23). *Paia* procede de *mbaiog*; *uarú* está para *ibarú* (pulpa de la fruta) de acuerdo con un cambio que ocurre frecuentemente, de *iba* (fruto) en *uá* (24), y toda la palabra significa por consiguiente "pulpa de la mandioca". En Venezuela existe la forma abreviada *paya* para la designación de una bebida fermentada que se prepara con cazabe rociado con agua (25). Los nombres comunes en varias regiones, *cajirí* (26), *cachir* (27), *cachui*, *cabia* (28) pertenecen en su totalidad al guaraní *cagui* (de *iga úi* "farinha de liquido"; *Voc. Guar.*, 65), que en general designa a bebidas fermentadas en forma de vino y embriagantes. Otra palabra para mencionar es *vicou* (29) y *veycusi* (30) del guar. úi-icu (harina hecha líquido).

Por último, quiero mencionar todavía la expresión *catibia*, con la que se designa en Venezuela una salsa que se prepara con el jugo concentrado de raíces de mandioca, de gusto fuertemente picante, una propiedad a la que quizás alude el nombre; pues *cativia* podría originarse en *caitar-ibi* (eso que quema, intestinos). Sin embargo, no quiero negar que esta derivación no me satisface especialmente, aunque Almeida Nogueira propone en su *Voc. Guar.*, muchas otras que a primera vista parecen todavía más audaces.

Si las explicaciones etimológicas dadas proporcionan la prueba de que la totalidad del glosario de la mandioca de la América cisandina —desde el sur de Brasil hasta las Antillas— tiene su origen y raíz en el guaraní, entonces tanto más será justificado buscar también en la patria de esta lengua el punto de partida para el cultivo de aquella importante planta alimenticia. Sin embargo, la expansión gradual de las mismas pudo apenas tener lugar sin que las mismas tribus interesadas hayan avanzado poco a poco hacia el norte; y es cosa conocida que todavía en la época del descubrimiento del nuevo mundo, los así llamados caribes de la tierra firme emprendieron en sus botes incursiones de pillaje en las pequeñas Antillas. Estas incursiones son, sin embargo, sólo resonancias débiles de migraciones más grandes que poblaron en tiempos más antiguos el norte del continente, la Venezuela de hoy, las islas de las Indias occidentales y probablemente también Florida.

Entre las diversas clases de muestras de productos de la península goajira, el Museo Nacional posee una gran botella con semillas muy pequeñas que se designan con el nombre de *cadillo*. A mi pregunta, el General Faría, antiguo gobernador militar del territorio, comunicó: "Cadillo es una grama que se da en la Goajira muy comúnmente. Tiene frutos espinosos con semillas muy pequeñas que las hormigas extraen mordiendo y juntan en sus nidos. En tiempos de escasez los indios buscan estos nidos, los cavan y se apoderan de los granos ahí almacenados, con los cuales cocinan una papilla que no sabe mal". Mi informante me prometió enviar algunas hormigas al Museo; sin embargo, pronto fue trasladado, y sus sucesores no han mostrado hasta ahora ningún interés por cosas semejantes. Para una determinación botánica de esta grama he sembrado varias veces algunas semillas, pero nunca han germinado. De todos modos, la grama pertenece probablemente al género *Cenchrus*; el nombre español cadillo, que tienen varias plantas con frutos espinoso-ganchudos, proviene del latín *Catulus* y alude a las circunstancias de que dichos frutos quedan prendidos a los vestidos, de manera parecida a las garras de pequeños gatos juguetones. El hecho entero es, por lo demás, de más interés zoológico que etnográfico, ya que proporciona un nuevo ejemplo de las así llamadas "*harvesting ants*", de las que ya se conocen algunas en la fauna de América, de Texas y Florida.

Estimulantes. Humboldt menciona ya (31) el uso del polvo de *niopo* entre los otomacos e informa que se lo prepara de semillas de una mimosácea que él ha descrito como *Acacia Niopo*. La costumbre persiste todavía hoy en diversas tribus, aunque la misma se ha vuelto mucho más rara, ya que el rapé importado auténtico le hace una competencia exitosa cada vez mayor. El Museo Nacional posee un curioso aparato del que se servían los tomadores de niopo entre los guahibos en el Orinoco superior (Fig. 1).

Del gran hueso en forma de tubo "a" (probablemente tibia de tapir), se ha fracturado abajo, en el costado, un pedazo y se ha pegado el lugar de la fractura con resina negra denominada *maní* o *paramán* y que procede de la *Moronoboea coccinea*. La cavidad del hueso está destinada al polvo de niopo y puede ser cerrada con el tapón "b". De esta pieza que realmente representa la tabaquera, cuelga el aparato de aspirar en forma de Y. Está formado de tres huesos tubulares delgados (de las piernas de aves palustres) que están conectados en el medio por la resina mencionada de la manera en que se ve en la ilustración, pero de tal modo que no se ha interrumpido la comunicación interna.

Cada uno de los dos brazos lleva en el extremo una esfera "d" de un fruto de palmera, perforada a lo largo. Al usarlo se lleva el extremo del caño "c" al polvo de niopo y al mismo tiempo se mantienen las dos esferas delante de los orificios nasales, de tal modo que al inspirar por la nariz llega a la misma una cierta cantidad del excitante polvo. El hueso tiene 0,18 de largo, el aparato para aspirar 0,15, las esferas tienen 0,02 de diámetro y son de color negro (32).

En mi trabajo "*Sobre los restos de los aborígenes en las montañas de Mérida*(33)" he hablado del característico extracto de tabaco, que con el nombre de chimó pertenece, para la población de allí, a la nutrición y a las necesidades elementales del cuerpo; hoy envío una muestra del mismo para un análisis ulterior. Por supuesto que en Venezuela se fuma infinitamente, especialmente cigarrillos de papel; de interés etnográfico debe ser la indicación de que, al fumar, muchas mujeres viejas de

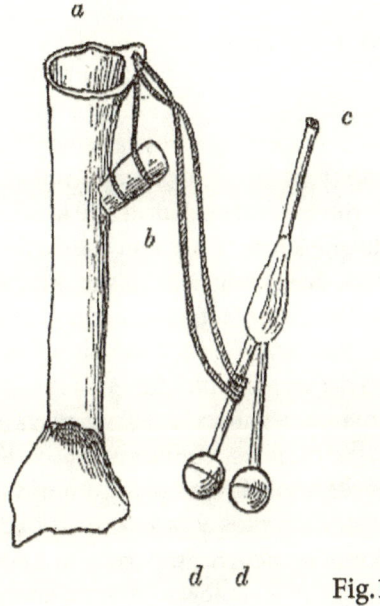

Fig.1

las capas bajas de la población mantienen el extremo encendido del cigarro en el interior de la boca. Entre los indios del sur, del territorio del Orinoco superior y Amazonas, la costumbre del tabaco de fumar ha hecho igualmente grandes progresos. En lugar del papel para los cigarrillos se suelen servir allí de las capas fibrosas extraordinariamente finas de la corteza del *tavarí* (*Couratari Tannari*, Berg); una muestra de la corteza que se encuentra en el Museo Nacional tiene en un extremo un grosor de 5 mm y el otro se ha descompuesto, por maceración, en 24 hojas.

Entre los goajiros estaba difundido antes el gusto por el *hayo* (una especie de eritroxilon). Al menos en la península esto ha cambiado; también aquí el tabaco ha desplazado a estimulantes más viejos, de tal modo que los indios, permanentemente mendicantes, piden siempre primero *yuri* (cigarros) o *manilla* (tabaco para masticar). Sólo en la Sierra Nevada de Santa Marta el hayo conservó todavía, entre los arahuacos, su viejo derecho.

II.- VESTIMENTA Y ADORNOS

Debemos a Simons las noticias detalladas sobre las vestimentas y adornos de los indios goajiros, al oeste de Maracaibo, que se ilustran excelentemente por una serie de muestras en el Museo Nacional (34).

El atuendo es muy sencillo y hoy, presumiblemente el mismo como en la época de los primeros descubridores de la península, sin embargo, con la diferencia de que ahora se usa mucha tela de algodón importada. La vestimenta común de los hombres en su trabajo es una faja de 0,1 de ancho alrededor de las caderas, que se denomina *caiche*. Pero cuando el goajiro visita a sus amigos o es visitado por ellos se pone sus mejores ropas que consisten de: un paño plegado para la cadera, una manta, y un gran cinturón. La manta se llama *shé*. Es una pieza alargada de algodón, así como lo tejen las mujeres, comúnmente de líneas longitudinales rojas o azules, a veces también con otros dibujos adicionales. Los dos lados largos se prenden juntos y la costura se adorna con pequeñas borlas y flecos. Lo mismo ocurre en parte con uno de los lados cortos, de modo que sólo queda una abertura suficientemente grande como para meter la cabeza. Una prenda de vestir parecida, sólo más larga y amplia y confeccionada de 8-10 varas de cotonada, lleva el nombre de *ashen* o *askein*.

El cinturón (*si-ira*) es la pieza principal de todo el atuendo. Por fuera está compuesto de tela de lana con rayas rojas o azules, por dentro de algodón. Algunos cinturones son tan largos y anchos que en caso de necesidad pueden utilizarse como chinchorros. En este cinturón el goajiro lleva su largo cuchillo y sus flechas; los pliegues le sirven además como bolsillos para toda clase de cosas más pequeñas. Los pies están, por regla general, descalzos; el indio lleva a lo sumo un par de suelas de cuero sujetas con correas, lo que probablemente ha aprendido del español, ya que denomina a las mismas con la palabra española *zapato*.

El cabello negro azabache se corta alrededor bastante corto, y se lo sujeta con una corona en forma de anillo. Esta última se llama *yara* cuando se la ha trenzado de tallos de una grama (denominada *isi*), en cambio se llama *capanasa* cuando consiste de hilos de lana. A veces se unen las dos formas y adelante se le agrega de adorno un par de hilos de colores; un tocado tal tiene el nombre de *toroma*.

En la parte interior de la articulación de la mano izquierda cada goajiro lleva un pedacito de cuero (8-10 cm de largo por 4-6 de ancho) que se ata con un cordón retorcido de algodón; se llama *hapiquito* (forma diminutiva española de la palabra goajira *hapo*=mano) y sirve para atajar la cuerda del arco que rebota. Algunos indios llevan collar; sin embargo, la mayoría deja a las mujeres este tipo de adorno.

El atuendo de estas últimas se confecciona hoy en día exclusivamente de tejidos de fabricación europea. Consiste en un traje largo y ancho, en forma de bolsa, sin adornos especiales, con un agujero para la cabeza y dos para los brazos. La camisa, cuando la hay, se hace de *shirting* blanco que las indias tiñen primero de negro con una cocción de vainas de dividive (*Caesalpinia coriaria*), o de marrón-amarillo con madera de mora (*Madura tinctoria*), o de rojo oscuro con el colorante de la corteza de mangle (Rhizophora Mangle). Las mujeres goajiras tienen sus vestidos siempre pulcros y limpios, y aun la más pobre tiene por lo menos un segundo traje para los días de fiesta.

Ellas se cortan los cabellos igual a los hombres, y para salidas más largas se cubren la cabeza con un sombrero de paja, con bordes dentados muy anchos, que denominan *cuomo o coumo*.

La más importante y costosa parte de sus adornos son los cordones de perlas de dos tipos, llamados *puna y sirapo*. El primero tiene la forma de tirantes: largos cordones de perlas pasan por los hombros, se cruzan adelante y terminan hacia abajo en el sirapo, un cinturón compuesto igualmente de cordones de perlas. Aun a niños pequeños de apenas algunos meses de edad se les pone un par de cordoncitos y se aumenta su número de acuerdo con el aumento de las fuerzas del niño y según que los medios de los padres permitan el gasto. En las *punas* se usan perlas de todos colores, con excepción del negro, pero lo más a menudo una especie roja que tiene una mancha blanca en los dos extremos del agujero y que se llama *isochón*. Una puna ordinaria pesa 2 libras, pero a menudo se ven unas muy grandes que pesan hasta 10 libras. El *sirapo* se hace preferiblemente de perlas negras (*piaur*) y pesa, según las circunstancias, de 1 a 10 libras. Las mujeres casadas llevan la *puna* hasta su primer alumbramiento y luego se lo quitan para siempre. Las indias pobres que no pueden comprar perlas, confeccionan los dos artículos con hilos de algodón de colores.

La puna era costumbre en algunas tribus indias al norte de Venezuela ya en la época de la conquista, como se desprende claramente de la descripción muy exacta de Oviedo (*Op. cit.*, II, 329, 330); sólo que entonces no se las hacía de perlas sino de simples cordones y valía como signo infalible de virginidad. De este último hecho se desarrolló probablemente entre los goajiros de hoy la costumbre de que las mujeres que han alumbrado no pueden llevar más las punas.

Los collares más apreciados están hechos de *tumas*. Con este nombre se designa a piedrecillas de diferentes formas, pulidas y perforadas, que se encuentran en las viejas tumbas de un pueblo totalmente desconocido, tanto en la península goajira como en la Sierra Nevada de Santa Marta. Las de forma esférica son las *tumas* propiamente dichas; otras tienen forma de barril y se llaman *amururé*; otras tienen todavía una forma ovalada y se denominan *perinya* o *guarirainya*, según sean más alargadas o cortas y regordetas; por fin las hay cilíndricas que forman pequeños tubitos y que tienen el nombre de *pararia*. Desde el punto de vista mineralógico son fragmentos de jaspis rojo, cornalina y sardonix, piedras que presumiblemente no se darían en la Goajira, pero sí en la Sierra Nevada. Su valor depende de su tamaño y de la intensidad del color rojo. Una hermosa tuma es hoy tan costosa como un buey, y todo un collar completo cuesta 15-30 bueyes. Comerciantes especuladores han tratado de vender a los indios imitaciones de tumas, pero nunca con éxito.

La pulsera se llama *hápuna* (de *hapo*=mano). Algunas indias llevan también cordones de perlas en los pies, encima de los tobillos; los más costosos, de perlas de piedra se denominan *cushihanar, guaurihena* los de perlas de vidrio ordinarias. Los primeros se usan muy raramente.

En los últimos años se han puesto de moda entre los goajiros los adornos de coral rojo; ellos denominan a las perlas redondas con el nombre de *curulase* (del español *coral*), las piezas en forma de ramas se llaman *yaiche*. Antaño no eran raros entre las indias adornos de oro, pero ahora han desaparecido casi completamente, y sólo se ve muy ocasionalmente un tubito (*masia*) de este metal en un collar; en cambio las perlas de vidrio dorado son muy comunes. De los collares de coral cuelgan a menudo pequeñas hechas de plata que son introducidas desde Nueva Granada.

Ambos sexos se pintan la cara con un colorante rojo que llaman *parisa*. Se prepara de las hojas de un arbusto (pana) y, según las muestras en trozos pequeños de forma esférica que se encuentran en el Museo Nacional, se ven, aparte del color, como las pastillas Santonin de los farmacéuticos. El origen botánico de esta sustancia no es por cierto conocido con exactitud, y se sabe muy poco por testigos presenciales sobre la manera de prepararlo. Sin embargo, no me cabe ninguna duda de que la *parisa* de los guajiros es idéntica a la *chica* de los indios del Orinoco y al *carajurú* de los brasileros. Simons me comunicó haber visto sólo una hoja que era de forma elíptica y bastante consistente. Eso se ajusta muy bien con las hojitas *Bignonia Chica* (35) reproducidas por Humboldt y Bonpland. Además, comparando los dos colorantes no encuentro diferencia, sólo que la *parisa* es un poco más amarronada que la *chica* (36). Además, esta última existe como con el mismo nombre en la región cálida de Nueva Granada (37), de modo que no habría ningún impedimento para suponer su existencia y utilización también en la Goajira. Simons informa que los arahuacos de Sierra Nevada se sirven de la misma sustancia para teñir de amarillo las fibras de agave (*figue*).

De otros pigmentos los goajiros utilizan el colorante de la *Genipa Caruto* muy durable y de color azul-negro, al que denominan *guanapai*. Con él se pintan manchas y líneas en la cara, que les confiere un aspecto extraordinariamente salvaje y que sólo desaparece por la renovación de la epidermis. Además, usan el polvo de la resina del *cuica* con el nombre de *mapuatepo*, y todavía otro polvo llamado *marua*. Simons dice que ambos se preparan de madera podrida; pero esto no es quizás del todo exacto ya que en Coro (costa de Venezuela) se aplica la resina del árbol mencionado en forma de polvo para refrescar la piel. La *cuica* crece en diferentes partes de la costa norte de Venezuela; yo mismo la he visto en abundancia en la isla Margarita. La corteza del tronco y de las ramas más gruesas no muestra formación de costra alguna, pero está cubierta de una capa de resina amarillenta y transparente de 1-3 mm de espesor. En Coro el árbol se llama *yabo*; aparte del uso ya mencionado la resina sirve allá para la fabricación de jabón, utilizándose al mismo tiempo la abundante soda que contiene la ceniza de la madera del árbol.

De las palabras que faltan todavía, *nubaga, tubaga, tabacán* y *coro*, esta última es idéntica a caraú, el nombre general para raíces comestibles con corteza de color oscuro (*Voc. Guar.*, 69); no sé interpretar las otras; sin embargo, parece estar en todas el adjetivo *ag* (amargo).

En el resto de las tribus de indios venezolanos la manera originaria de vestirse es tan simple que realmente apenas se puede hablar de ello.

Los chaimas de Maturín, o más exactamente los escasos restos de los mismos, usan una larga pieza de tela de algodón que envuelven de atrás para adelante y de nuevo para atrás alrededor de la región de las caderas, en forma de un cinto; se pasan ambos extremos por entre las piernas y en forma de cruz sobre el pecho y se los echan por encima de los hombros, de donde cuelgan hasta la cintura (38).

La botánica conoce la *cuica* con el nombre de *Cercidium viride*; Karsten ha dado de ella una muy bella ilustración (39). Los nombres triviales de *cuica* y *yabo* admiten una interpretación guaraní: *cui-ca* (pulverizarse), *yáribo* (pegar-estar fijo, con respecto a la resina).

Entre los aborígenes del Orinoco y Río Negro la vestimenta se limita lo más a menudo a sombrero y taparrabo (*perizoma*). De los primeros el Museo Nacional no posee nada digno de atención; en cambio los últimos están representados por un número significativo de interesantes muestras. El nombre en el país es generalmente *guayuco* y en Guayana aparece en forma parecida (*queyou*) (40). La palabra procede muy probablemente del guaraní *cuacuáb* = *quaquab*, que Almeida Nogueira traduce como "ceñir" y que deriva de la raíz *cua* (talle; parte del cuerpo que ciñe el cinturón) (41). Es por lo común un paño de material de algodón no especialmente grande; los ejemplares que tengo ante mí tienen un tamaño que oscila entre 1,50-0,50 de largo y 0,25-0,12 de ancho. La cuerda que llevan los paños tiene a veces forma de cinturón ancho y está adornado en las puntas con cuentas de vidrio y borlas; a menudo, sin embargo, no es más grueso que una pluma de ganso. Los maquiritares saben enhebrar el pelo bastante áspero de ciertos cuadrumanos en la cuerda hecha de fibras de *tucuma*, de tal modo que la pieza entera se ve como una larga cola de mono. El Museo posee varios cinturones de este tipo de 2-3 m de largo, desgraciadamente ya atacados fuertemente por los insectos.

De interés mayor son los *guayucos* de las mujeres confeccionados cuidadosamente con cuentas de vidrios de colores; las Figs. 1 y 2 de la Plancha IX son ilustraciones realizadas según fotografías de los mismos. Llama la atención la ornamentación sencilla y sin embargo llena de gusto y concuerda con los dibujos trenzados de las cestas a describir más tarde. El ejemplar mayor del Museo tiene arriba 0,22 y abajo 0,40 de ancho, y el largo asciende a 0,21; el borde lateral forma en todos una curva plana. El fondo del bordado, en el guayuco del cual hablamos, es celeste; los dibujos en forma de T, de perlas rojo cereza. Un segundo ejemplar (Plancha IX, Fig. 1) tiene arriba un ancho de 0,23 y abajo de 0,36 por un largo de 0,18 y está hecho de perlas azules y blancas. Un tercero (Plancha IX, Fig. 2) mide 0,17, 0,30 y 0,15; las dos mitades de las primeras y la mitad superior de la tercera línea quebrada son negras, mientras que el resto de las líneas, así como los triángulos del borde inferior, son azules; el resto es blanco. En el borde inferior se encuentra un fleco espeso de 0,02 de largo, de hilos de algodón rojizos y en cada esquina de abajo un atado de hilos más largos con pequeñas borlas del mismo color y una especie de "brelok" de cordones cortos de perlas azules formados de pequeñas conchas de semillas recortadas en forma de arco.

Adornos para la cabeza. El Museo Nacional posee varios ejemplares, poco diferentes unos de los otros, de adornos para la cabeza de los piaroas en las orillas del Cataniapo, Mateveni y Sipapo. Estos se componen de una cinta de un ancho de 0,06 plegada a lo largo, que se teje de cintas angostas de hojas de palma y arqueada en un anillo elíptico, de modo que el surco del plegado queda para afuera. En éste está fijada una corona de plumas rojas y amarillas (del pecho del tucano) de largo uniforme (0,03). Del centro del borde de atrás cuelga un atado de cordones de perlas de diferente color que rematan con plumas multicolores, del ala de una clase de papagallo o con las largas plumas de la cola del ara; estos últimos tienen en la punta además un pequeño manojo de plumón blanco, probablemente de la región inferior del vientre del pauxi (*Crax Baubentoni*). Todo el colgante en forma de cola es de 0,65 de largo. En otro ejemplar los cordones de perlas terminan en un manojo de plumas de colores, que están prendidos en la parte inferior cónica del endocarpio negro azabache de la fruta de la palmera macanilla (*Guilielma speciosa*), como un cucurucho.

Plancha 9

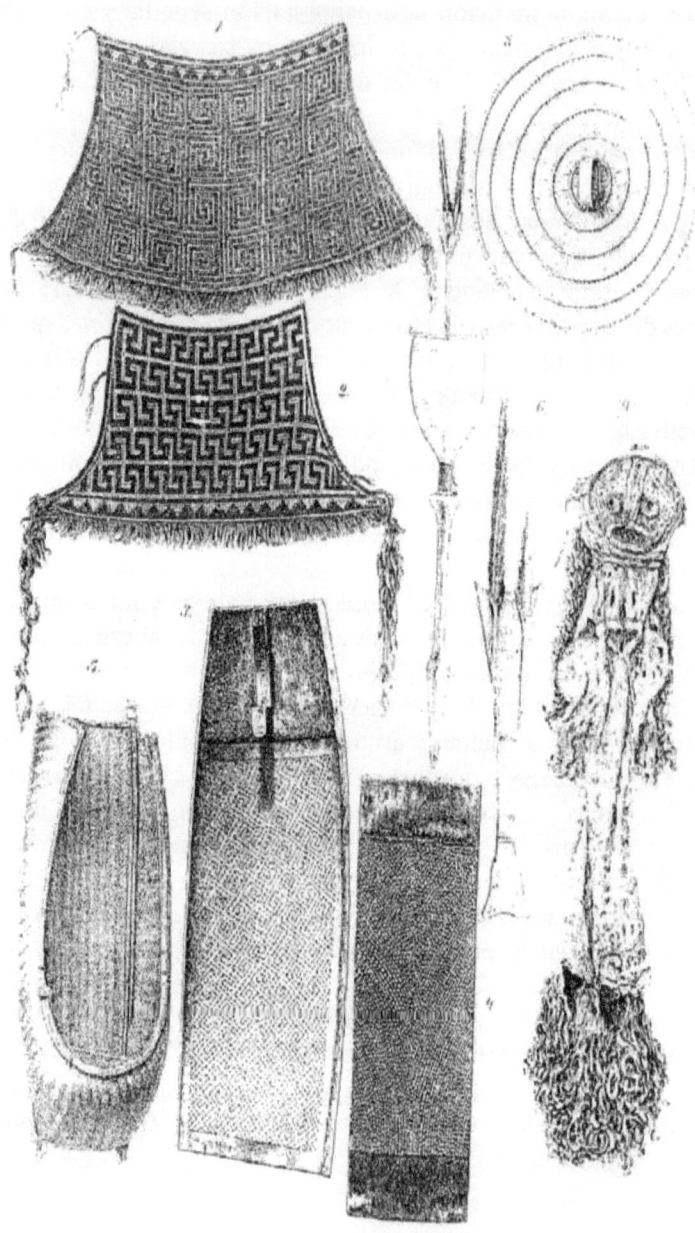

Un tocado que procedería presuntamente de los *chiricoas* que deambulan en las orillas del Meta, consiste de una corona de garras de jaguar y tiene atrás un largo copete de plumas de la cola de la guacharaca (*Penelope argyrotis*).

Los *uaupés* a orillas del Ucayari, un afluente del Río Negro, llevan en la frente, en ocasiones festivas, bandas de 0,30 de largo y 0,10 de ancho de plumas rojas y amarillas que están fijadas en filas planas de 3 o 4 en una cinta tejida de fibras de *tucum*. La última tiene de ambos lados cordones del mismo material en los que está entretejida, sin embargo, lana de bombáceas, de tal modo que se ve como si todo el cordón se hubiera realizado de este material.

Este sería el lugar apropiado para describir los peines de los *maquiritares* de los que el Museo posee varios ejemplares. Están compuestos de una hoja delgada de madera de macanilla (0,05-0,06 de largo por 0,15-0,20 de ancho) en la que se han cortado en los dos lados siguiendo la dirección de la fibra, dientes de 12-15 mm de largo y de apenas 1 mm de ancho. En el medio, entre hileras de dientes, se encuentra a cada lado un palito de madera, cubierto con un trabajo tejido muy delicado y que en sus extremos sobresalen algo por encima de la hoja, de tal modo que se los puede atar juntos sólidamente. En algunos peines de este tipo se encuentran además en ambos extremos pequeños manojos de plumas de colores.

Los *collares* de las mujeres son cordones simples o de varias vueltas, de todos los colores posibles. Además, se aplican a menudo élitros de escarabajos de brillo metálico: así posee el Museo varios collares de este tipo de élitros de la *Euchroma gigantea* enhebrados uno al lado del otro, y de animales enteros de la verde-dorada *Macraspis lucida*. Los adornos de concha parecen no estar más en uso hoy en día; pero en tiempos antiguos se han llevado, por lo menos en ciertas regiones, collares de pequeñas conchas de caracol; pues no pocas veces se encuentran en las tumbas del oeste de la cordillera numerosos ejemplares de un *conus* y de una *marginella* con borde a lado perforado. Ya he descrito antes en *Globus*, XXI (1872), un collar de cuerpos dentiformes, cortados de la concha de la *Strombus gigas*. Los collares de los hombres se componen lo más a menudo de colmillos de pecarí (*Dicotyles torquatus*), separándose los colmillos de cada maxilar, que son conformados de manera algo diversa; más raros son los collares de caninos de jaguar (en el Museo hay sólo uno); en cambio se dan más a menudo los de las conchas duras de las semillas de ciertos vegetales, como por ejemplo de las diversas especies de *Thevetia*, que hacen un ruido de matraca especialmente en la danza.

Un curioso adorno para el cuello y el pecho se da en los ya mencionados *uaupés*. De acuerdo con los dos ejemplares que se encuentran en el Museo, el mismo se compone de una cuerda de fibras de palmera de la que cuelga un cilindro de cuarzo blanco bellamente pulido, que tiene 14-16 cm de largo en los extremos y 3 cm (en el medio algo más) de espesor. El agujero se encuentra próximo al extremo y tiene forma de embudo en los lados, como se indica en la Fig. 2.

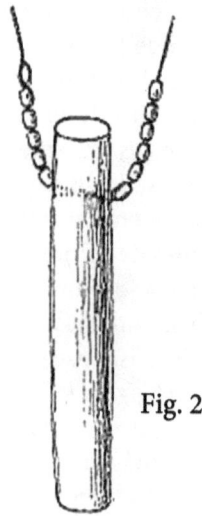

Fig. 2

Al lado del cilindro se han enhebrado en el cordón algunas conchas de semillas de paredes gruesas cuya procedencia me es desconocida; tienen unos 15 mm de largo, 10 de ancho y 5 de espesor, no están perforadas, sino que están cortadas en los dos extremos de manera que, después de la extracción de su contenido, se las puede atravesar a lo largo con la cuerda. No nos equivocaremos si vemos en este objeto una representación simbólica del falo, que se llevaba de manera parecida al *lingam* de las Indias Orientales. A los *uaupés* de hoy se les ha perdido este significado; tampoco confeccionan ellos mismos los cilindros de piedras; pero no he podido averiguar de dónde los obtienen. El tallado de la piedra y la perforación del agujero tienen que ser trabajos muy largos y pacientes, dados los escasos recursos técnicos de los indios, ya que el material bruto es de notable dureza.

En muchas tribus se dan también diversos tipos de adornos para los pies en forma de pulsera. El Museo Nacional posee algunos de semillas de *thevitia* y de carozos vaciados de la *lucuma mammosa* que probablemente se las ponían para bailar y producir así un ruido como de matraca, una especie de castañeta primitiva (42).

III.- UTENSILIOS DOMÉSTICOS

1.- *Rallador de raíces.* La Plancha IX, Fig. 3, presenta un utensilio peculiar para rallar las raíces de mandioca, como hoy se usa en el Guainía o en el Río Negro superior, en la región del Pimichín. El original es una plancha de 0,84 de largo y 0,025 de espesor, de una madera bastante blanda, cuyo ancho es arriba de 0,19, en el medio 0,29 y abajo de 0,26. El lado de adelante es un poco cóncavo y arriba tiene una especie de mango. La superficie para rallar que se encuentra en el mismo tiene de largo 0,58, de ancho 0,25 (medido siguiendo la curvatura) y consiste de un número grande de pequeñas astillas de una piedra esencialmente anfibolítica de 5 hasta 6 mm de largo, introducidas en la madera a unos 2-3 mm de profundidad. Están en líneas quebradas en ángulo recto que se extienden en meandros, que en conjunto forman un dibujo bastante complicado pero muy regular. Están fijadas de una manera tan sólida que no se desprenden fácilmente, aun con un uso largo del utensilio. Algunos ensayos con el mismo me han convencido de que, efectivamente, corresponde a su fin y que ralladores de este tipo son en todo caso más duraderos que, por ejemplo, los utensilios de esta clase hechos de lata, que con el clima húmedo y caliente de aquella región se oxidarían rápidamente.

Un segundo rallador (Plancha IX, Fig. 4) procede de la región de los *maquiritares*, a orillas del Orinoco superior. Constituye una tablita de 0,69 de largo y 0,23 de ancho, en cuyo anverso, algo convexo, se encuentra, en todo el ancho, la superficie de rallar de 0,49 de largo, hecha con astillas de cuarzo clavadas. Estas piedrecillas forman curvas ascendentes convexas, que van regulares del centro a los lados. La superficie de rallar está recubierta con un pigmento marrón oscuro, quizás una especie de masilla, para hacer el utensilio más durable. A tales ralladores se los denomina *itaibas o itibas*, una palabra compuesta de manera indubitable del guaraní *itáibé* (piedra-rallador).

Como es sabido, también las raíces aéreas de ciertas especies de palmeras (por ej. la *Iriartea exorrhiza*), cubiertas de numerosas espinas pequeñas, son utilizadas por muchas tribus aborígenes de Sudamérica para rallar raíces que dan harina. Una pieza tal que tengo ante mí, tiene 0,60 de largo y 0,15 de ancho. Lo mismo ocurre también con el hueso del paladar del *pirarucú* (*Arapaima gigas, Müll.*), uno de los peces de río más grandes del Brasil y de la Guayana. Este hueso está provisto de papilas pequeñas y muy duras, muy cercanas unas de las otras, que le dan un aspecto de rallador. Un ejemplar del Museo Nacional tiene 0,15 de largo y unos 0,05 de ancho. Se usa un rallador de hueso de este tipo para transformar la dura pasta de guaraná en polvo para la preparación de la bebida del mismo nombre.

2. *Cestas y objetos parecidos*. La gran diversidad de los materiales, de las formas y de las realizaciones técnicas de los objetos pertenecientes a esta categoría, aun en tribus cuyo contacto con los blancos se ha limitado a un mínimo, deriva por una parte de la abundancia inagotable del material apropiado y está condicionado por otra parte por la facilidad del trabajo y la falta de otros utensilios más duraderos, cuya confección apenas es posible sin herramientas de hierro. Un catálogo de plantas de nuestra flora que tengan tallos, ramas, corteza u hojas flexibles, aptas para el trenzado de cestas, contendría, efectivamente, cientos de especies de las familias más diversas del reino vegetal.

Ante todo están, sin embargo, las numerosas palmeras y las no menos abundantes gramíneas arbóreas (*Chusquea, Arthrostylidium, Gradua, Gynerium*, etc.), que son las más utilizadas; pero, en la mayoría de los casos, es imposible reconocer con seguridad a partir de las cestas mismas la procedencia botánica del material usado.

La forma de estos objetos es, a consecuencia de su empleo para los fines más diversos, extremadamente diversa. De las grandes canastas labradas toscamente, y hechas de los troncos maderosos de las bambusáceas o de las largas lianas trepadoras (llamadas aquí, en general, *bejucos*) se va, en todas las gamas posibles, hasta las *gráciles guapas*, tejidas con no poca habilidad con cintas delgadas de la corteza de un tallo de hoja de palmera y provistas de dibujos de buen gusto.

Con toda seguridad este es un punto de esplendor en la industria, de otro modo primitiva, de los aborígenes, que merece toda nuestra atención.

El tejedor de cestas indio (no rara vez es una tejedora) es muy cuidadoso en la preparación y elección del material, especialmente en lo que atañe a la uniformidad de las tiras. Donde se aplica una coloración artificial, ésta es muy intensa y duradera. Ya que el indio no tiene, con respecto al tiempo, ninguna prisa especial, el trabajo mismo se realiza con gran exactitud y regularidad.

En los artículos ordinarios cada tira está tejida de manera tal que alternadamente está situada abajo y arriba; sin embargo, a veces también se hace saltar a cada banda por encima de dos que están situadas juntas, lo que hace que el producto pierda, por cierto, en durabilidad.

Esto ocurre especialmente con los coladores llanos y de malla amplia que se designan con el nombre de *manare*. Sólo en uno entre los muchos utensilios de este tipo que se encuentran en el Museo Nacional, he encontrado *dos* sistemas de tiras que se cruzan en ángulo recto, aproximadamente en la forma en que se teje en Europa el asiento de las sillas de mimbre.

La Fig. 3 muestra el recorrido más exacto de las bandas. Los *manares* son o de forma circular o más o menos cuadrados. En el primer caso se refuerza el borde con una varilla de forma anular, cuya elasticidad tensa, al mismo tiempo, el tejido: en el segundo caso el tejido está fijado a un marco cuadrado, cuyas piezas están alargadas por encima de los ángulos (43). En casi todas las casas de Venezuela se usan coladores de este tipo: tanto la cosa como el nombre se deben, sin embargo, a los aborígenes. La palabra manare se vincula con el guaraní *mong-uab* o *mong-uar*, que significa "colar", "filtrar" (44).

Las así llamadas *guapas*, cestas planas con forma de un segmento de esfera, es decir, sin fondo plano, ponen de manifiesto una habilidad

 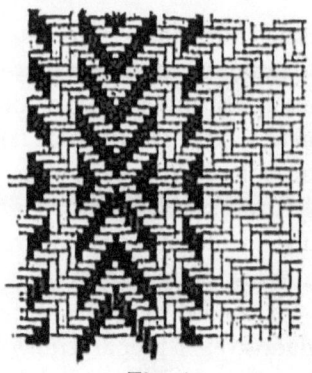

Fig. 3   Fig. 4

artística mayor. A esta circunstancia parece aludir el nombre, en el supuesto que estamos autorizados a buscar su origen en el guaraní; pues *guaá-apá* significaría "curvado-todo" y la palabra *guapa* podría probablemente provenir de ahí. El trenzado muy compacto de estas cestas está formado por bandas angostas y delgadas, de las que, por lo común, una se desplaza por encima y por debajo de tres situadas juntas, alternadamente, como se lo puede ver en la Figs. 4 a la 7.

Esta coloración es de uso general en los adornos de las guapas y se logra por un colorante que los indios preparan de una mirtácea que llaman *curame* y que desde el punto de vista botánico no me resulta más conocida.

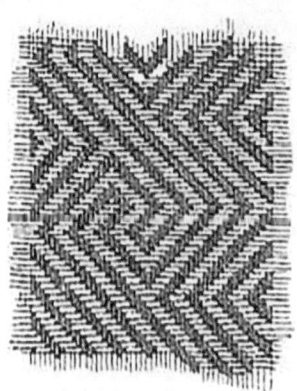 

Fig. 5   Fig. 6

El Museo Nacional posee varias guapas con dibujos del mejor gusto insertados en el tejido. La Fig. 4 es un dibujo de una guapa de los maquiritares; la misma tiene 0,59 de diámetro y en el medio 0,14 de profundidad. El borde está tensado por dos anillos de madera elásticos, uno colocado por dentro, otro por fuera; ambos están unidos al tejido y entre sí por un cordón que va alrededor del tejido. El dibujo forma una banda de 0,065 de ancho que va de un lado de la cesta al otro, y que se producen por bandas que están teñidas intensamente de negro en su parte superior.

Una segunda guapa (Fig. 5) tiene 0,36 de diámetro y 0,10 de profundidad; también aquí el dibujo forma una banda negra, pero ancha de 0,115. Una tercera guapa tiene en el centro del fondo el dibujo en forma de estrella, ilustrado en la Fig. 6, que no se da de ningún modo frecuentemente.

La más hermosa de todas es, sin embargo, una pequeña cestita de sólo 0,20 de diámetro y 0,04 de profundidad, cuya superficie interior entera está ocupada por el diseño representado en la Fig.7.

Entre los utensilios más indispensables en la vida doméstica india se cuentan los largos trenzados en forma de manguera que se designan con el nombre de *sebucán o cebucán*, y que sirven para exprimir el jugo de las raíces ralladas de la mandioca. Su longitud es de 1-2 m, el grosor,

Fig. 7

según las circunstancias, 0,10-0,20. Están tejidas de manera floja en cruz, con cintas de 1 cm de ancho aproximadamente, que se extienden oblicuamente y están provistas en el extremo superior de una fuerte argolla para colgar, mientras que en el extremo inferior se encuentra un lazo, al cual puede ser sujetada una piedra pesada. Al usarlo se llena la manguera completamente con la papilla espesa de las raíces, por lo que se vuelve, naturalmente, más corta y ancha, ya que el tejido flojo permite un desplazamiento de las cintas. Después se cuelga el utensilio de una viga o de una rama de árbol y se fija el peso en el extremo inferior; con esto la manguera se extiende de nuevo a lo largo y la presión transversal de sus paredes exprime el jugo a través de los espacios intermedios del tejido. Ya Labat da una ilustración aceptablemente buena en la obra mencionada arriba (45); una mejor se encuentra en la última edición de Waterton, *Wanderings in South America* (46).

El nombre del utensilio en guaraní es *tepité*; sin embargo, también la palabra *cebucán* puede ser derivada de esta lengua. De acuerdo con Almeida Nogueira, *cé* significa "salir"; de aquí procede el aumentativo *cécé*, "desbordarse, fluir"; *bucá* significa "forzar, hacer que suceda algo"; sin embargo, no se usa independientemente, sino sólo como sufijo para formar verbos que el investigador lingüístico mencionado llama "verbos compulsivos". Por consiguiente, *cebucán* es tanto por la forma como por el sentido, una "prensa para escurrir", a saber, el jugo (47) *Catumare* (Plancha IX, Fig. 5) o cesta para cargar en la espalda, de los maquiritares, preferiblemente para llevar a los niños más pequeños en recorridos más largos. Dos varas de 0,85, que distan 0,20 una de la otra, sostienen un trenzado de bandas de 5 mm de ancho aprox., cortadas probablemente del tallo de una hoja de palmera.

Este trenzado tiene de ambos lados alas fuertemente curvadas de 0,15 de altura, que forman en el cuarto inferior una pieza delantera cerrada, con la que se une la pared posterior de la cesta, formando una bolsa corta en forma de cuña. El borde delantero se mantiene rígido por fibras más gruesas fijadas encima, cuya elasticidad tensa al mismo tiempo las alas laterales; éstas están provistas de cuerdas para asegurar que no se caiga el contenido de la cesta. En nuestro ejemplar no es evidente de qué manera se fijan estas cestas a las espaldas para cargarlas. El nombre *catumaro* se puede explicar a partir del guaraní *acatumbaerá*, "servir, ser útil-para recibir cosas" (48). Es sabido que en la costa brasilera existe un tipo peculiar de vehículo que se llama *catamare*. Dos vigas unidas una con la otra por maderos transversales sostienen adelante una gran cesta y atrás un asiento bajo para el remero (49). La concordancia del nombre para ambas cosas sugiere sin duda una conexión real entre ambas, ya sea que la forma del vehículo procede de una modificación de la canasta (lo que por lo demás considero probable), o que se captó desde el comienzo la *idea de la cesta* como esencial y preferentemente significativa.

Por último, quiero mencionar todavía una pequeña cesta que proviene de la región de los maquiritares. La tapa que llega hasta el fondo tiene forma de techo con dos costados longitudinales oblicuos, y una superficie superior estrecha. Está trenzada de manera sumamente cuidadosa y provista alrededor de dos hileras de figuras que combinadas con el trazo vertical forman una *T* doble unida (Fig. 8).

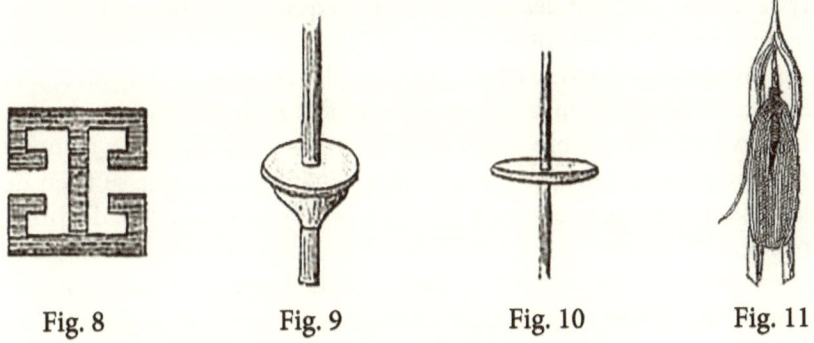

Fig. 8   Fig. 9   Fig. 10   Fig. 11

3. *Utensilios para hilar y tejer*.

El huso (Fig. 9) se compone de una varilla de 0,39 de largo de madera de palmera de un grosor de 5 mm arriba y de 10 abajo, y de un volante del mismo material de 0,05 de diámetro. Habría llegado a Caracas, ya en el año 1740, de los indios que entonces vivían todavía en Barinas, por medio de uno de los misioneros, como se puede leer en una vieja nota adherida; sin embargo, no puedo garantizar esta indicación.

El segundo huso (Fig. 10) procede de la Península Goajira; tiene 0,67 de largo, en la parte más fuerte 0,014 de grosor y en la punta 0,003. El volante en forma de disco tiene un diámetro de 0,055; las dos piezas están hechas de la madera marrón-roja dura y pesada, del cartán (*Centrolobium robustum*). El nombre goajiro para el huso es el de *isurta*, el volante se llama *shiane*, el hilo hilado *sipata*. Este último se lleva del huso a una especie de devanadera llamada *acojiata*, un palo grueso como el pulgar, que tiene en ambos extremos un corte de 2 cm de profundidad y de ½ de ancho para recibir el hilo.

El material para hilar es normalmente el algodón. No me es conocido si en alguna parte se sirven de una rueca. En la isla Margarita, donde se han mantenido todavía no pocas costumbres antiguas, vi un día cómo una hilera de mujeres de procedencia india, con pesados recipientes de agua sobre la cabeza, caminaban de la lejana fuente a la aldea. Un paño que cubría escasamente la parte superior del cuerpo mantenía sobre el pecho un ovillo de algodón del que retorcían el hilo con los dedos de la mano izquierda mientras la derecha lo extendía y ponía en movimiento el "huso ronroneante". Ha sido un espectáculo raro el de estas cariátides tejedoras medio desnudas, calladas y de paso lento, una detrás de la otra.

El cordón hilado se utiliza para simples tejidos o en *hamacas*, o se hace de él cordones más fuertes para confeccionar redes y *chinchorros*. Con este último nombre, se entiende tanto las redes de pesca, a menudo muy grandes, como también una especie de hamacas que se tejen de la misma manera, lo que se realiza con una aguja de madera de forma peculiar (Fig. 11).

Los goajiros tejen telas de algodón ralladas rojo y blanco o azul y blanco, que sirven para la confección de las piezas de ropa ya descritas arriba. Es curioso que Simons no haya informado nada sobre la manera de tejer de esta tribu. Lo que he oído sobre este punto de algunos sirvientes goajiros en Caracas, lleva a la suposición de que existe el mayor parecido con la tejeduría de los indios navajos norteamericanos (50).

En el Museo Nacional se encuentra efectivamente un instrumento muy parecido a aquel que tiene en la mano en la citada ilustración la india trabajadora; está designado como "macana para asentar el tejido de hamacas", hecho de madera de palmera, de 0,87 de largo, 0,05 de ancho y en el medio de 0,015 de grosor. El tejido mismo es en realidad una especie de bordado, pues los hilos transversales se pasan por la cadena por medio de una aguja de madera (0,10 de largo).

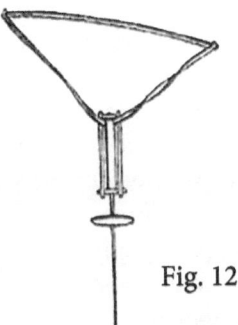

Fig. 12

Los goajiros se sirven del utensilio ilustrado en la Fig. 12 para la confección de cordones de dos hilos, y lo denominan *carrumba*. El huso de 0,67 de largo está metido en un marco rectangular de 0,28 de largo y 0,09 de ancho y el mismo es rectangular en la parte de arriba, de modo que se le puede poner fácilmente en movimiento rotativo por la fricción de una tira de cuero fijada en forma de arco. Un disco circular que está situado en el medio sirve como volante; éste es convexo de los dos lados, tiene un diámetro de 0,13 y en el centro tiene 0,015 de grosor.

La banda de cuero tiene 1,00 de largo y 0,015 de ancho. La vara correspondiente, algo arqueada, mide sólo 0,70. Próximo al extremo inferior del huso hay un agujero que lo atraviesa de punta a punta. Al usarlo se pasa el hilo por este agujero, se lo lleva con las puntas iguales hasta una distancia cualquiera (a menudo 50-60 m) y luego se lo ata a un punto fijo. La india (pues naturalmente es éste un trabajo de mujer) regresa luego a su carrumba, mantiene a ésta horizontal y produce por medio del arco un movimiento giratorio rápido en el huso, tendiendo la tira de cuero contra la pieza prismática del eje al bajar la mano y soltándolo cuando la mano retrocede hacia arriba. La carrumba se confecciona comúnmente de la dura y negra madera del *dividive* (*Caesalpinia coriaria*) o del *gateado* (*Astronium graveolens*). Rafael Celedón (51) escribe *korampa*. La palabra puede ser, como muchas otras de la lengua goajira, de origen foráneo: se podría pensar (52) en el guaraní *qua-ró-mbae* ("ir-alrededor-cosa"), contracción que conduciría efectivamente a una palabra que satisface por su sonido y no contradice el sentido.

Utilizando las comunicaciones manuscritas de Simons antes citadas, quiero intercalar aquí algunas indicaciones sobre la forma relativamente complicada de los arreos que los goajiros aplican a sus caballos. El cabestro o *shaco* (53) se compone de una cantidad de cuerdas, cordones y borlas entrelazadas entre sí, hechos de crines de diferentes colores. Las bridas (*visar*) están hechas por torsión de las resistentes fibras maderosas de la *trupia* (especie de acacia) y envueltas firmemente con hilos de algodón o de lana de colores; de manera no menos cuidadosa se hacen también las riendas (*jurén*) que son de color rojo, azul o amarillo. A veces las bridas y riendas constituyen una única pieza llamada *frecherúpuna*; Simons obtuvo una pieza semejante que contenía 41/2 libras de lana y que fue pagada con un buey. En los viajes a caballo los goajiros se sirven sólo de las bridas; en cambio, de un arreo completo si van en mula, cuyo bocado consiste de un anillo de hierro que se ciñe al labio inferior. La silla de montar, muy incómoda, se llama, según el español, *sía*, la cincha *séinche* (de la palabra española); está hecha de pelo de caballo y tiene de 12 a 15 cm. de ancho. La silla se coloca encima de una caronilla de *enea* (*Typha augustifolia*) trenzada y el asiento se cubre comúnmente con una piel de oveja (*arneruta*, del español carnero; otro nombre es el de *sutujuna*) sujetado fuertemente por una ancha faja de colores (*mataupúna*). La parte más curiosa del equipo de cabalgar es la correa de la cola que lleva por encima, inmediatamente detrás de la silla, dos colgantes en forma de abanico que tienen en su extremo un ancho de casi 0,25; éstos llegan hasta más allá de la raíz de la cola y se tejen muy cuidadosamente y con toda clase de figuras, con crines e hilos de lana.

La tela para las bolsas que se confeccionan en el estado de Barquisimeto en gran cantidad, de hilos de cocuiza (de *Fourcroya gigantea* y de otras especies) se teje de una forma muy primitiva; sin embargo, se usa ahí un utensilio muy parecido al "Rietblatt" de nuestros viejos telares, y que lleva el nombre de *peine*. De la misma manera se confeccionan en Coro telas de algodón sencillas, de las cuales un tipo se llama *maure*, nombre que se encuentra igualmente y con el mismo sentido entre los indios del estado colombiano de Antioquia (54). Los goajiros designan al algodón con la misma palabra *mauri o magüi*.

De una manera esencialmente más sencilla algunas tribus a orillas del Orinoco superior y del Río Negro elaboran los hermosos chinchorros de hilo de *tucum* (*Astrocaryum tucuma*).

El tejido es extraordinariamente fino y provisto de un borde grácil, como de encaje, que está además decorado con rosetas e hilos de colores. Un chinchorro de este tipo requiere un trabajo largo y esforzado, por lo que el precio es alto; en Caracas cuestan entre 40 - 100 táleros, según la fineza del hilo y la mayor o menor abundancia de adornos. Se los designa comúnmente con el nombre de chinchorros *cumare*.

Fig. 13

En la colección de objetos etnográficos del territorio de la Goajira, en el Museo Nacional local se encuentra un utensilio en forma de espátula de 0,57 de largo y 0,05-0,06 de ancho, que en el catálogo anexo se designa sencillamente como "objeto doméstico". Lo he ilustrado en la Fig. 13. La forma peculiar me hizo suponer que la cosa quizás podría ser algo muy especial; sin embargo, aprendí de Simons, en ocasión de su última visita a Caracas (mayo 1886), que no es nada más que un palo para revolver la polenta para que no se queme. Aun cuando el objeto se sume de este modo en una insignificancia prosaica, me parece, no obstante, interesante como ejemplo de cómo aun el hombre no civilizado llega a dar también a los utensilios más comunes del uso diario una forma que a su manera está llena de buen gusto, lo que, como es sabido, no es precisamente frecuente en pueblos cultos modernos.

Yesqueros. Dudo mucho que haya todavía hoy en Venezuela tribus aborígenes que prendan fuego exclusivamente por fricción de trozos de madera seca; pues para ello ha avanzado demasiado lejos, por medios directos o indirectos, el tráfico con las poblaciones civilizadas. El acero, el pedernal y yescas se utilizan en cambio en el interior todavía de manera múltiple, y en las orillas del Orinoco superior y Río Negro se sirven comúnmente de la así llamada "*yesca de hormigas*". El mismo se compone de pelos amarillo-amarronados de una planta de la familia de las melastomáceas, que las hormigas muerden y aplican en la construcción del nido. Ya Humboldt había informado de esto (55); su descripción coincide exactamente con la muestra que se encuentra en el Museo Nacional, en la que hay, asimismo, toda clase de restos de insectos (y especialmente del tórax muy característico de esta especie), de modo que se pudo comprobar la identidad de la especie. Se guarda la yesca en estuches que tienen unos 0,15 de largo y que se cortan del tronco de una *guadua* (género de las gramíneas arbóreas), de tal modo que en el medio de la hierba queda un nudo. Eso da entonces dos compartimientos separados por la pared transversal del medio, uno para la yesca, el otro para el acero y el pedernal; ambos se cierran con tapas de piel de pescado desecada. En el ejemplar que tengo ante mí, falta el acero; el pedernal es, a simple vista, de sílex, como se solían importar antes de Europa por cajones, ya que este mineral falta en Venezuela (56).

A los utensilios domésticos más comunes pertenecen finalmente las *taparas y totumas*. Aquéllas son hechas de toda la concha de la calabaza (*Crescentia cujete*), éstas de la mitad. Las taparas tienen a menudo un tamaño considerable (las hay de 6-8 litros de contenido) y por lo general, para darles una duración mayor, se las suele envolver en una trama de redes de cordones y proveerlas de un asa para llevarlas. Las grandes *taparas* están hechas, sin embargo, de los frutos de la *Lagenaria vulgaris*, una cucurbitácea. No es raro que las *totumas* estén adornadas en la superficie exterior con figuras cortadas planas o pintadas con colores (especialmente en la Cordillera de Mérida y Trujillo) mientras que en el Orinoco superior se pinta la superficie interior con *curame* negro. *Totumas* más pequeñas de los frutos de la *Crescentia cucurbitina* se usan en algunos lugares como cucharas y se las llama *pichaguas*. Todos estos nombres se dejan retrotraer a raíces guaraníes. *Tapara* viene de *taquar* (ahondado); el cambio de la *q* o de la *c* en *p* se encuentra también otras veces, por ejemplo, en *mandicuer y mandipuera* (jugo de la raíz de "*manihot*"). *Totuma* se puede descomponer en tutu-ma; la primera es reduplicación de *tu* para *ndu* (ruido, hacer ruido); la última está por *ibá* (fruto), de modo que totuma significaría "fruto del hacer ruido", lo que se debe entender con relación a la circunstancia de que de los frutos de la *Crescentia* se hacen las *maracas* o matracas. En guaraní mismo el objeto se llama *cúi*, del cual está formado el nombre de la especie botánica de la calabaza, pero también origina la palabra *güira*, común en las Antillas, con la que se designa el mismo fruto. Considero a la *pichagua* como una contracción del guaraní *pe-chai-iguab* (concha-pequeña-de donde se toma). Entre los *macusis* en Guayana se encuentra igualmente *picha*, para concha para beber (Richard Schomburgk, *Reisen in Guayana*, II, 519).

IV.- ARMAS

1. *Arcos y flechas de los maquiritares*. El arco está hecho de la madera roja oscura del *Physocalymna florida* (palo de rosa) y tiene 2,25 de largo. Su parte anterior y posterior está un poco aplanada, la superior e inferior redondeada, de modo que el corte transversal entre aquéllos tiene 20 mm, mientras que entre éstos mide 25. La cuerda que se encuentra ahí es un cordón de fibras de *cumare* del espesor de una pluma de ganso. Las flechas tienen de 1,60 hasta 1,70 de largo. El asta se compone de una pieza más larga abajo y de una más corta arriba. La primera es de 1,00 de largo y de 0,01 de espesor aprox., hecha del eje inflorescente perfectamente recto de una gramínea arbórea (*Arundo saccharoides*). En su extremo inferior está apretadamente envuelto con hilo de atar y cubierto con una masa de resina, que parece ser una mezcla de *peramán* (de *Moronoboea cocinea*) y *caraña* (de *Icica Caranna*). Sobre la superficie transversal inferior se encuentra un corte para poder colocar la flecha sobre la cuerda del arco. Próximo y por encima de la pieza terminal descrita comienza la emplumadura de dos líneas de la flecha. Tiene de 0,12 a 0,15 de largo y consiste en una pieza de pluma a cada lado, cuya barba está cortada de un lado hasta próximo a la *raquis*; la raquis, de este modo liberada, se fija por medio de un hilo al asta, de tal modo que las plumas de los dos lados se corresponden exactamente, y todo este trecho del asta está cubierto con la masa de resina ya mencionada. En el extremo superior de la emplumadura se encuentran algunas plumitas de colores para adorno; las plumas grandes están cortadas de la parte extrema de las alas de las aves de rapiña. La segunda pieza del asta es un palo de 0,50 a 0,60 de largo, que es un poco más delgado que el asta. Es de gran firmeza y deja ver pequeños nudos de ramas, pulcramente limpiados. El extremo inferior puntudo se introduce en el tejido meduloso blando del caño que, en esta parte, está envuelto de nuevo con hilo de atar resinado. La punta de la flecha

de 0,07 hasta 0,08 de largo es un pedacito de hueso fijado al extremo del asta que está cortada oblicuamente. La punta está bien atada y pegada con resina, pero de tal modo que el extremo posterior sobresale hacia atrás como un contragancho. De los maquiritares procede también la hermosa flecha con el largo portapuntas dentado en dos filas, ilustrada en la Fig. 14.

Fig. 14   Fig. 15

El astil de caña es de 1,25 de largo y en el extremo inferior igualmente emplumado como en la flecha descrita antes. La madera del portapuntas es de 0,35 de largo, muy dura y de color oscuro; de cada lado hay 9 dientes contados desde abajo y dirigidos hacia adelante, luego sigue un diente en posición de ángulo recto y después de éste todavía 12 que están inclinados para atrás. La punta consiste en una espina de la raya espinosa (*Trygon hystrix*); la manera de fijación no es visible, ya que la parte correspondiente está cubierta completamente con una masa de resina.

No puedo indicar para qué fin especial los maquiritares usaban este tipo de flecha; no parecen ser comunes, ya que se encontraba un solo ejemplar en la interesante colección de objetos etnográficos que el gobernador del Territorio Amazonas envió para la Exposición Nacional (1883). La rareza es explicable también por la elaboración muy difícil del portapuntas.

De no menos interés son los arcos con carcaj y flechas de los *guahibos* a orillas del Meta que el Museo Nacional recibió en la misma ocasión. Uno de los arcos tiene 1,62 de largo, es adelante fuertemente convexo, en cambio atrás algo cóncavo en todo su largo. La madera es de color oscuro, extraordinariamente dura y muy elástica. Las 7 flechas que le corresponden están metidas con sus puntas en un carcaj cónico trabajando de manera muy limpia, de 0,30 de largo y 0,25 de diámetro de base (Fig. 15).

La pared del carcaj está compuesta de dos capas; la interior está formada por hojas de palmera enrolladas diagonalmente, mientras que la de afuera está compuesta de bandas longitudinales. El borde superior lo refuerza un anillo de fibras maderosas cosido externamente de 0,01 de ancho del que cuelga un cordón corto con algunos hilos. Algo arriba de la mitad y en todo el cuarto inferior, el carcaj está envuelto de manera apretada con cordones resinosos y entre ambos se encuentra un trenzado no muy regular de fibras de color oscuro.

El interior contiene 7 piezas de caña ahuecada, de las cuales una ocupa el centro y las otras forman un círculo. Los espacios intermedios resultantes de esta ubicación están rellenos con una masa de resina, de tal modo que las cañas están inmóviles. Se encuentran a 0,02 por debajo del borde superior y están destinadas para la recepción de las puntas de flechas cubiertas con curare. Sólo en una flecha la punta está hecha de la espina de la raya espinosa; en el resto se forman con el extremo de una varilla de madera de palmera negra que se va afinando poco a poco y que se coloca encima del astil de caña. La varilla está provista a distancias irregulares de impresiones anulares chatas. A unos 0,15 por debajo de la punta se encuentra alrededor de cada varilla una barba de fibras de *cadillo* (*Urena lobata*) de 0,05 de largo, probablemente con el fin de un cierre mejor cuando las flechas están en el carcaj.

Un segundo arco de igual procedencia es hacia adelante casi plano y hacia atrás fuertemente convexo; la cuerda consiste de 8 hilos de *tucum* de dos vueltas que están retorcidos juntos de manera bastante suelta. El carcaj se parece al descrito antes, pero con espacio para 8 flechas.

Aunque las leyes promulgadas en Venezuela y Nueva Granada sobre el tráfico con los goajiros prohíben severamente la introducción de armas de fuego y municiones en la península, los indios han accedido hace mucho a la posesión de las mismas por contrabandistas de Curaçao (antes también de Jamaica). Ellos prefieren armas con viejos cerrojos de piedra como se han fabricado en los Estados Unidos para el comercio de trueque con parecidas tribus medio salvajes, y los goajiros se han formado para ello la palabra *carcabuso*, prestada del español.

Sin embargo, al lado de las armas de fuego están todavía en uso general también arcos y flechas. De las últimas me son conocidas cinco formas diferentes. La primera se denomina *jate o jatu*; en la punta de un liviano astil de madera de 0,60-0,75 de largo está metido un clavo de hierro que está tan completamente cubierto con cera negra (de una especia de *melipona*), que el todo forma un cuerpo en forma de pera de 0,06 de largo y 0,02-0,03 de diámetro. Por la cera estas flechas tienen en español el nombre de *cerote*, forma aumentativa de *cera*; éstas son, naturalmente, muy romas y los indios las utilizan para cazar pájaros y lagartos.

Si se prescinde de la envoltura de era, de tal modo que la punta conste sólo de un clavo sin punta, entonces la flecha se llama *cachuer*, nombre del cual los pueblos vecinos que hablan español han hecho *cachuela*. Este tipo de flecha se utiliza igualmente para la caza. El tercer tipo se denomina en español *paletillas*, por la forma plana de la punta, y por los goajiros *siguarrai* (Celedón escribe *siguarar*). Su punta consiste de una vieja hoja de cuchillo afilada a la que se le han limado hacia abajo algunos pequeños ganchos (Fig. 16); éstas se usan tanto en la caza como en la lucha.

El cuarto tipo comprende las flechas envenenadas cuyas puntas están confeccionadas de una espina de la cola de la raya espinosa; Simons escribe el nombre goajiro *aimará*; Celedón *da imará*; yo mismo he oído *amará y jimará*; la raya se llama, según Simons, *keraguá*. En mi trabajo "Die Goajiro-Indianer" (*Zeitschrift für Ethnologie*, II, p. 334, 335) he comunicado ya una descripción de esta flecha, como también algunas noticias sobre el veneno aplicado; aquí queda todavía por decir

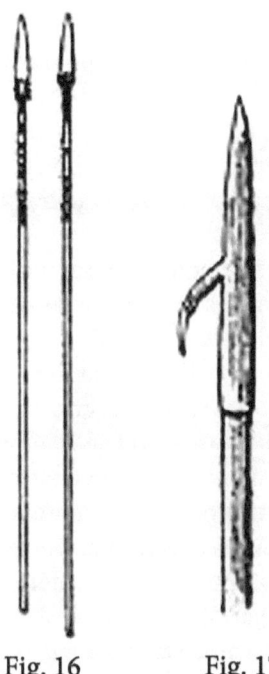

Fig. 16   Fig. 17

que, de acuerdo con Simons, el veneno pierde su fuerza después de 8-9 meses. Las mejores flechas las hacen los *cocinas* de Yuripiche; venden un atado de 24 piezas por 8 varas de cotonada.

En el Museo Nacional se encuentra un ejemplar de un quinto tipo de flechas que Simons no menciona y que procede de la colección etnográfica enviada a la exposición de 1883 por el entonces gobernador del "Territorio Goajira". Sobre un mástil de madera de 0,75 de largo se introduce una fuerte punta de hierro con un gran gancho (Fig. 17); es pues una flecha arpón-para cazar.

De calidad muy inferior son los arcos y las flechas que utilizan los restos de los antiguos chaimas y cumanagotos, que hoy habitan ocasionalmente en la región de Maturín. Como esta tribu, todavía numerosa hace menos de 100 años, ha sido absorbida casi completamente por la restante población mezclada (57), así han desaparecido, obviamente, la mayoría de los rasgos específicamente indios de su naturaleza y de su quehacer; y lo que todavía queda está próximo a la desaparición.

2. *Cerbatanas*. El Museo Nacional posee varios ejemplares de las largas "cañas para soplar" que usan las tribus indias a orillas del Río Negro. En el país se las denomina "cerbatanas", nombre que, según Appun (58) tienen también entre los aborígenes; la palabra es, sin embargo, de procedencia árabe-persa y fue trasplantada a América por los españoles (59).

El nombre *cura* con el que, según indicación de Appun, los macuses y aretunas designan la misma arma es de todos modos idéntico al guaraní *quar* o *cuar* (ahuecado), y *curata*, como los macusis llaman a la planta matriz (*Arundinaria* Schomburgk), no es nada más que un metaplasmo de *taquara*, la palabra guaraní común para todas las especies de gramíneas arbóreas. Wood (60) indica que estas cerbatanas se denominan *pucuna* en alguna parte en Guayana; en esta palabra está el guaraní *pucu* (largo). Otros nombres regionales no me son conocidos.

Los ejemplares del Museo Nacional pertenecen a las cerbatanas pesadas, formadas de dos caños. El caño interior es una pieza del tallo de la mencionada *Arundinaria*; está compuesto de dos mitades de cañas que se ajustan exactamente una encima de la otra, y que en su interior están cuidadosamente alisadas.

El caño exterior está hecho de un tallo de palmera, está compuesto igualmente de dos mitades de caños y orientados hacia el interior de tal modo que las superficies de contacto de las mitades están en posición perpendicular la una con respecto a la otra. Por fuera va, alrededor de todo el caño, una banda de hoja que está retorcida en forma de espiral; tiene aproximadamente 1 cm de ancho y está teñido intensamente de negro, probablemente con el *curame* ya mencionado. La boquilla es de forma cónica y relativamente muy grande. Los cuatro ejemplares del Museo tienen 2,74, 2,78, 2,91 y 3,10 de largo, unos 0,03 de grosor y una perforación de 0,010-0,013 de diámetro.

Las flechas correspondientes son de 0,40 de largo, delgadas como agujas de tejer y muy puntudas. Están hechas de madera de palmera negra (probablemente de la palmera macanilla) y en el extremo inferior envueltas con un poco de lana de bombáceas, de tal modo que, al usar las flechas, la abertura del caño quede lo suficientemente cerrada y la corriente de aire insuflada no pierda nada de fuerza (Fig. 18). En la caza el indio la lleva en un carcaj de forma cónica truncada, que se compone de un trenzado firme y cuya tercera parte superior e inferior está firmemente cubierta con *marima* (61) empapada de resina, mientras que la parte mediana está envuelta con un trenzado a menudo muy grácil, adornado con meandros.

La Fig. 19 representa un dibujo, que procede de un segundo carcaj de nuestra colección; las partes sombreadas son negro brillante, el fondo marrón claro. La parte inferior del espacio interior está rellena de marima deshilachada, que es muy elástica, de manera que las puntas de flechas que se introducen quedan fijas ahí dentro y no pueden caerse.

3. *Macanas*. Con esta palabra designan las más diversas tribus de Venezuela las formas más diversas de armas del tipo de las mazas, sean éstas simples trozos de madera u objetos más o menos artísticamente trabajados. La palabra tiene su raíz en el guaraní, pues *mbae-acanga* significa en esta lengua "una cosa que (o con la que) se golpea en la cabeza"; esto es, un "quiebra-cráneos". Moseley (62) ha notado

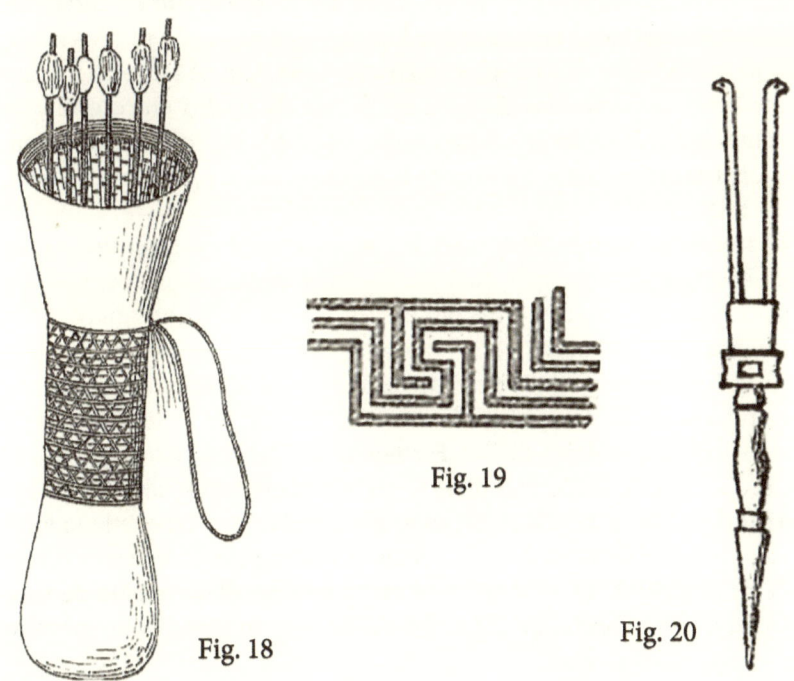

Fig. 18

Fig. 19

Fig. 20

muy correctamente que la maza en su forma decorativa es ya en los pueblos incultos un signo de mayor prestigio, y que de tales comienzos primitivos se han desarrollado varios otros signos de dignidad, y aun los cetros de los emperadores y reyes (63).

Como signo de dignidad considero a las macanas ilustradas en la Fig. 20 y en la Plancha IX, Figs. 6 y 7. Las dos últimas proceden de la tribu de los maquiritares y accedieron al Museo Nacional en 1883. Están trabajadas en una madera de color oscuro, dura y pesada; el más sencillo (Plancha IX, Fig. 6) tiene 0,55 de largo, abajo tiene de ancho 0,10, en el medio 0,04 y arriba 0,15; el grosor es de 0,02 en todas partes. Los dos extremos están cortados en forma arqueada. En el medio se encuentra una parte envuelta apretadamente con un cordón del que cuelgan otros cordones con pequeñas cuentas de vidrio alternadamente azules y blancas, que terminan con las largas plumas de la cola de la guacharaca (*Penelope argyrotis*).

La Plancha IX, Fig. 7, representa una macana con la forma de remo. La aplicación de la forma de remo parece darse en todas las tribus que son más o menos entendidas en la navegación por los ríos o por las costas (64). El ejemplar ilustrado tiene 0,76 de largo; el mango mide 0,47, la parte más delgada en forma de cuello entre este y la paleta tiene 0,06 de largo y está provista de un borde doble con forma de cornisa de 0,17 de longitud, en la línea media un poco más grueso que en los remos.

Inmediatamente debajo del borde superior hay en el medio un pequeño agujero del que cuelgan algunos cordones de cuentas de vidrios blancas y rojas con las plumas de colores de la guacamaya (*Ara ararauna*) de cola larga.

La forma más curiosa está ilustrada en la Fig. 20. La misma procede presuntamente de los puinabos a orillas del Inírida, que desemboca en el Guaviare, no lejos de San Fernando de Atabapo, y fue enviada al Museo en 1884, con algunas otras cosas, por el entonces gobernador del Territorio Amazonas. De la forma original de la maza ha quedado muy poco, y su pertenencia se hace evidente sólo por la comparación con objetos parecidos. El material es la muy hermosa madera palo de rosa (*Physocalymna florida*, de la familia de las bignoniáceas), que permite una pulitura excelente.

En realidad, la parte correspondiente a la maza se encuentra en el medio de todo y lleva dos largos cuernos casi paralelos que terminan en pequeñas cabezas de pájaros cuyos ojos están sugeridos de ambos lados por la inserción de perlas blancas con manchas negras en el medio. Es, en efecto, un cetro bastante gallardo de 0,84 de largo con la representación, muy rudimentaria por cierto, de un águila doble imperial. Objetos trabajados de una manera tan cuidadosa no pueden pertenecer, indudablemente, a una época en la que era completamente desconocido al indio el uso de herramientas metálicas; y por esta razón tampoco podemos descartar del todo la influencia europea tanto en la forma como en la realización; pero la idea original pertenece a los aborígenes; y su desarrollo escalonado no es de poco interés etnográfico.

4. *Armas defensivas*. En la Plancha IX la Fig. 8 representa la parte posterior de un escudo como los que usaron antiguamente los maquiritares. Es de forma circular, tiene 0,80 de diámetro y consiste de varillas radiales de madera de palmera colocadas apretadamente una al lado de la otra, y que se ligan en un trenzado sólido por medio de fibras de palmera, que además queda sostenido también por 6 anillos concéntricos fijados encima. En el medio se encuentra una agarradera en forma de anillo. Está hecha de corteza de árbol y tiene 0,13 de largo, 0,06 de altura y 0,05 de ancho. La parte de adelante es un poco convexa y recubierta con piel de gamo. El original fue enviado en 1883 a la Exposición Nacional por el entonces gobernador del "Territorio Amazonas"; una nota prendida al mismo dice que los aborígenes denominan a tal escudo *guarapara*, evidentemente de la palabra guaraní *guaracapar*, que tiene exactamente el mismo significado (65).

V.- BOTES Y REMOS

No es para admirarse que, teniendo en cuenta el gran desarrollo de las costas marinas y los numerosos ríos en el interior de Venezuela, los primeros descubridores y conquistadores del país encontraran entre los aborígenes diversos tipos de botes. Los informantes más viejos se sirven comúnmente para la denominación de los mismos de la palabra *canoa* que, según Oviedo (66), debe proceder de la lengua de Haití. Sin embargo, el final de la palabra sugeriría una procedencia guaraní; pues la forma "canoüa", que aparece ocasionalmente, hace probable que esté ahí la palabra *uba* o *iba* que Almeida Nogueira (67) traduce, con referencia a la más común *iga*, como "canoa".

Estas viejas canoas eran botes hechos de un solo tronco de árbol y de tamaño muy diverso. Los españoles denominaban a las más pequeñas *barquetas* o también *canoitas*, simples diminutivos de *barco* y *canoa*. En el Museo Nacional se encuentra un vehículo de este tipo de la región de la desembocadura del Orinoco de sólo 1,40 de largo, 0,22 de ancho y 0,12 de profundidad interna, de tal modo que apenas *una* persona, y por cierto no adulta, puede encontrar lugar ahí.

A canoas algo más grandes se las denominaba y se las denomina hoy todavía, *cayucos;* los pescadores se sirven de ellas en toda la costa de Venezuela, pero hoy en día las construyen de tablas. Son largas y estrechas y tienen espacio máximo para dos personas. No he podido descubrir el origen de la palabra; tiene un gran parecido con el nombre *kayak*, que es como llaman los esquimales a sus botes de cuero. En el Orinoco es llamada *curiara* y en todo caso es la misma palabra *culyara* y *corial* dada por diversas tribus de la Guayana Británica (68). Proviene de *guar- car- igara* (bote de corteza). Una segunda palabra, *piragua*, la cual es también muy usada en el Orinoco, es de igual origen. Almeida Nogueira (69) piensa que proviene de *ib-pir-og* (pelado de corteza de árbol). El análisis lingüístico de ambas palabras conduce, según eso, al hecho también ya conocido en otro tiempo de que en las diversas regiones de la tierra las embarcaciones más antiguas eran los botes de corteza de árboles.

En el Orinoco y en otros grandes ríos de Venezuela se sirven todavía hoy de *Canoas* muy grandes que se hacen de un tronco. Se utilizan para ello preferiblemente los troncos a menudo extraordinariamente gruesos del *javillo* (*Hura crepitans*), cedro (*Cedrela odorata*) y caro (*Enterolobium cyclocarpum*). Grosourdy (70) menciona un vehículo de un tronco del árbol mencionado en último lugar, que tenía una capacidad de carga de 25 toneladas y que era tan ancho que grandes barriles de vino podían ser almacenados ahí en forma transversal.

La activa circulación por los ríos que, provenientes del sur, desembocan en el Lago de Maracaibo (Zulia, Escalante, Catatumbo) se lleva a cabo por medio de vehículos grandes y chatos *denominados bongos*. Tienen una capacidad de carga considerable y son impulsados hacia adelante por *bogas* —o peones remeros— por medio de largos remos ("palancas"), exactamente como lo hacen los barqueros de río en los botes del Oder o del Elba en Alemania. La palabra *bongo* se usaría también en el sur de los Estados Unidos para embarcaciones parecidas y, por lo tanto, podría proceder del inglés '*bunk*' (bodega).

Las *lanchas* son embarcaciones más grandes a vela de un solo mástil de unos 10 m de largo que tienen, a la manera de ciertos botes holandeses, una forma ancha y fuertemente curvada y que, por consiguiente, pueden recibir una carga relativamente grande. Se las utiliza especialmente en el Orinoco y Apure durante la época de nivel de agua bajo. La palabra es idéntica con la del inglés '*launch*', pero existe también en español como nombre para botes más grandes que efectúan en los puertos la carga y descarga de las mercaderías. Las lanchas de La Guaira, Puerto Cabello y Maracaibo son, por consiguiente, muy diferentes a las embarcaciones homónimas del Orinoco.

La balsa está ahora en uso sólo en muy pocos lugares en el Lago de Maracaibo y en las lagunas de sus alrededores. Se las hace sólo raramente con troncos de árboles si no, lo más a menudo, de atados de *enea* (*Typha augustifolia*) a las que se les da mayor seguridad por medio de algunas ramas de árbol fijadas transversalmente. Sin embargo, antes debe haberse usado para su construcción los troncos de *Ochroma lagopus*, pues el árbol se llama todavía hoy en varios lugares *balso*.

Para remar el indio se sienta o está de pie en la canoa, y se sirve de un remo de forma peculiar denominado *canalete*. La conducción se realiza al mismo tiempo con el remo que se usa, según la necesidad, ora del lado derecho, ora del izquierdo. Exactamente del mismo modo se muestra esto en una ilustración de la vieja edición de 1538 de la *Historia general de Oviedo*, que se repite de una forma algo modernizada en la segunda plancha del primer tomo de la nueva edición, realizada por la Academia de la Historia (Madrid, 1851).

Oviedo menciona también en la descripción correspondiente, que ya he citado, el viejo nombre del remo en la lengua de los aborígenes de Haití: *"navegar con velas de algodón y al remo así mismo con sus nahes (que así llaman a los remos)"*. Él no conoce todavía la palabra canalete; ésta se ha originado, por lo tanto, después, y me parece que aquel viejo nombre está contenido en éste; pues en el carácter aglutinante, por todos conocido, de las lenguas americanas, canalete podría deber su origen a una contracción de ca (noa) = *nahes*. La terminación *ete* es quizás un agregado español con el fin de plasmar una forma diminutiva para este remo relativamente corto. La presencia de la L parece, sin duda, rara; sin embargo, esta consonante se encuentra (o en su lugar, representándola, la *r*) también en los nombres que tiene el remo en algunas lenguas de Guayana; por ej.: *nahallehü* entre los arawacos, *naireh* en los macusis y arecunas (71). Creo con toda seguridad, que estas palabras están emparentadas en su raíz con *nahes*; pero no sé de qué raíz guaraní proceden. Los indios akawai en Guayana denominan al remo abogoeta que corresponde decididamente al guaraní *igapicuitab y tupi aucuitaua* (72).

Por lo tanto es más que probable que la palabra *canalete* tenga un origen americano y es directamente incomprensible que la Academia Española pueda proponer una derivación de *canal* ("por la forma") (73); pues quien ha visto alguna vez un canalete difícilmente llegará a encontrar en su forma un parecido con un canal; y aun cuando la letra de esta última palabra satisface, no debemos olvidar jamás que en el ámbito de la investigación etnológica "la letra mata pero el espíritu (esto es, el sentido) vivifica".

Como muestran las Figs. 21, 22 y 23, *el canalete* consiste en un palo de remo corto y en una paleta de remo a menudo grande; la primera tiene comúnmente en el extremo superior un mango en forma de media luna. La Fig. 21 es la ilustración de un *canalete* de la región de la desembocadura del Orinoco; tiene en total 1,20 de largo, el palo mide 0,55, la paleta en forma de pala 0,65; esta última está en la superficie carbonizada, sin duda para proteger mejor la madera de la influencia destructora del agua. La Fig. 22 es un canalete del Orinoco superior; su largo total es de 1,10, de los cuales 0,72 corresponden al palo; la paleta es relativamente grande; 0,78 de largo y 0,28 de ancho.

El remo más pequeño (Fig. 23) procede del Río Negro, tiene un palo de 0,84 de largo y una paleta casi circular de 0,20 de diámetro aproximadamente. No puedo indicar de qué madera están hechos los remos; en los dos primeros la madera es tan blanda que queda fácilmente la marca de la uña de un dedo; el tercer remo, en cambio, está hecho de un material muy duro.

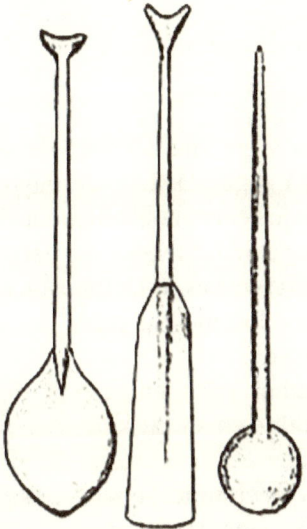

Figs. 21, 22, 23

VI.- USOS Y COSTUMBRES

Tan raro como interesante es el "atuendo de oficio" de un *piache* o curandero, ilustrado en la Plancha IX, Fig. 9, que fue enviado al Museo, en 1884, del Territorio Amazonas, bajo el nombre de "máscara del diablo". Es una especie de camisa de *marima banca* (las fibras maderosas, parecidas a un tejido, de una especie de *ficus*) con máscara facial encima, y un borde largo de flecos. El largo total es de 1,40, de los que 0,28 corresponden a la cara y 0,40 al borde. El cuerpo está pintado con abundantes manchas en forma de media luna de color negro, amarillo y marrón-rojo; pero los colores están ya muy desteñidos.

Por encima del borde inferior se ven todavía huellas de dos pares de líneas negras que corren alrededor. La máscara facial es elíptico-transversal (0,28 de alto y 0,32 de ancho); se compone de la misma sustancia que el cuerpo. El borde, los círculos oculares, la nariz y la boca sobresalen abultadamente, y todas las partes están pintadas con líneas y círculos rojos y negros. A cada lado de la máscara se encuentra un cabo triangular móvil que termina con una pluma de buitre y que, en todo caso, representaría la oreja. Atrás en el borde superior de la máscara se origina un cordón a la manera de una trenza, doblado en forma de asa de unos 0,03 de grosor, y que por debajo de la cara roza desde adentro el lado de adelante del traje. Probablemente ésta ha sido originariamente una especie de resorte elástico para mantener la máscara fija en la cabeza.

Debajo de la cara y encima del lado de adelante del cuerpo se encuentra pintada una segunda cara de cuyo mentón salen líneas negras y marrón-rojas que corren oblicuamente hacia abajo.

La peluca que se encuentra en la parte de la cabeza de la máscara tiene 0,60 de largo y está compuesta, así como la aplicación de flecos de abajo, por bandas delgadas de la fibra maderosa del *tavari* arriba mencionado.

Por último, quedan para mencionar los brazos; éstos son cortos y están sostenidos en su lugar de inserción por un bulto en forma de anillo.

Es comprensible que el indio, supersticioso en grado sumo, fuera invadido por el terror ante tan grotesca aparición, especialmente cuando el piache hacía de las suyas en la semioscuridad de la noche.

Entre los objetos que pertenecen a esta sección hay que mencionar por último *los instrumentos musicales*, de los que el Museo posee una serie de flautas de hueso y de caña, maracas, y un gran tambor de madera.

Los primeros, si no me equivoco, están cortados del hueso del muslo del gamo (*Cervus rufus*), es decir, del mismo tipo que la flauta que, en la fábula comunicada por Couto de Malgalháes (74), la tortuga se hizo de un hueso del gamo muerto. Una ilustración de tales flautas se encuentra en la *Revista da Exposiçáo Anthrop. Brazileira*, Río de Janeiro 1882, pág. 2. Producen algunos tonos muy agudos de altura poco variada.

Flautas de caña son usadas por los aborígenes ya más civilizados. Están formadas de piezas ahuecadas de caña de diferente largo, unidas finalmente, como lo muestran los dibujos comunicados por Ramón de la Plaza (75). En la misma obra, en la pág. 64, hay una representación de la flauta goajira que he descrito en el trabajo mencionado sobre los goajiros en la '*Zeitschrift für Ethnologie*'.

El tambor de madera procede de la región de los maquiritares y fue enviado a la Exposición Nacional con el nombre de "Pilón, instrumento para bailar". Es, efectivamente, *un pilón*, esto es, un mortero como se lo utiliza en todo el país para triturar los granos de maíz. La altura es de 0,96, el diámetro superior es de 0,22, el inferior de 0,16; las paredes tienen un grosor de 0,03, la cavidad es de 0,89 de profundidad. La parte exterior está pintada con tres bandas compuestas de líneas quebradas rojas y blancas, y dividido por dos trazos verticales anchos. Cuando se golpean sus paredes con un palo se produce un ruido sordo que tiene parecido con el de un tambor.

Un instrumento de efecto musical igual (¡sit venia verbo!) es el *foruco*, que en la clase más baja de música bailable representa al bajo y que se construye sin gran esfuerzo de la siguiente manera: encima de un barril vacío se tensa un trozo de cuero de tal modo que quede una abertura para un palo que se mueve luego rítmicamente al borde del cuero arriba y abajo, por lo que éste, puesto en vibración, produce un ruido gruñón.

(Traducción de Sara de Heymann)

NOTAS:

(1) Haguenau (1557). Nueva Edición, Stuttgart, 1859, p. 20.

(2) Diccionario de América, en el suplemento del V Tomo, p. 19.

(3) Que me sea permitido en esta ocasión mencionar todavía otro caso de los tiempos más antiguos, que hasta ahora, de acuerdo a lo que sé, no ha sido comentado por nadie. Los españoles conocieron en México un tipo de caraota que tenía engrosamientos carnosos, comestibles en la raíz, y adoptaron su nombre mejicano xicama ("*La botánica entre los Nahuas*", en el III Tomo de los Anales del Museo Nacional de México, p. 175. Es curioso que el autor de este instructivo trabajo dé sólo sus iniciales FPT). La planta es *Pachyrhizus angulatus* Ric. Ella varía mucho en la forma de las hojas, que a menudo son de borde entero, y en el color de las semillas. Crece también en las Antillas y en Venezuela; yo mismo he cultivado un ejemplar a partir de semillas que recibí de Mérida, donde este tipo de caraota se llama, por la incomestibilidad de sus semillas, caraota de caballo, pero donde no se sabía que la raíz se puede comer cruda y que tiene un gusto de nabo. En cambio, hay en la cordillera sudamericana —desde Mérida hasta Bolivia— una planta muy diferente de la familia de las compositos, también con tubérculos de raíz comestible que Weddell ha denominado *Polimnia edulis* y que

en Venezuela y Nueva Granada se conoce con el nombre de jiquima o jiquimilla, nombre que es idéntico a la palabra *xicama* y que suena también en las formas bolivianas yacon y aricoma. Esta palabra, que pertenece a toda la región de los Andes, ha sido, pues, transferida, en su migración de norte a sur, de una fruta a otra, que se distingue por su producción más abundante. El nombre boliviano ahipa del *Pachyrhizus angulatus* que da Weddell va hacia el norte hasta Ecuador, donde desaparece; además existe allí la palabra jicama para la Polimnia, planta tuberosa; en Venezuela y Nueva Granada aquel no ha conservado ningún nombre antiguo.

(4) Caulin, Antonio. '*Historia corographica natural y evangelica de la Nueva Andalucía Provincias de Cumaná, Guayana y Vertientes del Río Orinoco*"; dedicada al Rei N.S.D. Carlos III Por el M.R.P. Fr. Antonio Caulin, dos vezes Provl de los Observantes de Granada. Dada a luz de orden y a Expensas de S.M. año de 1779. (Colofón) En Madrid: por Juan de San Martin, Impresor de la Secretaría de Estado, y del Despacho Universal de Indias. Año de 1779. Nva. Ed. Caracas, Imprenta de George Corser, 1841, p. 17. Esta nueva edición ya se ha vuelto rara, como el original.

(5) Almeida Nogueira, Baptista Caetano, "*Vocabulario Guaraní*", Río de Janeiro, 1879. En lo sucesivo citaré frecuentemente su obra más significativa, "*Vocabulario guaraní*", que constituye el Tomo VII de los Annaes da Biblioteca do Río de Janeiro (1879) 603, p. 8.

(6) Couto de Magalhães comunica una tal leyenda en la Revista da Exposição anthropologica brazileira, Rio de Janeiro, 1882, p. 63.(Ernst se refiere aquí a José Vieira Couto de Magalhães (1837-1898), quien fue un político, militar, escritor y folclorista brasilero).

(7) "Tumé, sacerdote exótico. La tradición general sobre la aparición en nuestras costas de un sacerdote extranjero que enseñó a los habitantes nuevas costumbres, el uso de la mandioca y muchas otras cosas, no carece de significación. La concordancia casual del sonido tumé y Tomás, dio ocasión al sentido místico de los misioneros para el invento de cuentos aventureros, en los que mezclaron las leyendas de los indios sobre el tumé con lo que ellos mismos tuvieron a bien de atribuir a Santo Tomás. Aquellas leyendas parecen de todos modos indicar la existencia de un honorable

forastero que vino a estos países e instruyó a los nativos en nuevas doctrinas". (Almeida Nogueira, *Op. cit.*, p. 543, bajo tumé.).

(8) "*Las plantas de mandioca cultivadas en Brasil*", en Pharmaceut. Rundschau, New York, abril-agosto, 1886.

(9) Algo parecido tiene lugar también en otras lenguas. La misma planta (*Digitalis purpurea*) es denominada por los alemanes ya desde tiempos antiguos '*fingerhut*' (dedal), y por los ingleses '*fox-glove*'; el francés *feu* designa lo mismo que el latín *ignis*. Es la diferencia en la forma de la apercepción lo que en ambos casos ha llevado a dos nombres muy diferentes para la misma cosa, aunque en los dos ejemplos las raíces se han tomado de la misma lengua de origen; pues '*fox-glove*' es tanto de origen auténticamente alemán, como '*feu*' es de origen latino.

(10) Fernández de Oviedo, Gonzalo. "*Historia General y Natural de las Indias*", Lib. VII, cap. 2; edición de Madrid 1851: I, 272.

(11) Almeida Nogueira, Baptista Caetano, "*Apontamentos sobre o abañeenga I Orthographia e prosodia. Métaplasmo*". Río de Janeiro, 1876.

(12) Reynoso Valdés, Alvaro. "*Cultivos cubanos*", Madrid, 1876, p. 96.

(13) Bachiller y Morales, Antonio. "*Cuba primitiva*", 2. Ed., La Habana, 1883, p. 362.

(14) Tapia, Fray Diego. "*Confessonario*" en lengua cumanagota, p. 400. (El ejemplar de este muy raro libro que se encuentra en la Biblioteca de la Universidad de Caracas carece de la hoja del título; sin embargo fue probablemente impreso en 1723 en Madrid).

(15) Bachiller y Morales, *Op. cit.*, p. 812, que cita a Las Casas, Historia, V, 312.

(16) *Ibid.*, pp. 240, 264.

(17) Fernández de Oviedo, *Op. cit.* en el capítulo citado arriba, Bachiller y Morales, *Op. cit.*, pp. 310, 347.

(18) Bachiller y Morales, *Op. cit.*, p. 372.

(19) Ya Anchieta (Ernst se refiere aquí al S.J. Padre José de Anchieta, eminente humanista cristiano, que realizó en Brasil una gigantesca obra cultural) y Montoya conocían esta regla, que Couto de Magalhães da en la forma más precisa siguiente: "O som nasal antecedente nasalisa o, consequente o viceversa". (O Salvagem, Rio de Janeiro 1876, p. 4).

(20) Ruíz de Montoya tiene la combinación *eimbuyapé* para "pan de azúcar, pilón de azúcar" (Tesoro, 216), que apoya la derivación dada de naiboa.

(21) Raimondi, en Paz Soldán, *Geografía del Perú*, París 1862, pp. 640, 677.
(22) Appun, F. Globus, XVIII (1870), 296.
(23) Martius, *Reise in Brasilien*, III. 1.066.
(24) Almeida Nogueira, Voc. Guar., p. 548.
(25) Díaz, "*El agricultor venezolano*", Caracas 1861, 1, 73.
(26) Martius, Reise; III. 1.066.
(27) Díaz, Loc. cit.
(28) *Ibid. Loc. cit.*
(29) Bachiller y Morales, *Op cit.*, p 240.
(30) *Ibid.* p. 346.
(31) Humboldt, A. de "*Relation historique*" (Octava edición) VIII, 312-314.
(32) Todas las medidas las doy en metros o en sus fracciones.
(33) *Zeitschrift für Ethnologie*, 1885, 190-197.
(34) Simons, F. A. A. "*An exploration of the Goagira Peninsula*". Proc. R. Geogr. Soc., Dic. 1885. Agradezco al autor, amigo personal mío, una copia de su trabajo completo del cual la citada publicación es sólo un extracto breve, y utilizo con su autorización este rico material.
(35) Humboldt, A. "*Plantes equinoxiales*", I, Pl. 31.
(36) Esto viene, presumiblemente, de que los goajiros (como informa Simons) mezclaban el colorante con la grasa para darle más fácilmente la forma usual, lo que no ocurría con la preparación de la chica (Ilumb., Rel. Hist. VI, 319).
(37) Triana menciona la chica entre los productos de Nueva Granada en la p. 14 del catálogo de la colección enviada a la exposición de París de 1867. Por lo demás se considera hoy a la planta matriz como perteneciente al género Arrabidaea.
(38) "*Flora columbiae*", II, 25, Tab. 113 (Retinophleum viride).
(39) Según una fotografía que agradezco al farmacéutico Möhle, en Maturín.
(40) Brown, "*Canoe-life in Guayana*" (citado en Waterton, "*Wanderings in South America*". London, 1879), 365.
(41) Almeida Nogueira, Voc. guar, p. 79.
(42) ¿No podría quizás estar contenida en esta palabra la resonancia de un uso antiquísimo de las castañas, y no sólo una alusión

al parecido de la forma y del color, como, de acuerdo con lo que sé, se supone comúnmente?

(43) Un manare de este tipo está reproducido en Labat, "*Nouveau Voyage aux Isles de l'Amérique*". La Haya, 1724, T. I, en la plancha después de la p. 17 de la segunda parte.

(44) Almeida Nogueira, Voc. guar., p. 290.

(45) Tomo 1, plancha de la p. 13 de la segunda parte; la descripción correspondiente está en la p. 130 de la primera parte del mismo tomo.

(46) London, 1879, fig. 382. El "*Explanatory Index*" realizado por Wood contiene muchos errores muy curiosos a los que nos hemos referido tanto A. R. Wallace (*Nature*, XIX, 578) como yo mismo (*Ibid.* XX, 313).

(47) Almeida Nogueira, Voc. guar., pp. 90, 62 (550, 55 1), bajo *uca*.

(48) *Ibid.*, pp. 21, 225.

(49) Véase la ilustración en Wyville Thomson, '*The Atlantic*' (New York, 1878), II, 57.

(50) Compárese la hermosa ilustración "*The Blanket Weaver*", fig. 710. The Second Annual Report of the Bureau of Ethnology (Washington, 1883), p. 454.

(51) "*Gramática, Catecismo y Vocabulario de la lengua Goajira*" (París, 1878), p. 107.

(52) Almeida Nogueira, Voc. guar., pp. 429, 451, 223.

(53) Celedón da kaprete, formado según el español cabestro o cabresto.

(54) Liborio Zerda, "*El Dorado*", en "Papel periódico ilustrado" (Bogotá, 1881), p. 255.

(55) *Relation history*; VIII, 320, 321 y Recueil d'Observ. de Zool. et d'Anat. Comp., II, 99; en la plancha 38 está ilustrada la especie de hormiga según un dibujo de Kluge con el nombre de *Formica spinicollis* que proviene de Latreille (hoy se la sitúa en el género *Polyrhachis*).

(56) Esta circunstancia es importante para la explicación del hecho de que hasta ahora sólo se han encontrado en Venezuela, de tiempos antiguos, armas de piedra pulidas; no se tenía un material que se dejara preparar golpeándolo simplemente. Sobre este punto volveré más tarde.

(57) El conocido viajero Herman ten Kate, que visitó Maturín en marzo de 1886 para buscar los restos de esta tribu para su estudio

antropológico, me contó en su visita a Caracas que aun los nombres de los cumanagotos han desaparecido ahora entre el pueblo casi completamente.

(58) "*Unter den Tropen*"(Jena, 1871), II, 479.

(59) Dozy et Engelmann, "*Glossaire des mots espagnols et portugais. dérivés de l'arabe*" (Leyde, 1869), p. 251.

(60) Waterton's "*Wanderings in South America*" (London, 1879), 374.

(61) Corteza interior afieltrada de la especie de las *lecythis*, que con el nombre de estopa se usa para calafatear los botes y para diversos otros fines.

(62) "*Notes by a Naturalist on the Challenger*" (London, 1879), p. 352.

(63) Como agregado a los ejemplos dados por Moseley, quiero mencionar las grandes mazas plateadas ("porras o mazas") con las que, todavía hace pocos años, los bedeles de la Universidad de Caracas precedían al rector en ocasiones festivas. Estos curiosos símbolos de autoridad académica consisten de un astil cilíndrico de 0,60 de largo que lleva al final una esfera de 0,12 de diámetro, en la que están grabados algunos ornamentos curvilíneos sin gusto.

(64) Compárese Catal. of the Lane Fox Anthrop. Collect. (London, 1877), p. 77- 81 y fig. 58-60 en la Pl. VI.

(65) Almeida Nogueira, Voc. guar., 135; Ruíz de Montoya, Tesoro, 130.

(66) Hist. general y natural de las indias (Madrid, 1851), libro VI, cap. 4, Vol. I, 170.

(67) Almeida Nogueira, Voc. guar., p. 182.

(68) Schomburgk, Rich. Reisen in Guayana, II, 518.

(69) Almeida Nogueira, Voc. guar., 382.

(70) Médico criollo botánico (París, 1864), 11. p. 172.

(71) Rich. Schomburgk, Reisen in Guayana, II, p. 518.

(72) Almeida Nogueira, Voc. guar., 200; Couto de Magalhães, O Salvagem (Rio de Janeiro, 1876), p. 47; Rich. Schomburgk, Loc. cit.

(73) Diccionario, Edición XII (Madrid, 1864), p. 197.

(74) O Salvagem, p. 190, 191.

(75) *Ensayos sobre el arte en Venezuela* (Caracas, 1883), p. 55-57.eos.

Entre el declive de Vargas como político en 1835 y el arribo del guzmancismo en 1870, la enseñanza de la medicina en Venezuela era esencialmente teórica y se basaba en los textos franceses, seguidos en menor escala por los de la escuela inglesa (Plaza Izquierdo, 1977). Según el historiador Ricardo Archila, la medicina venezolana de esos años se caracteriza por un "ambiente regresivo", por una decadencia "en forma equiparable a un colapso", en la que "circunstancias adversas contribuyeron a dicha crisis; pero, sin duda, la de mayor peso, la razón de fondo, consistió en el ambiente impropio creado por la vorágine de nuestras guerras civiles, bajo cuyo efecto la Universidad de Caracas y los hospitales, los ejes fundamentales del progreso médico, fueron heridos mortalmente en su desarrollo" (Archila, 1966).

En el año 1877, el vitalismo seguía campante en Venezuela. Por ejemplo, el rector de la Universidad Central, Manuel María Ponte, publica ese año en la *Gaceta Científica de Venezuela* una serie de artículos relativos a sus "Estudios sobre las fiebres que reinan en Venezuela" (Ponte, 1877a, b, c, d), donde sostiene que las fiebres eran causadas por miasmas que obedecían, en su génesis, a los factores ambientales. Vale la pena notar que esas publicaciones aparecen un par de docenas de años después de la publicación de los trabajos de Beauperthuy. Sin embargo, los médicos positivistas[46] continuaban tratando de imponer su paradigma.

Las tres grandes concepciones que van a orientar el pensamiento y el *modus operandi* médico positivista serán: una de orientación preponderantemente morfológica, la anatomoclínica; otra de orientación preponderantemente procesal, la fisiopatológica; y otra, de orientación preponderantemente etiológica, la etiopatológica. Para la anatomoclínica, lo fundamental en la enfermedad es la lesión anatómica; para la fisiopatología, el desorden energético-funcional del organismo; y para la tercera, la causa externa del proceso morboso, los diversos '*causae morborum*' químicos o biológicos (López Piñero, 1990). Estos últimos fueron los que dieron a conocer a Pasteur y a Koch, exponentes más claros de las bondades del método lógico inductivo en la investigación científica dentro del positivismo.

En Europa, a finales del siglo XIX, los programas de investigación de enfermedades tropicales se reducían a dos concepciones. Por un lado, la pregonada por la escuela francesa (a través del Instituto Pasteur) y cuyo paradigma se basaba únicamente en los descubrimientos de la microbiología combinados con estrategias clásicas de higiene pública. En el lado opuesto se situaba la propuesta de los institutos de medicina tropical de Londres, Edimburgo o Liverpool, los cuales proclamaban el abordaje integral de la enfermedad, que abarcaba desde medidas de salud pública hasta los noveles saberes producidos por los estudios de la biología de los agentes vectores de las enfermedades, pasando por estudios microbiológicos y parasitológicos. Mientras que en países de la región como Argentina o Brasil llegó a imperar una u otra forma de contemplar las enfermedades tropicales con resultados parciales (Caponi, 2002), en Venezuela y durante el siglo XX se dio una sinergia de las dos escuelas de pensamiento que rindió buenos resultados, como se podrá constatar (*vide infra*).

La universidad venezolana no se incorporó inmediatamente a los procesos de cambio que impulsaba el guzmancismo, sólo los asumió hacia finales de siglo cuando, entre 1891 a 1895, se emprendió una segunda ronda de transformación, que enraizó definitivamente el positivismo en el medio académico: la búsqueda del conocimiento científico de la enfermedad. Para esa renovación conceptual, en la Universidad Central de Venezuela fueron creadas, en su Facultad de Medicina, nuevas Cátedras y Laboratorios propios de las ciencias básicas o fundamentales y se estableció la obligatoriedad de presentar una tesis de grado a los candidatos al título de Doctor en Medicina (Bigott, 1995). Surge así entre nosotros la llamada medicina científica, la cual se entiende como el esfuerzo profesional por obtener la información más acertada acerca de la causa del proceso morboso, considerando la investigación como parte esencial de ese acto médico. Esa revolucionaria concepción es promovida por grandes médicos e investigadores, como Luis Razetti (1862-1932), Santos Aníbal Domínici, Rafael Rangel (1877-1909) y José Gregorio Hernández (1864-1919).

Hernández, en el año 1891, como primer regente de la Cátedra de Histología Normal y Patológica, Fisiología Experimental y Bacteriología de la UCV, expone por primera vez a los estudiantes al pensamiento científico con sus noveles conceptos y los introduce a la experimentación, mas no así a la investigación, tarea que corresponderá a Santos Aníbal Domínici[47], con la inauguración en el año de 1895 de las Cátedras de Anatomía Patológica y de Clínica Médica.

Una mejor comprensión del papel que médicos como Razetti, Domínici, Rangel y Hernández desempeñaron en el desarrollo de la medicina y la ciencia venezolana —y de la impronta que dejaron— se puede obtener respondiendo a la pregunta: ¿cómo era la medicina para la década de 1880? La respuesta se encuentra en la descripción de los hospitales de esa época. Por ejemplo, Ricardo Archila la define como "la época medieval de nuestros hospitales", mientras que el médico Rafael Villavicencio (1832-1920), uno de los promotores del pensamiento positivista en el país, afirmaba en 1879 lo siguiente:

> Hospitales. Tenemos en Caracas el hospital de la Caridad para hombres, el de mujeres, el de lazarinos y el hospital militar; y en los Teques el hospital de locos. Ninguno de ellos puede darnos una idea de las enfermedades en Caracas, pues los enfermos no van al hospital sino como último recurso, y es necesario confesar que no les falta razón si se atiende a lo mal servidos que están. No hablamos del servicio profesional, pues los médicos que se encuentran a la cabeza de estos establecimientos merecen la confianza del público, sino del servicio interior como ropa, cama, alimentos, servicio doméstico, etc., etc. La sociedad y la autoridad que es su representante, debían dirigir una mirada de compasión hacia estos infelices, destituidos de todo recurso, que yacen postrados en el lecho del dolor, y disponer la inversión de una suma mayor de la gastada para esos establecimientos, tan bien montados y hasta lujosos, en todo país civilizado.
>
> La sociedad tiene además un interés directo en el buen servicio de los hospitales; es allí donde se forman los verdaderos médicos prácticos. Es a la cabecera del enfermo y observando con minuciosa atención los procedimientos de la naturaleza en la marcha de las enfermedades, que se alcanza alguna habilidad en el arte del diagnóstico; que se obtiene esa penetración del desenvolvimiento subsecuente de la enfermedad, que tanto caracteriza al verdadero médico (Villavicencio, 1879. [pp. 136 y 137]).

Santos Aníbal Domínici llegó a afirmar que, al graduarse de médico en el año 1890, no había entrado nunca a una sala de hospital, porque estos propiamente no existían o no podían llamarse como tales. Esto se refleja en la descripción expuesta por el médico e historiador Laureano Villanueva de lo que, hacia finales de esa década, quedó recogido por Archila:

    Hasta 1888 los hospitales de Caracas eran casas inmundas, en donde se hacinaban los infelices que no tenían donde morir. Eran lugares de depósitos para proveer los cementerios, pues, todos estaban mal servidos en la parte facultativa, sin administración, higiene, ni recursos de ninguna especie, sucios, hediondos y con edificios en ruina (Archila, 1966).

Domínici, al terminar sus estudios de medicina, se traslada a la Universidad de París a culminar sus estudios doctorales. Regresa a Venezuela en el año 1894, embebido del conocimiento de las infecciones y sus agentes causales. Su área de especialización fue patología interna con experticia en la investigación clínica y experimental de los colibacilos. Durante sus años de formación, Domínici conoció el trabajo de Metchnikoff del año 1884, donde había propuesto y demostrado el papel de los fagocitos en la inflamación que le permitió postular su teoría de la inmunidad. También supo de la producción de la antitoxina diftérica en caballos realizada por Pierre Roux en Francia en el año 1888, y del descubrimiento de von Behring en Alemania, durante el año 1892, de las antitoxinas y su aplicación terapéutica.

Domínici es el hombre estudioso de las enfermedades del medio venezolano, el patólogo que se rige científicamente. Creará y conjugará la mentalidad clínica con la anatomía patológica; será pionero de la medicina del laboratorio, de la búsqueda de la causa, del agente de la enfermedad. Para él, lo fundamental será la mentalidad etiopatológica, es decir, la causa externa: el microorganismo —agente— causante de fiebres, diarreas y anemias, los tres grandes males de la población venezolana. La primera gran labor de investigación de Domínici fue establecer la relación entre los agentes infecciosos responsables y las enfermedades, determinando, así, la naturaleza específica de éstas. Apenas un par de años después de su llegada de París, en el año 1897 Domínici publica en la *Gaceta Médica de Caracas* su "Estudio sobre las fiebres palúdicas en Caracas", en donde se establece la existencia del *Plasmodium spp.* en Venezuela y se describe el ciclo evolutivo del hematozoario de Laveran[48] en el huésped humano. Queda así identificado como el agente etiológico de las fiebres intermitentes (Domínici, 1897).

Domínici, refiriéndose a la Lección Inaugural dada durante su toma de posesión —en 1895— de la Cátedra de Clínica Médica, recordaba años después lo siguiente:

> La Cátedra que iba a regentar por cerca de un septenio, comprendía también la enseñanza de la Anatomía Patológica: hice por tanto hincapié en la suma importancia de ésta, y de la autopsia de los casos fatales, para fijar y comprender los procesos de las enfermedades. Fue, en efecto, regla en mi servicio el practicar la necropsia cada vez que fue posible (Domínici, 1945).

Pasa así la autopsia a convertirse en parte integral de la práctica y del proceso investigativo en medicina, aun cuando ésta ya había sido incorporada a los estudios por el doctor Vargas. Domínici recurre a los exámenes *post mortem* para confirmar el diagnóstico de una infección por *Necátor americanus*, mediante la visualización directa del parásito en el intestino de un paciente muerto por anemia severa (Domínici, 1937). La conexión entre la lombriz y el padecimiento sería confirmada posteriormente por Rafael Rangel. Paralelo al desarrollo de la autopsia, Domínici implementó el estudio histológico de los tejidos, práctica también continuada por Rangel en el Hospital Vargas. Para Domínici, "[e]l microscopio será, a no dudarlo, dentro de muy pocos años el primer instrumento clínico"[49] (Domínici, 1945).

En el año 1902, con apenas 29 años de edad, Santos Aníbal Domínici abandona su actividad profesional y entra en los derroteros políticos que eventualmente le conducirán al exilio. No obstante, a la muerte del dictador Juan Vicente Gómez (1857-1935), regresa a Venezuela y se reincorpora a la Cátedra de Clínica Médica en el Hospital Vargas. Con discípulos y colegas —como Rafael Rangel, del Laboratorio del Hospital Vargas— se dedicó en cuerpo y alma a la investigación médica, llevándola a cabo desde esas cátedras y en el Instituto Pasteur, que había fundado en ese mismo año.

Conviene revisar un poco la trascendencia del Instituto Pasteur de Caracas[50], lugar donde Domínici desarrolló su trabajo investigativo. Éste fue constituido en el año 1895 y se deriva del Laboratorio de Bacteriología y Seroterapia, un ente privado creado en el año 1894 por Santos Aníbal Domínici a su llegada de París. Si bien el Instituto tuvo una corta existencia —cerró sus puertas en el año 1902—, produjo un importante capital intelectual e hizo historia. Entre otras cosas, sentó las pautas para la organización de la investigación venezolana: nuestra ciencia prefiere organizarse en instituciones, alrededor o dentro del ambiente universitario, que tengan estructuras administrativas capaces de garantizar la mayor autonomía y libertad posible. En otras palabras, esquemas funcionales diseñados para mantener al poder político lo suficientemente cerca como para poder contar con un buen caudal de financiamiento público, pero lo suficientemente alejado como para prevenir sus apetencias de control.

En un acto científico literario en honor a la memoria del Generalísimo Francisco de Miranda (1750-1816), que tuvo lugar el 4 de julio de 1896, en la Facultad de Ciencias Médicas, Domínici presentó sus primeras observaciones, aún incompletas, de un intenso trabajo que estaba llevando a cabo en la Clínica Médica del Hospital Vargas, y con los recursos del Instituto Pasteur, sobre paludismo. Domínici da un detallado recuento de la morfología del parásito, presentando un gráfico con las diversas formas que fueron visualizadas en preparaciones teñidas con azul de metileno y hematoxilina que él mismo preparó. Sus resultados se reproducen aquí como fueron reportados, en 1896, en su artículo "Contribución al estudio del hematozoario de Laveran en Venezuela", que fue publicado en *El Cojo Ilustrado* (Domínici, 1896).

—Artículo—

SANTOS ANÍBAL DOMÍNICI. "CONTRIBUCIÓN AL ESTUDIO DEL HEMATOZOARIO DE LAVERAN EN VENEZUELA"

El agente patógeno del paludismo es un animálculo unicelular perteneciente a la clase de los Esporozoarios. Esta es una verdad indiscutible hoy en la Ciencia.

Cuando Laveran(1) después de dos años de pacientes exámenes de sangre palúdica, describió a fines de 1880 el hematozoario de la malaria, los patólogos y micrógrafos todos, acostumbrados por decirlo así a hallar en la gran fuente morbígena del reino vegetal, descubierta por Pasteur, las causas de las enfermedades infectivas, acogieron con escepticismo las conclusiones del médico de Argelia. El *Bacillus malaria*: de Klebs y Tomassi Crudeli, único que sobrevivía de la serie de algas presentadas a la crítica científica como agentes del paludismo, reunió entonces, como en un esfuerzo supremo, el mayor número de partidarios. Aún en 1884 lo defendían, en el Congreso Internacional de Copenhague, dos de los autores que más contribuirán después al conocimiento del parásito animal: Marchiafava y Celli.

Luego, con un acuerdo que de por sí desvanecía todas las dudas, se efectuaron observaciones confirmativas de las de Laveran en diversos puntos del globo, y ha quedado comprobado definitivamente que la malaria con sus múltiples formas clínicas está íntimamente ligada con la evolución del hematozoario en el organismo humano.

Los parásitos animales, que anteriormente sólo se señalaban como huéspedes de las grandes cavidades naturales y de los intersticios orgánicos, aparecieron pues, en su estructura más sencilla, como habitadores de los elementos anatómicos mismos y adquirieron por lo tanto en patología una importancia de primer orden. La gran clase de los *Esporozoarios*, creada por Leuckart en 1879, salió a la luz y en ella se distinguió por su parasitismo intracelular al grupo de las *Coccidias*. En efecto, el hematozoario palúdico es, según Metchnikoff, una coccidia que vive en el interior de la célula roja del hombre, así como el *Coccidium oviforme*, por ejemplo, vive dentro de la célula epitelial del conejo; coccidias son las que, después de Malassez, Albarrán y Darier, han encontrado en ciertos carcinomas y en la enfermedad de Paget muchos otros histólogos; las que describen Neisser en el *Molluscum contagiosum*, Pfeifter y Guarnieri en la vacuna y la viruela, etc.

La estructura del hematozoario es la de un protoplasma hialino que en el estado adulto encierra un núcleo vesiculoso, y éste a su vez un nucléolo, según varios autores. Hasta ahora nadie ha podido distinguir con certeza una membrana continente. A medida que crece, el protoplasma joven se carga de gránulos de pigmento en que transforma la hemoglobina. Si se trata con los diversos reactivos colorantes se notan en el parásito dos zonas: una externa, periférica, que se tiñe mucho más fuertemente y que contiene las granulaciones pigmentarias, y otra interna, pálida, que representa el núcleo y no se impregna de los colores usuales, sino en un punto más o menos excéntrico que sería el nucléolo. En algunas de nuestras preparaciones se ve claramente la existencia de estas dos partes en el parásito.

En su evolución presenta el hematozoario cuatro formas, clásicas desde las primeras comunicaciones de Laveran:

1) cuerpos esféricos
2) flagelos
3) cuerpos semilunares y
4) cuerpos segmentados

En realidad, sólo deben considerarse en él dos aspectos: el esférico, amiboideo, de movimientos vivos y varios, y el semilunar, inmóvil; ambos pasan por los estadios de cuerpos segmentados y de flagelos. ¿Se derivan a su vez el uno del otro? Laveran sostiene que sí; Grassi y Feletti opinan que son dos parásitos distintos.

Desde el año de 1894, en que por primera vez examinamos microscópicamente la sangre de los impaludados de Venezuela, nos convencimos de que la etiología de las fiebres maláricas es la misma aquí que en los otros países donde se ha estudiado; es decir, comprobamos que dichas fiebres reconocen como única causa al hematozoario de Laveran y que en el torrente sanguíneo de los enfermos de Caracas se encuentran las formas todas descritas en la sangre palúdica. El primer caso que publicamos, y a que más tarde nos referiremos, fue el de un enfermo del servicio del Dr. Meier Flegel, cuya historia puede leerse en la *Gaceta Médica* de 30 de noviembre de ese año (2).

Casi siempre hemos diagnosticado desde entonces el paludismo por el examen de la sangre de los febricitantes; empero, sólo en número aún muy escaso de enfermos (diez y seis) hemos hecho observaciones seguidas y estudiado el ciclo biológico del parásito, por lo que no nos creemos autorizados suficientemente para asentar en este trabajo conclusiones definitivas.

De los dos modos clásicos hemos procedido al examen de la sangre: fresca, inmediatamente después de extraída del pulpejo digital o de la pulpa esplénica, y desecada y colorida por diversos métodos (eosina y azul de metileno, ácido acético y azul de metileno, ácido pícrico y hematoxilina, eosina y hematoxilina, violeta-dalia, etc.) No entraremos en los detalles de la técnica, de toda conocida y en muchos libros minuciosamente descrita.

Podemos asegurar que siempre que hemos examinado la sangre de un paludoso febril hemos visto los cuerpos esféricos amiboideos. Estos en las preparaciones húmedas no coloradas se destacan sobre el glóbulo como cuerpos transparentes, más o menos discoides, que, según el momento en que se tome la sangre, contienen o no uno o más gránulos de pigmento. Si la observación de uno de estos elementos se prolonga por un cuarto de hora o más, se notan generalmente fenómenos que manifiestan su vida propia: la línea más o menos indecisa que lo limita ondula con amplitud y viveza variables, presentándose en consecuencia el parásito bajo formas distintas en ese espacio de tiempo, hasta que cesa la ondulación y éste queda con una figura ya circular u ovoide, ya alargada o ramificada. Estos cambios de forma dependen indudablemente de movimientos propios del protoplasma; de ello se convence el observador cuando, y una rara vez, ve emitir al cuerpo prolongaciones que a manera de tentáculos penetran en la sustancia misma del glóbulo rojo y se retraen con mayor o menor lentitud. De igual modo, si se observa en el campo del microscopio un parásito pigmentado, se ve con frecuencia al gránulo de pigmento agitado con un movimiento giratorio y de traslación, primero vivísimo y luego gradualmente más lento, hasta que se fija en un punto más o menos céntrico.

Según envejecen, estos cuerpos esféricos o plasmodios van aumentando de tamaño, ocupan todo el hemátido y aun lo sobrepujan. En nuestras preparaciones coloridas pueden verse las diversas fases de este crecimiento. Una muy interesante es en la que sólo resta de la célula roja una margen de anchura variable que forma un anillo periférico al parásito, en el centro del cual se ve por transparencia una parte de la sustancia cromática del glóbulo.

Muchas formas esféricas, en diverso grado de desarrollo, se ven libres en el plasma; las más están pigmentadas y no dan signos de vida, en otras se verifica lo que podemos llamar la "flagelización". Desde los primeros trabajos de Laveran todos los autores que han estudiado debidamente al hematozoario han observado en estas formas la salida brusca de filamentos o *flagelos* al cabo de 10, 15, 20 y más minutos de extraída la sangre y resguardada del desecamiento rápido. Hasta ahora hemos gozado de tan interesante espectáculo una sola vez, quizá a causa de que pocas nos hemos puesto en las condiciones requeridas.

Lámina I. 1.- Glóbulo rojo normal y forma hialina joven. 2.- Id. id. con forma endoglobular. 3.- Forma amiboide en vía de crecimiento. 4.- Glóbulo deformado con dos plasmodios, uno pigmentado y el otro no. 5.- Forma adulta endoglobular. 6.- Id. id. que abandona la célula roja. 7.- Forma adulta libre. 8.- Id. id. con un flagelo. 9.- Id. id. con dos flagelos. Esta es copiada de una preparación fresca.

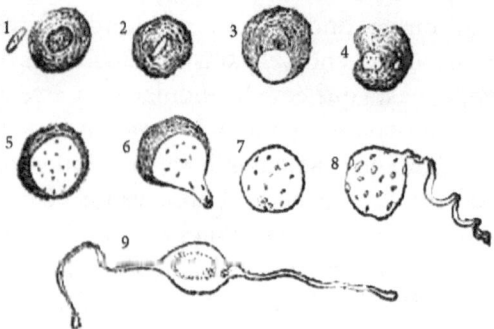

(Nota: Estas figuras, como las de las siguientes láminas, han sido dibujadas con el aparato de Abbe de nuestras preparaciones coloridas y montadas en bálsamo de Canadá. Microscopio Zeiss ocular 8x y objetivo de inmersión homogénea un dozavo, apertura 1,20. Los originales estarán en nuestro laboratorio todos los días de 3 a 5 de la tarde, a la disposición de los colegas que deseen examinarlas.)

En esta ocasión examinábamos una preparación de sangre recién extraída del bazo y defendida del aire por un reborde de vaselina; al cabo de 20 a 25 minutos observamos un rápido movimiento de los glóbulos sanguíneos que se retiraban en diversas direcciones como abriendo campo a una célula esférica pigmentada y vimos que del borde de ésta se agitaba y retorcía con violencia un largo filamento.

En esa misma preparación existían otros dos cuerpos con flagelos. En uno asistimos al desprendimiento del filamento que desapareció del campo por su propia motilidad; en el segundo, como otras dos veces en que observamos cuerpos con flagelos en otros enfermos, los filamentos se borraron en la preparación, sin que pudiéramos darnos cuenta de lo que exactamente pasaba.

¿Cuál es la significación biológica de estos cuerpos? He allí una materia sumamente discutida y que tiene divididos en dos campos a los hematozoólogos más distinguidos.

Unos, con Blanchard, Labbé, Grassi y Feletti, Bastianelli y Bignami, Sacharoff, etc., opinan que los flagelos no son sino producciones agónicas que preceden o acompañan la degeneración del parásito; otros, con Laveran, Mannaberg, Danilewsky, etc., los consideran como el estado de desarrollo completo del plasmodio. Manson va más allá y cree que, lejos de ser signo de muerte, los flagelos marcan la primera faz de la vida extracorpórea del parásito.

En nuestras preparaciones (véase lámina I) teñidas con azul de metileno y con hematoxilina se encuentran, aunque muy raros, algunos cuerpos con flagelos. Estos filamentos se coloran con igual intensidad que el protoplasma de la esfera y ésta a su vez tan fuertemente que el reactivo colorante oculta los gránulos pigmentarios, según ya observó Sacharoff (3).

Nosotros diremos con este último autor: "quienquiera que observe durante algún tiempo el macroorganismo con los flagelos, se levantará del microscopio convencido de que ha estado mirando un objeto vivo". "Si el movimiento significa vida", dice el mismo Manson, "en ningún momento de su existencia intrasanguínea muestra el plasmodio más vitalidad que cuando se 'halla' transformado en cuerpo con flagelos; si lo definido de la forma es señal de vida organizada, nunca forma del parásito fue más regular, más definida que ésta; si las propiedades locomotivas son indicio de vida, jamás exhibió el parásito con mayor evidencia esta cualidad que cuando se desprenden de él los flagelos y nadan por el suero sanguíneo, no durante segundos, sino por horas, como es fácil demostrarlo"(4).

Sin embargo, el problema no es de tan fácil solución y los combatientes no han consignado aún las pruebas irrefutables que le concedan la victoria al uno u otro bando. Los que mantienen que los flagelos son productos degenerativos se fundan en que no aparecen sino cuando faltan al parásito las condiciones más esenciales de vida: calor, oxígeno, sangre no coagulada; en que sólo aparecen en un número pequeño de los cuerpos esféricos libres; en que el movimiento del pigmento no es sino el browniano, propio de la materia inerte; en que el proceso de la aparición de los flagelos es demasiado violento para ser vital.

A esto contestan los contrarios: los flagelos aparecen fuera del cuerpo, porque fuera del cuerpo es que los necesita el parásito, su función biológica es exclusivamente exterior; las temperaturas bajas favorecen la vida de muchos animales y vegetales que las altas contrarían: tal debe de ocurrir con un organismo como éste que indudablemente vive y se desarrolla hasta un grado no conocido, fuera del cuerpo humano, a las temperaturas ordinarias del ambiente (Manson). Son pocos los plasmodios que emiten flagelos; pero, siendo estos filamentos productos agónicos y muriéndose todos los parásitos en corto tiempo en la preparación, ¿por qué no se observan en mayor número? Los hematozoarios se mueren también en la sangre circulante ¿por qué en ella no se encuentra jamás un flagelo?, (Mannaberg). Podría añadirse que si en la platina del microscopio se desarrollan pocos flagelos es porque las condiciones allí reunidas no son suficientemente favorables a ese acto vital. El movimiento del pigmento es demasiado extenso para ser browniano. Los flagelos no se forman en el momento en que aparecen, sino que prexisten dentro del cuerpo esférico que los contiene a manera de quiste, (Laveran); su brusca salida es más bien un alumbramiento, el cual; como se sabe, es un acto violento y precipitado en la mayor parte de los seres, (Manson).

Aunque no presentamos ningún argumento nuevo, nos inclinamos a pensar con Mannaberg y Manson que el flagelo es la primera faz extracorpórea del agente palúdico. Coronado (5) en sus experiencias sobre el cultivo del hematozoario, aún no confirmadas, dice que ha presenciado la flagelización de los cuerpos esféricos y la segmentación longitudinal de los flagelos libres en individuos jóvenes: si tales hechos se corroboran es claro que toda la cuestión queda resuelta.

La forma semilunar, inmóvil, es la otra característica del agente malárico. Estos elementos se ven libres por lo general en el suero sanguíneo, a veces dentro de los glóbulos rojos; son cilíndricos y encorvados en forma de media luna y de extremos ya afilados, ya redondeados, que reúne frecuentemente en arco una línea muy fina, resto, según muchos autores, del glóbulo en que se desarrollaron. Su protoplasma es incoloro, transparente, y contiene en su parte central gránulos de pigmento dispuestos simétricamente y de diverso modo. Su tamaño puede ser hasta dos veces el diámetro de un glóbulo rojo normal.

En nuestras preparaciones (véase lámina II) teñidas con azul de metileno se ve, como lo han observado muchos, que los extremos del parásito se impregnan fuertemente de color, luego los bordes débilmente y a veces algunos puntos del centro, y que entre éste y los polos persiste una zona pálida, incolora. Las masas pigmentarias están ya todas colocadas en el centro, en forma de corona, con radios que de ella parten más o menos cortos y simétricos, ya en figuras cariocinéticas, ya cerca de alguno de los extremos, ya sin orden preciso. Su forma es casi siempre la clásica semilunar; a veces perfectamente elíptica, otras más o menos ovoide.

Lámina II. 1.- Glóbulo rojo con una forma semilunar joven y dos plasmodios pigmentados. 2.- Glóbulo rojo con una forma semilunar joven y una esférica no pigmentada. 3-14.- Formas semilunares adultas, ovoides, elípticas, fusiforme, en la que se ve la distinta colocación del pigmento. 15.- Forma semilunar doble (*disyzygia*).

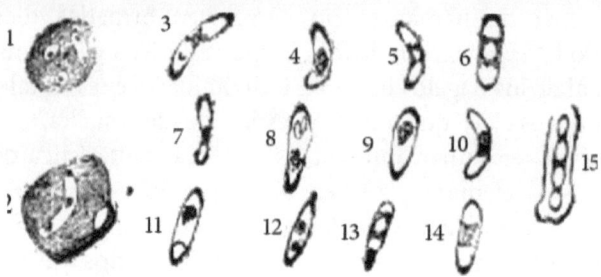

Ya hemos dicho que muchas veces se ha presenciado en preparaciones frescas su lenta transformación en cuerpos esféricos y su flagelización.

¿Qué son estos elementos semilunares? Grassi y Feletti y Sacharoff los describen, con el nombre de *Laverania*, como una especie distinta del parásito; los demás los tienen como un simple aspecto del mismo animálculo polimorfo. Laveran dice que son formas quísticas, resistentes del hematozoario; Canalis, Golgi y otros los consideran igualmente como su forma más resistente; Bignami, Marchiafava, etc., creen que son tipos desviados y degenerados; Mannaberg que son quistes constituidos por conjunción (*syzygia*) de dos individuos; Manson que están destinados a conservar la vida de la especie fuera del cuerpo humano; para Coronado, en fin, son quistes vacíos de donde se han escapado los flagelos. Todos están de acuerdo en que estos elementos no aparecen en la sangre sino cuando la infección tiene por lo menos una semana. Nuestra corta experiencia así lo confirma.

Una vez que el hematozoario ha llegado a su pleno desarrollo se segmenta en un número variable de esporozoítos que se presentan con la apariencia de rosáceas más o menos simétricamente unidos a un bloque central de pigmento. Marchiafava y Celli fueron los primeros que dieron a estas formas toda su importancia, describiéndolas como las de esporulación o reproducción del parásito. En seguida Golgi demostró que todo acceso palúdico coincide con la esporulación de una generación de amibas adultas, y, estudiando el tiempo que necesita el hematozoario para crecer y segmentarse, notó que varía según los diversos tipos febriles y también que en ellos difiere el número de segmentos de cada *margarita*, como llama él las formas de escisión. Distinguió así dos especies palúdicas en la cuartana y la terciana y fundó la escuela del poliparasitismo en la malaria, en oposición a la del polimorfismo de un solo parásito, que encabeza Laveran.

No podemos detenernos en el análisis de los trabajos innumerables e importantísimos de la Escuela Italiana sobre la diversidad de especies parasitarias en el paludismo, ni poseemos todavía documentos suficientes para entrar en la discusión. Sí nos ha parecido innegable que en relación con los diversos tipos Clínicos presenta el hematozoario ciertas particularidades. ¿Bastan éstas para atribuir una especie distinta a cada forma clínica? ¿Se podrá afirmar con Grassi y Feletti que el impaludismo es un conjunto de varias enfermedades provocadas por parásitos distintos?

En el "Hospital Vargas" hemos podido estudiar en 16 enfermos la sangre palúdica en todos los momentos del acceso febril y de la apirexia. Dichos casos se dividen así:

    Cuartanas puras... 2.
    Tercianas puras.. 3.
    Cuotidianas.. 3.
    Continuas y subcontinuas de carácter pernicioso.. 8.

En el estudio de las cuartanas y tercianas hemos comprobado, en todo, las leyes que por primera vez estableció Golgi (6). Así, observamos que: la "hemamiba" de la fiebre cuartana gasta setenta y dos horas para alcanzar su completo desarrollo. En el primer día de la apirexia se encuentran dentro de los glóbulos rojos formas hialinas, amiboides, no pigmentadas, de un sexto a un quinto del tamaño del hemátido; éstas van creciendo lentamente hasta cubrir por completo la superficie del glóbulo, cuya hemoglobina transforman simultáneamente en gránulos pigmentarios.

El pigmento se dispone primero sin orden y luego se acumula en el centro. Algunas horas antes del principio del acceso (de 6 a 10) comienza la segmentación, que termina en pleno período febril con la formación de seis a ocho esporozoítos ovoides que llevan un punto central muy refringente. Durante las primeras horas del acceso se separan los segmentos y en su curso aparecen de nuevo dentro de los hemátidos las formas jóvenes hialinas, no pigmentadas, del primer día. (Véase lámina III, figuras I-5).

La *hemamiba de la fiebre terciana* tiene idéntico ciclo, más lo verifica en cuarenta y ocho horas. En la segmentación presenta con las anteriores diferencias muy notables y que saltan a la vista en nuestras preparaciones:

1) el número de segmentos es mucho mayor, de quince a veinte;
2) el tamaño de estos es menor;
3) no tienen centro refringente;
4) el pigmento las más de las veces no parece estar libre en el suero. (Véase lámina III, figuras 6 y 7).

En los casos de fiebre cuotidiana, intermitente, el resultado del examen fue vario y no nos fue posible averiguar con certeza si eran debidos a la evolución simultánea de generaciones de la amiba de la cuartana o de la terciana, o si las producía una amiba especial cuya maturación se efectuará en 24 horas.

Lámina III. Principio del acceso en la cuartana y la terciana puras. 1 y 2.- Margaritas deshojadas de la cuartana: tienen cinco a ocho pétalos con un punto central refringente que no se tiñe con facilidad. 3 y 4.- Formas jóvenes sueltas. 5.- Id. Id. Sobre glóbulos rojos deformados. 6 y 7.- Margaritas deshojadas de la terciana: los pétalos pasan de veinte, son más pequeñas que las anteriores y no presentan el punto refringente central. 8.- Leucocito polinuclear que acaba de aprisionar una masa pigmentaria.

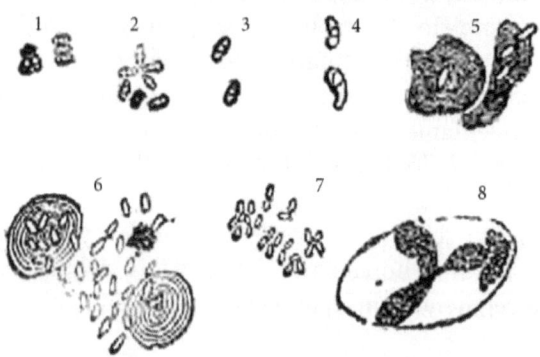

El aspecto clínico de este primer grupo fue completamente benigno, los pacientes volvían en las horas de apirexia a su estado normal y la quinina ejerció siempre su acción amibicida. No así en el siguiente de fiebres continuas o subcontinuas que revistió siempre un carácter pernicioso, de tal gravedad que en cinco casos trajo la muerte y en los otros puso en peligro la vida del enfermo.

Cuatro de estas perniciosas presentaron los síntomas todos de la llamada *fiebre remitente biliosa*. He aquí el resultado parasitario del primero tal como se publicó en 1894 (7).

"El examen de la sangre de la pulpa digital señala la presencia de plasmodios de Laveran, discoides y con pigmento central, unos endoglobulares y otros libres en el plasma; hay también formas no pigmentadas. Algunos glóbulos blancos cargan gránulos muy finos de pigmento negro. No hemos visto pigmento libre...".

"En la autopsia se recogió sangre del bazo y médula de las costillas y el diagnóstico se confirmó más, si era posible con la presencia en ellas de numerosos hematozoarios, muchos no pigmentados, los más con pigmento central; en la pulpa esplénica abundaban sobre todo glóbulos blancos cargados de gránulos finos de pigmento específico ".

"El resultado fue idéntico, en lo que a la sangre de la pulpa digital se refiere, en dos casos en que no hubo autopsia, ni pudo tomarse en vida la sangre del bazo".

Respecto al 4° Caso, el examen de la sangre del dedo fue siempre negativo; mas, a la punción del bazo en vida y a la autopsia se encontraron hematozoarios en distintas fases de su desarrollo y formas muy numerosas de esporulación.

De paso queremos hacer notar una figura rara que únicamente hemos visto en este caso y cuya significación biológica no conocemos. (Véase lámina II, figura 1-5.) Se trata de una forma alargada (2 a 3 veces un glóbulo, rojo), que aparece como encapsulada y se impregna más fuertemente de color en tres fajas transversales situadas una en todo el centro y las otras dos a igual distancia de esta faja central y de ambos polos igualmente teñidos; de modo que el cuerpo queda dividido en cuatro segmentos con una apariencia tal que podrían compararse con los cascabeles del *Crotalus*. No presenta pigmento aparente; mas hay que hacer constar que quizá se debe a que la preparación fue tratada por una solución amoniacal que tiene la propiedad de disolver el pigmento, si se deja obrar largo tiempo. Si aceptamos la concepción de Mannaberg (8) sobre el génesis de los cuerpos semilunares, no confirmada aún, podría explicarse la formación de esta figura así: dentro de un glóbulo rojo se ha efectuado una doble copulación (*disyzygia*) de cuatro elementos amiboideos, en vez de la simple conjunción de dos, que es lo que, según el autor vienés, ocurre en el caso de las medias lunas. La cápsula que la circunda sería el resto del hemátido en que se verificó la cópula. Nuestra forma sería, en una palabra, una doble semiluna.

El 5° Caso de fiebre continua perniciosa tuvo una localización intestinal: los hematozoarios, raros en la sangre periférica, abundaban en la esplénica en diversos estadios de su crecimiento. El 6°, de cuatro días de duración, con idéntico resultado parasitario en la sangre del dedo (no se puncionó el bazo), tuvo una ligera localización pulmonar. El 7° empezó con grandes hematurias que disminuyeron hasta ser sólo apreciables por el examen microscópico. Dentro de los hemátidos de la orina recién emitida creímos ver formas esféricas hialinas del hematozoario; pero no habiendo teñido las preparaciones, no lo afirmamos. Igual resultado parasitario que el anterior, más la comprobación de una media luna. No hubo punción esplénica.

En el 8° y último caso se pudo seguir diariamente el aumento rápido y constante del volumen del bazo (hasta 8 a 9 centímetros por fuera de las costillas). El examen de la sangre fue interesante por cuanto, constantemente negativo en la periferia, fue siempre positivo en el bazo y presentaba casi exclusivamente cuerpos semilunares y sus derivados, elípticos, fusiformes, ovoides.

En resumen, en este segundo grupo de fiebres maláricas han existido siempre en la sangre, ya en la periférica, ya en la esplénica, ya en ambas, hematozoarios en todas las fases de su evolución, sin que hayamos podido seguir en ningún caso el ciclo de vida del parásito. La explicación que de hechos semejantes dan Marchiafava y Bignami (9) nos parece adaptarse perfectamente a los nuestros: la evolución simultánea de dos o más generaciones parasitarias en la sangre produce la continuidad o subcontinuidad del tipo térmico.

Sin pretender fallar en la cuestión de si los hematozoarios encontrados en este grupo de fiebres pertenecen o no a especies distintas de los del grupo anterior, diremos que en ellos han prevalecido ciertos caracteres que concuerdan, a nuestro entender, con los que atribuyen a las amibas de las "fiebres estivo-autumnales de Roma" Marchiafava y Celli (10). Hemos anotado, en efecto, que las formas anulares, casi nunca observadas en las anteriores, eran en estos frecuentes; las de esporulación, muy raras en la sangre periférica, se hallaban casi exclusivamente en la pulpa esplénica; los glóbulos rojos infectados se presentaban a menudo atrofiados, arrugados, como contraídos y de color más sombrío ("*globuli rossi ottonati*" de los autores romanos), y, finalmente, comprobamos en casi todos los casos la coexistencia de cuerpos semilunares. Es de observarse además que en varios casos fue negativo el examen de la sangre periférica, o se encontraban en ella rarísimas amibas mientras abundaban en el bazo. Si a esto se añade la resistencia de la fiebre a la quinina, la prolongación de los accesos, que hacían continua la hipertermia, y la tendencia a localizarse la afección en los órganos internos, tomando así un serio carácter de gravedad, nos afirmamos en la creencia de que las fiebres estivo-autumnales de Roma son idénticas a nuestras perniciosas.

Nada podemos decir sobre si es una misma o si son dos las amibas (*cuotidiana y terciana maligna* de los autores citados) que provocan dichas fiebres.

Para terminar, asentaremos las siguientes conclusiones, que, aunque fundadas en corto número de observaciones, nos parecen estables:

1ª.- Las fiebres palúdicas de Caracas reconocen la misma etiología que la de las otras regiones en que se han estudiado. Hemos comprobado en la sangre malárica todas las formas y caracteres descritos por Laveran y asignados, primero por él y luego por todos los autores, al hematozoario del paludismo.

2ª.- En las cuartanas y tercianas puras hemos seguido paso a paso el ciclo biológico del hematozoario y corroborado todas las leyes que GOLGI asigna a sus dos variedades de amibas.

3ª.- En las continuas y subcontinuas de carácter pernicioso hemos hallado hematozoarios que presentan muchos de los rasgos biológicos con que caracterizan Marchiafava y Celli las amibas de las fiebres estivo autumnales de Roma.

Santos Aníbal Domínici
Julio 1896

NOTAS:

(1) A. Laveran. (1880). "Note sur un nouveau parasite trouvé dans le sang des maladies atteints de fièvre palustre". *Bulletin de l'Académie de Médicine de Paris*. Séance du 23 de Nov. Deuxième note, etc. id. id. séance du 28 Décembre.

(2) Domínici y Meir Fleger. (1894). "Fiebre remitente biliosa". *Gac. Méd. Ccs.* **2** (2), 105.

Domínici, S.A. (1895) "Lección inaugural de la Clínica Médica". *Gac.Méd. Ccs.* 2 (18), 161.

(3) Sacharoff. (1892). "Amæbæ malariæ (hominis) speciarum variorum icones microphotographicæ". *Tiflis*.

(4) Patrick Manson. (1896). "On the life-history of the malaria germ outside the human body". *British Medical Journal*. **1**, 641.

(5) Coronado. (1892). "Reproducción experimental del hematozoario de Laveran Laverannia limnhemica". *Crónica Médico-Quirúrgica de La Habana*, N° 22.

(6) Golgi. (1886). "Sull'infezione malárica". *Archivio per le Scienze Mediche*. Id. (1886). "Ancora Sull'infezione malárica". *Boll. Med-Chirurg. Di Pavia*. Id. (1889). "Sullo avviluppo de 'parassiti malarici nella febbre terzana". *Archivio per le Scienze Mediche*. XIII.

(7) Véase *Loc. cit.* (2).

(8) Mannaberg. (1893) "Die Malaria Parasiten". *Wien*. pp. 52-58.

(9) Marchiafava E A. Bignami. (1892). *Sulle febbri malariche estivo-autunnali*. Roma.

(10) Marchiafava e Celli. (1890). "Sulle febbri malariche nell'estate e nell'autunno in Roma". *Arch Science Med*. XIV.

Rafael Rangel[51] tuvo una vida muy corta pero lo suficientemente fructífera como para dejar un legado científico trascendente. Sobre él mucho se ha escrito, por lo cual consideramos oportuno remitirnos a las obras de Blas Bruni Celli (1960) y de Marcel Roche (1973). Su aprendizaje y dominio de técnicas histológicas como preparador en la Cátedra que dirigía José Gregorio Hernández, así como su familiarización con las técnicas de microbiología y principios de la investigación en el Instituto Pasteur de Caracas, están bien documentados. Esas pasantías se constituyen en el crisol de su preparación profesional y le confirieron todas las herramientas profesionales que requirió para llevar a feliz término sus brillantes investigaciones sobre el *Ancylostoma duodenale* y la anquilostosomiasis[52], que quedaron recogidas en varios artículos, junto con sus observaciones sobre el *Necátor americanus* en Venezuela (Rangel, 1903a y b).

De sus publicaciones y su tutoría de tesis doctorales en la Facultad de Medicina, cuatro son sus principales trabajos, referentes a las teorías del sistema nervioso, la anquilostomiasis —el más conocido y destacado en sus trabajos—, la derrengadera y peste boba, y el grito de las cabras. Sobre su bien conocida experiencia en la plaga de La Guaira no hay, sin embargo, alguna publicación. Como tutor de tesis, resaltan dos, la de Víctor Raúl Soto sobre la naturaleza de la disentería en Caracas y la de Jesús Romero Sierra sobre los zancudos en el Valle de Caracas.

Su otra gran contribución versa sobre la peste boba o derrengadera. En el año 1904, en los llanos venezolanos, se presentó una epidemia de derrengadera que diezmó a las recuas —burros, mulas y caballos—, afectando severamente la economía rural, en tanto que la tracción por sangre era el medio más empleado para el transporte de los bienes producidos en la provincia. Rangel observa y cuidadosamente estudia casos de la enfermedad que lo llevan a analizarla con gran agudeza clínica. El resultado de esta investigación fue publicado en 1905 en la *Gaceta Médica de Caracas*. Coincidimos con Marcel Roche, al afirmar que, "junto con el de la anquilostomiasis fue su aporte más trascendental al conocimiento de la patología vernácula" (Roche, 1978).

En el artículo, Rangel primero efectúa la descripción epidemiológica y la morfología del hematozoario en sangre periférica en fresco: "Se presentan como anguílulas que serpentean entre los glóbulos". Con coloraciones sucesivas pudo visualizar al hematozoario del paludismo y contestará la pregunta "*¿a qué especie pertenecen?*", llegando a establecer que el *Trypanosoma* estudiado es el mismo que produce la llamada *surra* de Filipinas y de la India: el *Trypanosoma de Evans*. Rangel concluye que "en los llanos no existe sino una sola tripanosomiasis" y todos los estados mórbidos que los criadores y algunos médicos consideran como distintos, no son sino diversas manifestaciones de una misma enfermedad: el mal de caderas con sus dos formas principales: anemia perniciosa progresiva (peste boba o hermosura) y la forma nerviosa o parésica (derrengadera). El artículo "Nota preliminar sobre la *Peste Boba* y la *Derrengadera* de los Equideos de los llanos de Venezuela (Tripanosomiasis)" se reproduce a continuación.

—Artículo—

RAFAEL RANGEL. "NOTA PRELIMINAR SOBRE LA *PESTE BOBA* Y LA *DERRENGADERA* DE LOS EQUIDEOS DE LOS LLANOS DE VENEZUELA (TRIPANOSOMIASIS)"

Todos los años muere en los llanos de Venezuela un considerable número de bestias, especialmente la clase caballar, de una enfermedad que los naturales llaman *peste boba o zonza, tristeza, hermosura, peste de budare*, nombres estos de los más usados y comunes, pero que no llenan el cuadro de la nomenclatura criolla.

En el año pasado la mortalidad de caballos ha sido tan notable, que raro, muy raro es el criador que no haya amentado grandes pérdidas. Uno de ellos, el Doctor Roberto Vargas, a quien la enfermedad mencionada destruyó toda una madrina de cerca de 150 caballos produciéndole el natural desequilibrio en las negociaciones de los bienes que administra, consultó con algunos de nuestros más renombrados médicos (1) sobre el modo de ponerle cese a aquel mal tan devastador, causa principal de la ruina de nuestros criadores. Aunque no se escapó a muchos que aquella fuera una tripanosomiasis análoga a la *surra* de la India y Filipinas, a la *nagana* del África del Sur, a la *flagelosis paresiante de los equideos* del Paraguay y la Argentina, etc., era necesario decidir sobre su naturaleza de manera concluyente. A nuestro maestro Doctor Guillermo Delgado Palacios, Profesor de alto renombre de nuestra Universidad Central y Miembro de los más distinguidos de la Academia Nacional de Medicina, tocó señalar el candidato para que hiciera la comprobación experimental y fijándose en nosotros, más por el cariño y la benevolencia del maestro que por nuestra competencia en el asunto, se nos designó para tan honrosa misión.

Debemos consignar aquí nuestro profundo agradecimiento al señor Gobernador del Distrito Federal, R. Tello Mendoza y a los demás miembros de la Junta Administradora de los Hospitales por habernos permitido llevar del Laboratorio los elementos necesarios; a los Jefes Civiles de Güigüe, Ortiz, El Rastro, y Arismendi por su decidido apoyo en favor de nuestros trabajos; al Doctor Lisandro Alvarado por sus sabias y útiles indicaciones y al Doctor Roberto Vargas, quien además de haber costeado los gastos de nuestra gira por los llanos, nos ha tratado con las mayores consideraciones personales en los lugares céntricos y extraviados del país, que hemos recorrido.

Fuimos poco felices en cuanto a la época en que se iniciaron nuestros estudios porque la epizootia había terminado en los Distritos más cercanos. Tanto en Güigüe como en Ortiz no nos fue posible encontrar una sola bestia con caracteres claros y precisos de la enfermedad. Se hizo necesario que remontáramos el Guárico, Apure y Cojedes, lugares donde la peste es enzoótica con recrudescencias más o menos fuertes a la entrada y la salida de las lluvias. Los primeros casos bien definidos se nos presentaron en el Rastro y fue allí donde comprobamos con toda evidencia: que la *peste boba de los llanos de Venezuela es producida por un tripanosoma*.

Se trata de un caballo del Señor Francisco de Paula Mujica, de tres años de edad. Tenía un aspecto miserable, sumamente flaco, con una anemia muy pronunciada, reconocida por el tinte pálido de las mucosas conjuntivales y bucal; el pelo áspero, seco, erizado, fácil de desprender, edema del abdomen y las bolsas, los jarretes y la región parotídea estaban también ligeramente tumefactados; lacrimeo; muco membranas pigmentadas de sangre en las conjuntivas, ligera opacidad en la córnea; pero no había petequias o equimosis, ni en las conjuntivas, ni en el tabique nasal; temperatura tomada en el año 38°,4 en la mañana, 39°, en la tarde. El caballo sufría de poliakiuria, a cada momento en la marcha se paraba a orinar y sólo emitía con grande esfuerzo pequeñas cantidades de orina, rica en albúmina. Al final de cada emisión expulsaba una mucosidad lechosa y filante que a la simple vista parecía semen, pero que al microscopio no revelaba espermatozoides sino leucocitos y grandes tubos hialinos que a nuestro parecer eran cilindros. Con todo esto camina bien un poco perezoso y vacilante, pero sin fenómenos apreciables de paresia de los miembros posteriores.

Por medio de una pequeña sangría tomamos en una pipeta unas gotas de sangre, las cuales fueron distribuidas en láminas. Las destinadas a observarse en fresco fueron simplemente cubiertas con laminillas y bordeadas con vaselina; las otras, las extendimos en las láminas y la desecamos rápidamente para ser fijadas y teñidas conforme a los procedimientos técnicos modernos.

Examinadas las primeras a un aumento de cuatrocientos diámetros se percibía sólo, al principio, el movimiento Vibratorio particular de los glóbulos característicos de la sangre que contiene tripanosomas, movimiento rápido y vertiginoso difícil de describir, pero fácil de grabar aun cuando haya sido observada por una sola vez (2). A los pocos minutos de observación los glóbulos tremolaban menos, debido a que los tripanosomas retardan sus movimientos con presteza en las preparaciones frescas, y entonces pudimos darnos mejor cuenta de la forma de estos protozoarios. Se presentan como anguilas que serpentean entre los glóbulos, o más bien, según la comparación de Smith y Kinyoun (3) se parecen a un *tricocéfalo dispar* hembra minúsculo, con los más variados movimientos, ya avanzan, ya retroceden, algunos adhieren su parte posterior a un glóbulo rojo y lo alargan, lo deforman, lo hacen girar sobre sí mismo en distintas direcciones y lo abandonan sin disolverlo recobrando el glóbulo, por su elasticidad, su forma primitiva. En los espacios claros que dejan los eritrocitos puede verse que algunos parásitos quedan enredados en el retículo fibrinoso fino que se forma en la preparación, y en este caso se perciben claramente el flagelo y la membrana que ondulan con rapidez.

Es en las preparaciones teñidas que se puede estudiar bien la estructura de estos tripanosomas. Los procedimientos de coloración que hemos empleado con preferencia son, el de Romanowsky modificado por Zeman, el de Elmasian (4) a la hemateína y el rojo magenta, y sobre todo, es el de Laveran en el que ha dado mayor nitidez a nuestras preparaciones.

He aquí la fórmula que se prepara en el momento de usarla:
Eosina al 1 por 1000 4 partes.
Agua destilada 6.
Azul de Borreil.
Laveran y Mesnil (5) aconsejan emplear la eosina soluble en agua y el azul de metileno medicinal, ambos de la marca Höscht que ya están garantizados por su selectividad. Nosotros por carecer de colorantes de esa marca hemos usado con algún éxito el azul de la casa de Coglt que tenemos en nuestro Laboratorio; pero nos ha dado mejores resultados el de la casa de Grübler que nos ha facilitado últimamente el Doctor Bernardino Mosquera.

Cuando trabajamos sobre laminillas acostumbramos también, en vez de la mezcla antes dicha, la coloración sucesiva a la eosina y el azul boratado, tal cual lo practicaba, en el Instituto Pasteur de Caracas, nuestro maestro Doctor Santos A. Domínici para teñir el hematozoario del paludismo.

En las preparaciones coloridas por el método de Laveran se observa que el tripanosoma es un elemento unicelular constituido por un cuerpo protoplásmico coloreado de azul celeste de forma por lo regular arqueada o en S itálica aguzado en su extremidad anterior y la otra punta es cónica. En el medio casi de uno a otro extremo del protoplasma, está el núcleo fuertemente teñido de rojo violáceo. Él es globuloso, por lo regular; pero puede afectar otras formas, elíptico, en huso o en creciente, cuando va a dividirse. Cerca de la extremidad posterior hay un punto teñido como el núcleo de rojo violeta intenso, considerado como la base del flagelo (*corpúsculo basal*); *nucléolo* de Rabinowistch y Kemperer: *micronúcleo* de Plimer y Bradfort; *blefaroblasto* de Wasielewski y Senn; *centrosoma* de Laveran y Mesnil, porque existe, según ellos, gran semejanza entre ese punto y el centrosoma de los espermatozoides y de los noctilucos (6). Del centrosoma parte el flagelo, rojo, flexuoso y excediendo en longitud hacia la parte exterior el cuerpo protoplásmico. El flagelo costea una membrana tenuísima entre él y uno de los bordes del protoplasma. Esta membrana que o no se colora o lo hace simplemente de un azul ligero es conocida con el nombre de *membrana ondulante* (7). Sólo nos queda por decir que en el protoplasma se ven algunas granulaciones más fuertemente teñidas de azul que el resto del cuerpo del parásito y que abundan más en la porción anterior. También hemos observado en algunos parásitos vacuolos, sobre todo uno en la extremidad posterior que la deforma y la pone globulosa y que no sabemos si se deben a defectos en las preparaciones o si son formas anómalas o de involución. Laveran y Mesnil dicen que estas formas vacuolares se observan más comúnmente en la serosidad de los edemas en los animales con *nagana* y en el líquido céfalo-raquídeo de los individuos atacados de la *enfermedad del sueño*; y que se debe, tal vez, a que todavía no se está al corriente sobre el modo de fijar esos humores.

Al lado de los parásitos de estructura simple descritos anteriormente, existen otros con dos centrosomas, ya unidos formando un solo cuerpo con una cintura mediana, ya como diplococo en que apenas se ve la línea que los divide, o bien completamente separados, dispuestos el uno antes del otro en el sentido longitudinal. En el último caso se ven dos flagelos que parten de los centrosomas, y ya convergen el uno y el otro para confundirse en un punto cualquiera de su trayecto, o quedan independientes en toda su longitud. Al mismo tiempo el núcleo es alargado, adopta la forma en huso, en creciente, en bastoncillo, como se ha dicho antes, se pone granugiento y se divide, de modo que es muy común observar parásitos con dos núcleos. El protoplasma también se modifica, aumenta en anchura y en muchos ejemplos se ve una línea transparente, vestigio de separación de dos formas provistas cada una de su centrosoma, de su flagelo de su núcleo y de su membrana ondulante. Todas estas son formas de división longitudinal del parásito y este es el modo señalado por Bruce y establecido por Laveran y Mesnil, Shilling y Martimi, Sivori y Leclerc, Elmasian y otros, como el único de multiplicación observado y comprobado hasta hoy, para el tripanosoma de la *nagana de la surra, del equinum, etc.*

Cuando se hacen las preparaciones con dos laminillas por el antiguo método y se comprimen con fuerza antes de deslizar la una sobre la otra, se observan flagelos libres con el centrosoma y otras formas traumatizadas que se asemejan a las de involución cuando la sangre ha sido tratada por el calor.

Por los datos que dejamos anotados, queda bien establecida la clasificación del parásito que hemos encontrado en el Rastro entre los del género *tripanosoma*, protozoarios infusorios de la clase *mastigophora* (8) subclase *flagellata* orden, *plotomonadida*; familia *tripanosomida*.

Por otra parte, como no sólo lo hemos observado en el caso arriba citado, sino en otros caballos que presentaban la misma enfermedad, está demás, de acuerdo con los últimos conocimientos sobre tripanosomiasis establecer la relación causal que existe entre el tripanosoma que nos ocupa y la *peste boba de las bestias de los llanos de Venezuela.*

¿A qué especie pertenecen?

Los tripanosomas (de *tripanom*, taladro y *soma*, cuerpo), desde el punto de vista genérico, son infusorios flagelados, provistos de membrana ondulante con espesamiento de uno de sus bordes (flagelo) que se detiene cerca de su extremidad posterior y que viven, la mayor parte de los conocidos, en la sangre de los vertebrados. Con el otro género *tripanoplasma* (Laveran) forman la familia *tripanosomida* (Doflein).

En los últimos tiempos se han descubierto tantas especies, que hacer un estudio de todas ellas resultaría largo y difícil; por consiguiente, apartemos las de las aves, los peces, los batracios y los anfibios etc., y he aquí la lista de las de los mamíferos con sus sinónimos emitida en agosto del año pasado por el eminente naturalista Profesor Rafael Blanchard (9).

Tripanosoma gambiense, Dutton 1902. Causa la tripanosomiasis humana (enfermedad del sueño) en el África. Sinónimos: *Tr. castellani,* Kruse; *Tr. fordu,* Maxwell Adams; *Tr. gambia,* Maxwell Adams; *Tr. hominis* Manson; *Tr. nepveiu,* Sambon; *Tr. uggandense,* Castellani.

Tripanosoma brucei, Plimer et Bradford 1899. Causa en el África tropical una enfermedad de los caballos, mulas, asnos, búfalos, etc., conocida con el nombre de *nagana* o enfermedad de la mosca tsetsé por ser la mosca de este nombre (*glosina morsitsan*) la que la trasmite.

Tripanosoma congolense, Broden, 1904. Se encuentra en la sangre del carnero en Leopoldville, Congo. Inoculable al macaco y al cobaya.

Tripanosoma cuniculi. Parásito del conejo doméstico, *Lepus cuniculus domesticus.*

Tripanosoma dimophon, Dutton y Todd 1904. Del caballo en Gambia.

Tripanosoma equinum, Voges, 1902. Causa del *mal de caderas* en el Paraguay y la Argentina, en el caballo, la mula, el asno y el perro. Sinónimo: *Tr. elmasiani,* Lignieres, 1903.

Tripanosoma equiperdum, Doflein, 1901. Causa la domine de Europa y otros puntos en el caballo y asno: enfermedad contagiosa que se propaga más a menudo por el coito. Sinónimo: *Tr. rougeti.*

Tripanosoma evansi, Eteel, 1885. Causa la *surra* de la India, enfermedad del caballo, asno, búfalos, elefantes y otros animales domésticos.

Tripanosoma lewisi, Kent, 1880. De diversos roedores de la familia muridae (ratas) *Mus decumauus, Mus rattus, Mus rufescens.* Sinónimo: *Tr. sanguinis.*

Tripanosoma lingardi. Del buey en la India. Especie gigante de 105 micrones de largo sobre 19 a 23 de ancho.

Tripanosoma mioxi. Descubierto por Galli-Valerio en la sangre de una especie de mioxus (*Mioxus avellanarius*).

Tripanosoma theileri, Laveran, 1902. Del buey en el Transvaal. Especie de gran talla, 50 micrones de largo por 3,5 a 4 de ancho.

Tripanosoma transvaalensi. Laveran, 1902. Del buey; y muchos otros, cuya especificidad dice el citado sabio, para aquella fecha no estaba bien determinada.

De todas estas especies hay cinco que se han descubierto produciendo la tripanosomiasis espontánea del caballo: el *evansi*, el *brucei*, el *equinum*, el *equiperdum* y el *dimorphon*. No podemos identificar nuestro tripanosoma con una de las dos últimas especies, por las razones siguientes:

1) Porque morfológicamente el encontrado por nosotros tiene muy poca semejanza con el *dimorphon*; al menos si nos guiamos por la descripción que de este hacen Dutton y Todd, primero; Laveran y Mesnil, después.

2) Porque no ha sido señalada la tripanosomiasis por el *dimorphon* fuera de África (Gambia, Guinea francesa y otros puntos).

3) Que no es posible ni la sospecha de que aquella enfermedad se halla introducido en nuestro país, puesto que no tenemos, ni hemos tenido comercio de bestias con aquellas lejanas regiones de África.

4) Que aunque morfológicamente nuestro tripanosoma es muy semejante al *equiperdum*; la dourine tiene la propiedad de trasmitirse más frecuentemente por el coito, lo que no es del caso en nuestra enzootia (10).

De las otras tres especies de *evans*, el de *bruce* y el *equinum*, ningún autor, de los pocos que hemos podido leer, señala a satisfacción y con toda propiedad sus caracteres morfológicos distintivos; y si a esto se agrega que muchos de ellos son partidarios de su identidad morfológica y patogénica puede calcularse la dificultad que se presenta, tanto mayor para un observador incipiente, al tratar de identificar cualquiera tripanosomiasis.

Laveran y Mesnil han considerado al principio de sus estudios, al *equinum* de la misma semejanza del de *bruce*. Koch. Rogers. Schilling y

Broden al *brucer* idéntico al de *evans* y últimamente Koch, Musgrave y Clegg no señalan diferencia alguna entre los tres.

Laveran y Mesnil del Instituto Pasteur son hoy los más esforzados experimentadores pluralistas. Los han seguido Nocard, Lignieres de la Escuela de Alford y la mayor parte de los sabios franceses que se han ocupado del asunto.

He aquí cómo han llegado ellos a la conclusión de que la *surra*, la *nagana* y el *mal de caderas* son epizootias distintas desde el punto de vista morfológico, clínico y experimental, según se expresaba Laveran en la Academia de Medicina refutando a Blanchard el año pasado.

En enero de 1902 en un extenso trabajo sobre la *nagana*, publicado en los "Anales del Instituto Pasteur" decían Laveran y Mesnil (11) "No hemos tenido la ocasión de estudiar los tripanosomas de animales atacados de *surra* y de compararlos a los de la *nagana*, no podemos pronunciarnos entonces sobre la identidad o no de esos parásitos. Hemos examinado los tripanosomas que Elmasian ha encontrado en la sangre de los equideos atacados de *mal de caderas*, ellos tienen la mayor semejanza con los de la *nagana*".

Poco tiempo después estos dos experimentadores estudiaron los de la epizootia de *surra* que hizo estragos en el mismo año de 1902, en la Isla de Mauricio y dedujeron los siguientes caracteres diferenciales:

"El tripanosoma de la *nagana* es más corto, en general menos afilado a su parte posterior que el de la *surra*; el flagelo es de ordinario más corto en el primero; en fin, en *Tr. Brucei*, el protoplasma contiene más a menudo granulaciones cromáticas que faltan a *Tr. evansi*— He comparado los tripanosomas de la epizootia de Mauricio con otros patógenos, en particular con los que producen en la América del Sur la enfermedad conocida con el nombre de *mal de caderas*. Estos últimos, muy cercanos de los de la *nagana*, se distinguen por la pequeñez del centrosoma" (12). En su obra "*Trypanosomes et Trypanosomiases*" publicada en 1904, Laveran y Mesnil ratifican su opinión sobre los caracteres distintivos de esos tres parásitos; sin embargo, a las diferencias de los tripanosomas de Evans y de Bruce, en su tamaño; en la longitud de la parte libre de sus flagelos, en el número de granulaciones cromáticas de sus protoplasmas; en su movilidad en las preparaciones frescas no les han dado un valor absoluto, cuando dicen: "Desgraciadamente ninguno de esos caracteres es constante; y, para el mismo tripanosoma, la morfología es un poco variable con la especie animal y según que el examen tenga lugar al principio de la infección o en su último período.".

No sucede lo mismo con el *Tr. equinum*. "El principal carácter diferencial," dicen ellos, "del *Tr. equinum*, de sus congéneres, *Tr. evansi*, *Tr. brucei* y *Tr. equiperdum* se deriva del aspecto particular que presenta el centrosoma". Mientras que en los últimos el centrosoma es muy visible y se colora intensamente de violeta por el procedimiento ordinario, en *Tr. equinum* este corpúsculo es tan poco perceptible que algunos observadores han negado su existencia. En realidad, el centrosoma existe pero es muy pequeño y se colora como el flagelo, lo que lo hace menos visible aún. El centrosoma que mide cerca de ½ m en el *Tr. brucei* y el *Tr. evansi*, tiene a lo sumo 1/3 m. en el *Tr. equinum*".

Fuera de los caracteres morfológicos diferenciales han aducido los pluralistas que el buey y la cabra en la India, no son sensibles a la *surra*; mientras que en el África son atacados por la *nagana*.

Todas estas razones en favor de la pluralidad son de un orden muy secundario, ante las que se deducen de las experiencias de Laveran y Mesnil. Estos sabios se han fundado en el principio que caso de ser la *surra*, la *nagana* y el *mal de caderas* enfermedades idénticas, un animal inmunizado artificialmente o contra una de ellas deberá estarlo contra las demás, si se opera en las mismas condiciones, con gérmenes igualmente virulentos. El resultado ha sido contrario a la identidad. Animales inmunizados contra la *nagana* son sensibles a la *surra* y el *mal de caderas* y viceversa.

Se sirvieron de un macho cabrío y dos cabras I y II. La número I había sido inmunizada desde tiempo atrás contra la *nagana*. En noviembre y octubre de 1902 fueron infectados los tres animales con sangre de un animal con *mal de caderas*. La infección duró cerca de cinco meses hasta que adquirieron la inmunidad contra el *mal de caderas*. El 20 de mayo de 1903 se probó si la número I conservaba su inmunidad contra la *nagana* y se le inyectó sangre con tripanosomas de la *nagana*, no tuvo una nueva infección. El 5 de junio del mismo año se inoculó bajo la piel de la oreja a las dos cabras 0,5 cc. de sangre diluida de ratón rica en tripanosomas de la *surra*. Al mismo tiempo al macho cabrío de peso intermediario al de las dos cabras fue inoculado con 0,5 cc. de sangre diluida de ratón infectado por el *mal de caderas*. Las dos cabras reaccionaron de la misma manera a la inyección de la *surra*, tuvieron una elevación de la temperatura de 40,5° a 40° respectivamente al 5° y 6° día después de la inoculación. Al 7° la temperatura descendió a la (normal entre 38 y 39) y así continuó.

Los experimentadores no encontraron tripanosomas en la sangre de estos dos animales, pero las inoculaciones a dosis de 0,5 cc. de esa sangre en el peritoneo de ratones dieron resultados positivos. El macho cabrío no sufrió reinfección alguna.

Ellos han permutado el orden de estas experiencias, y el resultado ha sido el mismo. Por otra parte Nocard y Lignieres han diferenciado de ese modo en perros, el *mal de caderas* de la *dourinee* y Nocard, Vallee y Carrée han repetido en las vacas lo que Laveran y Mesnil hicieron en los caprinos.

Los unicistas también tienen razones en que apoyarse. El hecho de que cada uno de esos tripanosomas varía considerablemente de un animal a otro no permite tomar en cuenta sus caracteres morfológicos.

La pequeñez del centrosoma que parece ser la característica del *equinum*, Koch la pone en duda cuando dice: "Desde hace algún tiempo el tripanosoma de esta enfermedad se (refiere al *mal de caderas*) descubierto por Elmasian en 1901 se distingue del de la *surra*, y la *nagana* en que su centrosoma es poco voluminoso y toma mal los colores. Personalmente no he podido convencerme de la presencia de esas propiedades distintivas, debido tal vez a que los autores se han servido de preparaciones y de colores un poco diferentes" (13). Koch ha teñido sus preparaciones por el método de Romanowsky modificado por Giemsa.

El hecho de que el buey y la cabra de la India son poco sensibles a la *surra* mientras que en el África mueren de *nagana*, no constituye, según Blanchard sino una diferencia de mediocre valor "que se explica por los caracteres zootécnicos, y en el caso de los bovideos por la no identidad específica". Diferentes hechos ponen fuera de duda el valor secundario de estas distinciones. Por una parte la *surra*, es mortal para los búfalos de Java, de las Filipinas mientras que no causa sino una afección muy ligera en los de la India. Por otra parte Koch no ha podido inocular la *nagana* a los asnos *Massais* en la región de Kilimandjaro, mientras que el asno de Europa no resiste a esta tripanosomiasis, Schilling asegura que el marrano del Togo es refractario a la *nagana*, mientras que el de Europa es muy receptivo. Se trata, sin, duda, de inmunidades adquiridas por un fenómeno análogo si no idéntico al que se verifica en la sangre cuando se acostumbra a las toxinas microbianas o a los venenos (14).

A las experiencias de inmunización de Laveran y Mesnil, Koch (15) las considera como muy poco demostrativas por haberse hecho en cabras casi insensibles a la *surra* y la *nagana* e insuficientes para diferenciar las tripanosomiasis. El mismo sabio alemán ha dividido a estas enfermedades en dos grupos: el primero, en el que están comprendidos los *Tripanosomas Lewisi y Theileri*, de caracteres morfológicos bien fijos y definidos, de virulencia constante, no atacan sino una misma especie animal a la cual se adaptan como la malaria y el piroplasma. Son verdaderas especies. El 2° grupo en el que están la *nagana*, la *surra*, el *mal de caderas*, la tripanosomiasis humana cuyos gérmenes no se distinguen por su morfología, porque no es bien marcada para cada uno de ellos, su virulencia es muy variable, no se fijan en una especie animal determinada, es decir, no se adaptan o se acantonan en ella; no constituyen por consiguiente especies fijas. Están en el período de mutación análogo al que de Vries ha observado en los enóteros.

Para asegurar esto último y repetir al mismo tiempo las experiencias de Laveran y Mesnil, Koch cita el caso de dos animales: un potro y un asno del Hinterland de Togo, que se ha infectado de *nagana* en un mismo punto cuando lo sacaban de África para el Jardín zoológico de Berlín. El potro tuvo una forma grave de la enfermedad y murió a los cuatro meses después de la infección. En su sangre se notó siempre la presencia de los Tripanosomas. Todos los perros, asnos, caballos, ratas y ratones que se inocularon con ella experimentaron una forma aguda de la enfermedad y pronto murieron. Se trataba pues de un Tripanosoma de elevada virulencia. En cambio el asno no presentaba el menor signo de infección. El examen repetido de la sangre no ha revelado Tripanosomas; se inoculó a estas con resultado negativo. El único modo de encontrar los parásitos, pero en muy pequeño número, fue inyectando grandes cantidades de sangre en la cavidad peritoneal de perros jóvenes. Hubo perros que resistieron 5 c.c., sin que experimentaran novedad alguna. De 9 perros inoculados con la sangre del jumento sólo murió uno a los 102 días. Se trataba en este caso de un germen avirulento que provenía de la misma fuente de la del potro; no obstante esto, el asno no estaba inmunizado, puesto que curado completamente de su primera infección al reinocularle el tripanosoma dimanado del potro sucumbió de una infección aguda de *tsetsé*.

Koch (16) relata otro ejemplo muy interesante, refiere sus experiencias demostrativas por las que ha exaltado la virulencia del tripanosoma del asno de Togo y ha atenuado la de otro, muy virulento para el buey. Por todas estas variaciones tan caprichosas en la virulencia de un mismo parásito deduce que es imposible por el método empleado por Laveran y Mesnil señalar límites fijos a las tripanosomiasis del 2° grupo y persiste hoy como ayer en sostener la identidad de la *surra* y la *nagana*.

Musgrave y Clegg según Koch, son de su misma opinión y a las cuales agregan el *mal de caderas*. Sentimos no haber leído los trabajos de estos experimentadores norteamericanos en Filipinas. Por otra parte Sivori y Leclerc (17) han relacionado y acercado tanto el *mal de caderas* a la *surra* que le han dado el nombre de *surra americana*.

A pesar de los esfuerzos que se han hecho por resolver la cuestión de identidad o no de estas tripanosomiasis, el *British Medical Journal* (18), a fines del año pasado analizando las opiniones contrarias, considera que aún no está solucionado el problema. Ignoramos lo que haya ocurrido a este respecto a principios de este año, los que vivimos alejados de los centros científicos y sin informaciones de lo que en ellos sucede diariamente, no tenemos derecho a asegurar cuando tratamos un asunto que estamos al corriente de los últimos conocimientos.

Veamos ahora clínicamente la cuestión de la identificación de nuestra tripanosomiasis. Por las observaciones que hemos podido recoger y por las informaciones de los médicos y criadores, la *peste boba* se instala en las bestias como las otras enfermedades de tripanosomas de manera insidiosa. Decir en qué momento empieza, es difícil; la primera manifestación de que puede dar cuenta el criador es que el día menos pensado aparece el animal triste, con la cabeza baja, sin viveza en los ojos, sin apetito. Si en este momento se toca la piel se la siente ardiente, señal de que tiene fiebre el animal. La temperatura puede subir a 40° y 41°. Después baja para ascender más tarde y hacerse continua, intermitente remitente, o irregular. Otras veces la primera manifestación es una desesperación del caballo, está inquieto, da vueltas, corre, se revuelca, y desde entonces empiezan a observarse los demás fenómenos.

En ocasiones el animal después de haber sufrido este primer ataque, simula que ha recobrado la salud. Después de haberlo sangrado, que es de regla entre nuestros criadores, les parece que ha curado completamente y lo dedican de nuevo al trabajo, al que no resiste y recae. En otras continúa siempre lo mismo, con un parpadeo constante, tiene una conjuntivitis que puede ser ligera y desaparecer prontamente, o persistir, en cuyo caso se mantiene un lacrimeo continuo, vitrino y escaso a veces, moco purulento y abundante en otras, membraniforme y pigmentado de sangre en algunas.

Pero la que más se nota es que la bestia enflaquece rápidamente, aun conservando su apetito normal. Fuera de esto, su marcha vacilante e insegura, la aspereza y lo erizado del pelo, la facilidad con que éste se desprende, hasta el punto que se observa sobre todo en los miembros, pequeñas zonas alopésicas; una especie de flujo nasal que mantiene el *jetage*, es todo lo que a primera vista llama la atención. Las mucosas bucal y nasal están muy pálidas lo mismo que las conjuntivas, la córnea puede presentar manchas lechosas y panus, y algunas veces, se observan iritis y hemorragias de la cámara anterior que pueden reabsorberse o no y el animal quedar ciego temporal o permanentemente de uno o de los dos ojos.

La temperatura permanece en la normal o poco elevada con exacerbaciones caprichosas, sólo en el período final de la enfermedad hemos observado en un asno fiebre continua con una ligera remisión matinal.

Existe un choque del corazón fuerte que repercute en la pared torácica. La respiración es abdominal y frecuente y en muchos casos hay fenómenos difneicos muy bien marcados. Los flancos aparecen retraídos. A este síntoma le dan mucha importancia nuestros criadores, (no se harta, dicen ellos). Nosotros suponemos que los movimientos respiratorios frecuentes más notables en los huecos que se forman en los flancos, es lo que ellos llaman *latidos del ijar*, y constituye para muchos un síntoma precioso de diagnóstico, según sus referencias.

La orina contiene en algunos casos albúmina; ésta puede ser abundante, se observan copos cuando es tratada por el reactivo de Tanret, o está en pequeña cantidad. En algunos se observa dificultad en la mixión; el caballo se dispone para orinar y así está algún tiempo hasta emitir la orina con un esfuerzo quejumbroso particular. Las emisiones son pequeñas en un cierto período de la enfermedad y en muchos casos, al final de ella, sólo expulsan unas gotas de orina, o hay anuria completa.

Los glóbulos rojos disminuidos, lo mismo que la hemoglobina.

El aniquilamiento y la anemia sigue proporcionando crecientes y en un penado de 15 a 60 días, muchas veces en más o menos tiempo, caen para morir a las 24 o 48 horas, o experimentan pocos días antes de llegar a ese extremo fenómenos de paresia de los miembros posteriores. Acompañando a esta hay también paresia intestinal, las materias fecales se detienen en el recto, hay relajación del esfínter del ano, de suerte que se mantiene entreabierto y en algunos casos se ve un bolo excrementicio permanecer en él porque no ha podido ser expulsado. Esos bolos excrementicios son por lo regular secos, duros, no se parten al caer, lustrosos, de un verde sucio más acentuado que lo normal.

En un gran número de casos se observa desde temprano edemas de los jarretes que pueden desaparecer en seguida o persistir por algún tiempo, edema de las bolsas. Hemos visto en un caso en San Vicente, paso del río Chorroco, un caballo cuyas bolsas y prepucio formaban un todo informe del tamaño de una copa de sombrero. Si se examina el prepucio con cuidado se ven, aunque en casos raros, erosiones una vez hemos visto pústulas costrosas en el dorso del pene.

Una yegua enferma sólo hemos examinado en el Hato La Candelaria, los labios de la vulva estaban edematizados y si se los abrían se observaban gruesas manchas rojas, especie de extravasiones sanguíneas bajo la mucosa genital (equimosis).

En la parte inferior del abdomen también hay edemas, estos pueden empezar por el ombligo y extenderse hacia adelante o atrás formando como una lámina de borde grueso que se sobrepusiera al abdomen o puede ser esta irregular con abolladuras, o pueden quedar localizados en distintos puntos, ensanchándose circularmente a manera de rodete. A esta última forma la llaman *Peste de budare* algunas personas.

La cara también se edematiza se pone vultuosa, los párpados hacen prominencia. En la parte posterior, en la garganta, se forma una bolsa del edema semigelatinosa [*papera*]. A la forma edematosa en general, le dan los criadores el nombre de *hermosura o hermosa*.

Todos estos síntomas están comprendidos en el cuadro clínico general de la *surra*, señalado por el Profesor J. Lingard, Director del Instituto Imperial de la India cuyos trabajos, dicen Salmón y Stiles son tan importantes desde el punto de vista clínico que no pueden dejar de ser consultados por aquellos que se dedican al estudio de estas tripanosomiasis; pero resulta que son también los que Bruce Kanthak Duarhan y Dradfort, etc., han señalado para la *nagana* y aun el *mal de caderas* donde las paresias parciales precoces o parálisis completa de la grupa son los síntomas que debían prevalecer, existen otras formas, entre ellas, la *ba-acypoy*, de los paraguayos en todo semejantes a nuestra *peste boba*.

Después de las consideraciones que anteceden no debemos ocultar la ligereza de que fuimos víctima cuando al principio de nuestros estudios telegrafiábamos desde el Rastro al Doctor Pablo Acosta Ortiz vicepresidente de la Junta de los Hospitales y a nuestro preparador del laboratorio del Hospital Vargas, señor Francisco Mendoza que habíamos comprobado clínica y microscópicamente que la *peste boba* era la misma *surra* de la India producida por el *tripanosoma de Evans*.

No obstante nos fundábamos en las siguientes razones:

1ª. Nuestro tripanosoma tiene un nucléolo muy bien visible y definido, se colora como el núcleo en rojo Violeta intenso y no como el flagelo; él es relativamente más grande que el que figura en las ilustraciones de Laveran y Mesnil como característico del *equinum*.

2ª. En que los tres primeros animales estudiados no presentaban fenómenos parésicos de los miembros posteriores, característica clínica del *mal de caderas* (19).

3ª. Que Lingard (20) ha señalado el Brasil como foco de la *surra* y habríamos podido infectarnos por razones de vecindad.

4ª. Que la *nagana* debíamos excluirla, por las mismas razones 2a y 3a porque desechamos como imposible la existencia entre nosotros de la tripanosomiasis por el *dimorphon*.

5ª. Que entre los insectos que pican nuestras bestias y que podemos considerar, aunque *a priori*, como los agentes de transmisión de nuestra tripanosomiasis no figuraban sino *tábanos, crisops, stomoxis, mosquitos; simulias* y *no glosinas*, agentes de trasmisión de la *nagana*.

Poco después al examinar otros casos, al hacer un estudio un poco más concienzudo de la cuestión tuvimos necesariamente que cambiar nuestro primer modo de pensar.

Sabido es que existe en los Llanos y otras regiones de Venezuela, desde atrás muy conocida, por los estragos que hace en los animales de cría, una enfermedad considerada autónoma y más peligrosa que la *peste boba* por los naturales, que da espontáneamente a los caballos, mulas, asnos, perros, entre los animales domésticos; a los chigüires (*Hidrochoerus capibara*) (21), a los zorros (*Canis azarce*), a los araguatos (*Micetes ursinus, Micetes seniculus* y muchos otros, entre los salvajes; que ha llevado el nombre de *derrengadera*.

Esta enfermedad se caracteriza además de los síntomas, anemia, enflaquecimiento y otros comunes a la *peste boba*, por la presencia desde muy temprano de perturbaciones de la motilidad: incoordinación de los movimientos, paresias simétricas o asimétricas de los miembros posteriores, rara vez parálisis completa (paraplejia). Basta ver animales con *derrengadera* y leer la descripción que Elmasian, Sivori y Leclerc y otros han hecho de los síntomas del *mal de caderas* para establecer *a priori*, sin temor de equivocarse la identidad de nuestra enzootia con aquella del Paraguay, la Argentina y el Brasil (22) Y si a esto se agrega que encontramos apoyo, al considerar la posición que ocupamos en el continente Sur-americano, casi con las mismas condiciones climatéricas y telúricas de los lugares infectados, terrenos anegadizos por el desbordamiento de ríos caudalosos, grandes esteros con iguales pastos; los mismos agentes de trasmisión: *stomoxis-labanus, crisops* y otras plagas que invaden por enjambres las llanuras atormentando al viajero y produciendo la desesperación de los animales; el encontrarse también entre nosotros, derrengados, muchas veces por manadas a orillas de los ríos y de los caños, los roedores *Hidrochoerus capibara* (en la Argentina carpinchos) que según Elmasian y Migone (23) y otros muchos experimentadores desempeñan un gran papel en la propagación del *mal de caderas*, todo contribuye a afianzar esta manera de ver.

He aquí como aparecen los animales con *derrengadera*. Al principio el animal camina bien, sólo que de cuando en cuando falsea de un lado el paso, después está imposibilitado para flejar bien el miembro, lo tiene un poco rígido, arrastra la punta de los cascos, de suerte que la huella queda defectuosa. Si está parado no puede mantenerse en equilibrio, se apoya ya de un miembro, ya del otro; pone en abducción uno de ellos o los dos para aumentar la base de sustentación.

Si se lo insta a caminar se nota que lo hace con las patas muy abiertas y rígidas como si una armadura interior de alambre mantuviera los miembros en aquel estado.

Después se observa el balanceo de la grupa; los músculos están relajados, no obedecen a la excitación central y aquella se mueve automáticamente de un lado y de otro cuando el animal camina. A pesar de esto corren si es necesario, y si son cerreros, es decir, no adiestrados, es difícil alcanzarlos. En la carrera levantan mucho la grupa que se mueve como un salto de resorte, han dicho Sivori y Leclerc para el *mal de caderas*.

A medida que las lesiones progresan ese balanceo es más pronunciado y mientras que antes era el tren posterior solamente, ahora es toda la mitad del cuerpo, el animal para dar un paso describe arcos de semicírculo a la derecha o a la izquierda. A esta forma la llaman los llaneros *deslomadera* en vez de *derrengadera*.

Por último las paresias han llegado a un estado tal de generalización que el animal cae en el decúbito dorsal, hace esfuerzos por levantarse, agita los miembros delanteros y la cabeza la levanta y la deja caer con fuerza. Equimosis se forman del lado que toca el suelo. Suceden movimientos convulsivos, rigidez de los miembros y el animal entra en un período comatoso con respiración estertorosa y muerte, probablemente cuando las lesiones han llegado al bulbo.

En otros casos los fenómenos iniciales de paresia son más agudos, el animal cae desde el principio, sin movimiento casi del tren posterior y, o se muere de hambre y sed en las sabanas. Imposibilitado como está para procurarse los alimentos, o si tiene quien lo vigile y cuide dura de ese modo por algunos días, con buen apetito y sin que se sospeche el fin cercano que le espera. También hay casos agudísimos en que el animal muere a los dos días después de haberlo reconocido enfermo y aun a las 24 horas. A esto se debe que los llaneros consideren a la *derrengadera* más peligrosa que la *peste boba*. Por otra parte hay casos de *peste boba* que pueden curarse mientras que los de *derrengadera*, dicen ellos, o no se salvan o quedan imposibilitados para el trabajo.

Esta enfermedad así como la *peste boba* es eminentemente mortal para los equideos, más para los caballos que para las mulas y los asnos.

Elmasian cree que en el *mal de caderas* no se observan en ningún momento fenómenos que justifiquen el término parálisis, paraplejía, empleado por otros sabios, porque el animal, dice: "queda libre en el movimiento de sus miembros que los agita para levantarse, en seguida, en la agonía como consecuencia de incitaciones internas y hasta el momento de expirar". El hecho que ocurrió a Don Modesto Barreto del Tinaco es muy concluyente. Una bestia de su hato completamente derrengada del tren posterior hacía esfuerzos por levantarse sin poderlo lograr, confiado él en que el animal por su estado no podría causarle daño alguno lo tomó por la cola para ayudarlo, cuando le lanzó una fuerte patada que dejó la huella del casco en la vaina del cuchillo que portaba. Por otra parte, no se observan lesiones marcadas de los cuernos medulares suficientes para explicar verdaderos fenómenos de parálisis; la sensibilidad tampoco está abolida.

"Incontestablemente", agrega Elmasian, "el animal no es completamente dueño de su tren posterior, que funciona en marcha de un modo, lo diremos un poco autómata pues si en general el miembro obedece a la orden que viene del cerebro y se echa hacia adelante, hay en este movimiento más de un detalle del mecanismo de la locomoción, de naturaleza refleja, que son manifiestamente descuidados, ejemplo... la posición del casco, el aspecto bamboleante de los miembros, la ligera proyección de estos hacia afuera antes que venga a colocarse en la línea de dirección, toda especie de particularidades que dan al enfermo, una marcha 'tabetica'". Nada falta a esta analogía; ni aun la brusca flexión de la pierna a veces observada en el momento en que el casco, toma contacto con el suelo. Por todo lo que precede, nosotros creemos poder retirar el nombre de parálisis en esta descripción y admitir solamente que la existencia de una *paresia muy pronunciada*, ciertamente en relación con las lesiones del sistema nervioso central a la que se agrega en sus efectos una pérdida muscular profunda, sea sola la causa de los desórdenes locomotrices observados".

Nosotros hemos analizado la sangre de animales derrengados y hemos encontrado el mismo tripanosoma de los animales con *peste boba*, con los mismos caracteres morfológicos, el nucléolo con idénticas propiedades de tamaño y de reacción frente a las materias colorantes.

Este hecho nos ha inducido a dejar sentado que en los llanos no existe sino una sola tripanosomiasis y que todos esos estados mórbidos que los criadores y aun algunos médicos, consideran como distintos, no son sino diversas manifestaciones de una misma enfermedad: el *mal de caderas* con sus dos formas principales, señaladas por Sivori y Leclerc.

1ª. Anemia perniciosa progresiva (*Peste boba*) con edemas (*hermosura*).

2a Forma parésica, rara vez, parapléjica (*derrengadera*).

Su causa es el *Tripanosoma equinum* (Voges) descubierto en 1901 por M. Elmasian, director del Instituto Bacteriológico del Paraguay. La enfermedad se extiende en todo el Paraguay, en las Provincias de Santa Fe, Corrientes, Catamarca y territorio Formosa y Misiones de la República Argentina; en el Brasil hace estragos en toda la extensión del Estado Matto-Grosso y en otros puntos de la América del Sur. Lacerda, médico brasileño ha sido señalado como uno de los primeros que ha recogido observaciones clínicas. Casi al mismo tiempo se han ocupado de su estudio Voges, Sivori y Leclerc, Lignieres, Migone, Malbran y otros sabios suramericanos, cuyos trabajos múltiples forman lo más importante de la literatura del *mal de caderas*. Todo el que quiera informarse de los conocimientos actuales sobre esta enfermedad, deberá consultar a Laveran y Mesnil ("*Trypanosomes et Tripanosomiasis*") sabios que han resumido todos los trabajos, que han salido a la luz y han agregado de su parte un caudal de notas originales.

No le damos gran importancia a las propiedades del centrosoma de nuestros parásitos, puesto que para estar en lo cierto tendríamos que compararlos con los de la *nagana* y de la *surra*, tratarlos en las mismas condiciones por las mismas materias colorantes; por otra parte no nos parece si nos guiamos por las indicaciones de Koch que aquel detalle tenga todo el interés que le han atribuido Laveran y Mesnil y otros sabios.

La conclusión arriba expresada, a pesar de parecer muy racional después de las consideraciones que la preceden no está, en rigor científico suficientemente bien apoyada, porque como dicen, Laveran y Mesnil: "para identificar una tripanosomiasis es necesario utilizar a la vez que los caracteres morfológicos y biológicos de los tripanosomas y los síntomas de la enfermedad natural; su acción patógena sobre los diferentes mamíferos y además estudiar la acción del tripanosoma sobre los animales que tienen la inmunidad para las especies vecinas".

No hemos podido realizar los dos últimos géneros de experiencias. Los animales que traíamos infectados desde Apure se le murieron a nuestro asistente en el camino. Tuvimos nosotros que venir por otra vía y no nos fue posible repararlos. Esperamos algunos caballos enfermos que algunos criadores nos han ofrecido para emprender nuevos trabajos y para lo cual pedimos el apoyo de esta Corporación y la protección de nuestro Gobierno.

Es obvio indicar la importancia que tiene en nuestro país el estudio sistemático y bien conocido de la tripanosomiasis que diezma en bestias las poblaciones del Guárico, Apure y Zamora; se ve la necesidad que hay de ensayar toda clase de medios para combatir la enfermedad, bien sean terapéuticos o profilácticos. Y esto no es sólo de interés para los criadores y los veterinarios, sino también para los médicos por lo que se roza con cuestiones de medicina humana. Sabido es que Dulton, muerto en mala hora, recientemente en una de sus exploraciones por el África, señaló el *Tripanosoma gambiense* como causa de una enfermedad febril con esplenomegalia, que Castellani encontró el *ugadense* causando la enfermedad del sueño en la Uganda, que se ha comprobado que estos dos tripanosomas son idénticos y que la enfermedad del sueño no es sino un sindroma de la tripanosomiasis febril, síndrome que rara vez se observa en la raza blanca. Quién sabe cuántas formas de fiebres perniciosas de los llanos, no estudiadas aún, se deben a flagelados de ese género?

Antes de terminar debemos consignar que no somos los primeros que hayamos observado el parásito a que hacemos referencia en esta Nota, como causa de la *peste boba* y la *derrengadera* de Venezuela. En 1898 llegó a nuestros oídos, cuando ocupábamos el cargo de Preparador del Laboratorio de la Universidad Central que el Doctor Ignacio Oropeza, quien ejercía en Calabozo, había encontrado un parásito en la sangre de animales atacados de *Peste de Apure* y que él llamaba *hematozoario-paludismo del caballo*. Merced a esta creencia él administraba altas dosis de quinina y de arsénico, siendo también uno de los primeros que usó estas drogas en caso de peste de las bestias. Probablemente el parásito observado por el Doctor Oropeza es el mismo que hoy describimos. La indiferencia y la desconfianza con que, en nuestro país, se miró aquel hecho por los entendidos en la materia fue causa para que un médico venezolano no llevara el honor de la prioridad, sobre el descubrimiento del tripanosoma en la América del Sur.

Rafael Rangel
Jefe del Laboratorio del Hospital Vargas
   Mayo, 1905

NOTAS:

(1) Los médicos consultados fueron los doctores Guillermo Delgado Palacios, Miguel A. Seco, José Rafael Pérez, de Caracas, y el doctor Galo S. Bremont, de Barbacoas.

(2) Salmon and Stiles. (1902). *Emergency. Report on Surra*.

(3) Citados por Salmon and Stiles, *Loc. cit.*

(4) Elmasian, M. "Mal de Caderas". *Anales de la Universidad Nacional del Paraguay*, Tomo III, N° I, p. 14.

(5) Tripanosomes et Tripanosomiases. 1904.

(6) Sivori et Leclerc. (1902). "*Le surra americani*".

(7) Laveran y Mesnil, *Loc. cit.*

(8) Laveran y Mesnil, *Loc. cit.*

(9) Rafael Blanchard. "Sur un travail de M'le docteur Brumpt". *Archives de Parasitologie*. Tomo 8, N° 4.

(10) No negamos absolutamente el contagio de la *peste boba* por el coito, sobre lo cual no tenemos experiencia; sólo queremos notar que no es ese el medio de trasmisión generalmente observado para esta enzootia como lo es para la dourine.

(11) "*Recherches Morphologiques et Expérimentales sur le Trypanosome du nagana au Maladie de la Mouche Tsétsé*".

(12) A. Laveran. (1902). "Sur l'épizootie de surra, qui a règne en 1902 a l'ile Maurice". *Bull. de l'Ac. de Med.*
(13) *"La Trypanosomiase"*. Médicine Scientifique. Enero 1905.
(14) Blanchard, *Loc. cit.*
(15) R. Koch, *Loc. cit.*
(16) Robert Koch, *Loc. cit.*
(17) *Loc. cit.*
(18) *Tripanosomiasis.* (1904). *British Medical Journal.* p. 1.478.
(19) Paresias precoces debe ser la característica del *mal de caderas*, puesto que paresias finales se observan también en la *surra* y la *nagana*.
(20) Salmon and Sitiles, *Loc. cit.* p. 19.
(21) Lisandro Alvarado. *"Glosario de voces indígenas"*, (inédito).
(22) El ilustrado Dr. Ayala ha establecido la identificación en su magnífico artículo (1905). "Infecciones Protozoáricas". *Gac. Méd. Ccs.* **12** (3), 18.
(23) Annales de l'Institute Pasteur. Set. 1904.

El gomecismo (1908-1935) fue un período duro para el entorno académico venezolano. Renovada por segunda vez la principal universidad del país y adoptado por ella el programa positivista, Venezuela entra al siglo XX para sumergirse en el largo letargo dictatorial. Desde el año 1912 y hasta 1922, la Universidad Central permaneció cerrada[53] por órdenes del dictador Gómez. Razzeti, junto a unos cuantos profesores, se las ingenió para seguir impartiendo docencia en estructuras paralelas *ad hoc* creadas por ellos, mientras que el *alma mater* permanecía cerrada. La investigación estaba reducida a su mínima expresión, confinada a mínimos espacios en laboratorios o pabellones del hospital, de manera tal que éste, a pesar de todas las deficiencias que presentaba, terminó convirtiéndose en el centro académico de formación de los futuros médicos. Para el año 1929, la situación de la Facultad de Medicina de la UCV era similar a la que exhibía al final del guzmancismo, en las postrimerías del siglo XIX.

Razetti, en su lección inaugural del Curso de Clínica Quirúrgica del año 1915, elabora un diagnóstico de la realidad académica nacional y dice:

> En nuestro país la misión del profesorado científico está perfectamente determinada. Nosotros no podemos ser maestros originales fundadores de teorías científicas nuevas, porque nuestra instrucción se ha desarrollado en un medio pobre, desprovisto de los recursos que la riqueza y la tradición han acumulado en los centros intelectuales de Europa, genitores del arte y de la ciencia. Así vemos que no obstante lo extenso y complicado de nuestra patología regional, nuestro caudal científico es todavía demasiado reducido para poder servir de base a la formación de una ciencia médica nacional propia y original. Tenemos pues, necesariamente que limitarnos a repetir lo que los grandes maestros enseñan, procurando explicar a nuestros discípulos la ciencia tal como sale formada de las mejores Escuelas extranjeras. Nuestra libertad se reduce a escoger lo que consideramos mejor según nuestro criterio personal, para interpretar los hechos a la luz de las doctrinas consagradas por el éxito y demostradas por la experiencia (Razetti, 1955, Tomo IV. [p. 439]).

Probablemente, ésta es una de las frases más pesimistas de las escritas acerca del papel de la formación científica en la educación del talento. Se debe suponer que esa incitación a renunciar al sueño de poder crear se origina en las frustraciones arrastradas por años de conflictos entre hermanos y en la pesadumbre sembrada por la feroz tiranía gomecista. De otra manera es difícil entender lo expresado por Razetti, un hombre como pocos en su época, dedicado en cuerpo y alma a mejorar su profesión.

Y si bien es cierto que, a la muerte de El Benemérito, era poco lo que se podía esperar de un país con una base demográfica, económica y política tan primitiva y mermada como la que tenía Venezuela, el futuro del país no podía jamás ser tan oscuro como para tener que limitarnos a repetir lo que otros descubrían y aprehendían. En efecto, el ansia innata de libertad y los deseos de superación del venezolano hacían efervescencia en una sociedad que quería un mejor destino, habiendo recién descubierto, y en abundancia, un recurso material de primer orden: el oro negro[54].

El comercio del petróleo trajo ingresos económicos nunca antes proporcionados por los renglones productivos tradicionales del país: café, cacao, ganado, cueros y oro (Baptista, 1998). Con el petróleo, también se inició la migración del venezolano del campo a la ciudad. Para el año 1920, el 83,6% de la población vivía en el medio rural, mientras que medio siglo más tarde, en el año de la nacionalización del petróleo, sólo el 32,4% de los venezolanos continuaban viviendo en el campo; el resto se había mudado a las ciudades (Torrealba, 1983).

Las serias deficiencias en salud pública, las desastrosas secuelas de endemias o epidemias que tenían agobiada a la sociedad rural (y entre las que sobresalía el paludismo o malaria), el desatino de los diversos gobernantes del país de no prestarle atención a las soluciones que, para esos males, habían estudiado y propuesto científicos como Beauperthuy, Domínici o Rangel; juntos, todos esos problemas, hicieron eclosión en las primeras décadas del siglo XX. Por ejemplo, para el año 1936, en algunos estados llaneros —como Cojedes— las fatalidades por paludismo alcanzaban un 41,5% de la tasa global de mortalidad (Ruiz Calderón, 1992) y la esperanza de vida del venezolano apenas llegaba a los 38 años.

Aun así, y a pesar de la dictadura, una que otra isla de excelencia científica aparece en el país de Gómez. Una de ellas es Juan Iturbe (1883-1962), quien se distingue como médico e investigador. Desde su laboratorio privado (Laboratorio Juan Iturbe), logra descifrar el ciclo de vida y transmisión del *Schistosoma mansoni* y la participación del molusco *Planorbis spp.* como huésped intermediario de la bilharziosis en Venezuela (Iturbe, 1917). La morbilidad y mortalidad de esta enfermedad era significativa en las regiones densamente pobladas de la región centro norte del país.

La otra isla de excelencia la encontramos en los llanos del país, concretamente en la población de Zaraza y en la figura del médico José Francisco Torrealba[55] (1896-1973). Si "investigar es ver lo que todo el mundo ve y pensar lo que nadie pensó", ese bien podría ser su lema. Torrealba vio lo que todo el mundo veía, pero pensó lo que nadie había pensado. Genuinamente motivado por encontrar solución a los grandes males que aquejaban a sus congéneres en su hábitat, Torrealba dedicó toda su existencia a probar sus hipótesis en ese laboratorio, que era la naturaleza que lo rodeaba.

En el año 1929, decide seguir el consejo de su padre, quien le recomienda, según él mismo cuenta, "abandonar la capital donde siempre había exceso de médicos y me acercara a Zaraza, para dedicar los pocos conocimientos a ese campesinado que era diezmado por las endemias" (Torrealba, 1935 a y b). Disponiendo apenas de un pequeño laboratorio, pero armado de una gran capacidad de observación e intuición, comienza sus caminos en la investigación en el llano venezolano, estudiando las enfermedades tropicales más frecuentes en la zona: paludismo, Chagas, bilharziosis, parasitosis intestinales, elefantiasis, leishmaniasis, pero con una atención especial al mal de Chagas[56]. Torrealba, solo, pero apasionado por la medicina y sus posibilidades, se da cuenta de la severidad de la tripanosomiasis en la inmensidad de los llanos venezolanos, en general, y en Zaraza, en particular. Dice Torrealba: "Ciertamente que no nos explicamos cómo calamidad tan grande se hubiera ensañado sobre nuestros campos sin ser sorprendida antes, y más aún, sin ser sospechada" (Torrealba, 1933).

Al poco tiempo de iniciada su investigación, publica en el año 1932 en la *Gaceta Médica de Caracas* el artículo "Breves notas para el estudio de algunas parasitosis intestinales en Zaraza y otras poblaciones del Guárico y Anzoátegui". Torrealba fija su atención en la observación de un agente de transmisión o vector, un insecto alado perteneciente a esa familia: el *Rhodnius prolixus*[57], al cual relaciona con un parásito: el *Trypanosoma cruzi*, y que, finalmente, asocia a una enfermedad: la enfermedad de Chagas y la muerte súbita, logrando cerrar el círculo vital de la enfermedad. Dice él: "Habiendo visto que la región Unarense es región de Reduvídeos[58], y no de Reduvídeos salvajes únicamente, sino de Reduvídeos domésticos, la idea [de] que la región era de tripanosomiasis se vino como consecuencia" (Torrealba, 1932).

Con anterioridad, Carlos Chagas (1879-1934), en el año 1909 en Brasil, había descrito la enfermedad que lleva su nombre. Por su parte, Emile Brumpt (1877-1951), en el año 1913, había descrito un *Rhodnius prolixus* infectado con *Trypanosoma cruzi* en la región del Lago de Valencia, y había postulado el mecanismo de transmisión. Posteriormente, en el año 1919, Enrique Tejera (1899-1990) propone que el chipo es el agente de transmisión del mal en Venezuela.

Por medio de la búsqueda, la observación y el estudio, Torrealba confirma la conjetura inicial de Brumpt y de Tejera y establece al chipo *Rhodnius prolixus* como vector de la enfermedad en Venezuela: "Pueden existir otros reduvídeos además del *Rhodnius prolixus*, porque la zona es riquísima en insectos, pero hasta hoy en los que hemos examinado se ha tratado siempre del género nombrado". Seguidamente establece su hábitat y hábitos para plantear que este vector ha cambiado sus costumbres de selvático a doméstico. Será el inicio de sus estudios sobre la enfermedad de Chagas, a los que dedicará el resto de su vida, y constituirá la piedra sobre la que se construirá el conocimiento de esta enfermedad en Venezuela. Especialmente en tanto que reconoce que la acción del *Trypanosoma* es sobre el corazón, por inducir una miocarditis crónica, y que no es agente productor del bocio endémico, como erróneamente sostenía Chagas.

En febrero de 1933, Torrealba le dirige una carta a Jesús Rafael Rísquez, su antiguo profesor de Microbiología (Patología) de la UCV, y adjunta unos ejemplares de chipo que ha clasificado como *Rhodnius prolixus*, unos frotis de sangre de "los anémicos, esplenomegálicos que habitan en los ranchos donde abundan los *Rhodnius* infectados con tripanosomas" y unas láminas de un ratón inyectado con el contenido de la cavidad de un *Rhodnius prolixus*. En la misiva le informa que las "sangres son de personas graves crónicos y estas sangres están en pruebas de xenodiagnóstico". Y es que Torrealba, habiendo estado al tanto del método de xenodiagnóstico ideado por Brumpt —y que consistía en infectar al chipo (transmisor) con la sangre de un enfermo— tuvo la genialidad de aplicar el principio del método pero a humanos. Juan Francisco Torrealba fue el primero en aplicar despistaje del Chagas por xenodiagnóstico (Torrealba, 1934).

El singular trabajo de investigación titulado "Pequeñas observaciones sobre el Rhodnius prolixus y tripanosomosis en el distrito Zaraza (Guárico)" del año 1933 y publicado en la *Gaceta Médica de Caracas*, es reproducido a continuación (Torrealba, 1933).

—Artículo—

JOSÉ F. TORREALBA. "PEQUEÑAS OBSERVACIONES SOBRE EL RHODNIUS PROLIXUS Y TRIPANOSOMOSIS EN EL DISTRITO ZARAZA (GUÁRICO)"

A mi maestro el Prof. J. R. Rísquez.

Desde octubre de 1932 me he ocupado muy especialmente de la cuestión Reduvídeos en el Distrito. Examinando las chozas o ranchos de los alrededores de la misma población de Zaraza, para gran asombro mío, las he encontrado invadidas por un reduvídeo que en el Distrito y otras regiones vecinas conoce el pueblo con el nombre de *chupones o chepitos*. Examinándolo y como comparándolo con la descripción y dibujos de Brumpt me convencí [de] que se trataba del *Rhodnius prolixus*, conocido en otras regiones del país con los nombres de chipa, pito o chinche de monte. (El Dr. Alvarado, trae en su "*Glosario de Voces Indígenas de Venezuela*", Quipitos, Chipitos, Chepitos y Chupones).

En muchas chozas de paja examinadas se pueden contar estos hemípteros por centenas y por millares. En cierto rancho llenaron en una noche un litro. En algunos lugares las pobres gentes se ven en la necesidad de recurrir al fuego y destruir el rancho o abandonarlo. Visitando algunos campos y tomando informaciones me he convencido [de] que la plaga ocupa todo el Distrito y regiones vecinas de Anzoátegui. Pueden existir otros reduvídeos además del *Rhodnius prolixus*, porque la zona es riquísima en insectos, pero hasta hoy en los que hemos examinado se ha tratado siempre del género nombrado.

En las chozas se encuentran en los techos de paja, en los empajados que usan en vez de paredes, amontonándose en los sitios donde amarran colgaderos o cabullas que sostienen las hamacas. Se encuentran en los gallineros y en las casas de cerdos. Otros se sitúan fuera de las casas, en los corrales y matorrales vecinos desde donde saltan en horas nocturnas. Aquí como en otros países se conoce muy bien el ruido de su vuelo. Es tanta la cantidad de sangre que necesita este ectoparásito que por este solo hecho debe considerarse como temible por expoliador. Este peligro aumenta por ser tan exquisito y sutil en la agresión pudiendo picar muchos sin que la víctima se dé cuenta. En el día siguiente la víctima presenta una erupción que dura varias semanas; aquí la conocen aún después de varios días. Brumpt dice que la picada de Triatomas y Rhodnius '*ne laisse pas de traces*'.

Cambios de costumbre. - ¿Desde, cuándo ha resuelto este reduvídeo, abandonar su vida salvaje, sujeta a los riesgos de la intemperie, por esta otra, tan blanda, sin inviernos, sin soles, sin persecución de enemigos que deben ser muchos, (hormigas) y con alimentación segura y abundante a pocas varas de distancia? Creemos que esto sea más antiguo que lo que piensa el autor brasileño citado por Brumpt, que lo remonta a la época de la conquista. Esta adaptación debe ser remota porque el tropismo por la sangre humana es muy marcado y en la persecución manifiesta grupos ideológicos que no pueden haberse preparado sino en siglos y quizás en milenios. Aquí en Zaraza, y en sus campos, las personas de más edad dicen que desde niños las cosas ya iban así tales como ahora. Y siempre ocultándola como cosa vergonzosa. Ya estos últimos años la siembra de hierba carrizo (*Panicum irsutum*) y Guinea (*Panicum máximum*) en las hectáreas inmediatas al poblado ha traído una verdadera invasión con sus graves consecuencias. Debiera preferirse la hierba del Pará (*Panicum mole*) menos buscada por este hemíptero.

La preferencia por las primeras es notable, bien porque abunda allí la sangre de los animales que pacen, bien porque la vivienda humana, sus delicias, está siempre próxima.

Peligros. - Sin pensar que fuera el vector de una enfermedad determinada, este ectoparásito debe considerarse como posible trasmisor de tuberculosis, de sífilis, de lepra, de paludismo, de úlcera de Torrealba o Buba Leishmánica, de Buba treponémica o pian, etc. Esto sin pensar que sirva de huésped o medio de cultivo, sino por siempre contacto infectante. Ya se sabe que el Doctor Tejera ha declarado al *Erathirus cuspiriatus* como trasmisor de Leishmania. Y se sabe todo lo que se ha hablado en este sentido de otros hematófagos, como piojos, pulgas, chinches, etc.

Habiendo visto que la región unarense es región de Reduvídeos, y no de reduvídeos salvajes únicamente, sino de reduvídeos domésticos, la idea [de] que la región era de tripanosomosis se vino como consecuencia.

Historia. - Después del célebre descubrimiento del Doctor Carlos Chagas, (1909): Tripanosomas en las deyecciones de los reduvídeos, virulento para los mamíferos de laboratorio, natural en otros; relacionado en seguida con procesos patológicos humanos graves, hallazgo del parásito en el hombre, etc., los Reduvídeos tomaron súbitamente gran importancia en medicina. Esto trajo estudios sobre ellos en todos los centros científicos, y por esto el reduvídeo que nos ocupa fue estudiado en París por Brumpt en 1912; luego Brumpt y González Lugo en 1913, declaran experimentalmente que se infecta con el *Tripanosoma cruzi* y que puede trasmitirlo. En 1919 Tejera descubre la enfermedad de Chagas en Venezuela, primero en Trujillo, después en Miranda, y declara al *Rhodnius prolixus* como el vector en Venezuela junto con el *Erathirus cuspidatus*.

La Esquizotripanosis. - Examinados las deyecciones de los Rhodnius de nuestra región, o partes del intestino, en solución fisiológica como lo indica Langeron, los encontramos infectados por tripanosomas del grupo *cruzi* en más del 30%.

Por más que la región unarense no es de tiroiditis o de bocios, con los datos precedentes creo que no se pueda pensar sino en el *Tripanosoma cruzi* o *Esquizotripano cruzi*.

Las formas metacíclicas son intensamente aglutinables por el suero de caballo dando grupos de 20 y de 30.

La idea de que pueda ser otra tripanosomosis se desvanece pensando que la única descrita hasta hoy diferente a la *cruzi*, en estos hemípteros, fue la que descubrió Tejera y llamó *rangeli*, y esto ha sido interpretado por Robertson, de modo diferente en 1929, declarando los dibujos de Tejera como formas pertenecientes al ciclo evolutivo del *cruzi*. (Gabaldón, 1930, p. 133).

La idea de que la infección de los Rhodnius sea de origen humana, y no animal, se afirma pensando que en muchas casas la invasión es vieja, de modo que casi con seguridad la alimentación ha sido proporcionada por gentes. Además examinamos frecuentemente formas jóvenes, de fuente doméstica, y los encontramos infectados. Y como estas formas no vuelan no pueden haberse infectado en el matorral sino en la choza, de sangre humana o de algún animal que vive en el techo como el ratón, o de otro doméstico como perro o gato. En una de las chozas donde se observaron larvas muy infectadas no había ni perros ni gatos.

Inoculaciones. -Inoculamos perros pequeños en el peritoneo, con el contenido intestinal de Rhodnius que mostraban muchos tripanosomas meta-cíclicos. Los perros murieron después de veinte días, habiendo presentado enflaquecimiento rápido, nerviosidad, insomnio, paresia de las extremidades posteriores, diarrea sanguinolenta. A la autopsia llamó la atención anemia intensa de todas las vísceras formas adultas, pero sí la fase Leishmaniforme: gran cantidad de corpúsculos en el corazón, en el hígado, en el bazo. Dentro de las fibras cardíacas en disociación fresca se notó una cantidad prodigiosa.

El 15 de abril próximo pasado inoculamos un ratón. Los exámenes hasta los 30 días no mostraron nada de particular pero después de los 40 apareció en la sangre la forma adulta. Varios por campo, cinco o diez con el objetivo D. 0,40 del Zeiss; poco móviles, incapaces de atravesar el campo.

En una preparación al Leishmann, no muy perfecta, se apreciaron muy bien las características anatómicas de estas formas adultas: cuerpo corto, membrana poco plegada, blefaroplasto subterminal.

Para el 6 de junio todavía el ratón no había muerto. En estos últimos días he inoculado varios animales del lugar con este virus, y están en observación. Varios frotes de la sangre del ratón tomados a los 25 días de la inoculación han sido enviados a mi maestro el profesor J. R. Rísquez.

También he inoculado con virus metacíclico otros perritos pero poniendo menos cantidad aspirando enfermedad más suave. Estos animales están en observación.

Exámenes humanos. - He dicho en otras líneas que la región no es de Tiroiditis ni de Bocios.

He examinado muchas sangres en fresco de los habitantes de esos ranchos con resultado negativo. El aspecto de esta gente es de anquilostomósicos y de palúdicos crónicos; y, ciertamente tienen anquilostomosis en más de un 48% y la esplenomegalia es frecuentísima, habiendo bazos que casi no caben en el abdomen, El anasarca y la caquexia son muy frecuentes.

He enviado al profesor J. R. Rísquez frotes de sangre de estas gentes y he emprendido unas pruebas de xenodiagnóstico teniendo generaciones de Rhodnius del 17 de abril y del 4 de mayo. Para esta fecha tengo varios grupos alimentados con sangre humana. Aunque no haya Bocios no se puede dejar de pensar que exista entre nosotros una Tripanosomosis frecuente, por lo que precede, y por la gravedad de estas anemias y de estas esplenomegalias. Brumpt dice que debe ser muy frecuente en formas benignas u ocultas difíciles de diagnosticar. Que haya diferencia histotrópica, esplenotropismo y cardiotropismo, en vez de tiroidotropismo, también puede ser, debido a una variedad de virus, especial de estas regiones.

Si estudios posteriores demuestran la existencia de la Tripanosomosis en el Distrito, consideramos como muy justa la observación del Doctor Francisco Troconis, quien ejerce en la localidad desde hace treinta años. Él había observado muchos casos de aspecto palúdico crónico que permanecían sordos a las curas antipalúdicas y a las antianquilostomósicas, y que atendían rápidamente al emético.

Dada la importancia de estas cuestiones envié a mi maestro el Profesor Rísquez hijo, Reduvídeos infectados consultándole a este respecto.

En febrero nos envía la siguiente:
Caracas, febrero 25 de 1933
Señor Dr. J. F. Torrealba
Muy estimado amigo:
Contesto su apreciable del once del corriente que recibí junto con los artrópodos que me envió en una cajita. Son como Ud. dice muy bien Rhodnius prolixus, unos adultos y otros en estado de ninfa. En los adultos pude observar, como Ud. también lo hizo, muchos tripanosomas.

Sería muy interesante me enviara frotes de sangre y gotas gruesas de personas que habitan esos ranchos, así como también los órganos o cortes del resultado de su experimentación en los animales.

Escriba algo sobre el particular y tendré mucho gusto en presentarlo a cualquiera de nuestros centros científicos.

En espera de sus noticias me honro en llamarme su maestro y lo saluda cariñosamente.

Su afmo. amigo y colega,
J. R. Rísquez.

Atendiendo al contenido de la amable cartica del maestro, he resuelto preparar este pequeño trabajo que no es más que una nota preliminar para el estudio de la Tripanosomosis de Cruzi, en el Distrito Zaraza. Al terminar esta nota damos las gracias al señor Ismael Rojas por los frecuentes servicios prestados en nuestro pequeño Laboratorio.

Bibliografía:
Brumpt. (1922). *Précis de Parasitologie.*
Le Dantec. (1924). *Path. Exotique.*
J. R. Rísquez. (1933). "Lecciones de Parasitología". Décima Conferencia- Reduvídeos". *Gac. Méd. Ccs.* **40** (4), 55.

P. Manson. (1908). *Maladies des Pays Chauds".*
A. Besson. (1924). *Technique microbiologique.*
M. Langeron. (1925). *Précis de Microscopie.*
E. Tejera. (1929). "La Tripanosomosis americana o enfermedad de Chagas en Venezuela". *Gac. Méd. Ccs.* **26** (10), 104.

A. Gabaldón. (1930). "Nota Histórica sobre los Protozoos señalados en Venezuela". *Gac. Méd. Ccs.* **37** (9), 131.

VIRAJE DEL FOCO INTELECTUAL

Otro personaje digno de mención y que tuvo un desempeño significativo en fomentar la química, una disciplina distinta a la médica entre nosotros, fue Vicente Marcano (1848-1891). Marcano estudió en París, en la Escuela Imperial Central de Artes y Manufacturas, y obtuvo un título que podría corresponder al de Ingeniero Químico. Fue un agudo e imaginativo investigador y un gran docente que contribuyó a establecer las raíces de la química en Venezuela (Bifano, 2003). Así lo demuestran sus numerosas publicaciones científicas en los *Comptes Rendus*, resumidas en el *Journal of the Chemical Society*, el *Berichte* y el *Chemische Central Blatt*, y su libro *Elementos de Filosofía Química según la Teoría Atómica* (1881). Sus trabajos fueron realizados en Venezuela, en un laboratorio equipado con material que él mismo trajo de Francia, y fueron leídos y evaluados por sus maestros y colegas de la Academia de Ciencias de París.

Vicente Marcano no confinó sus intereses intelectuales a la química. Junto a su hermano Gaspar Marcano (1850-1910) abordaron problemas arqueológicos y plantaron las semillas de la investigación humanística en Venezuela. La zona norte costera de Venezuela, pero muy especialmente la cuenca del lago de Valencia (o de Tacarigua), era conocida como un área particularmente rica en evidencia de nuestro pasado. Entre los años 1887 y 1889, los hermanos Vicente y Gaspar Marcano excavaron en esa zona —en Los Cerritos— unas tumbas que se encontraban en ese lugar.

El trabajo de Gaspar Marcano no impactó mucho en el país ni en Francia, probablemente porque no afectaba los paradigmas imperantes sobre los orígenes del Hombre del Nuevo Mundo (Marcano, Gaspar, 1889). Es así que:

cuando examinamos el trabajo de Gaspar Marcano "Etnografía precolombina de Venezuela; Valles de Aragua y de Caracas", publicado por primera vez en París en el año de 1889, podemos constatar que es Vicente Marcano quien realiza por primera vez en Venezuela una excavación arqueológica donde se describe de manera minuciosa el contexto excavado, e inclusive de manera pionera se aplican pruebas químicas para descifrar los orígenes de los sedimentos presentes en el yacimiento arqueológico (Meneses Pacheco, 2010. [p. 31]).

En el año 1930, el médico Rafael Requena (1879-1946) volvió a la zona del Lago de Tacarigua a estudiar las tumbas indígenas que ya había examinado Gaspar Marcano. Consignó en su libro *Vestigios de la Atlántida* (1932) el detalle de sus excavaciones, así como un impactante número de ilustraciones de alta calidad de cerámicas, petroglifos, fósiles o extrañas figurillas de bestias prehistóricas, como un dinosaurio. Todo ello le permitió postular una hipótesis poblacional de América que suscitó gran interés entre los expertos en historia y antropología de la época.

La más importante de las críticas al trabajo de Rafael Requena se refiere a que —en sus inicios— las excavaciones estuvieron dominadas por el empirismo; no se aplicaron estrictamente los noveles métodos y técnicas que estaban siendo aplicados en otras latitudes para darle a la investigación arqueológica el beneficio del conocimiento derivable de otras ciencias auxiliares, como la geología. Pero es que los grandes geólogos de la época consideraban como imposible la existencia de dinosaurios en el lago de Valencia hace unos pocos miles de años, como afirmó el propio Requena en su libro.

La arqueóloga venezolana Erika Wagner, del IVIC, distingue a Rafael Requena como promotor (y mecenas) de los primeros trabajos sistemáticos y profesionales de la arqueología en nuestro país. Refiriéndose a su obra, afirma:

Su tesis sobre el origen Atlántida de los indígenas, específicamente que los antiguos aborígenes de la región que rodeaba al Lago de Valencia eran descendientes de

Figura N° 1. Dinosaurio. Representación de animales de la época prehistórica. Es maravillosa la factura y la conservación de estas cerámicas. (Pieza #49). Lámina y leyenda de la página 53 del libro *Vestigios de la Atlántida*, de Rafael Requena (1932).

los habitantes del Continente perdido de la Atlántida, por sorprendente que parezca, dio motivo a numerosas discusiones entre eminentes científicos extranjeros y constituyó "por largo tiempo tema de intenso interés, como lo muestra el hecho de haber sido vertido dicho libro al inglés, francés, italiano, alemán y japonés" (Dupouy, 1946). Rafael Requena era consciente de lo polémico del tema, y de la validez variable de sus argumentos, pero no era el único que creía en esta curiosa hipótesis. En épocas anteriores otros autores europeos como J. R. Carli y Brasseur de Bourbourg apoyaron esta tesis, que estaba mucho más extendida de lo que suponemos actualmente (Canals Frau, 1976, p. 34). A la larga, la obra de Rafael Requena, en nuestra opinión, tendía más bien a apoyar el origen del hombre en América, pues se declaraba seguidor de Florentino Ameghino, el célebre paleontólogo argentino, a quien citara extensamente, utilizando para ello un vasto cúmulo de información, a veces de manera confusa, pero que sorprende por su magnitud y variedad (Gasson y Wagner, 1992. [p. 271]).

El cuestionamiento de su hipótesis poblacional de América llevó a Rafael Requena a impulsar —en su condición de alto funcionario del gobierno— que el Ejecutivo Nacional invitara oficialmente a destacados científicos del museo Peabody de Arqueología, de la Universidad de Yale, o a paleontólogos de John Hopkins para que realizaran trabajos de campo en Tacarigua; visitas que comenzaron a partir del verano de 1931 y que, posteriormente, se llevaron a cabo en otros sitios de interés arqueológico del país (DaRos y Colten, 2009). Con ello se dieron los primeros pasos para corregir una deficiencia que nuestra sociedad venía arrastrando desde la colonia: tradicionalmente, naturalistas extranjeros realizaban expediciones a nuestro país, pero las relaciones académicas que se suscitaban eran notoriamente asimétricas, y hasta unidireccionales[59]. Ese no fue el caso de las investigaciones arqueológicas en el Lago de Valencia de Rafael Requena —y sus colaboradores—, donde terminaron trabajando como pares académicos de expertos investigadores de universidades de la costa este norteamericana y se produjo el subsiguiente establecimiento de relaciones de cooperación académica con grandes centros productores de conocimiento en los Estados Unidos de Norteamérica (Requena y Requena, 2014).

Aun cuando esa interacción académica entre Venezuela y los Estados Unidos —originada en los predios de Tacarigua— llevó a desestimar la existencia de la Atlántida, ella trajo insospechables consecuencias. Es el inicio de lo que se ha postulado como la "Arqueología del Buen Vecino" (Meneses Pacheco, 2010), parte integral de la llamada "Política del Buen Vecino" del gobierno de los Estados Unidos, bajo la administración (1933-1945) de Franklin D. Roosevelt (1882-1945) y la administración (1945-1953) de Harry S. Truman (1884-1972) (Sáez Mérida, 1979). Ese viraje intelectual hacia el norte se asume como un primer estadio de la que ha sido llamada la "Teoría de la Dependencia" de nuestra moderna actividad científica (Gasson y Wagner, 1994) y, de paso, una de las raíces de la Escuela de Sociología y Antropología de la UCV, cuya creación, entre los años 1951/1953, marcó el inicio de la profesionalización de la investigación en ciencias sociales en el país.

El tránsito de nuestra atención intelectual hacia los Estados Unidos de Norteamérica, después de haber estado por siglos centrada sobre las naciones europeas —primordialmente España y en menor escala Francia, Inglaterra y Alemania—, es una de las facetas de un proceso de cambio más profundo que se llevó a cabo en el país durante la primera mitad del siglo XX. Al principio, ello se debió al desplazamiento de la primacía económica de las casas de comercio europeas, encargadas de la exportación de productos tradicionales del campo (café, cacao, cueros y otros), por la extracción y exportación de petróleo crudo, privilegio cuasi monopólico de grandes empresas norteamericanas. Posteriormente, ese proceso de viraje del foco de nuestra atención hacia Norteamérica se vio acelerado por otras razones: a) el aislamiento de Europa durante la Segunda Guerra Mundial; b) los asombrosos resultados exhibidos por los Estados Unidos de Norteamérica con el impresionante desarrollo de sus ciencias básicas en apoyo a su esfuerzo bélico (como fue el caso de la física y la química dentro del complejo militar-industrial); y c) los innovadores desarrollos tecnológicos que mejoraron substancialmente la calidad de vida de su sociedad, tanto en lo que a salud se refiere, como en confort del día a día.

LA CONQUISTA DE LA SALUD PÚBLICA

Al morir Gómez, asciende a la Presidencia de la República (1935-1941) su Ministro de Defensa, el eximio general Eleazar López Contreras (1883-1941). López Contreras se propuso dejar atrás el oscurantismo reinante mediante la re-institucionalización y su modernización. Para ello se valió, entre otras, de un par de estratagemas que terminaron siendo complementarias; por un lado, apoyo irrestricto al accionar del talento local abocado a la resolución de grandes problemas nacionales y, por el otro, la captura de talento foráneo altamente especializado (*vide infra*). Las conquistas en salud pública de Venezuela, durante la primera mitad del siglo XX, constituyen un buen ejemplo de las bondades de una inmigración selectiva y de la cooperación internacional como potenciadores de las capacidades locales.

En el año 1936, Santos Aníbal Domínici sucede a Enrique Tejera en la jefatura del Ministerio de Sanidad y Asistencia Social, y apoyándose en la Ley de Defensa contra el Paludismo, crea la Dirección de Malariología al frente de la cual pone al joven médico Arnoldo Gabaldón[60] (1909-1990). El combate emprendido en contra de la malaria se fundamenta en los estudios de Rolla Benneth Hill (1891-) y en los de Elías Isaac Benarroch (1904-1980), quienes, desde un laboratorio de la Fundación Rockefeller en la Oficina de Sanidad Nacional de Venezuela, habían logrado establecer la naturaleza del agente vector: el mosquito *Anopheles darlingi*, además del *A. albimanus* ya conocido. Ellos detallan la distribución e intensidad epidemiológica de la enfermedad en el territorio nacional y llevan a cabo los primeros estudios de terapéutica con las drogas antimaláricas sintéticas de primera y segunda generación: la plasmoquina y la atebrina (Hill y Benarroch, 1940).

Conviene detenerse a revisar la presencia de la Fundación Rockefeller en el país, que comenzó en el año 1916 —en pleno apogeo de la dictadura de Gómez— bajo la figura de asesoramiento de un programa de erradicación de la malaria y la fiebre amarilla, auspiciado por los ministerios de sanidad y el de obras públicas. Ese programa duró hasta 1932, cuando cesó por conflictos de competencia interministeriales arrastrados desde 1927. La mejor expresión del programa se tuvo en 1926 con la llegada del doctor Rolla Hill para liderizar la lucha contra el paludismo y la anquilostomiasis en el estado Aragua. La evidente asimetría mostrada en la cooperación inicial empezó a ser subsanada cuando en 1928 la Fundación Rockefeller comenzó a becar a profesionales venezolanos para que se perfeccionasen en Norteamérica. La cooperación tuvo vigencia hasta 1944 en áreas de salud e ingeniería sanitaria, y en años posteriores continuó en el área agrícola.

Si bien las relaciones de cooperación científica y técnica entre Venezuela y Norteamérica se iniciaron en el terreno de la salud, pronto se incorporaron otras disciplinas humanísticas, para terminar extendiéndose a todas las áreas del saber. Ello como resultado de las ansias de modernización de quienes venían de liberarse de una dictadura, y de profesionales convencidos de la necesidad de generar en el país estamentos académicos modernos, en los cuales convivieran lo mejor de las prácticas existentes en Venezuela con los nuevos estándares internacionales.

Para el año 1945, el equipo de Malariología que liderizaba Arnaldo Gabaldón había logrado reducir la mortalidad por malaria en Venezuela, con la aplicación de medidas elementales de saneamiento, a menos del uno por mil. Cinco años más tarde, después de la campaña de fumigación nacional con el insecticida DDT[61], la puesta en práctica de un programa masivo de viviendas rurales y la construcción de la red básica de acueductos (y cloacas), se logró reducir el indicador unas 25 veces, al 0,04‰. En menos de tres lustros, el equipo de sanitaristas y malariólogos venezolanos acabaría con el terrible flagelo y le daría al país la oportunidad de tener una fuerza laboral sana y numerosa, capaz de enfrentar el reto de la modernización y el desarrollo.

Es justo agregar que Gabaldón no estuvo solo en su cruzada por la salud de los venezolanos. En las dos décadas siguientes a la muerte del general Gómez, él, junto a otros dos eminentes médicos: José Ignacio Baldó (1898-1972) y Pastor Oropeza (1901-1991), lograron descender unos índices de mortalidad y morbilidad de niveles socialmente incapacitantes —como los que mostraba Venezuela en el año 1936— a niveles muy aceptables, como los que logró exhibir en la segunda mitad del siglo XX, simplemente aplicando sin pausa las mejores prácticas sanitaristas.

En la primera mitad del siglo XX, después de la malaria, la segunda causa de incapacidad y muerte temprana en la Venezuela urbana era la tuberculosis. Durante el año 1936, el índice de mortalidad por tuberculosis para todo el territorio nacional fue del orden de 1,06%. Ya en el año 1950, el indicador nacional para esa enfermedad era de apenas 0,61%, gracias a que José Ignacio Baldó puso en marcha un programa de prevención de la tuberculosis desde la División de Tisiología del Ministerio de Sanidad —bajo la rectoría del doctor Enrique Tejera. En el año 1936, la muerte por tuberculosis alcanzaba, en la ciudad de Caracas, un 45% de todos los fallecimientos registrados; pero 14 años después los esfuerzos de Baldó hicieron que descendiera 14 veces, a un 3,25%. Por su parte, Pastor Oropeza promovió políticas públicas dirigidas a atender la nutrición de los recién nacidos y establecer controles de cuidado materno-infantil que prácticamente eliminaron del panorama nacional el tercer gran flagelo diezmador de la población venezolana durante la primera mitad del siglo XX: la mortalidad infantil.

La labor de los insignes sanitaristas venezolanos de los años posteriores al gomecismo tuvo como resultado que, para el año 1950, la esperanza de vida del venezolano hubiese ascendido a casi 54 años, de los 38 que estaban registrados para el año 1936. Gabaldón, Baldó y Oropeza son auténticos héroes civiles (Requena, 2003). Sin duda, el mejoramiento de las condiciones de salud de la población, junto a los programas de alfabetización masivos de la posguerra, dirigidos estos últimos por el educador Luis Beltrán Prieto Figueroa (1902-1993), parecían proyectarse positivamente, y hacían prever que Venezuela podía estar en condiciones de tener, en la segunda mitad del siglo XX, una fuerza laboral saludable y educada, capaz de enfrentar los retos de construir el país moderno que todos reclamaban.

El accionar de Arnoldo Gabaldón ha estado asociado a una gerencia exitosa (Briceño León, 2011). Los trabajos que dirigió desde la Escuela de Malariología del Ministerio de Sanidad en Maracay integran una verdadera doctrina en saneamiento ambiental y salud pública. Su doctrina, en buena medida, se encuentra puntualizada en la "Introducción" a su último libro *Malaria aviaria en un país neotropical Venezuela*, publicado en 1998 y que a continuación se reproduce (Gabaldón, 1998).

—Artículo—

ARNOLDO GABALDÓN. "INTRODUCCIÓN" A SU LIBRO *MALARIA AVIARIA EN UN PAÍS NEOTROPICAL VENEZUELA*

Me he sentido desde muy joven atraído por el estudio de los animales microscópicos del subreino de los Protozoos, desde cuando era alumno del antiguo Colegio Federal de Varones, durante mis estudios de educación secundaria, como consecuencia de haber leído dos libros, uno del jesuita catalán Jaime Pujiula y otro del naturalista alemán Ernst Hackel. Esta afición aumentó cuando supe que uno de ellos era causante de la malaria, la temible enfermedad de las zonas entonces conocidas en Los Andes con el nombre de "tierras calientes", la que particularmente me impresionaba por los múltiples y conmovedores relatos de dos tíos míos, propietarios de hatos en los llanos de Monay, de pésima reputación por la alta endemicidad de dicha dolencia en esa zona, especialmente en su forma de las llamadas "fiebres perniciosas" (malaria cerebral) productoras de alta mortalidad.

Para lograr el avance de conocimientos se precisa no sólo de poder disponer del equipo apropiado, sino del material requerido para las exploraciones que se planifiquen. En países subdesarrollados, con bajo nivel cultural en gran parte de sus habitantes, en los que prevalece poca responsabilidad, ese material de estudio debe llenar dos requisitos adicionales, el de no ser peligroso y el de ser económico. Indagaciones sobre la malaria que se puedan realizar en el laboratorio carecen de elementos de tal naturaleza en la Región Neotropical, asunto que me ha preocupado mucho durante toda mi vida profesional, y que posiblemente sea responsable de la aparente indiferencia de los investigadores latinoamericanos a este campo, a pesar de la importancia y de la severidad de dicha infección en la población de la mayoría de nuestras Repúblicas.

Ya en 1932 como Médico de Sanidad en San Fernando de Apure, entusiasmado con los estudios que había hecho en Europa el año anterior, especialmente los realizados en el Instituto de Enfermedades Navales y Tropicales de Hamburgo, me di a la búsqueda de parásitos maláricos en monos. Logré examinar más de una veintena de araguatos (*Alovatta sp.*) sin haber alcanzado mi objeto. Pero en esta búsqueda más suerte tuvieron años después el Dr. Ovidio Catellani, mientras trabajaba para la antigua División de Malariología en el Territorio Amazonas, hallazgo que no fue publicado y otro investigador más reciente (Serrano, 1967). Una especie de tales parásitos conocida desde 1908 en monos de la América Tropical (*Plasmodium brasilianun*) había sido motivo de interesantes investigaciones. Pero la dificultad entre nosotros de cazar vivos a estos simios, y el costo de esos animales y de su mantenimiento, resulta muy oneroso. Por tal motivo se descartó desde el principio el estudio de la malaria de los simios.

En 1937, a los pocos meses de haber iniciado mis labores en la entonces denominada Dirección Especial de Malariología, al no existir en la Región Neotropical otros mamíferos infectados con parásitos maláricos, seguimos la huella de los doctores Rafael González Rincones, Juan Iturbe y Eudoro González, quienes ya los habían hallado en aves de Venezuela. Encontramos al igual que ellos en pájaros de las vecindades de Caracas unas especies, las que aislamos en canarios, pero su estudio lo tuvimos luego que abandonar por las presiones derivadas de la atención concentrada requerida por las labores contra la malaria humana.

Para 1972 continuaba en la Región Neotropical la falta de material parasitario adecuado a experiencias de laboratorio para investigación de los agentes productores de malaria que llenara los requisitos de ser económico y no peligroso, pues los canarios se convirtieron en aves de alto precio, muy lejos de valer un marco por hembra como en mis tiempos de Hamburgo. Existen muchos detalles en el campo de la biología, epidemiología, inmunología, profilaxia y terapéutica de este parásito, de cuyo estudio han estado ausentes por tal carencia los parasitólogos latinoamericanos. Solventar algunos de esos pormenores se facilitaría al encontrar material apropiado para nuestro medio. A este respecto conviene recordar las siguientes palabras escritas a principios de la última década del siglo XIX por Laveran (1891): "Creo que para resolver los ahora oscuros problemas relativos a la evolución de estos parásitos (los plasmodios humanos) es necesario estudiar parásitos análogos que existen en otros animales fuera del hombre. Los parásitos sanguícolas de las aves, vecinas a los hematozoarios del paludismo, descritos por Danilewsky, presentan un particular interés en conexión con esto, por su gran semejanza con los parásitos del paludismo humano. Es pues para acoger este gran consejo de Laveran que se emprendieron las labores que aquí se presentan.

El parásito de las gallinas del Lejano Oriente (*Plasmodium gallinaceum*) transmisible por el mosquito *Aedes aegypti*, el común vector de la fiebre amarilla y el dengue, muy empleado en laboratorios de la Zona Templada, es riesgoso introducirlo aquí por el daño que puede hacer a nuestra industria avícola, ya que una vez se escapó del laboratorio en un país del Norte y produjo una epidemia en gallineros vecinos.

Los parásitos maláricos de los roedores africanos (*Plasmodium berghei*, *P. chabaudi*, *P. vinckei* y otros), ausentes en el hemisferio occidental, tampoco los debemos importar con su vector experimental (*Anopheles stephensi*), por ser este mosquito también un poderoso transmisor de la malaria humana.

Las aves de precio económico fáciles de adquirir entre nosotros, todas ellas importadas a la Región Neotropical, son las codornices, palomas domésticas, paticos, pavitos y pollitos, las que fuera de las primeras habían sido ampliamente utilizadas como hospedadores experimentales en otros países para el tipo de estudio que deseábamos emprender. Por tal motivo nos dimos a la búsqueda de parásitos que las infectaran de los que se encontraran en aves endémicas. Utilizamos para ello a visitadores rurales encargados de la vigilancia de la amplia zona de 460.000 Km², de donde había sido erradicada la malaria en Venezuela, quienes al no tener que trabajar bajo presión podían dedicar parte de su tiempo a la toma de láminas de sangre de aves domésticas o silvestres mantenidas por los campesinos en sus viviendas, las cuales por estar expuestas a las picadas de los mosquitos locales, o haber sido cazadas recientemente, podían con mayor facilidad demostrar la presencia de los parásitos que interesaban.

Gran esfuerzo se puso en la apropiada identificación de las aves examinadas, para lo cual se corroboró el nombre vulgar local, ayudados en ello y en los demás detalles taxonómicos en el texto de Phelps Jr. & De Schauensee (1978). Pero para el estudio de las del orden Ciconiiformes, a las que se puso gran interés por los motivos que luego expongo, tuvimos, siguiendo a la obra citada y a otras, que desarrollar una clave por la necesidad de orientar con precisión a los recolectores de material que trabajan alejados en los garceros. Se comprende que a unos aficionados en el campo de la ornitología costó mucho tiempo y dedicación acometer una empresa de ese tipo. Convencidos de que una de las dificultades que encuentra un estudioso de este grupo de parásitos es la determinación precisa de las especies hospedadoras examinadas, y con el deseo de contribuir a eliminar obstáculos a los interesados, resolvimos por carecerse de estas claves publicarla, acompañada de detalles acerca de su ecología, etología y zoogeografía (Gabaldón & Ulloa, 1979). Sabido es que uno de los escollos de quienes se dedican a estos menesteres en los países subdesarrollados, es colectar la bibliografía requerida, especialmente la regional. Cuando repartimos las separatas a algunos de los interesados, para consternación nuestra, uno de ellos, el profesor Gerardo Yépez Tamayo, nos canjeó la nuestra por un meticuloso trabajo publicado por él casi un cuarto de siglo antes, con excelentes descripciones de las aves en cuestión y claves adecuadas (Yépez Tamayo, 1955). Ya sospechábamos que alguien en la América Latina hubiera podido tener la misma curiosidad nuestra, pero jamás se nos ocurrió que uno de ellos pudiera ser un venezolano. Esto indica una vez más la gran pérdida de esfuerzo que nos hace padecer nuestro atraso.

Con la ayuda de varios colaboradores, cuyos nombres figuran en las publicaciones que hemos hecho de los hallazgos logrados, entre quienes sobresale Gregorio Ulloa, el leal, laborioso y siempre insatisfecho con los logros obtenidos, miembro por más de 40 años de la Dirección de Malariología y Saneamiento Ambiental, cuyo ojo minucioso difícilmente es superado por otros peritos en este campo, hemos alcanzado hasta el 31 de diciembre de 1987 examinar la sangre de 25.773 aves. Constituye éste uno de los mayores esfuerzos que se hayan hecho en solicitud de los plasmodios aviarios. En estos 14 años hemos aprendido mucho acerca de lo que con estos parásitos es y no es. La variadísima avifauna neotropical es de taxonomía interesante que se refleja en sus parásitos maláricos, los cuales pueden fácilmente confundir a quienes los estudian, de guiarse en su interpretación por puros caracteres morfológicos. Nos han enseñado que su observación debe ser muy cuidadosa para no caer fácilmente en errores.

Al inocular estos parásitos en hospedadores experimentales, encontramos que con los más fáciles de adquirir, codornices y pollos, no se lograban infecciones de interés, pues las pocas obtenidas fueron siempre débiles y fugaces. La explicación hipotética que tenemos de este hecho, es que ambas especies, originarias del Antiguo Mundo, pertenecen a géneros exóticos de la familia *Phasianidae* la que tiene sólo dos géneros endémicos en el hemisferio occidental, por lo que bioquímica e inmunológicamente deben estar muy aisladas de nuestras aves autóctonas. Pero si bien las otras tres, palomas domésticas, patos pequineses y pavos, también son importadas, ellas pertenecen a géneros con especies endémicas en la Región Neotropical.

Los dos primeros plasmodios que aislamos, revelaron pronto que no encajaban en las diferentes descripciones presentadas en los diferentes textos, pero novatos en la materia esperamos la visita de un verdadero experto que llegó luego al país invitado por la Universidad de los Andes, el profesor P. C. C. Garnham, que regentó por largo tiempo la cátedra de Protozoología de la Escuela de Medicina Tropical de Londres, a quien conocía personalmente, autor del mejor y más extenso libro sobre parásitos maláricos. Él se interesó mucho por una de nuestras cepas, la que llevó a su laboratorio y al poco tiempo la publicó como una especie nueva. Esto nos dio coraje para hacer Ulloa y yo, a veces con colaboradores, otro tanto con cinco especies más y revalidar otras dos descritas años atrás por investigadores brasileños.

Pero no era la sistemática de los parásitos en cuestión lo que nos atraía, sino su biología para el modelo que deseábamos obtener. Establecimos en Mantecal, Apure, una estación de campo, por estar construyéndose allí los llamados "módulos", que al almacenar las aguas de lluvia habrían de permitir y fomentar la cría del ganado en la región de los llanos. Pero tales embalses ensanchan también grandemente los criaderos de larvas de mosquitos, lo que era importante conocer no sólo desde el punto de vista malariológico, pues esa zona se encuentra en el área de donde se erradicó la malaria, sino también lo que podría suceder con la de las aves y las virosis que afectan a los mamíferos especialmente los domésticos.

Es natural que sea entre los zancudos que pican de noche a las aves que se encuentren las especies transmisoras de sus parásitos maláricos. Con tal fin, con gallos y pavos puestos en bolsas colgadas de árboles vecinos a los garceros se pudieron mientras los picaban capturar con facilidad los mosquitos. Entre las 6 y 10 de la noche, se recolectaron durante año y medio 72.418 ejemplares, de los que se clasificaron 44.339 hasta los géneros, entre los que se identificaron 27 especies diferentes, 7.892 de la subfamilia *Anophelinae* y el resto de la subfamilia *Culicinae*. Llamó la atención que entre las primeras se encontrara que la mayoría la formara una especie, *Anopheles albitarsis*, importante vector de la malaria humana, cuyos hábitos ornitófilos eran desconocidos.

Con referencia a la búsqueda de la infección por parásitos maláricos en los mosquitos se introdujo una técnica sencilla y rápida que ha resultado toda una innovación. Desde 1920 los protozoólogos alemanes habían hallado que mosquitos infectados con parásitos tanto de aves como humanos tenían infecciones con esporozoitos, la fase infectante de dichos parásitos para los vertebrados, que se esparcían por todo el cuerpo del insecto (Mayer, 1920; Mühlens, 1921). Nuestra técnica ha consistido en triturar separadamente la cabeza, el tórax y el abdomen del mosquito y hacer extendidos de esas tres partes en una lámina para teñirlos y examinarlos luego. Posteriormente, Ulloa las simplificó aún más, al triturar el mosquito entero entre dos láminas, logrando así obtener dos extendidos apropiados con mayor rapidez, listos para ser fijados y coloreados. Tal técnica está llamada a sustituir el clásico método de disección de las glándulas salivales del mosquito que no deja preparaciones permanentes, requiere de largo aprendizaje y de mucho mayor tiempo. Dicha técnica está descrita en Gabaldón & Ulloa (1978).

Con 20.856 de esos mosquitos, que debían estar chupando sangre de aves infectadas identificamos luego, por primera vez en la Región Neotropical, la especie vectora natural, *Aedeomyia squuamipennis*, la que para sorpresa nuestra resulta hasta ahora la única capaz de hacerlo de todos los ejemplares examinados entre los que debieron estar representantes de las especies identificadas. Pertenece ella a uno de los géneros más primitivos de la subfamilia *Culicinae*, lo que posiblemente confirma la gran antigüedad de la malaria aviaria. Al no haberla podido colonizar, hemos estado incapacitados para conseguir el modelo que buscábamos. También ello no fue posible por los técnicos de los laboratorios Gorgas en Panamá, donde se mantienen colonias de varias especies de diferentes *Culicinae* según fuimos informados personalmente Ulloa y yo. Es esto de lamentar pues tal mosquito es una especie distribuida por toda la Región Neotropical, desde México hasta Argentina. En estas experiencias llamó poderosamente la atención que se inocularon 1385 ejemplares de la especie vectora en 69 aves (palomas, patos y pavos) y de las 44 que sobrevivieron por más de una semana, resultaron 5 infectadas, mientras que 19.471 mosquitos de 5 géneros diferentes inoculados a 338 aves, en las 261 que sobrevivieron no se consiguió éxito alguno.

De los estudios de la malaria en garceros llegamos a la conclusión de que la transmisión de dicha infección se hace con gran intensidad en los nidos durante las primeras semanas de vida. Esto equivale a lo que en malaria humana se califica de holoendemicidad y explica por qué en las zonas tropicales el examen de aves adultas, las que generalmente se cazan, revelan debido a la premonición un bajo porcentaje de infección, muy inferior a lo observado en las zonas templadas. Este fenómeno es similar a lo que sucede en los seres humanos en regiones altamente maláricas, especialmente en África, y puede constituir un modelo para interpretar detalles epidemiológicos de este fenómeno aún no bien conocidos.

La introducción de la fácil y rápida técnica nombrada, la demostración de un modelo realizable con comodidad para el estudio de la holoendemicidad, la revalidación de dos especies suramericanas, la descripción de cinco nuevas y de un nuevo subgénero de parásitos de las aves, que son reconocidos como válidos en el mundo científico, han sido nuestras contribuciones al aumento de los conocimientos en este campo de la parasitología.

Pero esto que acabo de narrar es la relación de un esfuerzo que no produjo en los primeros tiempos los resultados que constituían su objetivo fundamental. En este intento se pusieron continuamente en práctica las cualidades que desde 1940 establecí como las características a poseer por las personas que se dedicaran al campo de malariología en Venezuela: Constancia, Exactitud e Interés en el Trabajo; Cooperación, Estimación y Lealtad al Compañero. El empeño que hemos puesto en establecer un modelo que facilite la enseñanza del interesante ciclo vital completo de los parásitos maláricos, estaba dirigido principalmente a rescatar la profesión del malariólogo, pues su observación directa de este ciclo debe entusiasmar a muchas mentes jóvenes indagadoras. Es de lamentar que tal profesión se encuentre en vías de extinción desde que el DDT se perfiló como elemento capaz de liquidar la malaria. Para asombro de todos lo que tal producto logró fue transformar a dichos especialistas en simples administradores de programas de rociamiento del insecticida y eliminarlos de esa manera, sin conseguirse lo mismo en muchas áreas con la dolencia que constituía sus afanes.

Por otro lado, con ese modelo que se solicitaba se hubiera logrado igualmente proporcionar a los investigadores de la Región Neotropical material abundante, idóneo y barato, que facilitara entre numerosos otros detalles perquirir moléculas antigénicas que sirvieran de guía para desarrollar métodos que fueran de utilidad para su aplicación en el campo de la malaria humana. No tuvimos éxito por algún tiempo en conseguir el propósito ambicionado. Nos consolábamos en conocer caminos ciegos que economizarían tiempo a otros investigadores.

Pero en todas nuestras actividades siempre he tenido presente que Napoleón había dicho: "La victoria está reservada para quien más resiste". Frase ésta que con frecuencia me hacía recordar, como antiguo alumno del gran parasitólogo francés Emile Brumpt un gran consejo que él me diera: "Buscando es que se encuentra", el cual me llevaba a esperar sin desesperación. Y así fue como un buen día Ulloa encontró en un *Icteridae* una hemamoeba que felizmente pudo inocularse con éxito a un patico. Este parásito fue fácilmente transmisible por un culícido y así se abrió la puerta que buscábamos y que esperábamos encontrar algún día.

Bibliografía:

Serrano, J. A. (1967). "Plasmodium, Plasmodium brasilianum Gonder y Barenberg Gossler, 1908 en Alonatta seniculus". *Acta Cient. Ven.*, **18** (1), 13.

Laveran, A. (1880). "Deuxième note relative à un nouveau parasite trouvé dans le sang des malades atteints de la fièvre palustre". *Bull. Acad. Med.* **44** (2ª ser., Vol. IX), 1346-1347.

Phelps, W. H. & De Schauensee, R. M. *Guía para las aves de Venezuela*. Princeton University Press, NJ. USA.

Gabaldón, A & Ulloa, G. (1979). "Ciconiformes de Venezuela: Clave para su identificación y otras consideraciones útiles en estudios de malaria aviaria". *Bol. Direc. Malariol. San. Amb.* **19** (3-4), 84-109.

Yépez Tamayo, G. "El orden Ciconiformes y sus representantes en Venezuela". Memor. Soc. Cienc. Natur. La Salle. **15** (40), 5-44.

Mayer, M. (1920). "Uber die Wanderung der Malaiasichelkeime in den Stechmücken und die Möglichkeit der Überwinterung in diesen". *Mediz. Klinik.* **16**, 1290-1291.

Mühlens, P. (1921)."Das Verhalten der Malaria Sporozoiten in der Anophelesmücke". Archiv. für Schiffs- und Tropen- Hygiene, 25 58-61, 192.

Gabaldón, A. & Ulloa, G. (1978). "A quick and easy method to determine the sporozoite index in mosquitoes". *Trans. Roy. Soc Trop Med Hyg.* **72** (3), 311-312.

PININOS DE LA EXPERIMENTACIÓN

Contra el propósito del presidente López Contreras de sacar el país del oscurantismo en el que estaba sumido en 1935, conspiraba la evidente carencia de cuadros profesionales y técnicos de Venezuela. El asunto fue enfrentado por Alberto Adriani (1898-1936; Agricultura), Arturo Uslar Pietri (1906-2001; Educación) y Enrique Tejera (Sanidad y Educación), quienes desde sus despachos ministeriales promovieron un agresivo programa de inmigración selectiva de profesionales europeos altamente calificados, que quedó oficializado con la Ley de Inmigración y Colonización de 1937. El objetivo del programa fue atender de manera profesional los principales atascos del quehacer nacional, como eran salud y agricultura. Adicionalmente, el programa se propuso fortalecer la educación superior, ya que los expertos a ser contratados debían ser consumados docentes y renombrados investigadores que serían insertados en las principales universidades nacionales. Venezuela pudo así traer —en condición de exiliados— a destacados expertos necesitados de abandonar sus países debido a conflictos bélicos como la Guerra Civil Española o la Segunda Guerra Mundial[62].

En el campo de la salud, los profesionales europeos ayudaron a darle un vuelco al lamentable panorama que el país exhibía. Ellos, junto a destacados docentes e investigadores criollos, proporcionaron razonables condiciones de salud a muchos venezolanos, propias de las de países desarrollados. Asimismo, cooperaron en la consolidación definitiva de la medicina científica como paradigma de la formación del profesional médico venezolano y propulsaron la investigación experimental en los recintos universitarios.

Juan José Martín Frechilla ha estudiado en profundidad el dispositivo venezolano de sanidad y la incorporación de los médicos exiliados de la Guerra Civil Española (Martín Frechilla, 2008). El primero en llegar a Venezuela fue José María Bengoa en 1937, quien, eventualmente, llegaría a ser el referente obligado en lo concerniente a los problemas de nutrición de nuestros pueblos. El segundo fue Santiago Ruesta Marco (1899-1960), responsable de Sanidad de la República Española y pionero de los programas públicos sanitarios de ese país.

La Universidad Central de Venezuela recibió a los médicos exiliados José Sánchez Covisa (venereología), Luis Bilbao (bacteriología) y José Ortega Durán (higiene materno-infantil), y al cirujano Manuel Corachán (1882-1942), creador del primer instituto de investigación dentro de una facultad de medicina en el país: el de Cirugía Experimental. Un par de años más tarde llegaría exilado a Caracas Augusto Pi y Suñer (1879-1965), desde 1916 Catedrático de Fisiología en la Facultad de Medicina de la Universidad de Barcelona, quien funda el Instituto de Medicina Experimental, dándole entidad al conocimiento y la investigación en ciencias fisiológicas. En ese mismo año llega al Instituto Nacional de Higiene el médico alemán Martin Mayer (1875-1951), del Instituto de Enfermedades Tropicales de Hamburgo, y junto a Félix Pifano (1912-2003) crean en 1947 el Instituto de Medicina Tropical de la UCV. En el año de 1949, José Antonio O'Daly (1908-1992) cofunda, junto con Rudolf Jaffé (1855-1975), el Instituto de Anatomía Patológica de la UCV.

Rudolf Jaffé[63] era un médico, exilado alemán, que llegó a Venezuela en 1936 y fue uno de los pioneros de la moderna anatomía patológica en el país, distinguiéndose por sus investigaciones sobre el mal de Chagas. Jaffé desarrolló un modelo experimental de infección por *T. cruzi* que lo llevó a postular el mal como una enfermedad de base inmunitaria al demostrar que la presencia del parásito en el organismo desencadena la producción de anticuerpos reactivos o dirigidos contra el tejido cardíaco. En sus propias palabras [p. 123]:

> Estos resultados se interpretan hipotéticamente de la siguiente manera: los anticuerpos que se forman por la inyección de extracto de corazón atacan las miofibrillas cardíacas, las cuales actúan como autoantígenos que a su vez

producirían autoanticuerpos, los cuales son demostrables con la reacción de precipitación en gel agar. Se discute la posible analogía con la evolución de miocarditis chagásica.

Aquí reproducimos un primer reporte[64] de esos experimentos que fue publicado en 1958 en la *Revista Latinoamericana de Anatomía Patológica* (Kozma, Jaffé y Jaffé, 1958).

—Artículo—

CARLOS KOZMA, RUDOLPH JAFFÉ Y WERNER JAFFÉ. "ESTUDIO DE AUTOANTICUERPOS EN MIOCARDITIS ALÉRGICA EXPERIMENTAL"

En trabajos anteriores, uno de nosotros y sus colaboradores describió lesiones miocárdicas producidas artificialmente por sensibilización de animales experimentales con extracto de corazón homólogo (Jaffé 1946, 1948, 1949) (Jaffé y Di Prisco 1950) (Jaffé 1954) (Jaffé y Gavaller 1954). Estas observaciones han sido reexaminadas y comprobadas por Muth (1953). Koeberle (1958) las pone en duda. Sin embargo, no aporta ningún dato experimental para apoyar su negativa. En los estudios anteriores, las conclusiones se basaron en los hallazgos histológicos. En el presente trabajo se ha investigado simultáneamente el aspecto serológico mediante electroforesis en papel y la reacción de precipitación en agar.

MATERIAL Y MÉTODO

Fueron utilizados 14 conejos sanos de 1.500 gramos aproximadamente, de los cuales 5 sirvieron de controles. A 4 conejos se les inyectó, por vía intravenosa, 10 ml. de extracto de corazón de conejo al 4% en solución salina fisiológica, en 3 días consecutivos; después de 4 semanas se repitieron 2 inyecciones de 10 ml. con solución al 1%. A los otros 5 conejos se les inyectó por vía intramuscular, región inguinal, extracto de corazón de conejo en la misma concentración, pero emulsionado en aceite de parafina con el detergente "Atlox". Se inyectaron 4 ml. de una sola vez, 2 en cada lado, semanalmente, durante 4 semanas. Los corazones de los animales sacrificados fueron examinados en cortes histológicos con los métodos de fijación y coloración corrientes: Formol, H & E, Masson, Weigert van Gieson. Los animales de control no recibieron inyecciones; se estudiaron exactamente igual como los otros, es decir, serológica e histológicamente.

Los antígenos[65] fueron preparados con control de esterilidad y con una concentración de 14 miligramos de nitrógeno por ciento. Las proteínas plasmáticas fueron determinadas por electroforesis en papel, según el método de Grassman Hanning (1951) y por reacción de difusión precipitación en placas de agaragar, usando como antígeno un extracto de corazón de conejo. Las determinaciones fueron hechas después de 4 semanas de la última inyección y se repitieron cada segunda semana. Cada animal se examinó así 4 veces; todos fueron sacrificados con aspiración en la vena oreja en la décima semana.

RESULTADOS

a) Serológicos: Los resultados de las curvas electroforéticas demostraron, en las primeras 2 determinaciones, en los 9 conejos, una hipoalbuminemia con aumento de las alfa y gammaglobulina. En los últimos 2 exámenes en los conejos inyectados con antígeno en solución fisiológica, se observó una ligera disminución de gammaglobulina, manteniéndose las otras fracciones como en las determinaciones anteriores.

Los 4 conejos inyectados con antígeno en emulsión de aceite de parafina, mostraron aumento acentuado de gammaglobulina. El quinto animal murió espontáneamente en la séptima semana. Tenía una tasa muy baja de gammaglobulina y muy alta de la fracción alfa 2.

La reacción de difusión precipitación en agar fue negativa en los 9 conejos en las dos primeras determinaciones. En la octava y décima semanas se encontró el suero de 4 de los 5 conejos inyectados con antígeno en emulsión de parafina con reacción de precipitación positiva. Los conejos inyectados con antígeno en solución fisiológica dieron reacciones negativas hasta el final de los experimentos.

b) Histológicos: Los corazones de todos los conejos en experimentación eran muy flácidos, la musculatura de color rosado pálido, turbia, como la carne cocida.

Histológicamente todos mostraron lesiones necrobióticas, hasta necrosis completa de muchas fibras musculares. Casi no había grasa, el núcleo celular había desaparecido, el protoplasma era turbio, granuloso y se observó destrucción de la fibra de grado y extensiones variables, a veces más focales en otros cortes más difusos, ocupando varios campos de vista de pequeño aumento. Las lesiones variaban solamente con respecto al grado; ellas toman mayor extensión e intensidad en los animales con reacciones inmunológicas positivas. Esta diferencia gradual es muy clara, siendo el proceso más difuso y más marcado en los conejos inmunológicamente positivos. En los otros había solamente lesiones sin destrucción intensa.

Ocasionalmente se vieron pequeños infiltrados por pequeñas células redondas, especialmente en los animales sin modificaciones serológicas. Estas infiltraciones son probablemente un proceso secundario a lesiones degenerativas, encontrándose escasamente cuando éstas son pronunciadas; más frecuentes en casos ligeros. Así es explicable que en los experimentos presentados, nunca vimos infiltraciones tan extensas como las descritas anteriormente, y además se encontraron más infiltraciones en los animales que tenían lesiones necrobióticas de menos intensidad.

Resumiendo, se puede decir que encontramos en todos los conejos tratados con extracto cardíaco homólogo, lesiones miocárdicas, y que su intensidad es paralela a las reacciones inmunológicas.

DISCUSIÓN

El estudio de la Gráfica N° 1, permite ciertas interpretaciones sobre el posible mecanismo de la producción de las lesiones histológicas. La inyección de extracto de corazón homólogo provocó un aumento de las gammaglobulinas que puede interpretarse como reacción alérgica. En el grupo de animales tratados con el extracto acuoso, esta reacción declinó después de la terminación de las inyecciones, lo que se manifestó en una reducción continua de la mencionada fracción globulínica a partir de la alta concentración inicial. Las lesiones cardíacas concomitantes eran moderadas. En los animales que se inyectaron con la emulsión de extracto de corazón en aceite de parafina, se observó un segundo aumento de la concentración de las gammaglobulinas en la sangre a partir de la sexta semana, después de la primera inyección sensibilizante, y continuó aumentando hasta el final del experimento. Conjuntamente con este fenómeno se obtuvieron precipitaciones usando suero y extracto de corazón de conejo. Sólo en estos animales se observaron las lesiones cardíacas más severas. Es de suponer que en el primer proceso de sensibilización se formen anticuerpos contra uno o varios de los compuestos del extracto de corazón sensibilizante. Ellos reaccionan con él o los antígenos; pero en los casos de los animales del segundo grupo experimental, probablemente por la acción del aceite de parafina como coadyuvante, se comportaron simultáneamente como endoantígenos y reaccionaron contra las células miocárdicas del propio animal, produciendo la liberación de protoplasma cardíaco.

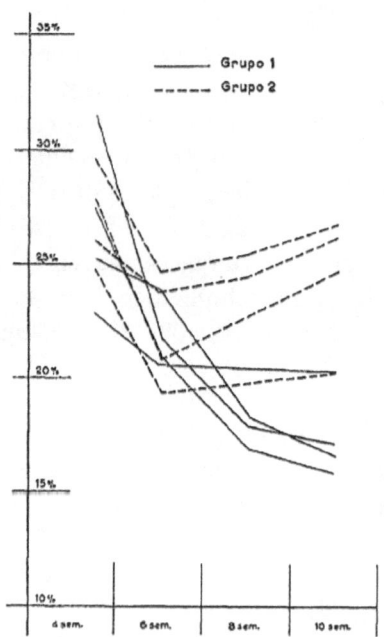

Gráfica N°1. Taza de gammaglobulina en grupos 1 y 2

TABLA 1

CONEJO	Antígeno de Corazón (en: y por vía:)	ELECTROFORESIS					DIFUSIÓN	RESULTADO HISTOLOGÍA	
		albumina	alfa1	alfa2	beta	gama	Precipit. GEL	PROC. REGRE	INFILTRADOS
CONTROL	-----------								
CO KO1	Solución Fisiológica: IV	49.03	4.63	9.16	15.11	22.07		+	
CO KO2	Solución Fisiológica: IV	53.52	9.39	4.56	12.23	20.3		+	+
CO KO3	Solución Fisiológica: IV	46.52	4.86	10.36	13.92	24.54		+	+
CO KO4	Solución Fisiológica: IV	47.72	6.48	12.22	12.35	21.25		+	+
D R1	Emulsión en parafina: IM	44.46	3.81	12.76	17.48	21.47	+ 1:8	++	+
D R2	Emulsión en parafina: IM	41.88	3.57	12.73	17.94	24.48	+ 1:8	++	+
D CO2	Emulsión en parafina: IM	39.88	7.87	10.28	14.94	27.03	+ 1:8	++	+
D CO3	Emulsión en parafina: IM	45.77	4.38	8.59	15.67	25.29		+	+
D CO1	Emulsión en parafina: IM	41.94	5.68	21.29	20.27	10.32	+ 1:8	++	+

Éste, a su vez, provoca una nueva reacción inmunológica que se manifiesta por el segundo ascenso en las gammaglobulinas y la aparición de la reacción de precipitación entre suero y extracto de corazón. Así, las lesiones destructivas se deberían a la formación de autoantígenos, cuya formación fue provocada por la aplicación de antígenos homólogos y la cual, a su vez, causó la aparición de autoanticuerpos (Voisin 1955).

En la evolución de la miocarditis chagásica se puede tratar de una serie de reacciones parecidas. En este caso, posiblemente la liberación de protoplasma cardíaco se debe a la rotura de fibras musculares en el miocardio provocada por los parásitos.

La repetición de este proceso puede provocar la sensibilización y el proceso desencadenante podría ser igual al que postulamos para explicar los resultados de este trabajo.

Este mecanismo parece análogo al descrito por Hamashima (1958) (no pudimos leer el trabajo original), quien demostró el carácter de autoantígeno de la mioglobulina con capacidad de producir miocarditis. Quedará por estudiar cuál de los componentes del extracto sensibilizante por nosotros usado es responsable por esta reacción.

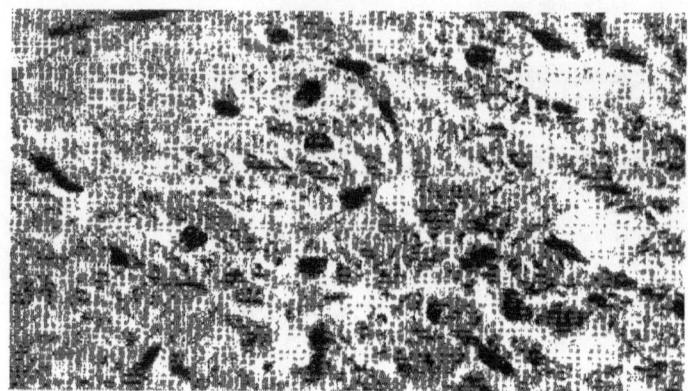

Fig.1. Corazón de conejo inyectado con extracto cardíaco homólogo. Infiltraciones de pequeñas células redondas. Hematoxilina/Eosina. 60x.

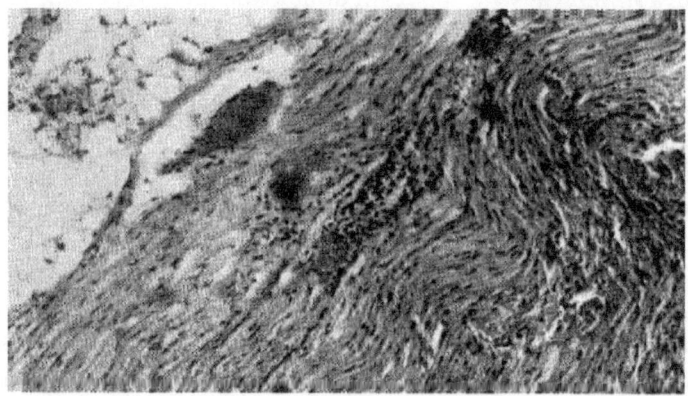

Fig.2. Corazón de conejo inyectado con extracto cardíaco homólogo. Necrobiosis (miolisis) de las fibras cardíacas. Hematoxilina/Eosina. 450x.

RESUMEN

Estos resultados se interpretan hipotéticamente de la siguiente manera: los anticuerpos que se forman por la inyección de extracto de corazón atacan las miofibrillas cardíacas, las cuales actúan como autoantígenos que a su vez producirían autoanticuerpos, los cuales son demostrables con la reacción de precipitación en gel agar. Se discute la posible analogía con la evolución de miocarditis chagásica.

REFERENCIAS

Grassman, W., Harming, R. y Knendel, M. (1951). *Deutsch. Med. Woch.* **76**, 333.

Hamshima, Y., Acid, Y. y Bang, H. (1958). *Sem. Méd.* **112**, 295.

Jaffé, R. (1946). *Rev. Sudameric. de Morfol.* **42**, 107.

Jaffé, R. (1948). *Exp Med Surg* **62**, 189.

Jaffé, R. (1949). *Frankf. Z. f. Path.* **60**, 309.

Jaffé, R. (1948). *Arch. Soc Argent. Anat Normal Patol.* **10**, 177.

Jaffé, R. y Di Prisco, J. (1950). *Acta Cient. Venez.* **1** (2), 120.

Jaffé, R., Gavaller, B. y Domínguez, A. (1954). *Arch Venez Patol Trop.* **2**, 183.

Jaffé, R. (1956). *Frankf. Z. f. Path.* **67**, 456.

Jaffé, R. (1956). *Frankf. Z. f. Path.* **67**, 456.

Koeberle, F. (1958). *O. Hospital.* **53**, 580.

Muth, S. (1953). *Frankf. Z. f. Path.* **64**, 235.

Voising, G. (1955). "Les Maladies avec autoanticorps". *Rapports XXX Congrés Français de Médecine Alger*, 225.

Mientras se puede argumentar que hacia finales del siglo XIX la investigación médica en Venezuela empezaba a echar raíces gracias a la adopción del positivismo como marco conceptual, no se puede decir lo mismo en lo que se refiere a los dominios de las ciencias naturales. Para comprender en toda su intensidad el atraso educativo y científico del país basta recordar las lapidarias palabras pronunciadas en 1904 por el Ministro de Instrucción Pública, el escritor Eduardo Blanco (1839-1912):

En Venezuela no existen desde hace más de sesenta años sino cuatro profesiones; no salimos de la aspiración de ser Abogados, Médicos, Ingenieros o Teólogos. Un país que posee tantas minas, no tiene una sola Escuela de Minería. Un país agrícola, apenas cuenta con una sola Escuela de Agricultura. Un país especialmente criador cuenta con una sola Escuela de Veterinaria de muy reciente creación. Un país cuyo comercio se extiende considerablemente y pesa tanto en sus destinos, no tiene un solo instituto docente en su ramo. En un país que produce todas las materias primas de que se vale la industria moderna, no hay un solo instituto destinado a formar hombres capaces de explorar tantos y tan ocultos tesoros para ensanchar la hacienda pública y privada. Un país que acopia tanta riqueza en sus ríos, en sus mares, en sus campos, en sus bosques, en sus cordilleras, está obligado a pedirlo todo al extranjero, por falta de aptitudes para poner al servicio de la industria y del comercio tantas tan abandonadas maravillas! En verdad... hasta ahora no se ha dado a la enseñanza entre nosotros un carácter verdaderamente empírico; y no parece sino que se tratara de educar niños para vivir más tarde en un país ideal, donde las exigencias ordinarias de la vida material fueran totalmente despreciables! (tomado de Weinberg, 1996. [pp. 406-407]).

A comienzos del siglo XX, la carencia de profesionales conocedores de las ciencias naturales —biología o química— llevó al gobierno nacional a recurrir a expertos extranjeros para conocer, entender y resolver el sinnúmero de asuntos relativos a esas disciplinas del saber que surgían continuamente en el país. Uno de esos expertos fue Henry Pittier (1857-1950), naturalista suizo quien, después de una muy exitosa carrera en Costa Rica como ingeniero, geógrafo, pero sobre todo botánico, se radica entre nosotros a los 62 años de edad. Desde el año 1919, Pittier se dedica a crear o dirigir instituciones fundamentales de un Estado, como son sus Parques Nacionales, el Herbario Nacional —hoy Instituto Botánico—, el Observatorio Cajigal y el Servicio Botánico del Ministerio de Agricultura y Cría. Su fecunda actividad científica quedó plasmada en los 290 trabajos que publicó en variados campos y revistas, así como en la formación de botánicos venezolanos, entre los cuales se destaca Tobías Lasser (1911-2006), promotor de la creación de la Escuela de Biología de la UCV.

Los orígenes de la investigación en agrícola y pecuaria en el país se remontan a los años comprendidos entre 1924 y 1940, cuando se crea en Caracas la Estación Experimental de Cotiza, diversos laboratorios agrícolas, químicos, y el Instituto de Investigaciones Veterinarias. Otro paso importante para el establecimiento de los estudios académicos relacionados con la biología fue la fundación de la Escuela Superior de Agronomía y Zootecnia, decretada en 1937 por el presidente Eleazar López Contreras, la cual se convirtió en Facultad de Ingeniería Agronómica en 1945, y entró a formar parte del sistema académico de la Universidad Central en 1946. En el desarrollo del experimentalismo en las agrociencias colaboraron muchos científicos venidos del exterior (véase Texera Arnal, 2014).

La diversidad de condiciones agroecológicas que presenta la geografía venezolana mueve a las autoridades a crear, entre 1950 y 1960, un conjunto de estaciones experimentales y a establecer la División de Investigación Agrícola, dentro del Ministerio de Agricultura y Cría, la cual, en el año 1961, fue transformada en su Dirección de Investigación al crearse el Fondo Nacional de Investigaciones Agrícolas y Pecuarias (FONAIAP). Éste absorbió a la División de Investigación Agrícola en el año de 1975. Eventualmente, el FONAIAP se transformó en el Instituto Nacional de Investigaciones Agrícolas (INIA), donde se consolidó toda la capacidad investigativa en las áreas de agronomía y veterinaria del

Estado venezolano, que ofrecía, además, asistencia técnica y servicios a los agricultores. Los estudios agronómicos fueron la otra vertiente para el desarrollo de la biología en Venezuela.

Lo descrito constituía el panorama sobre el que tenían que desenvolverse quienes, hacia la mitad del siglo XX, deseaban hacer investigación científica y técnica en el país. Empero, para que ellos pudieran ser efectivos en su accionar, se hacía imprescindible que los procesos de profesionalización y de institucionalización de la actividad se hicieran realidad. Los dos procesos están íntimamente imbricados; la profesionalización requiere que las personas adquieran una formación que les permita ejercer su profesión con propiedad, mientras que para investigar se necesitaba de instituciones sólidas, estables y con condiciones idóneas para que esos profesionales bien formados pudieran crear conocimiento.

Entre nosotros, la profesionalización de la investigación científica y técnica se inició con la creación de las Facultades de Ciencias en las universidades, empezando por la de la Central de Venezuela, bajo la rectoría de Francisco De Venanzi[66] (1917-1987); así como de centros de estudios avanzados en institutos de investigación especializados del sector público o de instancias similares dependientes de las universidades nacionales. Especial mención dentro de ese proceso de profesionalización tiene la creación del Instituto Venezolano de Neurología e Investigaciones Cerebrales (IVNIC) por Humberto Fernández-Morán[67] (1924-1999) y su reconversión, bajo la batuta de Marcel Roche, para florecer como el Instituto Venezolano de Investigaciones Científicas (IVIC). En ese recinto se consagró la experimentación como herramienta fundamental de la investigación científica en el país. En cuanto a la institucionalización, ésta se dio luego de comenzar la profesionalización, mediante la creación por ley, en el año 1967, de una instancia oficial para el fomento, financiación y regulación de la actividad de ciencia y tecnología en el país: el Consejo Nacional de Investigaciones Científicas y Tecnológicas, conocido como CONICIT.

ALTOS DE PIPE: CRISOL DE UN *ETHOS*

Fueron los grandes éxitos logrados por la investigación científica y tecnológica, durante e inmediatamente después de la Segunda Guerra Mundial, los que llevaron a las naciones, en la segunda mitad del siglo XX, a adoptar la ciencia y la tecnología como palancas del desarrollo. Las sociedades comenzaron a creer que esas actividades estaban conectadas y representaban la esperada panacea que propulsaría la producción de riqueza y la vía más expedita hacia un futuro idílico. En ese contexto—donde impera la creencia en que la ciencia y la tecnología traerían bienestar— irrumpe un joven médico maracucho, Humberto Fernández-Morán.

Fernández-Morán fue parte y arte de esa revolución científica que vivió el mundo durante la segunda mitad del siglo XX y fue uno de esos investigadores de dimensiones universales que estaban convencidos de que la capacidad creadora y la inventiva de su generación podrían descifrar los grandes misterios de la naturaleza. Él, como ningún otro, trató de vender a los venezolanos las bondades de la actividad científica y tecnológica; propició las maravillas de sus logros y luchó porque adoptáramos su método de trabajo. Hasta el día de su muerte, y aún alejado de su patria, a pesar de los infortunios y reveses, él nunca descansó en su empeño de impulsar la ciencia y la técnica como elementos transformadores de la sociedad venezolana (Requena, 2011c).

En 1950, Fernández-Morán, desde el Instituto Karolinska y mediante un escrito dirigido a sus pares académicos venezolanos, propone que el Poder Ejecutivo construya en el país un instituto de investigación científica, de dimensiones o alcances que iban mucho más allá de lo que el país tenía o estaba pensando en tener. El artículo, titulado "Ideas generales sobre la fundación de un Instituto Venezolano para Investigaciones del Cerebro", apareció publicado en el tercer número de la recién fundada *Acta Científica Venezolana* y se reproduce íntegramente a continuación (Fernández-Morán, 1950).

—Artículo—

HUMBERTO FERNÁNDEZ-MORÁN. "IDEAS GENERALES SOBRE LA FUNDACIÓN DE UN INSTITUTO VENEZOLANO PARA INVESTIGACIONES DEL CEREBRO"

CONSIDERACIONES GENERALES

El conocimiento del cerebro y de sus funciones es el problema clave de nuestra civilización. La evolución del pensamiento y de la cultura humana puede considerarse como proyección perpetuada de ciertas funciones del cerebro, aunque el proceso creador haya sido obra de pocos ejemplares. Esta relación es poco manifiesta en cuanto no parece necesario conocer el mecanismo cerebral para cumplir el desarrollo normal de la evolución, pues hasta ahora el cerebro ha desempeñado su función directriz sin verse recargado. Sólo cuando la complejidad del mundo conjurado por el cerebro escapa a su influencia y amenaza destruir al hombre mismo, se plantea el problema inexorable de conocer a fondo las funciones de este órgano. Ante todo para determinar sus limitaciones naturales y superarlas si fuera necesario, a fin de restablecer el dominio sobre el mundo exterior de su creación.

A esta misión trascendental que tiene el estudio del cerebro en la crisis actual de nuestra civilización se suma la importancia fundamental que cobra la investigación del sistema nervioso en la Medicina. *Todo esfuerzo invertido en la investigación del cerebro es contribución directa a la resolución del grave problema de las enfermedades mentales y del sistema nervioso.* La magnitud de este problema en nuestro medio es bien conocida y puede apreciarse también en las estadísticas de países similares al nuestro: en Suecia se registran más de 20.000 casos de Esquizofrenia, sin contar el número considerable de otros tipos de enfermos mentales. Los Estados Unidos al igual que Suecia y demás países europeos reconocen que la única forma de abordar sistemáticamente el problema de las enfermedades mentales es mediante el estudio organizado del cerebro y del sistema nervioso central. Estas investigaciones abarcan sus múltiples aspectos Psiquiátricos, Neurológicos, Neurocitológicos, Neurofisiológicos, Psicoquirúrgicos, Bioquímicos, etc., imponiéndose la necesidad de coordinar todos estos esfuerzos en un Instituto Central como el vasto Instituto de Neurosiquiatría, proyectado en Bethesda por el Gobierno norteamericano. Un país como Suecia invierte anualmente varios millones de coronas en las investigaciones neurológicas y neuropsiquiátricas; los Estados Unidos cantidades proporcionalmente mayores. Las razones expuestas bastarían para justificar la creación de un Instituto para Investigaciones del Cerebro en Venezuela, pero las circunstancias actuales proporcionan además otros argumentos decisivos:

1) Los estudios fundamentales sobre la estructura del cerebro han llegado a cierto límite impuesto esencialmente por el poder de resolución del microscopio óptico. El descubrimiento del microscopio electrónico con su capacidad superior de amplificación que nos permite ver directamente estructuras de dimensiones moleculares; y el perfeccionamiento de las técnicas preparativas correspondientes, han iniciado una nueva etapa de estos estudios: *el análisis de la estructura submicroscópica del cerebro y del sistema nervioso con el microscopio electrónico*. Aunque ya existen los recursos para un estudio de esta naturaleza, no se ha procedido todavía a la organización de un equipo que aplique estos métodos en las investigaciones neurológicas. *Aquí tiene Venezuela la posibilidad de realizar una tarea precursora fundamental*, penetrando en un campo virgen y tomando una iniciativa singular.

2) En los últimos decenios se ha creado una disciplina que abarca todos los procesos de las comunicaciones, el control y el dominio integrado en las máquinas y en los sistemas biológicos buscando sus elementos comunes. Esta disciplina lleva el nombre: "Cibernética"

(Wiener, Rosenblueth) y está destinada a jugar un papel comparable al de la energía atómica, pues suministra la base para la creación de las máquinas calculadoras gigantes, y de la legión de aparatos que remplazan al hombre y lo superan en la ejecución de tareas sobrehumanas. Cada una de estas máquinas de computación realiza en un tiempo determinado ciertas funciones equivalentes al esfuerzo de varios miles de cerebros humanos. Son apenas prototipo, las máquinas del futuro que traducirán millones de operaciones abstractas en acciones correspondientes de complejidad inconcebible, como sería por ejemplo el control automático de todo el sistema de comunicaciones de un país o el manejo diferenciado de su industria. Pese a su superioridad unilateral estas máquinas apenas deben considerarse como modelos primitivos del cerebro, faltándoles la intuición, la capacidad de mutación creadora y la autonomía característica de este órgano. Se vislumbra sin embargo la posibilidad de asociar en forma complementaria los dos sistemas, llegando a una nueva entidad incomparablemente superior. *Condición previa es el conocimiento exacto de los elementos equivalentes en el sistema nervioso a los receptores, dispositivos efectores y de registro en las máquinas de calcular.* Todo indica que los componentes de estos "elementos equivalentes" nerviosos tienen dimensiones submicroscópicas, quizás macromoleculares, colocándolos al alcance del microscopio electrónico. Esta investigación ardua y larga sólo puede realizarse en un Instituto del tipo proyectado; pero tarde o temprano se incorporará al esfuerzo extraordinario de los norteamericanos en el campo de la Cibernética y de las máquinas de computación. *Sería imposible predecir en toda su magnitud lo que este enlace de dos disciplinas complementarias representará para nuestra civilización en el futuro.*

    3) *En su carácter de Centro de Investigación el Instituto puede servir como prototipo de la investigación científica organizada en nuestro medio.* Tendría la posibilidad de entrenar jóvenes científicos venezolanos y sudamericanos en las nuevas disciplinas de su especialidad. También establecería relaciones internacionales mediante su colaboración con institutos similares en otros países. El valor de estos Núcleos precursores puede apreciarse bien en el ejemplo del *Instituto Nacional de Cardiología de México* (Chávez) cuya Sección de Fisiología bajo la dirección del *Dr. A. Rosenblueth* ha jugado un papel tan importante en el desarrollo de la

Cibernética. *No es prematuro el intento de fundar un Instituto semejante en Venezuela*. Más bien debe considerarse muy oportuno el momento, pues la posibilidad de una tercera guerra global o la mera movilización preliminar de la industria norteamericana compromete seriamente la adquisición del equipo necesario. Además, la constelación actual tan favorable que permite aportar contribuciones originales desde un principio, probablemente no se repetirá hasta el descubrimiento de un nuevo instrumento que supere al microscopio electrónico en la misma medida que éste al microscopio óptico.

Por último cabe insistir sobre *el carácter cumulativo que tiene la colección de un material bien estudiado para las investigaciones del cerebro* (Vogt). Puede establecerse la analogía con un Observatorio Astronómico, pues en la Citoarquitectónica cerebral también se trata de registrar la posición y constitución de elementos complejos que se cuentan por millones. Esta "Astronomía cerebral" también representa la compilación laboriosa de incontables observaciones aisladas para preservar el conocimiento de procesos que sólo tienen significado de conjunto, vistos a través de varias generaciones.

PROYECTO PARA LA CREACIÓN DEL NÚCLEO PRECURSOR DEL INSTITUTO

Tratándose de un proyecto tan vasto que habrá de desarrollarse progresivamente, sólo puede aspirarse por ahora a la creación de un núcleo que servirá de base para las actividades futuras del Instituto para Investigaciones del Cerebro.

Este Núcleo estará formado por las dos Secciones siguientes:

I) *Sección para el Estudio de la Ultra estructura del Tejido Nervioso con el microscopio electrónico y métodos auxiliares.*

II) *Sección para Investigaciones Neurofisiológicas, especialmente estudios Electrofisiológicos practicados sobre elementos aislados del sistema nervioso.*

A estos dos Departamentos básicos se anexarán más tarde dos Secciones de carácter experimental, pero con proyecciones prácticas bien definidas:

III) *Departamento de Psicocirugía Experimental, para estudiar el tratamiento quirúrgico de las enfermedades mentales con nuevas técnicas perfeccionadas* (ondas ultrasónicas, etc.).

IV) *Departamento de Electro-encefalografía Experimental para estudiar las bases fisiológicas y físicas del electroencefalograma normal y patológico.*

Una vez consolidado el Núcleo del Instituto y demostrada su utilidad, puede contemplarse la creación de otras Secciones importantes como: (a) *Departamento para Investigaciones Bioquímicas del sistema nervioso.* (b) *Sección de Cibernética* dedicada al análisis de las relaciones que existen entre los elementos nerviosos y el mecanismo de las máquinas de computación automáticas. Desde un principio debe establecerse el carácter especial del Instituto como Centro de Investigación con un grado de autonomía razonable que garantice su funcionamiento y una continuidad de su labor, independiente de influencias perturbadoras.

La incorporación del Instituto al Proyecto de la Ciudad Universitaria representa posiblemente una solución satisfactoria de esta cuestión, y facilita al mismo tiempo la colaboración con otros Institutos universitarios.

Aunque el Gobierno Nacional costearía los gastos de la fundación y manutención del Instituto, puede solicitarse más tarde el aporte de donaciones privadas para sufragar los trabajos de ampliación.

Delineada a grandes rasgos la realización práctica del proyecto, se dará a continuación una descripción breve de las dos Secciones principales.

I. *Sección para el Estudio de la Ultraestructura del Tejido Nervioso con el Microscopio Electrónico.*

El microscopio electrónico permite ver directamente estructuras del orden de dos millonésimas de milímetro, superando al microscopio corriente por un factor de 100, pues alcanza aumentos de 100.000 a 2.110.000 veces. Es el instrumento ideal para el análisis morfológico de la organización submicroscópica de los tejidos, revelando estructuras nuevas de dimensiones macromoleculares. Su utilidad es especialmente evidente en el estudio del tejido nervioso, cuyos elementos tienen una estructura compleja y desconocida, pues el microscopio óptico no la ha podido revelar. Para el examen de los objetos con el microscopio electrónico se requieren técnicas de preparación especiales (como de unas diez milésimas de milímetro de espesor; evaporación de capas metálicas sobre los objetos, etc.), que se han perfeccionado últimamente. Los procedimientos para obtener cortes muy finos de tejidos impregnados (Peace, Baker, Newman) y el nuevo método para producir cortes de congelación introducido por el suscrito, permiten estudiar sistemáticamente todo el tejido nervioso. Ha sido posible, por ejemplo, practicar un análisis de la ultraestructura de la fibra nerviosa con el microscopio electrónico (Fernández-Morán, (1950). *J. Exp. Cell Research*. **1**, 309-340), y descubrir varios elementos submicroscópicos nuevos que confirman la estructura paracristalina de la mielina, e introducen interesantes conceptos en la interpretación de sus funciones. *Este trabajo representa apenas el primer paso en territorio inexplorado*, cuyo estudio abarca el siguiente programa: 1) Análisis submicroscópico de las neuronas del cerebro y de la médula, especialmente de los bulbos terminales y demás elementos sinápticos. 2) Investigación de las terminaciones auditivas, visuales, olfativas, gustativas, etc. 3) Estudio detallado del desarrollo embrionario del sistema nervioso con el microscopio electrónico, especialmente el proceso de mielinización, como posible clave del substrato de la diferenciación funcional. Se trata, en síntesis, de repetir los trabajos fundamentales de Ramón y Cajal sobre la estructura del sistema nervioso, en la nueva escala submicroscópica accesible al microscopio electrónico.

II. *Sección para Investigaciones Neurofisiológicas*.

Este departamento se ocupará de estudios electrofisiológicos practicados con microelectrodos sobre fibras nerviosas aisladas, células ganglionares, terminaciones nerviosas y demás elementos del sistema nervioso. Estas disciplinas, iniciadas por los investigadores japoneses (Kato, Tasaki) y finlandeses (Wilska, Svaetichin, Granit) ya han aportado contribuciones importantes al conocimiento de los procesos de conducción nerviosa. Cobran especial interés al existir la posibilidad de relacionar las estructuras submicroscópicas de un elemento nervioso con sus fenómenos electrofisiológicos característicos.

Combinando estos estudios con la aplicación analítica de ciertos agentes físicos (como el ultrasonido, por ejemplo) y químicos (especialmente los estudios con isótopos radioactivos) puede quizás lograrse deslindar los procesos básicos de la conducción nerviosa y determinar sus vehículos submicroscópicos.

La naturaleza de la investigación científica, bien sea con un interés puntual —social o económico: investigación orientada o aplicada—, o bien, en contraste con aquélla, de interés personal —curiosidad: investigación básica o fundamental—, así como sus fuentes de financiamiento, pasaron a formar parte de los debates durante las reuniones preparatorias para el lanzamiento de la AsoVAC en la Caracas de los años cincuenta. Francisco De Venanzi, junto a algunos colegas, pensaba que, por tratarse de fondos públicos, el tema tenía que centrarse sobre conceptos de pertinencia y calidad, atributos que sólo podría certificar un organismo público de jerarquía y expertica desde el punto de vista técnico (Di Prisco, 1992).

En AsoVAC estaban empezando a pensar en el diseño de una estructura organizativa para el eventual sector ciencia y tecnología nacional, en la que las instancias de investigación y desarrollo estuviesen circunscritas al ámbito universitario. Como modelo proponían un modestísimo Instituto de Química (Muskus, 1950), incomparable en su proyección o dimensiones al que Fernández-Morán ambicionaba.

La discrepancia entre Fernández-Morán y la dirigencia de AsoVAC era obvia, por lo que su propuesta no tuvo buena acogida en esa asociación gremial. La reacción de ellos no se hizo esperar, y fue expresada mediante un Editorial[68], en el número siguiente de *Acta Científica Venezolana*, que recogía la posición de la directiva de esa asociación y que, muy probablemente, fue redactado por De Venanzi:

> En el número anterior de *Acta Científica Venezolana*, el Dr. Fernández-Morán, distinguido científico joven venezolano, hizo público un proyecto de organización de un Instituto de Investigaciones sobre el Cerebro, presentado en fecha reciente al Gobierno Nacional. El Dr. Fernández-Morán ha venido trabajando por años en famosos institutos de investigación de Suecia, especialmente sobre microscopia electrónica del tejido nervioso. El plan de organización expuesto corresponde a lo que podría ser en países avanzados un instituto de investigación serio, con la dotación adecuada, las posibilidades presupuestarias necesarias para disponer del personal especializado

requerido, sobre todo con una orientación muy bien dirigida hacia los propósitos perseguidos.

La importancia de investigaciones sobre el cerebro es obvia. La incidencia de enfermedades nerviosas y especialmente mentales en las sociedades modernas es elevada, y los conocimientos del sustrato material y de la naturaleza funcional de muchas de ellas son muy rudimentarios. De manera que un aporte como el que podría lograrse con un instituto del tipo en referencia, sería necesariamente de gran trascendencia tanto local como universal. Los nuevos métodos de exploración, microscopio electrónico y los procedimientos fisiológicos basados fundamentalmente en las corrientes de acción, suministrarían nuevos datos del mayor interés.

Las opiniones expresadas alrededor de la idea de establecer el Instituto de Investigaciones sobre el Cerebro muestran que existe en general el temor de que una organización de ese tipo funcione con dificultad en un medio en el cual no existan concomitantemente otros institutos que puedan suministrar la colaboración necesaria para la realización de esos estudios tan especializados, no encajando con facilidad en el mosaico bastante primitivo de nuestro desarrollo científico actual. Por otra parte, también en contra, existe el criterio de que en relación con las investigaciones de tipo universal, debemos permanecer inertes esperando la orientación que llegue de los países que se toman el trabajo de realizarlas, aprovechando una experiencia que se considera más segura y mucho menos costosa. Otro argumento en contra sería el hecho de que la creación de un instituto tan importante y que produce gastos muy elevados, alrededor de una sola persona, representa un riesgo de magnitud, ya que la separación voluntaria o involuntaria de dicha persona de la dirección del mismo, probablemente significa la detención de sus actividades y por tanto la pérdida material y moral correspondiente.

El primer argumento es sólido ya que es indudable que el medio no sería el más propicio para el funcionamiento del

Instituto de Investigaciones sobre el Cerebro. Faltan entre nosotros organizaciones fundamentales, especialmente de física y de química que retardan el desarrollo científico por no poder encontrarse la cooperación adecuada. Además, apenas comienza a crearse un clima científico, es decir la percepción en el ambiente de la existencia de grupos de investigadores trabajando en diferentes campos, pero con los mismos ideales de progreso y con métodos que aun siendo formalmente distintos tienen una base común. Esto, sin embargo, no permite rechazar la idea del instituto en referencia, por el contrario, su existencia pondrá más en relieve la necesidad de la creación de esos organismos básicos y se acelerarán así las gestiones necesarias para su funcionamiento. En ocasiones anteriores, miembros de la AsoVAC, y la misma Junta Directiva en estos editoriales, han señalado la importancia de la fundación de un Instituto de Química. Por otra parte, estas organizaciones no son absolutamente indispensables. Quizás el trabajo rinda menos o su calidad no sea la óptima, pero puede todavía desempeñar un papel trascendental en la realización del objetivo propuesto.

El punto relativo a las ventajas de recibir ya los conocimientos elaborados en virtud del trabajo de científicos de otros países más desarrollados, plantea una situación inaceptable. Existen países menores que el nuestro y con escasas posibilidades materiales que desempeñan un papel importante como integrantes de un mundo civilizado. No podemos por principio considerar nuestras facultades inferiores, y es por tanto necesario que se dejen sentir en el ambiente mundial, voces de orientación que partan con modestia, pero con seguridad de nuestro conglomerado. Podemos repetir lo que una vez requirió Marañón de los españoles "Ya es hora de incorporarnos a la curiosidad universal".

El último argumento parece de gran trascendencia. La posibilidad de un retiro voluntario o involuntario de la persona alrededor de la cual se constituya el instituto, traería graves consecuencias al funcionamiento del mismo, y probablemente su anulación completa, lo cual, además de la pérdida material, sentaría un grave precedente para el posible desarrollo de organizaciones de investigación en el futuro. Por eso quizás, convendría más comenzar modestamente con un centro de estudios que podría funcionar en alguno de los institutos universitarios o sanitarios ya existentes, hasta que se creara un núcleo que asegurara su supervivencia y mostrara su rendimiento, pudiendo luego alcanzar mayor categoría, ensanchamiento de su campo de acción y edificio propio.

Estamos tan necesitados de valores científicos, que por ningún motivo debería negarse una oportunidad a individuos que se han formado para la tarea que desean realizar y que han probado su competencia en medios densamente cultivados. Es necesario además, que abandonemos ese complejo de inferioridad que aflora frecuentemente entre nosotros ante planes de trabajo de amplio alcance y dificultosa realización. Es preciso que trabajemos con mayor visión de grandeza, de esa grandeza que reclama una nación todas posibilidades, todos caminos. Por todas estas razones consideramos que debe intentarse la creación de un centro que podría luego convertirse en el Instituto de Investigaciones sobre el Cerebro (1950).

A pesar de la resistencia entre sus colegas de AsoVAC, el proyecto de Fernández-Morán se hizo realidad al contar con el visto bueno de altos funcionarios del régimen del general Marcos Pérez Jiménez. Es así que en el año 1955 entra en operación el Instituto Venezolano de Neurología e Investigaciones Cerebrales bajo la dirección de Fernández-Morán. A partir de ese momento, la ciencia en Venezuela empezó a dejar de ser un asunto de un reducido grupo de selectos profesionales que podían, en su tiempo libre, dedicarse a dar rienda suelta a su imaginación utilizando equipos y mesones de los laboratorios de docencia universitaria, para comenzar a ser la actividad de expertos dedicados las 24 horas del día a escudriñar metódicamente los secretos de la naturaleza y del hombre con las más apropiadas herramientas, haciendo de ello su razón de vida.

El IVNIC rápidamente se convirtió en un centro de investigación de alto nivel, muy al estilo americano, donde, en un ambiente multidisciplinario, se podían llevar a cabo proyectos de investigación en las fronteras del conocimiento de las neurociencias, en laboratorios equipados con aparatos de última tecnología. La originalidad y novedad de las investigaciones de Fernández-Morán hizo del IVNIC una escala obligada para los mejores científicos de la época.

La trascendencia de la propuesta de Fernández-Morán surge de la importancia que el IVNIC —y su sucesor, el IVIC— ha tenido en nuestro medio (Requena, 2003a). Si bien debería bastar con referirse a su logro, por haber transformado la manera como se hace investigación en el país o por su éxito como institución académica, nada más elocuente que el análisis de algunas cifras presupuestarias en el momento de su creación. Durante el año académico 1953/1954, el presupuesto de la UCV era del orden de 4 millones de dólares, de los cuales, la Facultad de Medicina recibía cerca de un millón de dólares. Dos de los institutos de investigación de esa Facultad contaban con presupuestos operacionales del orden de los US $83.600 y $23.000 (Secretaría UCV, 1985). Estas magnitudes deben ser contrastadas con el estimado para la construcción y arranque del IVNIC: entre 30 y 50 millones de dólares. En la práctica, la construcción de su etapa inicial, durante el año 1955, utilizó un 10% del gran estimado, mientras que los presupuestos anuales de funcionamiento del IVNIC fueron del orden de los 2 a 3 millones de dólares. La magnitud de los recursos asignados al IVNIC representó en ese entonces un 0,06% del PNB. Estas cifras revelan el salto cuántico que se llevó a cabo en ciencia y tecnología en el país con la fundación del IVNIC.

No obstante, con el alzamiento cívico militar del 21 de enero de 1958, todos los planes de Fernández-Morán se vinieron abajo. Él había aceptado el Ministerio de Educación apenas una semana antes, el 13 de enero de 1958, en medio del descontento estudiantil y en los albores de la revuelta popular. Derrocado el dictador Marcos Pérez Jiménez, el 23 de enero, y descabezada la presidencia, Fernández-Morán entregó el gobierno a los nuevos líderes de la era democrática, ya que fue uno de los pocos ministros que se quedó en el país; los demás se fueron al extranjero. Sólo su inmenso prestigio y su ingenuidad ante el proceso político le permitieron permanecer, por unos meses, en un país dominado por el sentimiento antiperezjimenista.

Durante esos meses que siguieron al derrocamiento de la dictadura, Fernández-Morán trató de reordenar su vida como científico, investigando desde sus laboratorios en el IVNIC, pero los acontecimientos lo sobrepasaron y no le quedó otro camino que el exilio. Ante una campaña de desprestigio caracterizada por acomodarle el mote de "Brujo de Pipe", tuvo que emigrar a los Estados Unidos a mediados del año 1958, convirtiéndose así en el primer cerebro fugado del país. Alrededor de la figura de Fernández-Morán se han tejido multitud de fábulas, las cuales, por fortuna, han sido felizmente dimensionadas por el doctor Carlos Rivas Coll en su biografía sobre este investigador (Rivas Coll, 2005). Los aspectos técnicos de sus hallazgos, descubrimientos y desarrollos tecnológicos han sido muy bien analizados por Esparza y Padrón (2018).

En la Constitución del año 1947, Venezuela había adoptado la igualdad y la libertad como grandes paradigmas republicanos, y como forma de gobierno del país, la democracia representativa. Esas profundas transformaciones que el país vivió a partir de 1936, impulsadas por la búsqueda de la modernidad, fueron de tal intensidad, y sus resultados de tanta trascendencia, que el país pudo soportar el trauma que representó la pérdida de libertades y representatividad vivida durante la década de la dictadura perezjimenista. Y es por ello que el 23 de enero de 1958 Venezuela estaba en condiciones de retomar la senda democrática. El mantra oficial prometía que, con disciplina, trabajo y paz, se podría llegar a consolidar una sociedad justa e igualitaria conformada por un pueblo sano, educado y solidario, productor de riquezas e integrante del concierto de naciones.

El derrocamiento del dictador Marcos Pérez Jiménez produjo cambios radicales en el país, especialmente sobre una ciencia y técnica que, a pesar de ser una actividad totalmente marginal en la sociedad venezolana, en los últimos años de la dictadura había logrado impactar el imaginario popular —adquiriendo dimensiones cuasi míticas— gracias al trabajo investigativo de Humberto Fernández-Morán (Requena, 2011c). Para los nuevos gobernantes del país, la educación, junto a la ciencia y la tecnología, eran dos de los pilares sobre los cuales debía construirse una sociedad más justa, igualitaria y libre. Sin embargo, ciencia y tecnología era también el estandarte de Humberto Fernández-Morán, alguien identificado como uno de los hombres del dictador y director-fundador del IVNIC.

A partir del derrocamiento de la dictadura del general Marcos Pérez Jiménez, se pone en práctica en Venezuela un modelo político democrático liberal fundamentado en los partidos políticos como instrumento principal de la participación ciudadana en los asuntos públicos (Rey, 1989). El paradigma de la nueva élite gobernante era lograr la democratización de los recursos de la sociedad y la modernización del país, todo ello en medio de un ambiente de libertades públicas (Martz y Myers, 1977). Con la puesta en marcha del nuevo modelo sociopolítico definido por la Constitución de 1961, se comenzaron a impulsar reformas estructurales en lo político y lo económico que, junto a nuevas iniciativas de corte social, deberían propulsar un desarrollo armónico de la nación.

De especial atención fue el sistema educativo, cuya reforma pasaba por su expansión tanto geográfica como académicamente, hasta alcanzar cobertura nacional a todos los niveles de enseñanza (Fernández Heres, 1983; Díaz Seijas, 1989). Lo más apremiante para las nuevas élites administrativas era promover el acceso de la población a la educación superior (Albornoz, 1989) y es que se tornó imperativo satisfacer la gran demanda de recursos humanos calificados que la modernización del país pasó a exigir.

En el caso de la ciencia y la tecnología —auténticas vitrinas de la modernidad— se requería de la profesionalización e institucionalización de la actividad investigativa. La organización inicial del aparato de ciencia y tecnología venezolano estuvo supeditada a muchos factores; sin embargo, al menos uno de ellos se mantuvo fuera del control de la nueva élite político-académica emergente. Se trataba del paradigma desarrollista, abanderado durante la década de los años sesenta[69] por las agencias PNUD y CEPAL del sistema de Naciones Unidas. Éste sirvió de guía en la planificación de Venezuela —como lo fue para la gran mayoría de los países en la región—, cuyas políticas públicas estuvieron ajustadas a ese esquema de desarrollo. De acuerdo con los lineamientos del modelo desarrollista, la ciencia y la técnica son instrumentos de cambio social, y estarían conectadas de una manera secuencial, casi lineal (Mari, 1982). En él se le otorga al conocimiento científico un valor universal y se reconocen explícitamente sus bondades, en especial, las que ofrece en pro del bienestar y como factor propulsor de la tecnología.

Durante la década de los años sesenta y subsiguientes del siglo XX, mientras que Venezuela abrazaba el paradigma de la CEPAL —con las variantes criollas de propiedad estatal de las industrias básicas, proteccionismo a las industrias intermedias y un programa selectivo de sustitución de importaciones— se empezaron a crear en el país un número considerable de instituciones dedicadas a las actividades de investigación científica y tecnológica en sectores considerados prioritarios. Tal es el caso de la reformulación del IVIC en ciencias básicas, FONAIAP/INIA en el agro, CIEPE en exportación de alimentos e IDEA o FII en cooperación internacional e ingeniería, respectivamente. Dentro de las empresas del Estado también fueron creadas unidades de investigación como en petróleo (PDVSA/INTEVEP), en metalurgia (SIDORCVG) o en telecomunicaciones (CANTV). Dentro de la actividad productiva de bienes, el sector público venezolano tomó el control de las industrias básicas —petróleo, hierro y aluminio— confinando al sector privado al comercio y a las industrias intermedias (incluyendo la construcción). El resultado fue que las actividades de investigación y desarrollo quedaron casi exclusivamente en manos del sector público, mientras que el sector privado no se interesó en averiguar sus posibles bondades.

El modelo organizacional para el incipiente aparato científico tecnológico venezolano quedó consolidado con el CONICIT (Roche, 1992). La estructura era de tipo horizontal con coordinación intersectorial, basado en un sistema de Comisiones de Área. El sistema presentaba imperfecciones notorias, siendo la más importante el que las unidades de investigación en las universidades y las de la industria petrolera no estaban formalmente coordinadas por el Consejo, lo que en la práctica se tradujo en que la autoridad rectora sectorial no ejercía un control real sobre la naturaleza de la investigación realizada en el país (Requena, 2003b). Tanto así que los investigadores venezolanos continuaron encauzando sus aficiones intelectuales hacia el dominio de lo académico en lugar de hacia lo práctico —tecnológico—, a pesar de que, desde el año 1976, éste ha sido el ámbito relativamente más favorecido por el financiamiento público.

En un país fundamentalmente rentista del petróleo, en el que las labores de investigación y desarrollo estaban financiadas —casi exclusivamente— por el sector público y con un aparato industrial protegido y magro, no es de extrañar que la inserción de las variables ciencia y tecnología en el ámbito de la producción por parte de lo privado fuese un asunto secundario. Es por ello que el sector privado se abstuvo en alto grado de propiciar dentro de los sectores académicos la generación de conocimiento científico, y fue mínimo lo que emplearon en el desarrollo tecnológico o innovación (Ávalos, 1984).

En términos prácticos, el nuevo gobierno democrático tenía que resolver, primero, el destino de ese "elefante blanco y su jaula de cristal" —sinónimos del IVNIC y sus instalaciones en los Altos de Pipe—; en segundo lugar, qué hacer con Humberto Fernández-Morán, el brujo de Pipe, quien estaba empezando a ser visto como el prototipo del hombre de ciencia nacional; y en tercer lugar, elevar la productividad del investigador nacional. La nueva élite gobernante encargó la solución de esos problemas al doctor Marcel Roche, quien condujo magistralmente la reorganización del IVNIC.

La vida profesional y académica de Marcel Roche comienza con la creación del Instituto de Investigaciones Médicas de la Fundación Luis Roche (1952-1958), una entidad privada aupada por su padre y que brindó cobijo a los investigadores médicos disidentes de la dictadura militar. Continúa su accionar como gerente de la ciencia con la transformación del IVNIC en el Instituto Venezolano de Investigaciones Científicas (IVIC)[70] y con la planificación, constitución y puesta en operación del CONICIT. Roche terminó siendo un prototipo del administrador de la ciencia y la tecnología.

El primer reto de Marcel Roche al frente del IVNIC, en el año 1958, fue echar a andar una valiosísima infraestructura, lo que para él implicaba poblar sus laboratorios con científicos venezolanos. Afortunadamente, contaba con un grupo de colaboradores de la Fundación Luis Roche, quienes rápidamente fueron transferidos y en muy poco tiempo se encontraron produciendo ciencia de primera calidad (Freites, 1992b y Roche, 1996). Asimismo, se dedicó a reclutar, en el país y en el exterior, un significativo número de profesionales, algunos extranjeros, pero los más venezolanos, dispuestos a adelantar labores científicas y tecnológicas en la reformada institución. Algunos de ellos se encontraban fuera del país y otros separados del ámbito universitario nacional, bien sea porque habían renunciado a servir en universidades militarizadas durante la dictadura o porque, simplemente, no tenían puestos de trabajo en el país.

Su segundo reto fue crear un conjunto de rasgos y modos de comportamiento que conformaran una identidad propia para el investigador de la institución que se le encomendó reorganizar; es decir, moldear un *ethos* para el IVIC (Freites, 1984). Para ello, Marcel Roche adoptó un modelo inspirado en el *Collège de France*[71]. Lo esencial en ese modelo de contrato de trabajo de los científicos del IVIC fue: a) cuasi absoluta libertad académica; b) acceso real a una infraestructura física y a servicios auxiliares de asistencia a la investigación de una calidad literalmente desconocida en el país, y c) financiamiento adecuado y un andamiaje administrativo con mínimas trabas burocráticas, caracterizado por su efectividad.

Para garantizar el correcto uso de las ventajas provistas al personal, se conformó una comisión clasificadora que periódicamente evaluaba a los investigadores, recompensando éxito con promoción académica; siendo éste medido, primordialmente, por la calidad del conocimiento generado por el investigador y su publicación en revistas altamente calificadas, por lo general extranjeras. La libertad de investigación que Roche preconizaba llevó al Instituto a una diversificación de las áreas de experticia que cubría. Y es que Marcel Roche no concibió al IVIC como una entidad que debía estar centrada sobre algún gran problema nacional, sino que debía producir ciencia de la mejor calidad. Fruto de su accionar académico y de un respetuoso, ponderado e inteligente liderazgo gerencial, Marcel Roche logró propiciar condiciones excepcionales para el proceso de investigación científica y desarrollo tecnológico en Venezuela, las cuales, eventualmente, permearon a todas las otras instituciones que hacen ciencia en el país.

Lo que se ha llamado el *ethos* del IVIC fue el fruto del trabajo, visión, tesón y buen tino de un gran académico que logró adaptar exitosamente a la manera criolla de hacer las cosas unos patrones de acción propios de otras sociedades, los cuales y a primera vista, lucían como ajenos a la idiosincrasia criolla. Ese *ethos*, sin duda alguna, es la razón del éxito de las últimas generaciones de hombres y mujeres venezolanas dedicados al quehacer científico y tecnológico. En su autobiografía, escrita en el año 1969 y titulada *Memorias y Olvidos*, Roche narra en el Capítulo V su versión de la génesis del IVIC. Extractos de ese texto son reproducidos aquí como parte de su contribución al pensamiento científico venezolano (Roche, 1969. [pp. 139-160]).

—Artículo—

MARCEL ROCHE. 1969. "EL INSTITUTO VENEZOLANO DE INVESTIGACIONES CIENTÍFICAS IVIC (1958-1969)"

El 23 de enero de 1958 fue derrocado el gobierno de Marcos Pérez Jiménez. Humberto Fernández-Morán había sido su último Ministro de Educación e, inmediatamente después del derrocamiento, fue sujeto a ataques por parte de la prensa y se hizo claro pronto que tendría que dejar la dirección del Instituto Venezolano de Neurología e Investigaciones Cerebrales (IVNIC) que había fundado unos cuatro años antes.

Fernández-Morán envió a mi casa como emisario e intermediario a don Pedro Arvelo, aficionado suyo, para que explorara la posibilidad de que se me encargase de la dirección del IVNIC. Primero no di respuesta definitiva, pues me encontraba bien en el Instituto de Investigaciones Médicas (Fundación Luis Roche) que yo había fundado seis años antes. El IVNIC ofrecía sin dudas la posibilidad de ampliar y fortalecer nuestro radio de acción, pero nos hacía salir del cómodo y tranquilo sector privado para meternos en la maraña del público.

Muy pronto, el entonces Ministro de Sanidad y Asistencia Social, Dr. Carlos Luis González, me pidió definitivamente que me encargara del IVNIC, y acepté, de manera provisional, pues era mi intención volver a la Fundación Luis Roche después de un año o dos.

Fernández-Morán me hizo visitar el IVNIC con cierto detalle, y constaté que en el Instituto, al lado de un personal administrativo y técnico completo (que incluía a dieciséis secretarias, un grupo de unos catorce mecánicos de precisión, en su mayoría suizos, y a unos diez fotógrafos), no había como investigador científico activo sino el propio Fernández-Morán, cosa que me sorprendió, pues había pensado encontrarme con una caterva de investigadores suecos, suizos, alemanes.

La transmisión de mando se hizo en la oficina del Ministerio de Sanidad, e inmediatamente después, Fernández-Morán me llevó aparte y dio para mi firma una carta ya elaborada por él donde se le nombraba "Asesor Técnico" en el extranjero, con sueldo de Bs. 4.000,00 por mes, lo cual era, para la época, una buena suma.

Antes de irse para los Estados Unidos, Fernández-Morán se despidió de mí. Primero fue amable pero luego, de repente, su rostro cambió, se puso duro y expresó: "Adiós, te digo, pero volveré, pues la política aquí no es como tú lo crees. Cuando vuelva, ¡los botaré a todos ustedes por incapaces!" Se volteó luego sin darme la mano y no lo volví a ver por muchos años.

Algunos días más tarde, vino a visitar al IVNIC el Dr. Enrique Tejera y me preguntó si era cierto que Fernández-Morán poseía unos terrenos cerca del IVNIC. Le contesté que el interesado me había comunicado que, efectivamente, había comprado a título personal un terreno sobre una colina que dominaba Caracas, agregando: "¡Quería que me enterraran allí!". A lo cual Enrique Tejera, con su sarcasmo habitual, me comentó: "¡Ajá! pues él no lo necesita, pues ya está enterrado ¡pero no allí sino acá, en el IVNIC!".

Pronto se hizo evidente que la primera prioridad en el IVNIC era ponerlo a funcionar, justificarlo. Para tal fin, me pareció lo más conducente transferir los miembros ya formados de la Fundación Luis Roche al IVNIC, lo cual se hizo gradualmente, así como ponerle el guante a algunos investigadores venezolanos, como Raimundo y Gloria Villegas, quienes estaban estudiando fuera, y trayendo de nuevo a extranjeros, como Gunnar Svaetichin y Gernot Bergold quienes habían abandonado el IVNIC, hastiados por el comportamiento tiránico de Fernández-Morán, auspiciado por el aparato dictatorial.

Pronto se vio también la necesidad de darle nuevo rumbo y nombre al Instituto. Le mencioné esto al propio Fernández-Morán, preguntándole al mismo tiempo por qué no había llamado al organismo Instituto Venezolano de Investigaciones Científicas (IVIC) más bien que Instituto Venezolano de Neurología e Investigaciones Cerebrales (IVNIC). Me contestó simplemente: "¡Una loquetera mía! Me parece buena la idea del cambio".

El ministro Carlos Luis González nombró una comisión encargada de hacer un estudio de lo realizado en el IVNIC y formular recomendaciones para el futuro. Dicha comisión incluía a Félix Pifano, Gabriel Chuchani, Marcel Granier, Luis Carbonell, Manuel Bemporad y Martín Vegas entre otros. La comisión trabajó durante más o menos ocho meses y su informe reposa en los archivos del MSAS [1].

En dicho informe se reconocía la labor extraordinaria de Fernández-Morán en la escogencia de terrenos, así como en la instalación de los talleres. En efecto, en la escogencia de terrenos, Fernández-Morán tuvo una actuación brillante, algo genial. Mandó a comprar por tres centavos en los Altos de Pipe, entonces completamente aislados, y en once meses hizo una carretera de acceso de cinco kilómetros y construyó unos laboratorios, casas de habitación y una planta eléctrica con visión de futuro. Pero, al final, su figura no quedaba bien parada, pues el informe lo presentaba como un autócrata y confabulador. Digo confabulador, y no mentiroso, pues pienso que Fernández-Morán creía en lo que decía.

Durante el año 1958, se elaboró el proyecto de estatutos del nuevo IVIC, en el cual colaboraron todos los investigadores, en particular Karl Gaede, Gunnar Svaetichin y Raimundo Villegas. El nuevo estatuto fue promulgado en *Gaceta Oficial* de fecha 9 de febrero de 1959; como decreto ley por la Junta de Gobierno, justo antes de disolverse para dar paso al gobierno democrático de Rómulo Betancourt. Nos ayudó mucho en ese sentido Antonio Sanabria, por su influencia sobre su hermano Edgar, presidente de la Junta Provisional de Gobierno.

En el nuevo estatuto, se cambiaba el nombre del Instituto, que ha permanecido hasta hoy, se establecían las categorías de Investigador Pleno, de Investigador Asociado y de Estudiante Graduado, con sus respectivos deberes y privilegios. Especialmente importante fue el inicio de la categoría de Estudiante Graduado que fomentaba el ingreso al IVIC de jóvenes, entrando los primeros once en 1959.

Al Estudiante Graduado se le abrían los laboratorios (a dedicación exclusiva), poniéndolos al lado de un investigador veterano. Los cursos suplementarios que hubiera de necesitar (matemáticas, por ejemplo) los tomaban en la universidad. En vez de tesis, se les exigía, como se estila en Suecia, la publicación de varios artículos en revistas reconocidas. La mayoría de ellos se iba al exterior después de unos dos años de adiestramiento en los laboratorios del instituto. El rendimiento de este sistema fue excelente y los estudiantes, casi sin excepción, dieron buena cuenta de sí mismos cuando iban al extranjero.

En palabras de Rafael Apitz, mi tiempo fue la "época de oro" del IVIC. Él recuerda en particular las visitas personales (que Germán Camejo llamaba "visitas pastorales") que yo hacía regularmente a los laboratorios para enterarme de lo que estaban haciendo, indagar cuáles eran los problemas y las necesidades, conversando individualmente con cada uno de los investigadores, del más alto nivel al más bajo. Claro que al final de mi mandato éramos unos cuarenta y cinco investigadores nada más, y ahora son como ciento diez. Pero, aun así, yo hubiera continuado la práctica con menos frecuencia, tal vez cada seis meses en vez de cada tres pues es evidente que, en un instituto de investigaciones científicas, lo más importante es lo que los investigadores están haciendo en su laboratorio. Todo el resto, la administración, la biblioteca y los diversos servicios, debe existir en función del ejercicio investigativo.

En cuanto a la planificación y política que había de regir al IVIC, era de tipo muy general. Se dividía el Instituto en cinco sectores, a saber Matemáticas, Física, Química, Biología y Medicina. La Química, la Biología y la Medicina se abrieron de inmediato, pero la Física había de esperar hasta 1963 para iniciarse, pues no existía en 1958 ningún investigador venezolano en esa especialidad; las Matemáticas, por su parte, tendrían que esperar hasta 1969, época en que el matemático venezolano Luis Báez Duarte abrió operaciones.

Problema aparte fue el reactor nuclear, RV-1. Fernández-Morán había contratado su construcción con la General Electric, y la del edificio que había de contenerlo a la firma Shaw, Metz and Dolio de Chicago.

Cuando me encargué del Instituto, estaban ya listas las fundaciones, en el tope del cerro de Pipe, pero faltaba todo el resto. En la época, el proyecto parecía prematuro. Como ya lo he dicho, no había un solo físico en el país, mucho menos un físico nuclear. Estaban becadas en el exterior sólo dos personas: el ingeniero Carlos Gago y el técnico Gustavo Artiles. Además, se habían contratado tres norteamericanos, con James Nance a la cabeza, que había de dirigir el manejo de la máquina. Era ésta una máquina respetable, de tres megavatios de potencia, y de manejo bastante delicado. Después de pesar bien el pro y el contra, se resolvió proseguir con la construcción de la máquina, no sin antes haber becado a tres ingenieros venezolanos, Gustavo Rada, Roberto González y Elenio Arqué que regresaron a Venezuela a trabajar en el reactor. Más tarde, se unió al grupo el físico argentino Fidel Alsina.

El 12 de julio de 1960 entró en actividad el reactor, bajo la dirección de Alsina, pues ya dos de los norteamericanos se habían ido. Pero pronto se hizo evidente que la máquina, con poquísimo personal endógeno, y con aún gente en el país que la pudiera utilizar, equivalía a un "elefante blanco" y en 1961, con la anuencia de mi Consejo Directivo, decidí cerrarla momentáneamente para permitir que el personal se adiestrara fuera. Ella fue reabierta en 1965 cuando ya los físicos y los ingenieros venezolanos habían regresado. En todo este proceso, me ayudó muchísimo el físico Manuel Bemporad.

El reactor quedó, hasta hoy, subutilizado y ha sido un ejemplo típico de un "culto de cargo", como lo llaman los antropólogos. Ese "culto" está constituido por la creencia, por parte de tribus poco desarrolladas, de que, al importar las máquinas de los países-centro, todo el "progreso" vendría por añadidura.

Mientras tanto, el resto del IVIC se iba desarrollando. Ya para fines había una buena docena de investigadores, con nombramiento y dentro de una carrera.

Al inicio, lo que nos inspiró para poner en marcha un determinado programa fue la existencia, en el país o fuera de él, de personas calificadas en la investigación, de un alto nivel, en torno a los cuales se crearía un grupo, y para quienes se compraría el equipo necesario y no al revés, como se había hecho hasta entonces.

Tuvimos la suerte de poder contar con individuos como Tulio Arends y Miguel Layrisse (hematología), Raimundo Villegas (biofísica), Gloria Villegas (microscopia electrónica), Gunnar Svaetichin (neurofisiología) y Gernot Bergold (virología) que fueron pioneros en sus respectivos campos. La fórmula resultó, y bien pronto llegamos a tener un buen número de investigadores, que publicaban al más alto nivel en buenas revistas, con los escritos sometidos a arbitraje por terceros.

En realidad, mi modelo fue el *Collège de France*, fundado por Francisco I en el siglo XVI para aprovechar, fuera de un ambiente universitario dañado, los mejores cerebros de la época. Mi idea inicial fue la de constituir un instituto en torno a mujeres y hombres calificados y darles el máximo posible de recursos, dejándolos en completa libertad, sólo limitada por el presupuesto disponible, para que definieran su campo y lo cultivaran. También, en lo posible, traté que los investigadores fueran venezolanos, o extranjeros que se establecieran en Venezuela, como el alemán Karl Gaede (que se naturalizó), el austríaco Gernot Bergold y el sueco-finlandés Gunnar Svaetichin (quien murió, en su laboratorio, en 1976).

En vez de llamar a los laboratorios con nombres de campos de la ciencia (*e.g.* bioquímica, biofísica, física, etc.) pensaba darles el nombre de su jefe (El laboratorio de Karl Gaede, por ejemplo) para así significar la importancia del individuo en el funcionamiento del Instituto; pero esa idea no fue aceptada ni por la Asamblea de Investigadores, ni por el Consejo Directivo.

La total libertad de investigación que reinaba en el Instituto llevó a una diversificación relativa del mismo, lo cual es habitual en las universidades y en muchos institutos de investigación (como el Weizman de Israel, o el Instituto de Ciencias de Bangalore, en la India). Estimo, desde luego, que, si el IVIC hubiera sido un instituto tecnológico, las investigaciones se hubieran debido centrar en torno a problemas, con grandes equipos para solucionarlos. No así en el *Collège de France*.

Desde el principio, cuidé los aspectos de información y de publicación. En el primer aspecto (información), puse en marcha un proyecto de gran biblioteca, comprando de una vez colecciones completas de revistas que, con el tiempo, se han vuelto valiosísimas y forman la base de la actual Biblioteca que, por decisión de Miguel Layrisse y su Consejo Directivo, se me hizo el honor de bautizar más tarde con mi nombre. En el aspecto publicación, insistí siempre en que se publicara en buenas revistas, dotadas de árbitros externos. Hubo presiones para que fundáramos nuestra revista propia, pero las resistí siempre, por miedo al facilismo y a la "endogamia" que ese tipo de revista conlleva. Es de notar que al enviar los artículos a buenas revistas externas, se adquieren gratuitamente, por así decir, jueces competentes, y anónimos que ayudan con sus críticas y observaciones a mejorar el manuscrito.

En los inicios, y mientras no éramos muchos, tenían que pasar por mis manos todos los manuscritos, no con ánimo de censura, cosa que yo no tenía la posibilidad de hacer con manuscritos técnicos, sino más bien para corregir el estilo y la forma, así como el inglés, si hubiera lugar…

(Nota del autor. Copia del Informe reposa en la Biblioteca de la Academia de Ciencias Físicas, Matemáticas y Naturales.).

LAS FACULTADES DE CIENCIAS

El nivel de cobertura de la educación en Venezuela durante la primera mitad del siglo XX dejaba mucho que desear. La llamada reforma universitaria de Córdoba de 1918, que promovió la modernización de los sistemas latinoamericanos de educación superior, tardó mucho en llegar a Venezuela y hubo que esperar a que pasara el gomecismo y se desvanecieran sus herencias para adecuar la educación superior del país a las realidades del entorno nacional.

Desde el punto de vista del potencial en recursos humanos calificados profesionalmente, poco se podía esperar durante el régimen del dictador Juan Vicente Gómez. A finales de su dictadura, el país sólo contaba con dos grandes universidades que tenían unos mil alumnos y un cuerpo docente de 100 profesores. La más importante de esas universidades, la Central de Venezuela, apenas reinicia actividades en el año 1922 con cuatro escuelas; dos de ellas, Física y Matemática (Ingeniería), con apenas 78 alumnos, mientras que en la de Medicina estudiaban 249 jóvenes. Ese era el potencial existente para hacer investigación en el país.

Ya en el año 1936 se crean en la Universidad Central de Venezuela las facultades de Agronomía y Ciencias Veterinarias y, dos años después, la de Economía. Luego, durante la gestión de gobierno (1941-1945) del general Isaías Medina Angarita (1897-1953), en el año 1943, es cuando se inicia la construcción en la parte Este de Caracas de la nueva y moderna sede de la UCV: la Ciudad Universitaria de Caracas, construida según el proyecto del arquitecto venezolano Carlos Raúl Villanueva (1900-1975) y declarada en el año 2000 Patrimonio de la Humanidad[72]. Este hecho representó el inicio de la tan esperada modernización de la universidad venezolana, pues abrió el espacio físico para albergar nuevas instancias de formación profesional, así como nuevas facultades e institutos de investigación.

El resultado de todas estas acciones es que, para el año lectivo 1950/1951, el país tenía 6.901 estudiantes universitarios matriculados y las universidades nacionales contaban con casi mil docentes. La Central era para ese momento la más grande e importante del país, contando con 4.757 estudiantes y 667 docentes, albergados en nueve facultades: las tradicionales de Medicina, Derecho, Filosofía (y Letras), Ingeniería (Física y Matemáticas), Odontología, Farmacia (y Química) y otras de reciente creación: Ciencias Económicas (y Sociales), Veterinaria y Agronomía.

Es sólo hacia la mitad del siglo XX que surge entre los venezolanos la necesidad de vincular más estrechamente la academia —representada por la universidad— con las ciencias naturales, consideradas en su totalidad y no como renglones aislados. Es justamente uno de los discípulos de Pittier, Tobías Lasser (1911-2006), quien se convierte en el paladín para la creación de una escuela de ciencias dentro de la UCV (Texera, 1992). Lasser, médico de profesión y recién ingresado a la Academia de Ciencias Físicas, Matemáticas y Naturales (ACFMN), logró convencer a esa Corporación, en el año 1946, de que adoptara como propia la propuesta de creación de una Escuela de Ciencias Naturales en la UCV, en Caracas. Ese mismo año, el Consejo Universitario de esa universidad decidió crear el Instituto de Ciencias Naturales, adscrito a la Facultad de Letras y Filosofía, el cual funcionó, inicialmente, como dependencia autónoma, para ser adscrito el año siguiente a la Facultad de Ciencias Físicas y Matemáticas, como se denominaba entonces lo que hoy se conoce como la Facultad de Ingeniería. Para el año 1955, la Escuela de Biología funcionaba regularmente en esa Facultad. Los cursos de estudios de esa Escuela incluían disciplinas de las dos vertientes: la de las ciencias naturales, junto a las propias de la biología experimental.

Derrocado el régimen dictatorial de Marcos Pérez Jiménez el 23 de enero de 1958, Francisco De Venanzi fue designado presidente de la Comisión Universitaria, organismo que tuvo a su cargo la definición del nuevo perfil que se le daría a la universidad venezolana, que debía ser autónoma y democrática. En el año 1958 asumió el cargo de Rector de la Universidad Central de Venezuela y bajo su gestión se intensificó la gratuidad de la educación superior, se aumentó la matrícula estudiantil y también la plantilla docente, se amplió la misión investigativa y formativa de la institución y se crearon nuevas escuelas e institutos de investigación, conformándose para ello el Consejo de Desarrollo Científico y Humanístico de la Universidad, ente encargado del financiamiento de la investigación intramuros.

El 3 de marzo de 1958, bajo la Rectoría de Francisco De Venanzi, fue creada la primera Facultad de Ciencias del país en la Universidad Central de Venezuela (Vessuri, 1996). Estuvo integrada inicialmente por las Escuelas de Biología, Física, Química y Matemática y, posteriormente, se le añadió la Escuela de Computación (Lindorf, 2008). Años más tarde se crearon Facultades de Ciencias en las Universidades de Los Andes y del Zulia y, luego, bajo una diferente organización académica, en las universidades de Carabobo y de Oriente.

Entre esos contextos, el proceso de profesionalización y el de institucionalización, es donde se desenvuelve la labor gerencial y académica de Francisco De Venanzi, conocido como "Rector Magnífico" de la Central. Francisco De Venanzi es también reconocido por su trabajo investigativo, pionero en endocrinología, metabolismo y nutrición, desde el Instituto de Medicina Experimental de la Universidad Central (Hecker, 2007). Pero sobre cualquier cosa, el mérito de Francisco De Venanzi es que nunca dejó de blandir el estandarte de la defensa de la autonomía universitaria y la libertad de Cátedra (De Venanzi, 1970). Para ello se apoyó en la trinchera gremial que construyó desde AsoVAC y su *Acta Científica Venezolana*, probablemente el más importante medio de difusión del conocimiento original producido en Venezuela.

El pensamiento de De Venanzi quedó grabado en multitud de escritos. Aquí se reproducen tres de ellos: un par de editoriales y un largo artículo relativo a su visión del papel de la ciencia en un país como Venezuela, titulado "*¿Es Necesaria la Ciencia?*" (De Venanzi, 1970). Los dos editoriales tienen que ver con su rol en la creación de "Las facultades de ciencias de las universidades nacionales" (De Venanzi, 1953) y con su concepción de lo que debe ser "La investigación científica en la Universidad" (De Venanzi, 1967).

—Artículo A—

FRANCISCO DE VENANZI. "LAS FACULTADES DE CIENCIAS DE LAS UNIVERSIDADES NACIONALES"

Pocos detalles sobre la estructuración de la Ley de Universidades, en el presente en discusión en el seno del Congreso Nacional, han llegado hasta el público; pero la prensa ha informado acerca de algunos de los aspectos que contempla. Entre otras cosas se ha mencionado la separación de las ramas administrativa y técnica ocupándose de cada una de estas ramas Consejos diferentes; la catalogación de los miembros del personal como funcionarios públicos, incluyendo decanos, directores, profesores, etc., a ser designados por el Ejecutivo a solicitud del Rector, el pago de matrículas por los estudiantes; la creación de la Facultad de Educación y Letras, de Arquitectura y de Ciencias, etc. Es a este último punto, la creación de la Facultad de Ciencias que consideramos como una de las fases positivas de la Ley, al que hemos querido dedicar estas consideraciones.

En las Universidades de los Andes y del Zulia, las Facultades de Ciencias habrán de iniciarse desde sus comienzos y es probable que tome un tiempo bastante largo la etapa organizativa. En cambio, en la Universidad Central existe ya una Escuela de Ciencias adscrita a la Facultad de Ciencias Físicas y Matemáticas que habrá de tener mayor personalidad y relieve al adquirir su nueva jerarquía. Esto satisface el requerimiento tantas veces expresado por sus fundadores y la lleva a una nueva etapa que significa mayores posibilidades de acción, pero también mayores responsabilidades. Hasta ahora, la labor de la Escuela de Ciencias se ha visto limitada por las necesidades de la docencia en el campo de la Ingeniería, que derivan una parte considerable del presupuesto global. Es de esperar, que con las nuevas facilidades, la labor de la recién creada Facultad, pueda alcanzar un máximo de eficiencia y contribuir en forma marcada al progreso científico del país.

Nuestra Asociación a través de la labor de sus directivos ha venido ya desde hace tiempo dando apoyo al establecimiento de la Facultad de Ciencias. También en repetidas ocasiones hemos expresado la necesidad urgente del desarrollo de las ciencias básicas, considerando así la física y matemáticas, la química y la biología y en memorando presentado el pasado año al Gobierno Nacional, apuntamos la posibilidad de aprovechar el Servicio de Asistencia Técnica de la UNESCO, para la creación de un Instituto dedicado de lleno a la investigación científica a esas materias. La Facultad de Ciencias podría muy bien llenar ese papel.

Hasta el presente la Escuela de Ciencias ha trabajado casi exclusivamente en Biología y de manera especial en el campo de la Sistemática. Sería deseable que con la ampliación que habrá de experimentar, se considerara la posibilidad de ensanchar el área de trabajo contemplando a fondo la Física, la Química y la Biología Experimental.

Así como en el pasado editorial, se consideraba inadecuada la medida de centralizar todas las bibliotecas, en esta oportunidad, a la inversa creemos importante abogar por la concentración de la enseñanza en las ciencias básicas. Institutos de Física, de Química y de Biología, deberían ser los núcleos fundamentales de la Facultad de Ciencias. Si se pudiese lograr que toda la enseñanza y así mismo la investigación en los aspectos generales de esas materias básicas se agrupasen en ellos acumulando los fondos que se difunden considerablemente en cátedras múltiples, consideramos que se conseguiría un gran progreso.

En otra oportunidad desde estas columnas, se insistió en el interés de centralizar la enseñanza y la investigación en Química en un Instituto. Naturalmente que la disposición antes esbozada obliga a estudiantes de otras Facultades a pasar por los Institutos de ciencias básicas al requerir instrucción en esas materias. Esto elimina algunas cátedras del currículum de varias Facultades y por tanto el proyecto puede no contar con el apoyo de las mismas; pero si se llevase a cabo con criterio estrictamente técnico es indudable que iría en beneficio de los profesionales que egresan de esas Facultades que tendrían la posibilidad de adquirir una mejor preparación. Además, se facilitarían los trabajos de investigación. En este último aspecto cabe resaltar la importancia que tendría disponer de buenos equipos integrados con material humano de buena calidad trabajando en colaboración y con dotaciones adecuadas. Un punto importante a mencionar sobre la Facultad de Ciencias es la necesidad de proveerla de un presupuesto suficiente para que pueda llevar adelante las importantes funciones que le corresponderá desempeñar. De otra manera, la transformación significará algo meramente formal y no se traducirá en el progreso científico que todos esperamos de sus actividades.

———•———

—Artículo B—

FRANCISCO DE VENANZI.
"LA INVESTIGACIÓN CIENTÍFICA EN LA UNIVERSIDAD"

En el presente se discute pocas veces en los países avanzados el papel primario que juega la investigación científica en el seno de la universidad. La acción renovadora y positiva que de esa actividad deriva para la transmisión del conocimiento y la formación de la personalidad del universitario tanto en el nivel profesoral como en el estudiantil, es un hecho reconocido. La rivalidad de la enseñanza prohijada al calor del fluir de los nuevos hechos develados por la búsqueda continua de la verdad, concurre armoniosamente con el robustecimiento de la actitud creadora y crítica a ella vinculada para configurar en su mejor forma el genuino espíritu académico. Lejos de propiciar la "construcción de la mente", como afirmara el Cardenal Neroman en 1854, impulsa hacia la inquietud intelectual, hacia el anhelo de posesión de una visión filosófica del ser y del mundo, hacia el conocimiento de la trama del acontecer vital, y el dominio de la estructura esencial del universo, que al decir de Max Schealer es el auténtico substrato de la cultura. Mas no sólo es valiosa la investigación científica por cuanto aporta a la formación del profesor y del estudiante, la creación del conocimiento es en sí misma una de las metas de la Universidad de significado propio que representa una de las fuentes substanciales del quehacer de los altos centros de estudio.

La Universidad latinoamericana en general y la Universidad venezolana en particular han sido muy lentas en la asimilación de la investigación científica en su seno. Orientadas por las inquietudes humanísticas —generalmente de manera superficial— y dirigidas por profesionales que, atenazados por las exigencias de la labor extrauniversitaria, no pueden dedicar el tiempo requerido a las tareas de la investigación, se han quedado en grado apreciable al margen del movimiento de extraordinario relieve que sacude a la ciencia en la dimensión universal.

Las bien conocidas limitaciones en el desarrollo de la dedicación exclusiva a la carrera del profesor investigador, que cuenta en otras latitudes con una tradición de más de siglo y medio, ha sido, sin duda, la demora más importante para el avance de la investigación científica en la Universidad. Otros factores negativos de importancia que pueden citarse son: la falta de recursos, el predominio de la influencia profesionalista en la administración, la ausencia de aprecio colectivo para la tarea de la búsqueda creadora, la inestabilidad política e institucional, la incapacidad que han mostrado corrientemente los dirigentes políticos para calibrar en todo su significado la importancia del progreso de la ciencia en la elección cultural y el bienestar material de un país.

La reforma universitaria iniciada en 1958 en Venezuela trató de marcar su énfasis en el impulso a la investigación, diseñando fórmulas que permitiesen erradicar o al menos restringir las influencias negativas vigentes que impedían el progreso científico. Tomando como ejemplo a la Universidad Central, máxima institución docente del país, se puede citar que de unos noventa profesores a tiempo completo, ubicados en su mayoría en las Facultades de Agronomía y de Veterinaria, se ha llegado a más de novecientos de tiempo completo y de dedicación exclusiva; se instituyó la obligatoriedad de la presentación de trabajos para ascender en el escalafón. Se crearon laboratorios. Se adquirieron dotaciones. Se ampliaron las bibliotecas y se fundó la Imprenta Universitaria. Se creó la Facultad de Ciencias a partir de las Escuelas de Biología, Física y Matemáticas y de Química, que ha alcanzado un desarrollo impetuoso.

Fue organizada la Comisión de Desarrollo Científico y Humanístico que luego adquiriría carácter legal con categoría de Consejo; este organismo ha suministrado ayuda valiosa en la formación de personal mediante becas en su mayor parte asignadas a jóvenes que se especializaron en el exterior y que hoy en número vecino a trescientos están incorporados a los cuadros docentes y de investigación; ha provisto además fondos de investigación que han abierto nuevas perspectivas al progreso científico de la Universidad; ha contratado personal altamente calificado para la enseñanza y la investigación y ha facilitado viajes del personal docente a congresos internacionales.

Todo este esfuerzo ha concurrido indudablemente a incrementar la labor de investigación en la Universidad, pero debemos reconocer que muchas de las influencias antagónicas siguen predominando y que la productividad, especialmente cuando se la mide en términos de repercusión internacional de la labor, deja mucho que desear.

Todavía el influjo de los profesionales liberales es predominante y el énfasis docente, basado en la transmisión de conocimientos estereotipados que ya han envejecido muchos años en las páginas de textos clásicos prevalece. Los profesores de tiempo completo y de dedicación exclusiva en algunos casos no se hacen cargo de sus quehaceres con la debida responsabilidad, incumpliendo los horarios y tomando trabajos fuera de la institución. Los jóvenes becarios incorporados en los últimos años, con frecuencia tienden a asimilarse al medio cómodo e inerte, en vez de hacer un esfuerzo intenso de transformación. Los trabajos de ascenso, exigidos para despertar en los profesores el anhelo permanente de la superación y la continuidad en el esfuerzo investigativo, se convierten a veces en una fórmula vacía, vista con condescendencia por jurados que no desean arrastrar la animadversión de sus colegas; no es raro que seis meses antes de la fecha del ascenso se abran los laboratorios para hacer el trabajo exigido, para luego cerrarse por cuatro años y cuando ya el arribo a la posición de titular marca la culminación de la carrera docente, el laboratorio se clausura para siempre. Si los profesores dictan sus lecciones y hacen sus exámenes, su escasa o nada productividad científica no se toma en cuenta por los directivos de los diferentes niveles, ya que se tiende a considerar la investigación como actividad secundaria. En determinados casos se aprueban gastos de viaje para asistir a Congresos internacionales sin que haya una previa evaluación de los trabajos que van a leerse y a veces un mismo trabajo se presenta en varios eventos científicos de ultramar. No hay estímulos activos para impulsar la investigación en quienes tienen interés primario por la misma y es corriente que los profesores que hacen un esfuerzo serio y sostenido no encuentren la colaboración necesaria, cuando no resistencia y obstáculos.

Ante este cuadro de factores adversos, se requiere trazar una política científica clara y definida para la Universidad. La selección rigurosa del personal en función de su capacidad creadora y de su vocación investigativa debe ser prevista en los sistemas de incorporación al escalafón del personal docente y de investigación, el establecimiento de normas que permitan la adecuada preparación en centros nacionales o internacionales de categorías; la renovación periódica de conocimientos; la evaluación sistemática del trabajo; la supresión del tiempo completo o dedicación exclusiva cuando no haya un rendimiento adecuado; el otorgamiento de partidas especiales para dotaciones o ayuda técnica a los investigadores que se destaquen con publicaciones aceptadas en revistas internacionales de prestigio; la revisión anual de las labores; la supervisión individual de los fondos de investigación por personas calificadas; el nombramiento de jurados desligados de compromisos personales y de reconocida competencia para estudiar los trabajos de ascenso y de tesis; los juicios críticos sobre trabajos a leerse en Congresos internacionales como requisito para otorgamiento de fondos de viaje; el incremento de las partidas asignadas a los Consejos de Desarrollo Científico y Humanístico; el impulso al desarrollo de los institutos; el ingreso obligatorio del nuevo personal a dedicación exclusiva, con la excepción de profesores que requieran experiencia en el ejercicio profesional, cuando ésta no pueda ser adquirida en la Universidad y otras medidas, podrían dar un enorme impulso a la investigación en los centros superiores del saber del país. La Asociación Venezolana para el Avance de la Ciencia debe insistir en el desarrollo óptimo de la investigación universitaria. Una campaña bien estructurada de nuestra organización puede dar frutos preciosos a este efecto. Y es, en verdad, una tarea tan ligada a su misma esencia, que difícilmente podríamos dejar de considerarla como una perentoria obligación.

De alcanzar este propósito podríamos ya definitivamente modificar el juicio adverso de Cecilio Acosta, quien afirmara que "La Universidad es un cuerpo... en que no quedan con pocas y honrosas excepciones trabajos científicos como cosecha de las lucubraciones y en que el tiempo mide y el diploma caracteriza".

—Artículo C—

FRANCISCO DE VENANZI. "¿ES NECESARIA LA CIENCIA?"

Hace cerca de veinte y dos años se dieron los primeros pasos para constituir la Asociación Venezolana para el Avance de la Ciencia. Nació al mismo tiempo que la generación de científicos que ahora ingresa al campo de la investigación y como ellos con la mirada insegura, en búsqueda de concretar imágenes y persiguiendo definir su identidad frente al contorno social más inmediato. No obstante, tal vez a los ojos de nuestros incipientes investigadores AsoVAC presenta la imagen de una organización tradicional de la ciencia venezolana, para algunos un tanto caduca y, ¿por qué no? susceptible de ser verificada al fuego candente de la renovación. Es una suerte, sin embargo, que nuestra Asociación haya contado siempre con el valor y el respaldo de todas las generaciones de científicos y muy especialmente de las más frescas, lo que sin duda ha contribuido de manera apreciable a conferirle un carácter representativo de la comunidad científica nacional.

Se asienta en frase común que el hombre es un animal histórico. Debo confesar que en virtud de una resistencia de compleja explicación me resulta incómodo vivir en el pasado. Quizás en las personas que cultivan la ciencia haya una natural inclinación a proyectarse hacia lo nuevo, hacia lo que está por ocurrir hacia el futuro. Empero unos tantos recuerdos surgen como contaminantes traviesos en la intervención de hoy, estampas de un acontecer vital ligado al mismo origen de nuestra organización.

Para 1948, el silencio científico del país era impresionante y preocupado por la ausencia de un clima positivo para el desarrollo de la investigación propuse a algunos compañeros y amigos la formación de un organismo del tipo de las asociaciones para el progreso de la ciencia que existían ya en varios países. Con su bondad tradicional y su acogedora disposición, el Profesor Augusto Pi Suñer, director del Instituto de Medicina Experimental para la época, prestó generosamente su cooperación e invitamos a un grupo de personalidades para celebrar la primera reunión preparatoria. En la sede del Instituto, la antigua casona de San Lázaro, se congregaron las personas convocadas y les fueron presentadas las ideas fundamentales sobre las cuales reposaría la nueva institución. Propuse para integrar la Comisión Organizadora a personas meritorias por sus trabajos Científicos o actividades profesionales que habían demostrado seriedad y constancia en sus ejecutorias. Vicente Peña, catedrático de Farmacología y destacado clínico; Oscar Agüero, apasionado cultivador de la Obstetricia como disciplina de la investigación; Werner Jaffé, preocupado investigador del campo de la bioquímica; Herman Kaisser, distinguido y riguroso profesional de la ingeniería química y quien les habla, realizamos la labor previa de contactos con científicos e instituciones, propaganda, elaboración de estudios, etc. La instalación de AsoVAC se llevó a cabo en el auditorio de la Cruz Roja Venezolana con mucho entusiasmo y buena concurrencia, el 20 de mayo de 1950 y nos trazamos como objetivos inmediatos la pronta realización de la Primera Convención Anual y la iniciación de la Revista Acta Científica Venezolana. Se encomendó al pintor Durban el diseño del emblema de la AsoVAC.

La 1ª Convención Anual fue inaugurada en el auditorio del Instituto Anatómico de la Ciudad Universitaria y disertaron el Dr. Vicente Peña, quien ocupó la Secretaria General durante el primer período de vida de la organización, el rector De Armas y el Dr. Enrique Tejera. Las reuniones científicas, conferencias y exposiciones divulgativas e industriales tuvieron su sede en el Instituto de Higiene.

En 1951 la II Convención no pudo realizarse en la Universidad Central virtud de los graves problemas que afectaban a nuestra Alma Mater, como consecuencia de la intervención de que había sido objeto. Fue preciso llevarla a cabo en el Colegio de Médicos del Distrito Federal que generosamente nos prestó su más amplia cooperación. Me correspondió abrir la Segunda Convención como Secretario General; en la intervención se hacía patente la honda confianza en la ciencia que animaba el esfuerzo (1). El título de la Conferencia de hoy podría hacer pensar que se ha debilitado esa convicción, que me sobrecoge la duda con respecto a las potencialidades que para el progreso humano posee la creación de los conocimientos y sus aplicaciones. Mas, la exposición que sigue a pesar de su dubitativo título, se encargará de desvanecer tales suposiciones.

La pregunta de si es necesaria la ciencia hará surtir en muchas personas otra nueva interrogante de encaje inevitable: ¿es acaso pertinente en la era científica y tecnológica hacer un planteamiento de esta naturaleza? Y si a la primera cuestión se puede responder afirmativamente, la segunda merece una contestación en el mismo sentido. Es imprescindible, en efecto, mantener una constante introspección de lo que es y significa la investigación científica, su proyección individual y social. Con el mismo rigor y objetividad con que se enfoca el estudio de la naturaleza, ha de escudriñarse todo lo vinculado con el quehacer científico con la tarea de construir un patrimonio de conocimientos para la humanidad. El historiador Lynn White ha planteado con claridad este requerimiento:

"Todos nosotros tomamos como un hecho cierto que la humanidad progresa desde su unión con la naturaleza hacia el dominio de ella, de la superstición al conocimiento, de la oscuridad a la luz. Es axiomático aceptar que la ciencia es la exploración de una frontera sin fin y que el proceso no puede retroceder o siquiera ser interrumpido seriamente. Empero, ninguna fe puede reinar sin ser examinada. En efecto, nuestro hábito de ver el progreso científico como inevitable puede ser perjudicial para mantener su continuado vigor. Los científicos deben estar muy conscientes de las relaciones de la ciencia con su contexto total (2)".

Muchos dirán: ¿a qué empeñarnos en analizar nuestra acción creadora? Investigamos simplemente porque plasmamos en nuestra diaria labor el avasallador impulso de transitar por las vías de lo desconocido, de traer a la luz hechos y fenómenos nunca hasta este momento evidenciados, de poner al relieve la fina y compleja red de relaciones sobre las cuales descansa el orden natural. Hacemos investigación, en fin de cuentas, para dar rienda suelta a nuestro íntimo deseo de saber y de exteriorizar ese saber. Nos anima el entusiasmo de estar ubicados en los propios límites del conocimiento. El infinito horizonte de lo ignorado nos incita al esfuerzo.

Newton, ya maduro y famoso expresaba esa inquietud en estos términos: "Me parecía ser un niño jugando en la playa y divirtiéndome aquí y allá, al encontrar una piedra más lisa que lo habitual o una concha más bella que lo corriente, en tanto el gran océano de la verdad permanecía totalmente inexplorado ante mis ojos".

En función de su impulso natural hacia la creación original, es del todo aceptable que el investigador produzca obra de valor intrínseco, tal como puede hacerlo el artista o el literato. Synge (3) ha llamado la atención sobre el hecho de que los mismos científicos no han dado suficiente difusión a la idea de que la obligación pública principal del hombre de ciencia es saber un poco más nítidamente que los demás dónde se ubica precisamente la frontera del conocimiento.

No obstante, nos hemos topado con el hecho, por lo demás ampliamente divulgado por los propios investigadores, de que los conocimientos generan poder y de que estos se han convertido en los últimos tiempos en el instrumento más eficiente de la transformación de la naturaleza y del cambio social. Además, no siempre ha sido el saber utilizado adecuadamente, e incluso, con alarmante frecuencia la ciencia y sus aplicaciones en lugar de ser usadas como medios de la perfección del hombre, del desarrollo integral de la humanidad y del uso racional de los recursos naturales y mantenimiento del equilibrio ecológico, se destina a la destrucción de miles de seres, a la alienación de la personalidad, a elevar el nivel de angustia colectiva, a subordinar seres a intereses mezquinos, a alterar hasta límites no sólo indeseables sino peligrosos el ambiente natural. No resulta extraño, por tanto, como el mismo Synge (4) lo ha anotado, que "el hombre común ya ha llegado a considerar a la ciencia y a la investigación científica como un culto misterioso cuyos sacerdotes, en alianza abierta con el poder temporal, poseen el conocimiento del bien y del mal. Los científicos serían, por tanto, responsables de cualquier suceso incorrecto que pudiese ocurrir y deberían asumir la responsabilidad de llevar a cabo las correcciones necesarias".

Otro factor adicional de menor jerarquía, pero de interés, que debe ser considerado es el costo progresivo de la investigación. Se ha estimado, además, que la productividad económica de la investigación científica es sólo de cerca del dos por ciento (5). Sin embargo, este pequeño porcentaje ha sido suficiente para cambiar radicalmente la configuración de las naciones que han empeñado sus esfuerzos en el cultivo de los conocimientos. Dicho rendimiento puede ser incrementado de manera apreciable cuando el desarrollo científico responde a una política explícita dirigida a esos fines. Las cargas económicas de la investigación recaen sobre la comunidad y ésta espera de esas investigaciones un beneficio material tangible.

Frente a estas consideraciones resulta imperativo mirar más allá del tubo de ensayo, de la encuesta, de los atractivos botones de control de los instrumentos, de los sujetos de estudio para meditar sobre el destino que sufren los conocimientos, cuáles pueden ser sus repercusiones y la manera más efectiva de evitar que sean convertidos en mecanismos de enajenación y destrucción. La gama de mal uso del conocimiento es en verdad amplia; se extiende desde prestar el brillo de la ciencia para la propaganda de regímenes indeseables hasta el genocidio. El problema es de la mayor complejidad si se piensa en la estrecha vinculación que se ha establecido y que se juzga necesaria entre los sistemas políticos que requieren de los conocimientos y el sistema social de la ciencia que los produce. Sacuden en el presente al mundo los sentimientos de repudio de las nuevas generaciones hacia la situación imperante y dicha asociación deja a la ciencia en posición comprometedora y con frecuencia nada airosa.

Una vez producidos los conocimientos, ¿tendrán los científicos suficiente poder para evitar su aplicación indebida? El uso de las bombas atómicas que destruyeron a Hiroshima y Nagasaki ofrece una drástica ilustración de las dificultades que pueden surgir en este sentido. Un destacado grupo de científicos que participaron en el desarrollo del Proyecto Manhattan, encabezados por Frank, plantearon al presidente Truman su anhelo de que la demostración del poder destructivo de la bomba se llevase a cabo en un área despoblada; las aspiraciones de los investigadores cayeron en el vacío (4). En otras ocasiones los hombres de ciencia han sido más afortunados y han logrado algunos avances de significación, tal como ha ocurrido con el movimiento Pugwash (6). No obstante, en términos generales se puede afirmar que la influencia constructiva ha alcanzado un impacto muy limitado.

Dos tendencias se perciben claramente frente al mal uso de la ciencia y el estado general de las sociedades de consumo; de una parte aquella que propicia desistir de la racionalidad y dar la espalda a la civilización actual volviendo a un patrón primitivo de vida que desprecia el influjo a la vez maravilloso y temible del intelecto organizado y de su más elevada expresión: la ciencia; en segundo lugar, la defensa de los valores genuinos del progreso que garanticen el empleo racional y ético de los conocimientos.

La oleada hippie, con su carga de irracionalidad y su sublimación emocional aupada por los alucinógenos, su propensión a la inactividad y su antipatía por jabón, es muy representativa de la primera tendencia. Dentro de esa concepción, la ciencia no sólo sería innecesaria sino perjudicial. La reacción contra la ciencia se ha expresado en varias Universidades en mayor o menor grado al atentarse contra laboratorios e instalaciones destinados a la investigación. Un hecho ilustrativo fue la destrucción de una costosa computadora de gran capacidad en la Sir George Williams University del Canadá.

La segunda tendencia encuentra su expresión en los numerosos movimientos contra la investigación de guerra, contra los contratos de los centros de estudio con el Departamento de Defensa en los Estados Unidos, contra la subordinación de la vida espiritual y material, a los ímpetus de predominio y destructividad. Entre los muchos actos de protesta se destaca por su especial relieve el paro de 24 horas acordado en marzo del año pasado por los científicos y estudiantes del MIT, como un llamado a la comunidad científica a asumir sus responsabilidades frente al uso impropio de la ciencia. Ese día fue dedicado a discutir en foro abierto sobre la moralización de la actividad científica y las reformas políticas necesarias para asegurar la utilización humana de los conocimientos. Cuarenta centros superiores de estudio adhirieron a esta inusitada y ejemplar gestión. Este año fue celebrado el aniversario de ese importante evento con la participación de muchas instituciones universitarias; Charles Schwartz, de la Universidad de California en Berkeley, propuso un juramento similar al hipocrático para lograr que los científicos adquiriesen el compromiso de honor de no participar en investigaciones bélicas (7).

Un caso por demás curioso visto con interés general ha sido el de James Shapiro (8). En noviembre de 1969 un equipo de la Universidad de Harvard anunció el aislamiento de un gene puro obtenido de un virus bacteriano, importante logro que se registraba por primera vez en los anales de la ciencia. Luego, sorpresivamente, uno de los miembros destacados del equipo, Shapiro, joven investigador de 26 años de edad, considerado por Luria y otras autoridades en el campo como una de las más prometedoras figuras en genética molecular, anunció su retiro de la investigación científica para dedicarse al activismo político en base a tres razones fundamentales: primera, la creencia de que los resultados de su trabajo serán indefectiblemente dedicados a usos malignos por las personas que en el gobierno y grandes corporaciones ejercen el control de la ciencia; segunda, el rechazo a participar en un sistema que no permite a la gente común opinar en las decisiones sobre la labor de los científicos y por último la convicción de que los problemas más importantes que enfrentan los Estados Unidos, tales como el cuidado de la salud y la polución, necesitan soluciones políticas antes que soluciones científicas. Shapiro no se identifica con corriente política alguna y sus dos proyectos iniciales son: por una parte organizar a los científicos, estudiantes y miembros de la comunidad para oponerse a una expansión hospitalaria programada por la Universidad de Harvard que ya ha sido vetada por los estudiantes, en razón de que obliga a desplazar a 180 familias de color, y por otra parte, contribuir a educar a los investigadores en su papel político y la conveniencia de asociarse con personas no profesionales para trabajar en favor del cambio político. Vale la pena mencionar que este último propósito movió a un grupo de jóvenes científicos y estudiantes graduados de Harvard y el MIT a irrumpir en la Convención de la Asociación Americana para el Avance de la Ciencia que se efectuó en Boston en Diciembre pasado.

Algunos investigadores del campo de la biología molecular encabezados por Jacques L. Fresco rechazaron los conceptos emitidos por Shapiro, señalando que la posibilidad de utilizar indebidamente los conocimientos derivados del aislamiento de un gene es remota y creen que será antagonizada por la creciente responsabilidad de los hombres de ciencia. Apuntan además el hecho negativo de sacar a colación el fantasma del temor frente al conocimiento, fenómeno por demás antiguo, al cual atribuyen la muerte de Sócrates, la persecución de Galileo, el miedo a las ideas de Darwin y Freud. Indican luego la imposibilidad en que está el público general para dictar las pautas que nombran la actividad científica en razón de la naturaleza del saber fundamentalmente y del proceso de los descubrimientos (9).

Todo lo antes relatado es bastante indicativo de que la ciencia —para usar el lenguaje de actualidad— está "cuestionada" y sin lugar a dudas lo merece. Es más, podría añadirse que ella se ha convertido en una actividad de tan extraordinaria significación humana que debe permanecer siempre "cuestionada". G.S. Hammond, destacado químico de Callec (10), sostiene que la Ciencia y la tecnología están en desesperada necesidad de cambiar precisamente por haber sido extraordinariamente exitosas y destaca su preocupación por el rechazo del concepto tradicional de que la ciencia es buena por una parte apreciable de la sociedad.

Al plantear la cuestión de si la ciencia es necesaria, se puede intentar la respuesta en base a las dos acepciones de necesidad: inevitable y conveniencia.

INEVITABILIDAD DE LA CIENCIA

¿Podríamos en el momento actual desistir de la ciencia y sus aplicaciones? Un hecho simple es muy determinante para conformar la contestación: en la actualidad tan sólo un sector de la población de las naciones avanzadas rechaza la ciencia; las dos terceras partes de la humanidad ubicada en el tercer mundo están empeñadas en conquistar para sí este formidable instrumento de superación.

La vía hacia la ciencia ha sido el producto de un largo y penoso avance en donde destellos geniales marcaron los momentos de crucial significado. La duda sistemática y el principio de la inducción dejaron huellas trascendentes en este acontecer y ofrecieron los puntos de apoyo a la revolución científica. Estos hechos están integrados al desarrollo intelectual del ser humano, que es el fenómeno fundamental y más extraordinario de la evolución biológica. Podríase, en consecuencia, especular en el sentido de que la ciencia es la expresión más acabada del proceso evolutivo, el método más perfecto elaborado hasta el presente por el hombre para ganar el control de la naturaleza y facilitar su adaptación y supervivencia. El pensamiento llega a constituir el vértice de la complejidad en el orden natural y dentro de las limitaciones que plantea el marco de referencia donde puedan desenvolverse los fenómenos psíquicos, asegura un radio de acción de tal magnitud que garantiza la enorme flexibilidad demostrada por la especie. Las ideas se desplazan entre las coordenadas de un plano de apreciable libertad en donde la actividad creadora encuentra terreno abonado

Ernst Mach ha apuntado que el mismo proceso de la creación científica se desarrolla a la manera de las especies durante su evolución; se trata, en efecto, de la acumulación de los pensamientos y hechos que se van considerando más útiles para ajusticiarlos a la realidad y, en consecuencia, el rechazo deliberado y sucesivo de los menos apropiados (11). A este efecto conviene recordar que Kelvin ha definido la ciencia como una infinita serie de aproximaciones a la verdad (12).

Muchas especies han desaparecido con infructuosos ensayos de adaptación. Igual ocurrió hace millones de años con determinadas especies de Homo; de la misma manera puede el hombre actual encontrarse de pronto con que el tremendo poder que ha forjado a través de la ciencia y la tecnología se vuelva contra su progreso espiritual y material y lo aniquile. No obstante, ello no desvirtuaría la tesis de la inevitabilidad del desarrollo científico y tecnológico, cuyos más incipientes pasos se encuentran en los prehistóricos intentos de utilizar un trozo de roca para construir una herramienta o un arma.

El hombre tiende a vincularse indefectiblemente con sus creaciones y las transmite de generación en generación a través del fenómeno cultural. En muchos casos esta vinculación se hace tan íntima que se ha podido hablar de alienación: la subordinación del ser a la máquina es uno de los temas predilectos de los filósofos preocupados por el predominio de la técnica, en el contexto de la llamada deshumanización de la persona. Más, podríamos preguntarnos, ¿no son el pensamiento y sus creaciones parte esencial del potencial de diferenciación, que, al lado de la sublime finura que puede alcanzar la gama de sus emociones y sentimientos, ha conferido una dimensión superior a la especie?

LA CIENCIA ES CONVENIENTE

Comentemos ahora un poco sobre la otra aceptación de "necesario", aquella relacionada con la conveniencia o beneficio derivado de algo. En este sentido ¿es necesaria la ciencia? Para la mayoría que la cultiva, la investigación científica ofrece grandes alicientes y satisfacciones. Pero, para la considerable porción de la humanidad que disfruta de los bienes y servicios que derivan de la aplicación de los conocimientos y como contrapartida padece sus repercusiones negativas ¿cuál sería el balance?

Oigamos a Oppenheimer comentar sobre el significado cultural de la ciencia: "En los últimos años a través de los descubrimientos en química bioquímica y genética, nos hemos desplazado a grandes pasos hacia una comprensión del origen de la vida y de sus características con respecto a estabilidad, variedad, mutabilidad y forma. Ahora entendemos cómo bajo las condiciones prevalecientes sobre la tierra hace mucho tiempo, materiales orgánicos característicos de la vida tenían que formarse casi necesariamente a partir de materia orgánica. En la codificación, información contenida y transmitida por algunos ácidos nucleicos tenemos un comienzo de comprensión acerca de cómo la materia viviente instruye su progenie para que resulte un hongo, un elefante, un tulipán o un hombre. La comprensión sobre las estrellas y las galaxias es mucho mejor en la actualidad que la que poseíamos sobre los minerales de la Tierra hace un siglo. Incluso, entendemos bastante sobre la evolución e historia de las estrellas, cuándo se hacen brillantes u opacas, se desvanecen o explotan para formarse de nuevo a partir del polvo. Estamos en el proceso de hallar una respuesta sobre antiguas interrogantes planteadas en relación a la constitución de la materia. En este campo estamos tan asediados por las novedades, las paradojas y las dudas que no podemos escapar a la idea de que existe un nuevo y extraño orden que espera ser descubierto. Por primera vez estamos comenzando a aprender sobre las sutilezas de la percepción y la memoria. Sabemos que el mantenimiento mismo de las facultades racionales, por ejemplo, la habilidad de sumar y de restar e incluso la memoria, requieren un flujo constante de estímulos sensoriales imperceptibles" (12, 13).

En el mismo orden de ideas, Berkner afirma: "La ciencia es belleza creadora en su más alto sentido. Suministra un criterio sistemático y confiable para la aplicabilidad universal de la búsqueda platónica de lo armonioso, lo bello y lo deseable". Y luego, con relación al impacto de la ciencia sobre la visión filosófica del mundo, asienta: "...los aspectos completamente racionales de la experiencia humana deben ser incorporados continuamente a la filosofía global de la sociedad reemplazando a las presunciones *ad hoc* establecidas previamente. Este proceso de articulación del pensamiento científico racional a la filosofía global no debe desplazar al humanismo: debe al contrario proveer al humanismo de una base mucho más amplia que le permita elevarse a nuevas alturas" (14).

Los aspectos mencionados en estas citas son del mayor interés, ya que tiende a olvidarse las profundas transformaciones que el desarrollo científico ha producido en la mentalidad de los seres, abriendo sus horizontes, despojándolos de supersticiones profundamente arraigadas, ofreciendo la oportunidad de una comprensión mucho más amplia y profunda del propio ser, de sus relaciones sociales y del orden natural. Este sólo logro justificaría plenamente a la ciencia.

Interesa también señalar las repercusiones materiales de la ciencia. La ciencia y la tecnología pueden suministrar en el presente las facilidades para eliminar multitud de penalidades, el hambre y el sufrimiento. El acortamiento progresivo de la jornada de trabajo y la preocupación que ahora se eleva en los países de máximo desarrollo sobre el destino del tiempo libre son índices del éxito en la lucha contra la necesidad.

J. D. Bernal en su obra ya clásica publicada en 1939 sobre la "Función social de la Ciencia" y en numerosos escritos posteriores, ha hecho resaltar con reminiscencia baconianas el impacto de los conocimientos para atender a las necesidades colectivas. En uno de sus artículos recientes (15) establece que "La revolución científica ha entrado en una nueva fase, se ha hecho autoconsciente. Este hecho ha sido reconocido en el mundo de los negocios y de las finanzas estatales. La investigación es la nueva mina de oro ...la inmensa rentabilidad del trabajo científico se ha aceptado plenamente y en una era de competencia comercial e internacional, la aceptación de este concepto por un país significa la aceptación por todos con grados variables de demora... las economías de las naciones modernas no son ya consideradas como economías fluctuantes sino como economías de crecimiento. La magnitud del crecimiento del producto nacional bruto se toma ahora como índice del estado de salud de la economía nacional y hasta de supervivencia en los países adelantados industriales. El poder llegar a un aumento meramente tolerable del producto nacional bruto de un 4%, depende en primer lugar de la cantidad de investigación acumulada que pueda aplicar en la actualidad; pero también, el aumento en el futuro dependerá de la cantidad de investigación que se esté realizando en el momento actual. Además, el tiempo de latencia de aplicación de conocimientos se ha acortado considerablemente; las nuevas ideas, especialmente en los campos que avanzan más rápidamente, tales como mecanismos de control, pueden llegar a ser aplicadas en el lapso de uno o dos años después de su descubrimiento".

Y sigue Bernal: "En el momento actual pienso que hemos subestimado de manera marcada el uso de la ciencia fundamental. La más rápida y segura rentabilidad debería ser obtenida a partir de una comprensión más profunda de la naturaleza. Mucha de la llamada ciencia aplicada es ciencia obsoleta aplicada; los métodos de aplicación son todavía más obsoletos que la ciencia que aplica" ... "Desde que fuese publicada la "Función Social de la Ciencia" el rendimiento por hombre en agricultura se ha triplicado y de manera correspondiente el número de personas dedicadas a estas labores se ha reducido a 2,5% de la población en EE. UU. y a 5% en Gran Bretaña; ello coincide con un porcentaje correspondiente de cerca de 70% en las zonas más pobres del mundo".

Ya se han mencionado antes algunas repercusiones indeseables de la ciencia y la tecnología. No todo es hermoso y adecuado en la época actual. Frente a la liberación intelectual del hombre de viejas supersticiones se encuentra la inseguridad y la angustia de muchos que ven derrumbarse los ídolos sobre los cuales descargaban sus inquietudes; un estado de salud desconocido para la historia se relaciona a la explosión demográfica que crea un ambiente de tensión y competencia más acentuadas para asegurar la supervivencia; las megápolis tienden a proliferar con los consiguientes problemas de hacinamiento y deficiencia de viviendas, transporte, salud, educación. Los adelantos en comunicaciones nos hacen sentirnos miembros de una comunidad mundial, en tanto los medios de opinión son usados sistemáticamente para exaltar las emociones más primitivas y la subordinación política. Una producción extraordinaria de bienes y servicios contrasta con la ruina de la naturaleza que de continuar puede transformar a nuestro planeta en un cuerpo celeste inhóspito, con sus recursos arrasados, su atmósfera empobrecida en oxígeno y cargada de sustancias tóxicas, la flora y la fauna destruidas y las aguas dulces reducidas y contaminadas. En el ámbito internacional en virtud del desequilibrio de poder, los países subdesarrollados difícilmente pueden escapar de la tremenda fuerza de coerción de los superpoderes y se convierten en meras piezas del mecanismo que aquellos manejan a su antojo.

Los hechos negativos antes señalados no llegan, sin embargo, a pesar de todo, lo suficiente para rechazar a la ciencia y sus aplicaciones. La alternativa salida que está planteada es la elevación máxima de la responsabilidad social frente al uso de los conocimientos. Ciencia y conciencia son los requerimientos de la hora como se dijo una vez desde esta misma tribuna (16). Se ha creado mediante la investigación un mundo nuevo de mucha mayor complejidad que exige crecientes aportes de la inteligencia para atender a sus dificultades. Las dificultades habrán de ser vencidas con más ciencia, pero con ciencia éticamente orientada.

El biofísico de la Universidad de Michigan, John Platt, asegura que "No debemos desanimarnos o caer en la desesperación porque los procesos históricos no son instantáneos o en razón de que las primeras soluciones hayan de ser corregidas por segundas y hasta por terceras soluciones" (17).

¿ES NECESARIA LA CIENCIA EN VENEZUELA?

Tendemos siempre a proyectar nuestros pensamientos hacia la situación general de la ciencia en los países de mayor adelanto. Comentamos sobre energía nuclear, computadoras, viajes espaciales y satélites, automatización, como si nosotros fuésemos actores activos en todos estos desarrollos. Nos contagiamos de la preocupación de problemas lejanos en virtud del diario impacto de las comunicaciones de masas. No nos detenemos a pensar a menudo que sólo somos usuarios de algunos de esos progresos y que por ello tenemos que pagar pesado tributo. No podemos, por tanto, plantear nuestros problemas en los mismos términos en que se configuran en las sociedades de las naciones industrializadas. Por desgracia, estamos lejos de estar saturados de máquinas, de computadoras, de industrias; no podemos afirmar precisamente que representamos una sociedad de consumo, cuando miles de venezolanos carecen de las facilidades esenciales requeridas para una vida normal. La situación real es que estamos penetrados por las naciones que, si cuentan con esos progresos y que sacan de nosotros grandes beneficios entre discursos amistosos y sonrisas diplomáticas, la dificultad nuestra es una deficiencia absoluta y relativa del avance científico que nos mantiene en el mayor desamparo en relación a las posibilidades de lograr un desarrollo autónomo, una cuota razonable de independencia. Debemos incorporar la ciencia y la tecnología a fin de recuperar el denso sector de la población que permanece marginado y que puede y debe disfrutar de los bienes y servicios requeridos para su elevación espiritual y material. Si para las naciones avanzadas continúa siendo importante el avance de la ciencia, para nosotros es además imprescindible y urgente; se proyecta, sin lugar a dudas, como un requisito esencial para el desarrollo.

Año tras año, AsoVAC desde su fundación ha insistido en estos aspectos. Hace más de décadas quizás no se veía con tanta claridad como hoy la importancia de esta cuestión para la colectividad. No obstante, el grado de percepción demostrado por los diferentes gobiernos que ha tenido el país no se ha incrementado visiblemente. El Estado venezolano no se ha interesado debidamente en impulsar la ciencia y la tecnología y apenas pueden registrarse algunos logros. La actitud de los dirigentes políticos habrá de modificarse substancialmente si desean que su labor de transformación nacional sea verdaderamente efectiva y profunda. Los recursos económicos destinados en el presente a la ciencia son de una insuficiencia tal que resulta muy difícil encontrar un proyecto único de investigación en países adelantados al cual se haya adjudicado una cifra semejante. La conciencia de esta realidad debe ser un estímulo para que los mismos investigadores se conviertan en elementos de presión que impulsen la movilización de fondos destinados a la formación de científicos y el subsidio de sus labores. No se trata de una gestión egoísta, se persigue un objetivo noble que cabe plenamente dentro del concepto de responsabilidad social. No sólo existe indiferencia por la ciencia en los estratos de la población de menos nivel cultural o que participan en actividades en donde no se aprecia con nitidez el hecho de que las modernas sociedades se desplazan sobre un substrato científico y técnico; en el campo profesional, en donde se usa la ciencia a diario en la resolución de multitud de problemas prácticos y en los mismos centros de enseñanza que difunden los conocimientos, el desdén por la investigación científica no es un fenómeno extraño. Se puede afirmar con toda certidumbre, que una de las tareas más formidables que tenemos por delante es injertar la investigación científica en las Universidades; lograr que la producción científica alcance la magnitud y calidad que caracteriza a un centro superior del saber en las naciones avanzadas.

Compete también a los investigadores una participación activa en el diseño y ejecución de la política científica y ayudar tesoneramente a recoger la experiencia negativa acumulada en otras latitudes para poder sortear con éxito los errores que han tenido tan desfavorable repercusión no sólo en cuestiones concretas tales como las antes señaladas, sino en la misma configuración de la imagen pública del científico.

Deseamos concluir afirmando que el proceso de desarrollo científico y tecnológico es inevitable, que la ciencia y sus aplicaciones son deseables, que las repercusiones dañinas relacionadas con el mal uso de los conocimientos pueden y deben ser erradicadas mediante una expansión considerable de la responsabilidad social en particular de los propios científicos y que —por último— el avance científico es imprescindible y urgente para Venezuela, si el país quiere alcanzar un nivel adecuado de desarrollo.

REFERENCIAS

(1) De Venanzi, Francisco. (1952). "El Sentido Social de la Ciencia". *Acta Científ. Venez.* **3** (2), 46.

(2) White. J. L. (1966). "Science. Scientists and Politics". *Science and Society*. Edit. Vavoluis, A. y Wayne Colver. A. Holden-Day. San Francisco. pp. 69-72.

(3) Synge, R. L. M. (1965). "Science for the good of your Soul". *Science and Society*. Edit. Goldsmith. M. y Mackay A. Simon & Schunter. NY. p. 174.

(4) *idem*, ref. 8 en p. 172.

(5) Bernal J. D. (1964). "After Twenty-five Years". *Science and Society*. Edit. Goldsmith, M. y Mackey, A. Simon & Schster. NY.

(6) Burhop, E. H. S. (1964). "Scientists and Public Affairs", en *Science and Society*. Edit. Goldsmith, M y Mackay, A. Simon & Schuster. NY. pp. 36, 39 y 40.

(7) Comentarios. (1970). *Science*, **167** (3924), 475-76.

(8) Glassman, J.K. (1970). "Harvard Genetics Researcher Quits Science For Politics". *Science*, **167** (3920),963.

(9) Fresco, J. R. Hess, G. P. Russell, R. L. Brown. et al. (1970). Letter, *Science*, **167** (3926), 1968.

(10) Hammond. G. S. (1970). Editorial *Ceen*. March 28: 5.

(11) Schrodinger, E. C. (1966). "Is Science a Fashion of the Times". *Science and Society*. Edit. Vavoulis, A. y Wayne Colver, A., Holden-Day. San Francisco. p. 55.

(12) Bassey, M. (1968). *Science and Society*. University of London Press Ltd. London. p. 63.

(13) Oppenheimer. R. (1964). "Thoughts on Art and Science". *Science and the Future of Mankind*. Edit. Boyko, H. Dr. W. Junk Publishers. La Haya. pp 30 y 31.

(14) Berkner, L. V. (1965). *The Scientific Age*. Yale University Press. New Haven. pp. 85 y 88.

(15) Bernal, J. D. *Loc. Cit*. pp. 209

(16) García Arocha, H. (1960). "Vocación y Conciencia del Hombre de Ciencia". *Acta Científ. Venez.*, **11** (4), 76.

(17) Platt., J. (1970). Comentarios. *Ceen*, March 9: 5ª.

───●───

HABILITACIÓN DE LAS HUMANIDADES Y LAS CIENCIAS SOCIALES

Al otro lado del experimentalismo se sitúan las humanidades y las ciencias sociales. Entre las humanidades, otro gran emigrante español hace historia entre nosotros: el pensador Juan David García Bacca[73] (1901-1992) quien, de la mano del escritor Mariano Picón Salas (1901-1965), llega al país en 1946 para fundar la Facultad de Filosofía y Letras de la UCV. Allí se dedica a la investigación y la docencia hasta 1971, cuando oficialmente se jubila. No obstante, sólo dejará de ejercer formalmente sus funciones 14 años después, cuando retorna al Ecuador de su familia.

La obra de Juan David García Bacca cuenta con más de dos mil títulos en los que él aborda lo estrictamente filosófico —para unos existencialista, para otros marxista— más una inmensa diversidad de otros asuntos que van desde música hasta poesía; escritos todos que, por su belleza y elegancia, así como por su contenido, le hicieron merecedor del Premio Nacional de Literatura en su edición de 1978.

Lamentablemente, y a pesar de ello, en Hispanoamérica por muchos años no obtuvo el reconocimiento que merecía por su quehacer intelectual, muy probablemente debido a su heterodoxia en lo intelectual, en lo religioso, en lo personal y hasta en lo político; esto último, alimentado por su condición de exiliado y perseguido por la España franquista. Por fortuna, hacia el final de sus días, ese reconocimiento poco a poco fue remontando en el viejo continente: fue condecorado por el Rey de España y recibió el Doctorado Honorífico de la Universidad Complutense de Madrid. Hoy en día, su obra es cada vez más consultada por pensadores alemanes, franceses y anglosajones, quienes la valoran positivamente en atención a sus originales aportes al pensamiento universal.

Gran parte de su creación intelectual la realizó desde el Instituto de Filosofía en Caracas, donde formó escuela y educó a legiones de futuros científicos que asistieron a sus clases de Filosofía de la Ciencia —obligatorias para los estudiantes de la Facultad de Ciencias de la UCV—, a quienes les remachaba su mantra:

> Que la filosofía (...) deje de ser coto, dominio de propiedad privada de filósofos, y pase a ser dominio común de literarios, músicos, poetas, matemáticos, físicos y técnicos, quienes puedan ayudar a los filósofos de profesión y vocación a solventar (...) problemas, cuestiones, teorías filosóficas, sacándolas (...) de la fase mágica: ideas, fórmulas, gestos mágicos, a la fase de palestra, campo de experimentación, mundo de aventura, malaventura o bienaventura.

García Bacca produce una vastísima obra de investigación, en la cual es posible distinguir tres grandes vertientes: filosofía de los saberes, de la técnica y de las ciencias, donde brilla su singular visión de lo antropológico; lógica matemática, y traducción de los clásicos. García Bacca fue el primer filósofo de habla hispana en elevar el marco teórico y conceptual de la lógica formal a la dignidad de las grandes metodologías filosóficas (Beorlegui y Aretxaga Burgos, 2014) o en acertadamente revisar textos clásicos aportando reveladoras acotaciones. Como texto antológico se presenta un ensayo titulado "Choques científicos contra el fondo filosófico", recogido de su libro *Autobiografía Intelectual y otros Ensayos*, publicado por su Universidad Central de Venezuela en 1983 (García Bacca, 1983). Un auténtico *tour de force,* una singular invitación al investigador para que medite sobre su quehacer.

—Artículo—

JUAN DAVID GARCÍA BACCA. "CHOQUES CIENTÍFICOS CONTRA EL FONDO FILOSÓFICO"

Choque primero: Contra las nociones aristotélico-tomistas de finito e infinito. Todavía intactas, inatacadas en 1928.

Por entonces cayó en mis manos, en mis ojos, la *Einleitung in der Mengenlehre*, de Frankel (edición de 1928). Y por ella me enteré de los transfinitos de Cántor. Mejor, chocaron estruendosamente con mis nociones de finito e *infinito*.

Para el griego Aristóteles, lo finito definible, llegado a definido —y expresado en definición— está ya en estado perfecto (en-telequeía). Lo finito definido es perfecto. Infinito es, por ello, in-definido, in-definible, in-determinado: imperfecto. *Apeiron* significaba todo eso. Ningún griego consideró como atributo digno de ningún ser lo de *infinito*. Tomás de Aquino, provenga de lo que proviniere la inversión, creerá que *infinito* es atributo supremo: que Infinito es lo máximamente definido: lo máximamente perfecto. Constitutivo digno de Dios. Y tono (modo) en que se hallan siendo todos sus atributos —sabiduría, bondad, justicia, poder... Y, por inversión, todo lo finito, lo bien definido, es imperfecto. No cabían mayores inversiones de lo griego. Inversión que es realmente un *híbrido* aristotélico tomista.

Entre finito e infinito se da lo transfinito, perfectamente definido por leyes propias determinadas. A las preguntas, *vgr*.: "¿cuántas son infinitas ideas, infinitos conceptos, infinitas creaturas... ?", no basta con decir y probar vagamente que son infinitas. Con Cántor se puede ya preguntar: "¿son tantas o tantos cuantos los números enteros, los algebraicos, los transcendentes, los reales... ?". Si Dios, por ejemplo, tiene infinitas ideas, y puede crear infinitos seres... ¿cuántos? ¿Tantos cuantos los enteros, los reales? Y ¿con qué orden entre ellos? ¿Contarlos con qué transfinito, cardinal y ordinal?

El híbrido-infecundo matemáticamente: cardinal y ordinalmente de *infinito*, aristotélico-tomista, deshácese por los transfinitos de Cántor, tratados no sólo como y con números, sino con conjuntos; que su teoría es lo que la escolástica denominó unidad y multitud transcendental, superior y diversa de la cuantitativa finita. A unidad y multitud dedica Tomás de Aquino dos artículos en la cuestión XI de la primera parte de la *Suma*. Los transfinitos, cardinales y ordinales, desdefinen lo finito y deshacen la vaguedad de infinito. Espacio, tiempo, número continuo, movimiento... dejan de ser finitos o infinitos en potencia, jamás infinitos en acto; más pudieran ser transfinitos, perfectamente determinados por funciones, por leyes matemáticas. La vaguedad del híbrido finito-infinito deshace la teoría de los transfinitos cardinales y ordinales. A mis 26 años yo sentí el choque, y los destrozos que causaba. ¿Cuántos aristotélico-tomistas lo han sentido, y valiente y sinceramente aplicándolo a todo: *a todo dios*?

Choque segundo. Lógica matemática (simbólica, formal, teorética) de Hilbert-Ackermann (*Grundzüge der Theoretischen Logik*, 1928).

Descubierto en el anticuariado de Kitzinger (en Munich) —y adquirido para lectura durante el viaje de vacaciones de Alemania a España entre los semestres de verano e invierno (1929-1930), trocose de curiosidad en *choque*. ¿Tratamiento calculatorio de la lógica? Perfecto —esto fuera lo de menos. *Axiomático*, y esto es lo definitivo. Todas las leyes lógicas conocidas —desde principios cual identidad, contradicción, disyunción... pueden deducirse de cuatro axiomas y dos reglas. 'El paso, o descenso, de ser principio a ser secuela: de *principios de identidad, contradicción... a teorema*', a demostrados... invertía su posición y valor en lógica aristotélica y pasaban a ser principios, o axiomas, fórmulas más hondas, y extrañas, que regían a la lógica aristotélica, y la reducían a lógica derivada: a caso insignificante de una lógica más fundamental.

Respecto de semejante lógica todos los tipos de proposiciones —teológicas, filosóficas, físicas, matemáticas...— descendían al mismo nivel para todas: a casos de fórmulas. Tanto, y más, que los números enteros son casos insignificantes de una fórmula algebraica.

Que la abstracción lógica es la suprema, y constitutiva de la ciencia lógica, desciende a ser caso tan vulgar como la abstracción física.

Choque tercero. De axiomática general contra filosofía de Fondo. La obra *Grundlagen der Geometrie*, de Hilbert, es de 1900. Pero actuó sobre mí cual choque al ponerme el año 1944 a traducir y valorar filosóficamente los *Elementos de Geometría* de Euclides. (Edición UNAM). Hilbert presenta una axiomática perfecta que incluye no sólo los axiomas catalogados explícitamente por Euclides, sino los implícitos y actuantes. Total 20, en cinco grupos; en contraste con los cinco postulados (*aité-mata*), de Euclides. Pero lo decisivo no es tanto el número explícito de lo implícitamente contenido y actuante, sino que los axiomas (20) son no sólo compatibles o no contradictorios entre sí; ni lo es el que sean suficientes (completud) para demostrar todos los teoremas conocidos y los por conocer si se los formula con las nociones básicas; sino que son independientes unos de otros. Lo cual viene a decir que se puede afirmar o negar uno, conservando los demás; y son deductibles teoremas, es decir: dan una ciencia completa; y son posibles, e igualmente válidas, otras. Así el *"postulado de las paralelas"* (el III de Hilbert y el V de Euclides), por ser independiente de todos los demás puede ser tomado afirmativa o negativamente: "Que no cabe más que una paralela, etc., que caben más de una, que no cabe ninguna". Que son, pues, equiposibles y equicientíficas geometrías cual la Euclídea, la Riemanna, la de Bolyai. Y así respecto de todos y de cada uno de los restantes 20 axiomas. Pluralidad de geometrías.

La geometría que parecía, por siglos y aun milenios, ser la única posible; la monopolizadora de la verdad geométrica, resulta estudiada axiomáticamente, una entre más. La unicidad geométrica no existe. Como se sabe, no hay algo así como única aritmética posible... Todo lo cual viene a decirnos —vino a decirlo a quien todavía creía, con conciencia científica tranquila, que la verdad en todos los órdenes es no sólo una, sino única— que *Verdad* es un plural; tanto, por decirlo así, como *Flor* es, dichosamente, un plural: *flores*; y *Fruta* es, saboreable, en *frutas*. *Verdad* ¿no será, dichosa y viviblemente, *verdades*? *Verdad* geométrica, aritmética, filosófica, teológica, moral... ¿no será real, dichosamente, viviblemente, *verdades* geométricas... teológicas...?

Choque, golpe —descomunal, desconcertante— contra *unicidad* de Verdad; ¿y contra los *monopolios* que por tal unicidad se justifican y practican?

Choque cuarto. Contra la preeminencia de la proposición.

Hablar en proposiciones —no en exclamaciones, deseos, oraciones, maldiciones o bendiciones, himnos, alabanzas...— pareciera y me lo pareció durante tantos y tantos años, a mí, y es lo menos importante, sino a todos los lógicos, comenzando por Aristóteles, ser condición necesaria para hablar científicamente —filosóficamente, teológicamente, matemáticamente... Pero allá, en 1934, en el curso de filosofía de las ciencias que estaba dando, inaugurando, en la Universidad autónoma (con la autonomía otorgada por la República a Cataluña), me serví de la obra *Concepto de sustancia y concepto de función*, de Cassirer (publicada en 1910). Al estudiarla ese año — "no es lo mismo leer que entender lo leído"; A. Machado tenía razón una vez más— el choque que yo recibí, lo transmití, me consta, a mis oyentes. Pocos y escogidos. Con proposiciones: modelo, las viejas: "El hombre es animal racional" o "dos es par", se podía hablar de todo —tal se creía—; a una sustancia con carácter de sujeto podía, y tenía que, atribuirse predicados. Y al asignarle todos y solos los suyos resultaba *definición*. Así se hablaba y tenía que hablar; y no había otra manera correcta de hablar de todo: de dios, dioses, héroes hombre, números, figuras, virtudes, vicios, luna y sol, agua y fuego... La estructura "sustancia y propiedades de ella" subtendía y justificaba la estructura de sujeto y predicado, la de proposición enunciativa. La óntica regía la ontología y la lógica. Pero la ciencia, a partir del Renacimiento, tuvo que inventar lenguaje nuevo: el matemático, en que no hay ni sujeto ni predicado, ni afirmación ni negación, ni sintaxis gramatical ni ortografía, regida por la lengua; y no hay ni vocales ni consonantes... La gramática científica —aritmética, algebraica analítica... y, por tanto, la gramática de una física matemática, de una geometría analítica... se rigen por otra estructura: la de *función*.

La fórmula más sencilla —delicada y aprovechadamente, traída por Cassirer— en tal obra: la fórmula cuadrática de las cónicas: $X2+y2+axy+bx-cy+d=0$ no es legible, ni pronunciable, ni inteligible. Mas es aprovechable científicamente o intrinsecable reguladoramente en instrumentos. La necesidad que de la lengua natural —con vocales, consonantes, proposiciones...— tienen y han tenido, como necesidad natural, todos los conocimientos —teológicos, filosóficos, morales, políticos— de siglos pasados, es necesidad dictada por la fisiología elemental del cuerpo humano. Es necesidad fisiológica, corporal: impuesta al alma por su cuerpo. ¿Que hasta Dios ha tenido que hablarnos en tal lengua, y ha tenido que hablar él consigo mismo en tal tipo de lengua? En ella han tenido que hablar, y han creído que era la *única* manera de hablar todos: Platón, Aristóteles, Tomás de Aquino...

El monopolio de la lengua natural y de su gramática, queda destruido por el invento, no natural, de la lengua matemática, algebraica, simbólica. O, reducido a la afirmación de Cassirer: el concepto de sustancia ha quedado sobreseído, sustituido, por el de función.

Del golpe de *función* no se puede reponer el de *sustancia*, si todavía hablamos según gramática natural proviene de la fisiología; no de ninguna clase de palabra "divina". ¿Todavía pediremos que Dios nos hable en hebreo, latín, griego, castellano... ? ¿Que nos tenga que hablar en estilo fisiológico? Si ya no tenemos que hablar de nada, de lo más profundo, sutil y potente de lo real —en física, química, astronomía...— con lenguaje natural, fisiológico, ¿por qué no pedir a Dios o a los hombres, o algunos de ellos para comenzar, que nos hable en lenguaje funcional, matemático, simbólico, formal? Tales lenguajes funcionales ¿no podrán ser ya lenguaje en que Dios, conciencia, fondo del universo se *nos* revelen? ¿No se está usando para pasearse por el Cielo el lenguaje funcional? Pero estos, y parecidos interrogantes, me remiten a autobiografía teológica —excluida del trabajo, confesión actual.

Choque quinto: El científico contra la estructura *filosófica* de la ciencia.

Como estudiante de física teórica en Munich había seguido las lecciones de Sommerfeld sobre teoría de la relatividad. Él fue el primero que aplicó tal teoría a la estructura de las líneas espectrales de los átomos. *Atombau und Spektrallinien*, 1929.

Pero, una vez más, modulando la sentencia de Machado, "una cosa es haber seguido un curso de teoría de la relatividad; y otra haber percibido, entendido el golpe, el choque que su originalidad daba a la teoría de la ciencia"; y en mi caso, a la teoría clásica aristotélico-tomista. El golpe descendió, dicho en terminología de Freud, a la subconciencia. La teoría aristotélico-tomista reprimió, represó, el golpe, hasta 1941 en que publiqué en México (editorial Séneca) un volumen entero de 295 páginas dedicado a teoría de la relatividad —memorias fundamentales de Lorenz, Minkowski, Einstein, Weyl, axiomática de Reichenbach, con introducciones y notas. El prólogo a tal obra, en sus 58 páginas, acusaba el golpe; salíale a la cara de la teoría aristotélico-tomista. ¿En qué se condensaba y conocía el golpe?

Según los *Analíticos Posteriores* de Aristóteles, la ciencia es un contexto de proposiciones verdaderas, evidentes, ciertas firmes, necesarias. Digamos breve y resumidamente que "ciencia es un contexto de proposiciones en un tono (modo de verdad necesaria)". Por *necesario* no puede, tiene más bien que desarrollarse según las correlaciones de principio a secuelas, de axiomas a teoremas. La ciencia, así constituida, no puede ser refutada por hechos; no puede progresar por experimentos. ¿Qué clase de hechos, de sucesos, podrían demostrar o destruir los principios de la lógica, constituida en ciencia, en estado científico? ¿Qué experimento —trato artificial— pudiera destruir, refutar, el teorema de Pitágoras? Todo lo que esté en *estado de ciencia* es inmutable, eterno, necesario, irrefutable. No hay, ni puede haber, hechos en contra, experimentos en contra. Pues, bien: un *hecho*: la igualdad de masa inercial y gravitatoria y un *experimento*: el del interferómetro de Michelson, no destruyen, propiamente, la ciencia física newtoniana, o física en estado de ciencia matemática; hacen un efecto espectacular, imprevisible e inconcebible: surgimiento y establecimiento de una ciencia física nueva que reduce la newtoniana a caso particular, sin privilegio de *unicidad* de verdad; y ciencia de nuevo estilo porque entra en sus leyes matemáticas un hecho: la constancia de la velocidad de la luz; su carácter de velocidad máxima: su valor de 300.000 km por seg. Y además llevan sus fórmulas incrustada una relación fáctica: la igualdad de masa inercial y gravitatoria. Y tal tipo de ciencia compleja: de ciencia y experiencia, de funciones y aparatos, de ley y de hechos, hace progresar la ciencia; no por evolución homogénea, por desimplicación de lo idéntico, por virtud del principio de identidad mediata o inmediata. Ciencia de tipo sintético *a priori*, con incrustaciones de *a posteriori*. Montaña con diamantes.

Choque sexto: Contra la teoría aristotélico-tomista de la individualidad. Teoría cuántica de Heisenberg.

Todavía en mis años de Munich (1929-31) se comentaba en la Universidad el fracaso de una teoría de Heisenberg sobre la superconductividad de ciertos metales. Por natural curiosidad leí sus *Principios físicos de la teoría cuántica* (1950). Pero, una vez más, se cumplió lo de Machado, que no es lo mismo leer que haber entendido; sobre todo, entendido filosóficamente, y apercibídose del golpe demoledor que asestaba a ciertos conceptos filosóficos clásicos ya hasta en la física newtoniana y la relativista; y aun en las teorías atómicas de Bohr... Me sentí en 1941 golpeado en el *principio filosófico clásico*, adoptado inocentemente hasta por físicos, de *individuación*. Todo lo real y todo lo de todo lo real no puede ser real, sino individuado. La unidad de individualidad es condición necesaria para ser real. Dicho fraseológicamente: tienen sentido real las proposiciones "*este* hombre tiene *esta* razón y tiene *esta* voluntad y tiene *este* lugar en este momento y con *esta* cantidad de movimiento y *este* color... y es *esta* sustancia, y tiene *estos* accidentes y es *este* hombre". Todo lo real es, está, necesariamente, individuado y *tiene, a la vez, en unidad*, individuado todo: desde ser, por sustancia... hasta esta cantidad... Inclusive cuando se dice, con su poquito de novela filosófica-teológica que los espíritus (los ángeles) son cada uno de una especie, esa unidad de especie es su unidad individual. No hay, ni puede haber, más que un Gabriel. Los físicos clásicos, como Newton, y aun los físicos cuánticos, como Bohr, creían, sin más, que no sólo tienen sentido científico físico —sino además tal sentido físico es experimentablemente comprobable— las frases o programas experimentales: *este* electrón pasa en *este* momento por *esta* rendija con *esta* cantidad de movimiento. ¿Todo individuo físico —protón, electrón, fotón, *a fortiori* sol, luna... hombre...— es *este*, *único*; y tiene *estifactas*, a la vez, de una vez todas sus propiedades, sobre todo las básicas: masa, lugar, energía, tiempo, momento.

Pero Heisenberg —prescindamos de los motivos que le llevaron a sospechar primero, programar después y estudiar los experimentos que creían regirse por tal principio de total individuación de toda categoría física, y notar su fracaso— afirmó que la realidad estaba regida simultáneamente por un principio de indeterminación, en virtud del cual la individuación de una categoría, o magnitud, llevaba adjunta la desindividuación de su conjugada. Que, por ejemplo, si un (*este*) electrón pasa por esta rendija (está, pues, en *este* lugar), su cantidad de movimiento (impulso) queda indeterminado, *desindividualizado*; diría, se lo dijo a sí mismo el autobiografiado. Mas, para desconsuelo de filósofos ignorantes de física y matemáticas —y consolados con lo que dice la frase, mal traducida, de "principio de incertidumbre"— tal indeterminación, no sólo consiguiente, sino simultánea con determinación dentro de una misma realidad, está formulada en fórmula *determinadísima*; la famosa de pq-qp=h/2pi, que fija el ámbito de la indeterminación de la categoría o magnitud conjugada de realidad.

Para desconsuelo del breve consuelo, tal principio, tal indeterminación simultánea, a la vez y a la una, con determinación, afecta a las realidades básicas de nuestro universo, y del hombre: átomos, electrones, protones, moléculas... y aun a cuerpos cual sol, luna; y la misma fórmula indica la magnitud de tal individuación desindividuante. Magnitud inexperimentable por ahora, dada la finura actual de los instrumentos, en ciertas realidades, pero experimentable y experimentada en los componentes básicos del universo y cada uno de nosotros.

Dicho ya clara, distinta y escandalosamente: el individuo no tiene, ni puede tener todo lo suyo en el mismo grado de individuación. La individuación en *esta* categoría (cantidad, movimiento, masa, energía...) desindividúa según ley, según fórmula, otra categoría de las tenidas por individuadas. La individuación desindividúa. No hay principio de individuación. Mas desindividuar, por haber individuado, es una real y original manera de universalizar. Ningún individuo puede llegar a ser mónada. Si los átomos, moléculas, electrones... de cada uno de nosotros no pueden ser míos, a la vez, a la una, en todas esas categorías, tan fundamentales como posición en el lugar y cantidad de movimiento, o duración y energía... yo, este, hombre —Sócrates, Jesús... Juan David García Bacca— somos y tenemos que ser a la vez, a la una, *este* -y-*universal*; *este* en *universo*, vinculados este y universo en la misma realidad y según ley físico-matemática. Nada de vaguedades.

Sólo en cuerpos, vivientes o no, grandes —cual los de hombre... sol, luna...— el componente de desindividuación, de cosmicidad, resulta tan pequeño —con pequeñez, no obstante calculable y en principio observable— que pudo pasar desapercibida, y lo pasó, para Platón, Aristóteles, Tomás de Aquino... Newton, Laplace, y Bohr mismo.

¿Hasta cuándo pasará desapercibida, en sus secuelas filosóficas, para los filósofos actuales? ¿Por qué se han de dar por enterados de que han venido al mundo Heisenberg, Born, Jordan, Schrödinger..., a perturbar la tranquilidad, evidente, del *principio de individuación*? ¿Yo no soy íntegramente yo? ¿Lo mío no es íntegramente mío? ¿Limitación aun del Yo transcendental?

Choque séptimo: científico. Contra las modalidades filosóficas. Posible, real, necesario son las modalidades, o tonalidades, que pueden afectar, en principio, a los seres y a todo lo de ellos. En verdad, "ser no se puede ser, sino siéndolo *realmente*". Lo necesario es necesariamente real; tiene que llegar a ser necesariamente *real*; y lo posible degenera en imposible, en inconcebible, sino es, si no llegar a ser. Necesario, real, posible son *modos*; no son atributos —cual racional, sustancia, cantidad, acción, relación, viviente...— que puedan constituir seres. A el Necesario no corresponde nada, ningún ente; cual sólo eso de "Do mayor" no constituye ni suena a melodía o tema o sinfonía musical alguna. Igual se diría de lo *posible o lo real*.

Las modalidades compuestas —trabalenguas y trabaconceptos, para los clásicos desde Aristóteles— necesariamente real necesariamente posible, posiblemente real, posiblemente necesariamente real, realmente posible"... NR, NP, PR, PNR, RNP NRP, etc., no pueden ser constitutivos de ningún ente. Al NNN nada puede corresponder —cual nada resuena ni puede, a ello sólo sonar a Do menor, Mi bemol mayor, Fa mayor...

El necesariamente posible, el necesariamente real, son tonalidades sin música —Sinfonía, Sonata...; sin *entes*—, Dios, dioses... vivientes, números, fórmulas...

La interpretación estadístico-probabilística de Born y Jordan, y los diversos tipos de estadísticas cuánticas, rectoras de las partículas fundamentales del universo —electrones, protones, fotones... que son las *nuestras*; y aun el tratamiento estadístico de nebulosas, gases, en el universo, en el Cielo— todo ello resumido en la frase, escandalosa física y filosóficamente, de "concepción probabilística del universo", me hizo sospechar —la sospecha es atentado filosófico— que probabilidad, cálculo de probabilidades, no sólo *sustituía* ventajosamente, con ventaja para ese tipo de ser real, comprobable aun instrumentalmente su realidad, sino que *era el constitutivo* de toda realidad, adaptable a cada tipo de ella. A *el* Necesario, o a *lo* necesario nada responde; igualmente, a lo imposible nada corresponde. Pero "máximamente probable, mínimamente probable, mayormente probable" constituyen original curva de Gauss, que hasta las compañías de seguros provechosamente explotan, y explotamos al asegurarnos. El procedimiento estadístico es experiencia de realidad. La probabilidad tiene leyes matemáticas; desde Pascal se lo sabe y aplica. A las palabras y conceptos vagos de "azar, suerte, contingencia, ventura" nada responde.

En 1949 publicaba Max Born la obra *Natural Philosophy of Cause and Chance*. Causa y determinismo van unidos. Y Causa suprema, primera, y determinismo van superlativamente unidos. Los teólogos lo supieron. Predestinación ¿compatible con libertad? Max Born trata de demostrar a lo largo de la obra que Azar, Probabilidad, Cálculo de Probabilidades dominan lo real, sin producir determinismo causal.

Causalidad, determinismo, necesidad son trío adorado de la filosofía natural, física, desde Newton, hasta Einstein inclusive.

"Probabilidad, vida, libertad" son el nuevo trío que Born propone en el capítulo final de la obra con el título *Metaphysical Conclusions*. Al leerla, y estudiarla en 1956 para que coincidieran *leer* y *entender* me di por aludido, y se sobresaltaron, saltaron en trozos, las modalidades clásicas, tan bien avenidas: posible-real-necesario.

*De tantos, y tan variados choques, ¿qué queda, partes o trozos? ¿O sólo destrozos? ¿Se habría cumplido en mí la sentencia misteriosa, maliciosa, de Heráclito: "el universo más bello no es sino un puñado de desperdicios echados a voleo"? ¿El universo filosófico más bello, mejor estructurado, cual parecen serlo el griego, el medieval y el kantiano... habrán resultado, por tales choques filosóficos unos, científicos otros, desperdicios echados a voleo?

*Sea de ello lo que fuere, dos refranes me aconsejan y alientan: "No se puede repicar e ir a la procesión". "No se puede nadar y guardar la ropa". No se puede repicar a filosofía, e ir en procesión, religiosa, política...

*No se puede nadar en infinito, en transfinito, y guardar la ropa de un sistema filosófico, teológico, científico o de un Credo o de un Dogmaticario.

*No puedo ir en procesión alguna; no puedo guardar la ropa de ningún sistema. Prefiero nadar, y ahogarme; ser filósofo, a ser teólogo.

*Transcendencia, transfinitud, transustanciación, ¿idea fija, obsesión, megalomanía?

———•———

Dentro de las ciencias sociales resalta la labor transformadora del sociólogo José Agustín Silva Michelena[74] (1934-1986) quien, junto a un conjunto de talentosos compañeros de estudios universitarios, llevó a su profesión al rango de verdadera disciplina científica dentro del país. La originalidad y creatividad que demostró en su labor como docente e investigador, durante su tránsito por la novísima (1952) Escuela de Sociología y Antropología y por el Centro de Estudios del Desarrollo (CENDES) de la UCV, hacen de su obra un elemento indispensable en la búsqueda de las claves que permitan revelar las orientaciones de las ciencias sociales en Venezuela.

En 1961, José Agustín Silva Michelena, junto a un grupo de profesores universitarios, funcionarios de la Oficina de Coordinación y Planificación de la Presidencia de la República (CORDIPLAN) y expertos regionales, se unieron para fundar el CENDES (Sonntag, 2011). Ese instituto fue su "patria chica", el entorno al que dio vida y que le significó su hogar intelectual vital, como lo afirma su colega y amigo Heinz Sonntag:

> José Agustín fue uno de los científicos sociales más conocidos y respetados de América Latina, no sólo por la amplitud de su obra intelectual, sino sobre todo por su entereza y su incesante búsqueda de nuevos caminos, teóricos,

conceptuales y metodológicos, capaces de contribuir a una mayor autonomía y autodeterminación de nuestros pueblos. Alguien lo ha llamado un "subversivo", yo agregaría que fue un "transgresor", en el sentido que no respetaba los convencionalismos de nuestro quehacer intelectual, ni siquiera aquellos que él percibió en algún momento de su vida como los suyos (Sonntag, 1986. [p. 459]).

Desde 1963 y hasta 1972, junto a Frank Bonilla (1925-2010) y con el decidido apoyo del economista chileno Jorge Ahumada (1915-1965) de la Comisión Económica de las Naciones Unidas, José Agustín Silva Michelena aborda el Proyecto "Conflicto y Consenso", una de las más importantes investigaciones teórico-empíricas emprendida en toda Latinoamérica sobre el análisis de los cambios políticos que acompañaban las transformaciones económicas y sociales en un país. Concurrimos con Armando Córdova, quien señala que, a medida que en la década de los sesenta/setenta avanzaba en Latinoamérica la instrumentación del modelo desarrollista (o Cepalista), surgen:

dos volúmenes sobre el cambio político en Venezuela. El primero, *Exploraciones en Análisis y Síntesis* (1967), en colaboración con Frank Bonilla, y el segundo, *Crisis de la Democracia* (1970), en el cual José Agustín comienza la transición desde el enfoque funcionalista, hasta entonces dominante en su formación, hacia lo que él denominaría más tarde como un Marxismo Latinoamericano... (Córdoba, 1991).

El pensamiento teórico y metodológico que exhibe Silva Michelena en el proyecto "Conflicto y Consenso", obviamente, no era parte del paquete conceptual marxista-leninista preponderante en los medios académicos venezolanos en que se desenvolvió. En efecto, para Orlando Albornoz es muy probable que el sociólogo dentro de José Agustín Silva Michelena no haya podido resolver ese dilema[75]; en cierto modo, su obra tardía y madura permite observar estas contradicciones: el dilema clásico entre el científico y el político y que, hasta nuestros días, pervive. El primero quiere reflexionar mientras que el segundo prefiere acción. Ello debería ser contrastado con sus primeros estudios, en los cuales seguía, rigurosamente, lo que en aquel entonces se calificaba como positivismo.

En efecto, aun cuando Silva Michelena pudiese estar atrapado en ese difícil dilema, en lo académico no hay duda alguna de que logró mantener un equilibrio. Más aún, en lo personal nunca cayó en el fácil catecismo al que lo querían obligar sus camaradas. No es de extrañar, entonces, que la obra de Silva Michelena haya puesto en guardia al poder político y abonado el terreno para la ineludible confrontación entre el académico y el poder. Y es que, una vez que el accionar de los hombres y mujeres de ciencia empieza a mostrar resultados que no son del agrado de las élites —o no están alineados con sus planes—, necesariamente se genera conflicto entre ciencia y poder. Eso lo intuyó con clarividencia Olga de Gasparini en el año 1969, cuando hizo referencia a graves acusaciones levantadas por Rodolfo Quintero (1909-1985) —antropólogo marxista, fundador del partido comunista venezolano— contra su colega José Agustín Silva Michelena, a quien acusó de ser una ficha de la inteligencia norteamericana. Tal acusación dejaba en evidencia cómo sus camaradas no le perdonaron el patrocinio que recibió del Instituto de Tecnología de Massachusetts (MIT) para su proyecto "Conflicto y Consenso", ni el financiamiento que en alguna oportunidad le otorgó la Fundación Ford (véase Quintero, 1969). Con un gran sentido premonitorio, Gasparini se refirió al episodio así:

> Habíamos visto antes cómo los cambios ocurridos en la Investigación en Venezuela han aparecido estrechamente ligados a los cambios en el sector político. Sin embargo, lo contrario no es verdad. La investigación no parece haber constituido, para el Gobierno ni para los grupos de poder del país, un medio significativo para el control de la sociedad. Deriva posiblemente de allí la ausencia de sentimientos hostiles hacia la investigación detectada por este estudio.
>
> En este último año, sin embargo, se han presentado las primeras manifestaciones de ataque a investigaciones o centros de investigación nacional señalando no ya factores como incapacidad, ineficiencia o excesivos gastos, sino peligrosidad y negatividad de las investigaciones —en ese caso sociales— dentro de ciertas condiciones y específicamente cuando están en manos de ciertos grupos. En el caso a que nos referimos

se acusa a un centro de investigación nacional de servir de instrumento de espionaje sociológico a la Agencia Central de Investigaciones de los Estados Unidos (CIA) y estar, por lo tanto, al servicio de intereses extraños y contrarios al país (Gasparini, 1969. [p. 211]).

De hecho, desde ese entonces hasta el presente, este tipo de confrontaciones entre ciencia y poder se han venido sucediendo cada vez más frecuentemente y cada vez con mayor intensidad. El eco de esos conflictos entre científicos y burócratas durante los últimos 30 años ha sido cuidadosamente documentado (Requena, 2011b) mediante la recopilación de lo reportado en la prensa nacional, seguido por lo reflejado en la prensa extranjera

La obra de José Agustín Silva Michelena no ha recibido en nuestro medio el reconocimiento que merece, manteniéndose por años bastante ignorada en muchos círculos académicos de Venezuela. Varias pueden ser las causas de esta deplorable situación. En primer lugar, la modernidad de su lenguaje no lo hacía asimilable ante los medios académicos de entonces; en segundo lugar, la racionalidad tecnocrática que proponía —la planificación sistemática— no concordaba con la racionalidad política imperante en ese entonces y representada por la burocracia de CORDIPLAN. Como textos antológicos, se presentan los escritos de Frank Bonilla y José Agustín Silva Michelena del año 1967, "Introducción" [pp. 13-28] y "Postfacio" [pp. 519-526] del Tomo I del libro *Exploraciones en análisis y en síntesis*, donde se recogen los resultados del proyecto "Conflicto y Consenso" (Bonilla y Silva Michelena, 1967).

—Artículo A—

FRANK BONILLA Y JOSÉ AGUSTÍN SILVA MICHELENA. "INTRODUCCIÓN"

Durante las dos últimas décadas, ideologías de tipo desarrollista han ido ganando cada vez mayor aceptación entre los líderes políticos de América Latina. La planificación en escala nacional ha sido aceptada, aun por gobiernos conservadores, como el instrumento más adecuado para promover y dirigir el cambio. Sin embargo, ninguno de los planes que se han elaborado recientemente han tenido mucho éxito, antes, por el contrario, la mayoría han sido fracasos rotundos. La causa de ellos es sencilla de explicar: las condiciones políticas no han permitido que se haya llevado a cabo el cambio económico planeado. La conclusión a la que han llegado los planificadores también es directa y lógica: la eficacia del plan económico depende en gran medida de su realismo político y de su factibilidad social. Por lo tanto, la teoría y la investigación de las disciplinas estudiosas de la conducta humana deberían ocuparse de los problemas de política económica. Desafortunadamente este raciocinio tan simple no nos dice nada sobre cuáles son los conocimientos con los cuales las ciencias sociales pueden contribuir a aumentar la capacidad de una nación para llevar a cabo de una manera racional sus planes de desarrollo.

En primer lugar, la fusión de los conocimientos de los científicos y de la sabiduría de los líderes políticos no tiene mucho sentido a menos que se enfoquen problemas humanos específicos cuya naturaleza haya sido evaluada en términos realistas. Para llevar a cabo esta tarea es indispensable que se utilicen criterios comunes, tanto para identificar los problemas como para determinar las prioridades de estudio. Sin embargo, es necesario admitir de partida que los esfuerzos para integrar la política y la investigación se verán obstaculizados en la medida en que existan diversos tipos de irracionalidad en la esfera política y en la práctica de la ciencia social. Ésta es la razón de que tan frecuentemente la palabra y la acción se queden en ese nivel retórico o ritualista que exaspera y mina la confianza del político y del académico.

Es por este motivo que una institución que tenga entre sus objetivos lograr una integración funcional entre las técnicas de planificación y los conocimientos de las ciencias sociales debe mantener una permanente actitud de alerta y autoexamen. Cada fase de sus actividades, bien sea la enseñanza, la investigación, la consulta con la comunidad de planificadores o el contacto con el público en general, se convierte en una parte del proceso de autodefinición y autodescubrimiento. La investigación que presentamos en este volumen es el resultado y la extensión de ese proceso total. Las investigaciones se llevaron al campo sólo cuando la primera fase del trabajo había llegado a un punto en el cual no se podía seguir avanzando sin someter a prueba las ideas que servían de orientación al esfuerzo que se estaba realizando. Por esta razón, siempre se consideró que los resultados a obtener no se limitarían únicamente a una posible confirmación, o rechazo de esas ideas, sino que también se esperó que sirvieran de base para pasar a una fase nueva y más difícil de la integración de hechos, valores, voluntad y capacidad de acción política.

    El primer paso en esta difícil empresa fue la elaboración de un conjunto de hipótesis de suficiente alcance y precisión como para permitir una definición de los estudios principales que debían realizarse. Después de un año de trabajo durante el cual los profesores del Centro de Estudios del Desarrollo (CENDES) de la Universidad Central de Venezuela se reunieron casi permanentemente en un seminario, Jorge Ahumada, el director y fundador del CENDES, escribió las "Hipótesis para el Diagnóstico de una Situación de Cambio Social: el caso de Venezuela" (Primer Capítulo de este volumen). En el lenguaje de los planificadores la palabra "diagnóstico" tiene un significado especial: es el proceso de construcción de un modelo analítico que pueda ser comparado con un modelo normativo del fenómeno que se está estudiando con miras a poder hacer una prognosis de los acontecimientos futuros.

    Las hipótesis principales que se plantearon condujeron directamente a la especificación de tres grandes proyectos de investigación. Desde un comienzo el grupo directivo consideró que un solo estudio no podría tomar en cuenta todos los aspectos que interesaban y que era preferible diseñar cada estudio de manera que permitiera la eventual integración de todos los resultados.

El diagnóstico indicó que el país estaba en una encrucijada económica: la principal fuente del rápido crecimiento (la exportación de petróleo) no se iba a mantener en el mismo nivel que en el pasado, por lo tanto era indispensable considerar nuevas alternativas. Sin embargo, la exploración racional o la creación de nuevas oportunidades de crecimiento era obstaculizada por profundos desajustes en la economía, por desigualdades socioculturales ligadas a un proceso violento de expansión urbana y por la difusión del poder sin un consenso general sobre el sistema político. Esto sugirió tres áreas claves que debían investigarse:

Política económica. —Buscar, a través de una simulación del sistema económico, los posibles efectos de distintos grupos de estrategias de desarrollo sobre factores tales como ingreso, niveles de empleo, precios y producción. La meta era derivar varios tipos de políticas que parecieran apropiadas en función de la teoría económica actual y la mejor información disponible sobre el estado de la economía y sus principales tendencias.

Viabilidad social y política. —Buscar a través de estudios exploratorios y de otras informaciones relacionadas con la estructura del poder, los procesos políticos y las características de grupos claves de la población con el objeto de determinar la viabilidad o el relativo costo social de las estrategias alternativas de desarrollo económico.

Urbanización. —Medir en profundidad el significado que el crecimiento de las ciudades tiene para el proceso general de cambio que está ocurriendo en Venezuela y las implicaciones políticas que pueda tener esa creciente concentración urbana.

Este volumen es un primer informe sobre la segunda área de investigación mencionada. Tanto la simulación económica como el estudio de urbanización aún se están llevando a cabo en el CENDES. Los informes que aquí se presentan tienen, por lo tanto, la finalidad primordial de ilustrar el alcance y la variedad de los datos obtenidos en una fase particular del programa de investigación, descifrar la cantidad de problemas metodológicos que se encontraron e indicar cómo estos estudios sirven para mostrar la naturaleza del conflicto sociopolítico existente en Venezuela.

COLABORACIÓN INTERINSTITUCIONAL

Después de haber identificado sus prioridades con respecto a las investigaciones, el CENDES pidió la colaboración de MIT para llevarlas a cabo. El Centro de Estudios Internacionales de MIT ya había hecho contribuciones sustanciales a la integración de los conocimientos que las ciencias sociales han aportado en el campo del desarrollo. Además, tenía mucha experiencia de investigación en países en transición y era un importante centro de estudio y aplicación de técnicas de investigación avanzadas. En fin, en la tarea propuesta, cada institución podía hacer una contribución fundamental.

Creemos que el esfuerzo realizado hasta ahora ha sido excepcionalmente fructífero y ha estado notablemente exento de las tensiones que suelen formarse en trabajos cooperativos de esta índole, aun cuando las instituciones participantes sean del mismo país. En gran parte este éxito se le puede atribuir al liderato de Jorge Ahumada y Max Millikan. Sin embargo, los siguientes hechos también contribuyeron significativamente al éxito de esta colaboración. Primero, la iniciativa y la definición de las prioridades de las investigaciones se originaron en el país a ser estudiado —hecho poco común en la colaboración entre instituciones de Estados Unidos y de otras partes—. Segundo, la colaboración se facilita al máximo cuando las condiciones son de igualdad verdadera. El compromiso compartido de realizar una tarea extremadamente difícil y sin precedentes resultó ser en sí mismo un gran igualador.

EL AMBIENTE DE LA INVESTIGACIÓN

Han existido, por supuesto, dificultades en la tarea de llevar a cabo nuestros programas de investigación. El rápido éxito que tuvo el CENDES en el ámbito internacional, en donde se le considera como una institución con capacidad suficiente para trabajar en forma equivalente a organizaciones similares en cualquier parte del mundo, no se manifestó de la misma manera en Venezuela, donde la aceptación es más lenta. Después de todo, el CENDES aspira a que se le considere como una fuente acreditada de donde pueden emanar juicios técnicos sobre el estado de la sociedad venezolana y sobre la deseabilidad de las opciones de políticas vitales. En el contexto venezolano —como en muchos otros— una idea como esa provocó más incredulidad o escepticismo que un respaldo inmediato.

También surgieron otros problemas debido a las circunstancias que imperaban en el momento en el cual estas investigaciones se llevaron al campo. El 63 fue un año en el cual hubo una sucesión de incidentes políticos violentos en el país. El mismo Presidente de la República había denunciado a los estudiantes universitarios de ser "bochincheros", fomentadores de disturbios. A través de los diversos medios de comunicación de masas se transmitía sistemáticamente una imagen de los estudiantes universitarios, especialmente los de la Universidad Central, que tendía a crear la idea de que todos eran activistas de los partidos políticos ilegalizados, el Partido Comunista de Venezuela (PCV) y el Movimiento de Izquierda Revolucionaria (MIR). Aunque el CENDES no tiene su sede dentro de la Ciudad Universitaria, pertenece a la Universidad Central y casi todos los entrevistadores que participaron en estos estudios eran estudiantes o graduados. En tres ocasiones algunos de los entrevistadores fueron encarcelados por períodos breves bajo la sospecha infundada de que eran contactos de las guerrillas o que ellos mismos eran terroristas.

Al mismo tiempo que el ambiente de crisis y sospecha que existía creó innumerables problemas y retrasos, también le confirió al estudio un sentido de necesidad y urgencia. En todos los niveles, la gente entregó generosamente parte de su tiempo aceptando el estudio como un esfuerzo nuevo que posiblemente permitiría comprender y quizás ayudaría a salir del impasse que existía en el país.

Decenas de los más altos líderes del país, en medio de sus innumerables tareas, dedicaron hasta ocho horas a los entrevistadores del CENDES. Cuando las situaciones a veces se tornaban críticas, nos fue ofrecido el respaldo inestimable de muchos amigos del CENDES, en todos los sectores de la vida pública, desde la Oficina del Presidente de la República hasta los funcionarios locales.

El éxito sustancial que se obtuvo en el campo no puso fin, por supuesto, a la resistencia y a las presiones que se desprendían de los estereotipos de las dos instituciones participantes. Por ejemplo, aún se rumorea en algunos altos círculos de la sociedad venezolana que el CENDES es un nido de comunistas, mientras que en ciertos sectores de la Universidad Central se considera al CENDES como un instrumento del imperialismo yanqui. La única respuesta convincente que se pueda dar a esas sospechas es la seriedad y competencia demostradas en la investigación. Tenemos la esperanza de que este informe sea un paso hacia esa mayor comprensión.

NOTA METODOLÓGICA

El Estudio de Conflictos y Consenso (CONVEN): Las hipótesis planteadas en el diagnóstico y la intención de contribuir a la formulación de una política de desarrollo integral guiaron la selección de las estrategias a seguir en este estudio masivo de los venezolanos. En primer lugar, si las presuposiciones sobre heterogeneidad cultural y disenso eran válidas, resultaba ingenuo pensar en elaborar políticas sociales que fuesen eficientes sobre la base de una simple mayoría de votos nacionales o una encuesta plebiscitaria. El peso de los diversos grupos sociales en el proceso político tenía, claramente, poca relación con el tamaño de la población que representaban. Un corte transversal de la nación sólo proveería unos pocos individuos claves tales como curas párrocos, líderes estudiantiles, líderes obreros o altos empleados de gobierno. Para poder incluir un número suficiente de estos entrevistados de modo que se pudieran hacer análisis individualizados, sobre todo si se aspiraba a indagar las variaciones intragrupo, hubiera significado aumentar el tamaño de la muestra más allá de lo que nuestros recursos permitían o de lo que parecía justificable en vista de la utilidad limitada de los datos globales. La selección de los grupos a incluir en la muestra se hizo con base en la prioridad de una serie de problemas de desarrollo y teniendo en mente una visión intuitiva de la estructura política. El énfasis manifiesto que las personas responsables de la elaboración de políticas le asignaban a áreas tales como industrialización, reforma agraria, educación y desarrollo de la comunidad, sirvió por sí mismo para señalar a algunos grupos como inexcluibles del estudio. Otros grupos eran claramente los actores centrales en casi todas las decisiones políticas. Los grupos que se escogieron y una imagen general acerca de su situación política, económica y social en los momentos en que se iniciaba la investigación, se pueden encontrar brevemente descritos en el Apéndice IIA del "Esquema Integrado" (Capítulo II).

Si bien es cierto que este enfoque parecía ser el más adecuado para los propósitos del estudio, también planteó al mismo tiempo gran cantidad de dificultades que por lo general no se presentan en los estudios nacionales más convencionales; los problemas en la administración del trabajo de campo se multiplicaron debido a la necesidad de manejar tres docenas de marcos muestrales independientes, muchos de los cuales eran utilizados simultáneamente por los diferentes equipos que se encontraban desperdigados por todo el país. Las comparaciones entre los distintos países, como se indicó, se hacen sumamente dificultosas. Muchas complicaciones metodológicas y analíticas surgen del hecho de tener un gran número de muestras derivadas por procedimientos diferentes. También se presentan dificultades adicionales por tener que comparar grupos con distintos errores muestrales. (En total se utilizaron ocho tipos diferentes de modelos muestrales para derivar las tres docenas de grupos investigados).

En el estudio de CONVEN se hicieron alrededor de 5.500 entrevistas de una duración promedio de hora y media cada una. El tamaño de la muestra fue de 200 casos en la mayoría de los grupos. La mayor parte del trabajo se llevó a cabo durante los tres meses comprendidos entre el 15 de julio y el 15 de octubre de 1963.

El Estudio de los Hombres de Poder (*VENELITE*): Las normas para la selección de entrevistados están mucho menos definidas para este tipo de estudio que para las encuestas. No existe un sistema que permita identificar de manera inequívoca a los individuos que tienen más poder o influencia en un sistema social complejo. Cuando el sistema social a estudiar es una nación que se encuentra en proceso de cambio político rápido, aun los enfoques teóricos con un mínimo de plausibilidad son difíciles de aplicar. Desde el inicio, cuando se estaban definiendo los objetivos del estudio de manera intencional se evitó el uso del término "élite" [1]. Una de las hipótesis básicas del estudio era que, en sus más altos niveles, el poder en Venezuela era difuso, precariamente mantenido, y segmentado en concentraciones conflictivas. El principal estímulo de esta investigación no fue la creencia de que existía una clase, élite o dique poderosa, coherente y fuertemente interconectada que dominaba la vida nacional. Al contrario, se trataba de conocer cómo hombres, que sólo recientemente habían llegado al poder o posiciones influyentes, con escasa experiencia en problemas de política nacional, y guiados por nuevos cánones de liderato y responsabilidad colectiva, podían desempeñar su directiva durante una fase crítica del desarrollo del país. Nuestras hipótesis iniciales sobre el significado de la organización de patrones de poder en el pasado del país, harían esperar cambios abruptos y profundos, tanto entre los individuos responsables en la determinación de políticas de alto nivel como también en el poder relativo de los mismos individuos. Si no tenía sentido el hablar de una élite monolítica, tampoco nos iba a servir de mucho hablar de una élite opositora única. En las más altas esferas de poder había individuos y facciones que representaban las más diversas concepciones de lo que debería ser el país. Debido a todas estas consideraciones, nosotros estábamos conscientes, quizás más que en otros estudios de este tipo, de que el trabajo de obtener la lista de los hombres que sustentaban el máximo poder e influencia no era sino el principio de nuestra labor. Nos preocupaba más lograr un cuadro suficientemente detallado e integral de cómo se maneja Venezuela, que determinar de una forma absoluta y exhaustiva los individuos específicos que la manejan.

Los métodos básicos para identificar a los individuos de poder que se han utilizado en estudios sobre las estructuras de poder nacional o en comunidades, son el de reputación, el de posiciones y el de participación en las decisiones. Cada uno de ellos tiene sus fallas ya ampliamente conocidas; ninguno excluye la posibilidad de que algunos individuos de relativamente poca importancia queden incluidos en la lista final de notables o de que se excluyan algunos personajes influyentes.

Sin embargo, es necesario señalar que en la práctica estos métodos tienden a superponerse, que ninguno conduce a procedimientos de selección que se pueden reproducir fácil e inequívocamente y menos a una nítida jerarquización de los individuos. Si bien es cierto que la identificación de posiciones o cargos públicos mediante la utilización de organigramas aparentemente da la impresión de ser más objetiva, también es cierto que no es difícil demostrar, a excepción de un puñado de posiciones claves, que el proceso se reduce a una selección de posiciones según su reputación. Del mismo modo, el examen crítico de cualquier lista de individuos a quienes un grupo de "jueces" han atribuido poder, rápidamente nos revela que las posiciones que los individuos ocupan, en gran medida, pesan sobre la selección que se hace. De la misma manera, aun en los más cuidadosos estudios sobre decisiones, que tengan como finalidad localizar a los individuos de mayor influencia, es evidente que no existe la posibilidad de hacer toda la gama de observaciones necesarias. Se hacen también muchas conjeturas sobre la base de las posiciones formales que ocupan los individuos y su reputación. Estas matizan las evaluaciones del significado de la conducta de los participantes.

Cuando el Centro de Estudios Internacionales del Instituto Tecnológico de Massachusetts entró a participar en el proyecto de VENELITE, gran parte del trabajo de identificar a los individuos a ser entrevistados ya se encontraba adelantado. Utilizando todos los métodos mencionados anteriormente, se había logrado reunir una larga lista de personas influyentes. El grueso de la lista provenía de un escrutinio de posiciones, pero también se obtuvo una parte sustancial de los nombres mediante la revisión de los periódicos publicados durante más de dos décadas (1940-1963). De este modo se pudo identificar a los individuos que habían tenido una actuación destacada en los asuntos del país en los cuatro planos principales: económico, político, cultural y militar. Aunque principalmente basada en las posiciones institucionales, la selección que se hizo para esta primera lista estuvo influida por la reputación y por la prominencia con que los individuos habían participado en las decisiones públicas y en otras actividades de interés nacional.

En la esfera económica esta lista incluía directores de compañías con más de un millón de bolívares de capital, incluyendo bancos, compañías de seguros, compañías de importación, distribuidores y establecimientos industriales. También se incluyeron dirigentes de asociaciones de hombres de negocios, Cámaras de Comercio, asociaciones de Comercio y otros grupos similares. Aunque muchos de los hombres de negocios en la lista tenían conexiones importantes con empresas extranjeras, sólo se incluyeron los venezolanos. Desde el comienzo, el estudio de las actividades de los inversionistas extranjeros y de las empresas extranjeras fue planeado como un subproyecto separado.

En la esfera política la lista que se hizo incluyó ministros, miembros del Congreso, funcionarios ejecutivos y miembros de los comités nacionales de los partidos políticos, ciertos comités claves dentro de los partidos, y políticos destacados que no tenían ya una vida activa formal dentro del partido, pero que eran reconocidos como influyentes.

Los rectores de las universidades y los decanos de las facultades de las universidades constituyeron un sector muy importante de la muestra de la esfera cultural. También se incluyeron directivos de las asociaciones profesionales de profesores y maestros, directores y editores de los periódicos y revistas de circulación nacional, directores de las estaciones de radio y televisión, algunos escritores prominentes, y miembros del alto clero.

En la esfera militar se presentaron problemas desde el comienzo. Se logró reunir unos cuantos nombres a través de las referencias que hacían los periódicos sobre los oficiales que ocupaban puestos claves, pero no fue posible conseguir un organigrama completo de la organización militar, ni una lista de los oficiales de ninguno de los servicios. En una fase posterior de la investigación se logró un mayor acceso a las fuentes oficiales y pudimos obtener algunas impresiones sobre la jerarquía relativa de las personas influyentes en el ejército. Sin embargo, como no se lograron hacer entrevistas en esta esfera, la precisión de las listas y las evaluaciones que hicieron los jueces sobre los militares permanecen en la incertidumbre.

En esta forma, pues, se recopilaron 1.088 nombres. La lista fue sometida entonces a un grupo de diez jueces a quienes se les pidió que hicieran la siguiente tarea: primero, evaluar a los individuos de la lista con base en una escala de tres puntos (A, B, C,) en función al poder que tenían dichos individuos para proponer, intervenir o influir en decisiones de importancia nacional; segundo, añadir a la lista y evaluar los nombres de las personas que ellos creyeran debían ser incluidos. Aunque se sabía que cada uno de los jueces conocía mejor cierta esfera particular (económica, política o cultural), se escogieron sobre todo porque se presumía que tenían una perspectiva muy amplia y un conocimiento íntimo de los grupos dirigentes de todos los sectores nacionales. Entre los jueces había dos miembros prominentes de la coalición gubernamental (Acción Democrática y Copei), un líder del Partido Comunista, y un miembro del Comité Central de Unión Republicana Democrática (el mayor partido de lo que en aquel entonces se llamaba la oposición democrática, es decir la oposición no violenta). Entre los jueces también se incluyó al director de una importante fábrica de cerveza, un director de una de las principales compañías petroleras y un financista influyente. Los jueces más ligados a la esfera cultural eran un miembro de la Academia Nacional de Historia, el director de una de las revistas de mayor circulación nacional y el secretario general de una universidad. Vale señalar como un dato interesante el hecho de que estos jueces, en total sólo añadieron 18 nuevos nombres a la lista. Ninguno de estos nuevos nombres fue repetido más de una vez.

Para determinar el grado de consistencia entre los jueces se hizo un análisis factorial de las evaluaciones y se encontró que constituían dos grupos. Tres de los jueces consistentemente evaluaron más alto que los otros, sin que se pudiera atribuir esta tendencia a algún factor en especial (es decir, no pertenecían a una esfera dada ni a un grupo claramente identificado; tampoco parecieron favorecer a un grupo en especial en sus juicios). Sin embargo, utilizando un puntaje de 2.0 como línea divisoria, los dos grupos coincidieron en la clasificación del 82 por ciento de los 1.088 casos, colocando los nombres de uno o del otro lado de la línea. Inicialmente se fijó como meta entrevistar a los 346 casos que tenían un puntaje mínimo de 2.0; pero, subsecuentemente esta meta se ajustó de varias maneras. Las primeras personas que se tuvieron que dar por inaccesibles fueron los líderes comunistas y del MIR, que estaban en la cárcel o escondidos, luego a los militares, porque se comprobó que no se podía llegar a ninguno de ellos y, finalmente, a personas influyentes que se encontraban fuera del país en el momento en que se desarrolló el trabajo de campo. En definitiva, se pudo entrevistar dos tercios (193 de los 276 casos) de la muestra final.

Se ha tomado una serie de medidas a fin de estimar en el informe final el sesgo que representa el haber omitido a ciertos individuos, o las lagunas en la información sobre ciertas personas, especialmente en aquellos aspectos del análisis en los que se requieren medidas cuantitativas. Ninguno de los informes que se incluyen en este volumen descansa de modo significativo sobre tales medidas estadísticas. De todas maneras el estudio se concibió desde su comienzo como un estudio eminentemente cualitativo. Rara vez se ha logrado que un grupo tan selecto y amplio de individuos de reconocida importancia en la estructura de un país dé un testimonio tan extenso sobre ellos mismos, mientras están activos en el poder.

EL INFORME QUE PRESENTAMOS

Las técnicas modernas de investigación empírica han contribuido en forma sorprendentemente modesta a la comprensión de los sistemas políticos nacionales como unidades integrales. Los estudios más importantes de políticas nacionales, entre los que se puede considerar al de Tocqueville, *Democracia en América,* como un modelo clásico, se basan principalmente en las intuiciones, en la tenaz búsqueda de información y en la capacidad imaginativa de observadores brillantes. Se puede decir que el diagnóstico con que comienza este volumen se emparenta con ellos tanto en espíritu como por la evidencia que presenta. En todos ellos se formula un pequeño número de hipótesis generales que permitan darle una perspectiva coherente a un gran número de hechos, incidentes o características de las relaciones entre amplios agregados sociales.

El "Esquema Analítico Integrado" (Capítulo II) es el primer paso hacia la especificación de un formato general para poder manipular sistemáticamente la voluminosa y variada masa de información sobre un sistema político nacional que ahora es factible recolectar con relativa eficiencia. La principal ventaja de este esquema tan simple es que permite hacer, una vez recolectados los datos, algo que los científicos sociales se han dicho a menudo que hay que hacer, pero que hasta ahora, que sepamos, nunca se ha llevado a cabo en escala nacional. El objetivo no es el de dejar a un lado la intuición del analista o de derivar hipótesis por medio de un sistema mecánico y prolífero pero poco penetrante y burdo. Sin embargo, el hecho de que ahora tenemos una mayor variedad de datos sobre muchos más grupos estratégicos de todo un sistema nacional de poder, significa que a menos que se establezcan nuevas formas de ordenar los datos y de canalizar la atención, esta riqueza de datos permanecerá inexplotada o sólo servirá para hacer análisis más fragmentarios.

El estudio del nacionalismo (Silva, Capítulo III), trata de demostrar cómo se puede enriquecer el análisis de una encuesta si se logra examinar en vez de un corte seccional, una serie de grupos de todos los niveles sociales sobre un número dado de dimensiones cruciales. Mucha de la especulación actual sobre las relaciones entre nacionalismo, clase social, participación política y modernismo se confirman en forma sustanciada. Aún de mayor interés resultan los refinamientos que surgen al trabajar con variaciones dentro de las clases, así como también dentro de grupos muestrales específicos.

Los dos trabajos que siguen —de los burócratas (Silva, Capítulo IV) y de los grupos rurales (Mathiason, Capítulo V)— presentan análisis detallados y contrastantes sobre algunos grupos muestrales específicos que son especialmente pertinentes para la formulación de políticas. Una reforma gubernamental, y especialmente la eficiente implementación de programas complejos y de gran alcance, no puede llegar lejos si no se cuenta con administradores capaces y dedicados. En el Capítulo IV se combinan en el mismo análisis una amplia revisión de teorías sobre el funcionamiento de la burocracia, un examen del estado actual de la administración en Venezuela y de las complejas presiones que al parecer están llevando a los mejores elementos de la administración pública a pasar a otros campos. Analizando a los campesinos con un tratamiento igualmente metódico (Cap. V), se localizan las principales fuentes de cambios de actitudes y de movilización política en el medio rural. Se hace resaltar las diferencias en el ritmo y la naturaleza de esos cambios, contrastando zonas en las cuales se ha llevado a cabo la reforma agraria con otras áreas.

Un gran problema de tipo analítico se planteó debido al volumen de las entrevistas con la élite, ya que las transcripciones de las cintas grabadas llenaron más de 25.000 páginas. Era evidente, pues, que lo que era un trabajo principalmente de interpretación cualitativa tenía que estar respaldado por algún mecanismo formal que permitiese al mismo tiempo reducir esa masa de información y extraer algún sentido cuantitativo del contenido. En el capítulo VI (Bonilla y Bos) se describe el procedimiento utilizado para la codificación, la abstracción, el resumen y la catalogación simultáneos de esta materia. Los resúmenes codificados, sin ser más que listas relacionadas de símbolos de codificación, tienen la virtud de preservar en gran medida la estructura misma del texto, pudiendo al mismo tiempo ser manipulados con computadoras.

Un ejemplo de cómo el análisis cualitativo es ayudado por operaciones de simple cálculo, asociación y búsqueda de patrones sobre tal masa de datos es el que se da en el trabajo sobre perspectivas nacionales de las élites (Bonilla, Capítulo VII). La compleja e intrincada trama de intereses, valores e ideologías que fragmenta y une las opiniones de la élite se puso de manifiesto al examinar en detalle tres problemas fundamentales: el tipo de economía que el país debería adoptar, el terrorismo político y la reforma educacional. Un análisis similar (Bronfenmajer, Capítulo VIII) de las evaluaciones que hace la élite sobre la forma en que se están desempeñando ciertos roles en Venezuela —la conducta de los hombres de negocio, de los funcionarios públicos y de los estudiantes universitarios— ayuda a precisar más las diferencias cualitativas y el potencial de conflicto de los desacuerdos entre la élite, en lo referente al funcionamiento de instituciones claves.

Aún otra dimensión de la dinámica y estructura de la élite surge del conjunto de datos sociométricos sobre amistad, comunicación y relaciones de parentesco (Kessler, Capítulo IX). Un examen preliminar de funciones de densidad (una medida de la cantidad de interacción dentro de un grupo) muestra que los entrevistados se conocen bien entre ellos y que las proporciones de interacción dentro de cada esfera funcional son más altas que las que se producen entre diferentes esferas. Los datos sociométricos, así como la información biográfica, sugieren que existe una mayor afinidad entre las élites políticas y culturales que entre cualquiera de ellas y los hombres de negocio. En contraste con esto, los datos sobre las orientaciones hacia los problemas y las interacciones en el poder, sugieren que existe un entendimiento cada vez mayor entre los políticos y los hombres de negocio, mientras que las élites culturales se mantienen a la distancia. De nuevo podemos decir que las interconexiones de diferentes tipos de datos enriquecen en gran medida nuestra imagen de la estructura y dinámica de la élite.

Cada uno de los capítulos anteriores ofrece respuestas parciales a algunas de las incógnitas planteadas en este estudio. El tratamiento es primordialmente analítico, ya que pretende desarticular un problema dado, en componentes que sean manejables. Los tres artículos restantes constituyen el esfuerzo para sintetizar los datos, hipótesis, intuiciones y conciencia del ambiente a fin de extraer algún significado global. Cada artículo trata de llegar a esa síntesis con estilos totalmente diferentes y a distintos niveles de abstracción y de referencias concretas.

El estudio psicoanalítico del caso de un joven revolucionario venezolano (Slote, Capítulo X), demuestra cómo toda la gama de los problemas nacionales ejerce presión sobre la vida de un individuo. Este estudio no sólo trata de localizar algún incidente traumático en la infancia que haya sido decisivo para la conducta política del adulto. Es un recuento minucioso y detallado de las experiencias íntimas de un individuo dentro de un contexto social y político particular. Muestra vívidamente cómo ese contexto hace resaltar, reafirmar, bloquear y contener impulsos tanto destructivos como socialmente positivos en un joven venezolano.

El trabajo sobre Guayana (Lerner, Capítulo XI) nos ofrece una visión integrada de nuestros propósitos en esta investigación, desde la perspectiva de una comunidad regional. La ciudad de Santo Tomé de Guayana, corazón y centro de un importante esfuerzo de desarrollo regional, cristaliza dentro de sus límites el movimiento, la agitación, el esfuerzo y las esperanzas que nacen de una nueva actividad industrial. El delicado balance entre las expectativas y las satisfacciones (la razón "necesidades-logros" de Lerner) se convierte, en este caso, en un elemento crucial que ha de ser tomado en cuenta por los planificadores que se preocupan por algo más que la construcción de las ciudades, represas o siderúrgicas.

El diseño para la experimentación numérica con un modelo político, llamado aquí VENUTOPIA (Silva, Capítulo XII), es otro intento de lograr la difícil tarea de una síntesis a nivel nacional [2]. Aun en la forma primitiva en que actualmente se halla, el modelo le permite al experimentador explorar rápidamente todas las consecuencias lógicas que pueden surgir al aceptar un conjunto dado de premisas sobre el funcionamiento del sistema político venezolano (dado por supuesto el conocimiento obtenido mediante la encuesta, sobre el estado del sistema en un momento dado).

Lo que VENUTOPIA ofrece fundamentalmente es la posibilidad de escapar del confinamiento estático de una sola encuesta, pero también abre la posibilidad de examinar teorías alternativas de cambio y las consecuencias de distintas fórmulas sociales o estrategias políticas. En suma, a lo largo de toda la investigación, nos hemos preocupado en hacer avanzar el método de los estudios sobre sistemas políticos nacionales y la capacidad de elaborar una política para las naciones que buscan su desarrollo.

El gran número de personas que contribuyen en este volumen indica el grado en el cual esta investigación es un verdadero esfuerzo colectivo, en un sentido que va más allá de lo que se ha dicho sobre la colaboración interinstitucional que hizo posible el estudio. Se debe mencionar especialmente a uno de los autores, el profesor Daniel Lerner, quien además de haber contribuido sustancialmente en la investigación, desempeñó un papel importante en lograr la cooperación entre el CENDES y MIT. Además de los que figuran en este primer volumen como autores, durante el curso de la investigación se ha recibido ayuda crucial de muchas otras personas. Del lado de MIT, el profesor Frederick W. Frey, quien pasó un verano en Venezuela ayudando a elaborar el cuestionario, a entrenar a los entrevistadores, a organizar las muestras y el trabajo de campo del estudio de CONVEN, merece crédito por mucho de lo que se logró en esos aspectos. El profesor George Angell ofreció su valiosa ayuda en los problemas de procesamiento de los datos. El sabio respaldo del profesor Ithiel Pool dio estímulo al grupo para explorar nuevos aspectos de viejos problemas. El Sr. Stuart D. McIntosh, del *Center for International Studies*, nos ofreció su ayuda inestimable en la solución de los difíciles problemas metodológicos que nos fueron planteados. Gran parte de la tarea de computación fue posible gracias a la asistencia técnica y al tiempo otorgado por el Proyecto MAC, programa de investigación en el MIT sobre sistemas avanzados de computación. La señorita Mary Burns y el Sr. James Dorsey hicieron posible, de una manera casi mágica, satisfacer muchas necesidades del estudio que no se habían anticipado y que por tanto no habían sido presupuestadas. La señorita Bárbara Gifford, durante casi dos años, supo atender con buen humor a personas de muy variados temperamentos.

Entre el grupo del CENDES, el profesor Julio Cotler, codirector del estudio de VENELITE, llevó a cabo gran parte de la investigación preliminar para la selección de los entrevistados, dirigió el equipo de entrevistadores y, en Cambridge, escribió un análisis inicial de los datos biográficos mientras examinaba y trataba de hacer operativo el esquema de código para el procesamiento de listas. El Sr. Ramón Pugh y la Srta. Graciela Sosa fueron los asistentes principales de VENELITE en Caracas, junto con la Sra. Gabriela de Bronfenmajer, quien también trabajó durante un año en MIT. El cuerpo de entrevistadores que trabajaron en ambos estudios, sobrepasó de cien individuos por lo que aquí sólo podemos mencionar el grupo principal de asistentes de CONVEN; es necesario, sin embargo, reconocer que los jefes de equipo, así como los entrevistadores mismos, rindieron una magnífica labor. Las señoras Josefina de Hernández, Janine de Alexander, la señorita Marisela Padrón, el señor Germinal Siurana y la señorita Anna María Sant'Anna, fueron los principales supervisores del trabajo de campo, la codificación y el trabajo inicial de procesamiento de los datos. El trabajo entusiasta de los señores Eduardo Menda y Marcos Romero Marín, hizo posible que se obtuvieran tabulaciones globales del estudio, corto tiempo después de finalizadas las entrevistas. Gracias al interés y energía que puso la señora Mary de Salcedo y el espíritu de colaboración de todo el personal administrativo del CENDES, fue posible sortear las innumerables dificultades organizativas que un estudio de esta magnitud inevitablemente acarrea. El señor Alberto Araujo, prácticamente se tuvo que convertir en prestidigitador a fin de poder imprimir en dos semanas, cinco versiones para la prueba del extenso cuestionario de CONVEN.

Miles de venezolanos de todas las condiciones sociales ofrecieron gratuitamente su tiempo a una aventura nueva para ellos y de incierta utilidad. Aunque en la práctica el trabajo de ambos estudios se desarrolló en un ambiente de íntimo y libre cambio de ideas, en el cual muchas veces se compartieron las tareas, la responsabilidad fundamental del estudio de CONVEN recayó sobre el profesor José A. Silva Michelena, y del estudio de VENELITE sobre el profesor Frank Bonilla. Dentro de este ambiente general de colaboración institucional e individual, cada artículo de este volumen es el trabajo de su respectivo autor. Cada uno debe mucho a la crítica y guía de los demás colegas, pero cada autor presenta sus propias conclusiones.

La unidad de estilo que se pueda encontrar en esta colección de trabajos, de temática tan diversa y con enfoques tan distintos de una misma realidad, se debe exclusivamente al trabajo de la señorita Amelia Leiss, la mano invisible detrás de los editores formales.

NOTAS:

(1) Frank Bonilla y Julio Cotler, *Los Hombres de Poder en Venezuela: un Plan de Estudio*, CENDES, UCV, mimeografiado, julio 1963.

(2) La exposición del método general véase en: C. Domingo y O. Varsavsky; "Un modelo de Utopía", Buenos Aires: Instituto de Cálculo, Boletín 2, pp. 1-35, Sept. 1965.

—Artículo (B)—

FRANK BONILLA Y JOSÉ AGUSTÍN SILVA MICHELENA. "POSTFACIO"

Los informes de las investigaciones que pretenden orientar políticas, terminan rutinariamente con unas cuantas recomendaciones cautelosas y un llamado a los formuladores de políticas a que presten atención a la serie de factores que han sido explorados. Este tipo de ejercicio quedaría fuera de lugar en este informe. Hemos subrayado una y otra vez que es sólo a través de una estrecha interacción entre los que toman las decisiones y los investigadores en el marco de problemas específicos, que podrá lograrse una convergencia útil de la teoría social, de los resultados de la investigación, de los valores políticos y de la voluntad de acción colectiva. Sin este tipo de confrontación íntima, ni el político ni el científico social podrán superar las actitudes defensivas y la falta de confianza mutua que ahora caracteriza la mayoría de estas relaciones, especialmente en naciones donde la ciencia social todavía está precariamente establecida. Los formuladores de políticas continuarán recibiendo con frialdad las recomendaciones que se dan públicamente y que nadie ha solicitado; los científicos sociales continuarán preocupados por la sensación de impotencia y falta de responsabilidad que los invade al aceptar roles exclusivamente técnicos o académicos.

Claro está que la participación en las decisiones políticas no garantiza una solución al status marginal del académico y del producto de su investigación. Pero esa participación, por muy arriesgada y difícil que sea, provee el único contexto realista en donde se puede someter a prueba o bien destacar de una manera genuina la utilidad de muchas de las especulaciones teóricas o de los resultados de las investigaciones sobre el cambio social. Esto implica exactamente lo opuesto a colocar la ciencia social incondicionalmente al servicio de cualquier autoridad política o del mecenas más generoso. Simplemente destaca que una obra como la que se presenta en este volumen tiene poco sentido a menos que contribuya a lograr una mayor y más permanente interacción entre la ciencia social y la formulación de políticas nacionales. Mantener viva esa conexión es, en efecto, la misión principal del CENDES y la responsabilidad que ha aceptado en este esfuerzo cooperativo.

De manera que al tornar nuestra atención en estas últimas páginas hacia la política práctica, la intención no es de ignorar los pasos intermedios indispensables a fin de lograr una unión fructífera entre los resultados de la investigación y la política. No se harán recomendaciones de políticas. No obstante, parece deseable que, para terminar, se invierta el orden de la atención por un momento; que se piense menos en las consecuencias políticas de los eventos sociales y más sobre los problemas que plantea el deseo de intervenir racionalmente en el orden social.

Afirmaciones como la que se acaba de hacer con respecto a la aplicación de la ciencia para lograr cambios deliberados en los asuntos humanos, inevitablemente parecen tener un tono pretencioso, si no siniestro. Sin duda, hemos sido culpables de tales lapsus en otras partes de este volumen. No obstante, nuestra idea de lo que pretendemos es bastante modesta. Toda la evidencia que tenemos disponible nos lleva a la conclusión general de que la planificación nacional, en todas partes de Latinoamérica donde se practica, continúa siendo más bien receptora antes que iniciadora de cambios. La planificación parece ser indispensable allí donde las condiciones son menos adecuadas para su implementación y escasamente necesaria en donde tiene oportunidad de funcionar. Realizar investigaciones o llevar a cabo una política social, en estas circunstancias, se convierte mucho más en operaciones de guerrilla sociológicas, en vez de configurarse como programas ordenados o cuidadosamente elaborados.

En Venezuela, la idea de planificación nacional y de instituciones básicas para su ejecución ha ido ganando terreno paulatinamente en los últimos años. Esta consolidación de un aparato central de planificación, según un observador cuidadoso, parece haber tenido consecuencias colaterales de cierta importancia política[1]. Desde nuestro punto de vista, una consecuencia muy importante es que las demandas explícitas que esta investigación se propone satisfacer en cuanto a la formulación de políticas, son nacionales en extensión y provienen de los planificadores antes que de personas cuyos compromisos son estrictamente políticos. Sin embargo, la intención no ha sido de excluir las consideraciones políticas de la planificación o investigación, sino más bien de liberar al talento político para que pueda realizar sus tareas específicas, ampliando el campo de problemas sobre los cuales se pueden emitir juicios más o menos objetivos.

La mayor parte de la planificación social que se realiza en países en vías de desarrollo, presupone que existe tanto en la sociedad como en los individuos una gran fuerza y predisposición a resistir al cambio. La teoría dice que la gente no logra percibir la necesidad de cambio. Su falta de motivación está reforzada por las estructuras normativas y de poder dominantes. Sin embargo, si hay algo que resulta claro de nuestros estudios, es que la experiencia personal de cambio y el deseo de transformaciones adicionales en casi todas las esferas de la vida, están presentes en el pensamiento de los venezolanos de todas las condiciones sociales. Es la capacidad técnica y política la que tiene que canalizar y marchar a la par con estas energías, poniéndose a la altura de las circunstancias.

Los análisis preliminares que aquí se presentan revelan la gran fluidez de la situación venezolana. La ubicuidad de los cambios y la disposición que manifiesta la mayoría de los individuos para aceptarlos, están por encima de la capacidad actual del sistema político para dirigir esas transformaciones y particularmente para llevarlas más allá de los límites naturales que espontáneamente puedan alcanzar. Un examen de los principales vectores sociales revela que el producto territorial bruto y la producción industrial probablemente se dupliquen en la próxima década, mientras que la población total y el crecimiento urbano lo harán en los próximos veinte años [2]. Los esfuerzos que se han hecho y se continúan haciendo para frenar el cambio en ciertas áreas (por ejemplo, el movimiento de las zonas rurales a las ciudades) no constituye, desde nuestro punto de vista, ni un conservatismo a ultranza, ni tampoco el producto de una concepción racional sobre los problemas. Desgraciadamente, esas reacciones reflejan mucho más la sensación de frustración y alarma de los técnicos sociales y políticos que enfrentan situaciones que parecen escapar al control de la política convencional y a los logros modestos de las ciencias orientadas hacia la formulación de políticas.

Los capítulos sobre Guayana y los campesinos muestran gráficamente el problema. La población de Santo Tomé de Guayana es altamente móvil, física y actitudinalmente. Su optimismo, el deseo de cambio y la inclinación a apoyar reformas radicales parecen exceder la capacidad que tienen las agencias de planificación para satisfacerlos. El hecho de que una mayoría caracterice sus propios problemas como económicos y que vean al gobierno como el principal responsable para resolverlos, sugiere la fragilidad del tabique que separa al optimismo de la frustración y advierte sobre cuáles pueden ser las consecuencias políticas directas de cualquier crisis económica. Ante esta situación, la tarea que tiene que encarar una política social no puede limitarse simplemente a conseguir la aceptación y cierta cooperación hacia determinados programas, sino que su propósito debe más bien ser el de incitar a la gente a que reorganice satisfactoriamente su vida, con responsabilidad, tomando en consideración los objetivos sociales más amplios.

Del análisis del proceso de cambio en las áreas rurales se desprenden conclusiones similares. En estas áreas del país están operando múltiples fuerzas organizadas para el cambio —programas de Reforma Agraria del Gobierno, organizaciones políticas, sindicatos de campesinos y agricultores, programas de ayuda internacional, equipos de acción cívico-militar y guerrillas. En la actualidad, los agentes de cambio más organizados parecen ser los partidos políticos y los sindicatos de campesinos, cuya acción se refuerza mutuamente. Los efectos aparentes de la participación en partidos o en sindicatos, sobre una gran variedad de actitudes y conductas modernizantes, se hacen aún más evidentes en las comunidades que han sido afectadas por la Reforma Agraria.

Cuando realizamos nuestra investigación, el programa de Reforma Agraria tenía sólo tres años de funcionamiento. Quizás era aún demasiado temprano para investigar los efectos sobre los ingresos y estándares de vida. Sin embargo, un hecho que implica mayores (y no menores) demandas políticas sobre el sistema en el futuro, es el haber encontrado en esas comunidades una aceleración en el cambio de ciertas actitudes y reformas de participación, junto con un rezago de los ingresos y una noción más clara por parte de sus miembros de su situación de desventaja en comparación con otros grupos. El logro de un "desarrollo" exitoso, en contraposición a una exitosa reforma parcial, puede depender exactamente de la capacidad que se disponga para anticipar y enfrentarse a las nuevas presiones producidas por el cambio inducido o parcialmente espontáneo.

El significado más profundo de ese desequilibrio, entre las fuerzas planificadas y las no dirigidas que generan cambios y la capacidad organizativa de la sociedad para asimilar y darle dirección a estas fuerzas, se personifica en el estudio del caso del revolucionario. Agricultores tradicionales de origen, tanto este joven como su padre, fueron incorporados a través de la participación política a la corriente del cambio contemporáneo y de la acción pública en Venezuela. Las dificultades económicas le cerraron el paso a la movilidad y autorrealización por medio de la educación. Las alternativas de acción que estaban abiertas para este joven, dentro del marco político que lo había conducido hacia la vida de la ciudad, no estaban a la altura de sus esperanzas, de sus ideales y de su intensa motivación. No queremos restarle importancia a este caso único, pero tampoco queremos exagerar su importancia general. No obstante, nos sentimos justificados al advertir que una sociedad no puede tolerar por mucho tiempo que un gran número de sus jóvenes más prometedores y útiles se vuelvan contra ella. En el capítulo sobre las perspectivas nacionales de los que detentan el poder se presenta alguna evidencia alentadora de que dentro de los círculos de la élite existe una cierta sensibilidad hacia este problema.

Ciertamente, según se documenta en el trabajo sobre nacionalismo, ni la mayoría de los trabajadores rurales ni de la masa urbana tienen una posición ideológica tan claramente cristalizada como la del joven activista. Sin embargo, la susceptibilidad aparente de las masas urbana y rural a proposiciones ideológicas radicales, tanto de la derecha como de la izquierda, implica la persistencia de un gran margen de tolerancia para cualquier intento de reconcentrar el poder. En años recientes, pocas han sido las ceremonias políticas en Venezuela en donde no se le haya rendido tributo a la recién obtenida madurez política del venezolano y a su compromiso con las formas democráticas. Los resultados de este estudio no dan una base sólida sobre la cual sustentar ese optimismo con respecto a la masa del electorado; por el contrario, sugieren que aún hay bastante inmadurez política (debilidad del compromiso con los procedimientos democráticos y falta de habilidad para manejar el conflicto) [3], no sólo en las masas, sino también en la acción política de los grupos medios y altos de la sociedad. Ni el aumento de la educación ni del modernismo, medidos de diversas maneras, se hallan asociados con la disminución del conflicto. Quizás a más o menos corto plazo sea cierto lo contrario. Tanto los conflictos como la inclinación por las soluciones no democráticas de un conflicto (no todas necesariamente violentas) se concentran en la cima de la escala social. Las diferencias ideológicas tienen mayor importancia entre los grupos político-culturales mejor educados, de altos ingresos y más comprometidos con la nación, que entre la burguesía también bien educada, de altos ingresos pero menos orientada hacia la nación. Quizás los conflictos más agudos se den entre los grupos más nacionalistas. Los funcionarios de gobierno, profesores universitarios, líderes estudiantiles y sindicales muestran poseer una gran identificación con la nación, pero son incapaces de coordinar sus actividades debido a las diferencias políticas que existen entre ellos. La falta de acuerdos sobre detalles de estrategia, propósitos y liderato, hacen inoperante lo que debería ser un valor central unificante para el desarrollo.

Desde esta perspectiva, una necesidad política crucial que se presenta en todos los niveles de la sociedad es la de unir los intereses individuales y de grupo, presentes y emergentes, en compromisos e identificaciones que trasciendan las lealtades de orden inferior. Parece, pues, que en Venezuela resulta indispensable la movilización en este sentido, tanto para tornar el actual deseo de cambio hacia un propósito social mayor, como para servir de sostén contra los inevitables reveses. Los planes y soluciones deben estar ligados a las personas de manera que ellas puedan percibirlos como una ampliación de su propio ser en un contexto social significativo. En este sentido, puede decirse que la incorporación de científicos sociales al proceso de formulación de políticas es sólo una fase de un movimiento integrativo mucho mayor y más decisivo.

Ya hemos hecho alusión al tono intranquilizador, por lo autoritario y manipulador, que tiende a permear la retórica de los planificadores. Una investigación como la nuestra ha sido frecuentemente considerada como el colmo de la deshumanización, como símbolo de los intentos manipulativos con que los planificadores y técnicos sociales tratan de aprisionar a poblaciones enteras en las pequeñas categorías de sus teorías. Nos hemos permitido llamar VENUTOPIA a una de las exploraciones metodológicas que ha surgido de esta investigación. Quizás sea la más dramática de todo el conjunto de aplicaciones de la computadora que se presentan en este volumen, especialmente porque promete liberar la investigación de la garra estática del tiempo. VENEUTOPIA básicamente provee un marco de trabajo dentro del cual una gran variedad de datos pueden interactuar según ciertas reglas e hipótesis. Sin embargo, un rasgo más crucial y que comparte con las otras exploraciones de métodos que se han presentado, es que trata de poner al investigador en interacción directa con los datos mismos de una manera que no era posible hacer anteriormente con un cuerpo tan extenso de información.

Una de las grandes dificultades de comunicación que existe entre científicos sociales y políticos ha sido el hecho de que en general los científicos sociales son, por entrenamiento, renuentes a emitir juicios en ausencia de ciertos tipos de información. En efecto, rara vez han tenido algo importante que decir en los largos intervalos que emplean para recolectar datos o para revisar el estado en que se halla un campo determinado. Con buena suerte, la investigación llevada a cabo, posiblemente pueda responder la mayoría de las preguntas que la iniciaron. Muy rara vez ha podido el investigador dar respuestas a las nuevas preguntas que en el ínterin surgieron en su mente, sin tener que volver a sumergirse en los datos y pasar largos períodos de reanálisis. Creemos que con el procesamiento de datos mediante el uso de computadoras está comenzando a abrirse una importante vía para resolver este problema de comunicación.

El científico social puede ahora entablar diálogo con sus datos y, por lo tanto, con el formulador de políticas y en general con el público interesado. Se están creando nuevos materiales e instrumentos intelectuales para inyectar mayor racionalidad y un propósito colectivo a este intercambio triangular. Si nuestras premisas sobre las condiciones en que la investigación puede contribuir a la planificación del cambio social en países como Venezuela tienen algún fundamento, entonces podemos decir que hemos contribuido mínimamente a que lo necesario sea factible.

NOTA TÉCNICA SOBRE LAS MUESTRAS CONVEN (véase NOTA)

El diseño del estudio CONVEN requirió sacar 34 muestras mediante siete esquemas muestrales distintos. Una evaluación completa de los resultados de cada muestra se está publicando en monografías separadas, en donde también se incluyen los resultados globales para cada grupo.

Generalmente el problema muestral más complicado en países donde rara vez se mantiene al día la información adecuada, es el de encontrar marcos muestrales satisfactorios. Cuando el número total de grupos es tan grande como en el caso actual, se requiere tanto ingenio como flexibilidad para aceptar compromisos razonables. Un dilema que confronta el investigador que sigue una estrategia muestral como la que se ha descrito aquí, es que mientras que para verificar la precisión y la confianza de los marcos se requiere mucho tiempo, cuanto más tiempo se utilice, menos válidos resultarán algunos de los marcos.

Esto resulta especialmente cierto para muestras como las de las pequeñas industrias y comercios, donde la tasa de nuevos negocios que fracasan puede alcanzar el 75 por ciento por año. Este factor afectó varias muestras, tanto en el número total de entrevistas obtenidas como en la tasa de sustitución requerida para alcanzar los objetivos muestrales.

Como se puede ver en el Cuadro 1, hay diecinueve muestras que no alcanzaron al número originalmente proyectado. De éstas, sólo en siete se obtuvo menos del 90 por ciento de las entrevistas programadas. Por otra parte, en doce muestras se realizaron más entrevistas que lo que se había planeado originalmente. Esto se debe a dos razones principales. La muestra original fue obtenida de una población subestimada y/o se usó un procedimiento muestral estratificado en dos etapas y al sacar las unidades secundarias en el campo se sobrepasaron las asignaciones originalmente estimadas. La causa principal de sustituciones en todas las muestras fue la imposibilidad de localizar a los informantes seleccionados. Las reglas de substitución dependían del modelo muestral que se aplicase.

A continuación presentamos una descripción breve de estos modelos:

MODELO I
MUESTREO IRRESTRICTO AL AZAR

Primero se elaboró una nómina de individuos de una categoría dada. Luego se seleccionó la muestra, sea usando una tabla de números aleatorios (muestras simples al azar), sea escogiendo al azar un punto de partida y luego seleccionando uno de cada individuo (muestreo sistemático al azar). Se sacaron once muestras por estos procedimientos (ver Cuadro-1).

MODELO II
MUESTRAS AL AZAR ESTRATIFICADAS POR REGIÓN

Se estratificaron las pequeñas industrias de acuerdo a tres regiones: central, oriental y occidental. Se seleccionó entonces al azar un número de propietarios que era proporcional al número total para cada región. Se usó el mismo procedimiento para seleccionar los líderes sindicales, propietarios de pequeños comercios y todas las muestras de Guayana, salvo la población de Santo Tomé y los propietarios de pequeñas industrias de esta región.

MODELO III
MUESTREO DE DOS ETAPAS AL AZAR ESTRATIFICADO POR REGIÓN

Se empleó un procedimiento de muestreo sistemático al azar para seleccionar las unidades primarias dentro de cada región. Luego, se seleccionaron las unidades secundarias por un muestreo simple al azar. Así, para seleccionar a los ejecutivos y no ejecutivos de las grandes firmas comerciales e industriales se seleccionó primero sistemáticamente un grupo de firmas. Luego, en cada firma se seleccionaron al azar un número previamente especificado de ejecutivos y no ejecutivos (según las indicaciones de la propia firma).

MODELO IV
MUESTREO MONOETÁPICO AL AZAR CON UN NÚMERO VARIABLE DE ENTREVISTAS POR UNIDAD

Se obtuvieron dos muestras utilizando este procedimiento. De un total de 85 municipios, se eligieron 41 con la ayuda de la tabla de números al azar. Luego se entrevistaron los cuatro miembros de la directiva de cada concejo municipal. Otra modalidad de este procedimiento fue la que se empleó para seleccionar los maestros de escuela, pero con la diferencia de que la probabilidad de seleccionar un individuo fue hecha proporcional al número total de maestros que había en cada escuela.

MODELO V
MUESTRA DE ÁREAS

Éste fue el procedimiento seguido para seleccionar personas a ser entrevistadas en Santo Tomé de Guayana. De un mapa aéreo de la ciudad se seleccionaron al azar un cierto número de zonas. Se puso al día, en el terreno, el mapa para cada zona, localizando las unidades de vivienda existentes. Se escogió al azar una primera vivienda y se elaboró luego una lista alfabética de los habitantes de la casa, mayores de 18 años de edad. De esta lista se seleccionó al azar el primero a ser entrevistado. De ahí en adelante se usó un intervalo de 3 para seleccionar las siguientes personas en las viviendas restantes.

MODELO VI
MUESTRA INTENCIONAL DE ÁREAS

No existía una lista completa de los barrios de ranchos que había en Caracas, Valencia y Maracaibo, donde pensábamos hacer las entrevistas. Por lo tanto, en base a opiniones de expertos, se seleccionaron barrios típicos para cada una de las tres ciudades. Luego se dieron fotografías aéreas de estas zonas a un equipo de estudiantes de arquitectura para que las pusieran al día y delimitaran los barrios elegidos. Una vez terminado este proceso, se seleccionaron al azar los informantes de acuerdo con el procedimiento descrito en el Modelo V. Sin embargo, debido a la agitación política reinante en Caracas en el momento en que se debía realizar el trabajo de campo, este procedimiento sólo pudo aplicarse a uno de dos barrios en Caracas y Maracaibo, respectivamente. Por la misma razón, se dejaron de hacer las entrevistas en el barrio de Valencia que había sido seleccionado.

MODELO VII
MUESTRA DE DOS ETAPAS AL AZAR

Los asentamientos de Reforma Agraria fueron seleccionados sistemáticamente de una lista suministrada por el Instituto Agrario Nacional. De una lista de parceleros de cada asentamiento, se seleccionaron al azar los que iban a ser entrevistados. La muestra de campesinos tradicionales fue sacada en pueblos adyacentes a los asentamientos agrícolas. Se hizo una lista de todos los pueblos que tenían entre 50 y 200 habitantes en los municipios donde se encontraba el asentamiento seleccionado. Dentro de cada pueblo, se escogieron los entrevistados al azar, usando el procedimiento descrito en el Modelo V. Salvo en los casos en que había que sustituir conjuntos totales (como firmas, asentamientos de reforma agraria o pueblos rurales tradicionales), se utilizó el método de sobremuestreo para seleccionar los sustitutos.

REFERENCIAS:

1.- John Friedmann, "Venezuela: From Doctrine to Dialogue" (Syracuse, 1965). El autor subraya las funciones latentes que cumple la planificación en la reducción del conflicto, ya que producen compromisos con fines de desarrollo, aumenta el apoyo a las instituciones políticas y moviliza recursos.

2.- Ibíd., 69.

3.- Por falta de habilidad para manejar el conflicto, nos referimos fundamentalmente a la incapacidad de mantener el conflicto dentro de límites tolerables, y. gr., que exista una sensación generalizada de que hay un "excedente" de conflicto (más conflicto del que desea cualquiera de los bandos empeñados en una controversia).

(NOTA). En esta nota sólo se intenta dar los datos que son indispensables para formarse una idea clara de los procedimientos utilizados y las limitaciones de los datos. Esta información se resume en el Cuadro-1.

Cuadro Nº 1
RESUMEN DEL DISEÑO MUESTRAL DE CONVEN Y SUS RESULTADOS

DESCRIPCIÓN DE LA MUESTRA	Universo estimado	Objetivo original	Entrevistas obtenidas		Sustituciones		Modelo muestral
			N	%	N	%	
GOBIERNO							
Altos Funcionarios (Bs 4.000 o más/mes)	158	116	99	85	17	19	I
Personal técnico (Bs. 1.000-2.000/meses)	1225	162	162	100	57	35	I
Oficinistas (Bs. 500-1.000/mes)	2106	140	140	100	44	31	I
Miembros Concejos Municipales	340	164	152	93	22	13	IV
ECONOMÍA							
Grandes Industrias Manufactureras							
Ejecutivos (región central)	22572	162	159	98	44	28	III
No ejecutivos (región central)	71478	615	512	83	117	23	III
Ejecutivos (región oriental)	2721	19	19	100	5	26	III
No ejecutivos (región oriental)	8617	63	63	100	18	29	III
Ejecutivos (región occidental)	2975	30	22	73	3	14	III
No ejecutivos (región occidental)	8925	91	91	100	15	16	III
Industria Petrolera							
Ejecutivos	4771	224	224	100	64	29	I
No ejecutivos	28819	211	211	100	88	42	I
Pequeños negociantes							
Propietarios pequeñas industrias	1221	199	199	100	95	48	II
Propietarios pequeños comercios	38710	185	179.	97	104	58	III

Empresas comerciales grandes							
Ejecutivos	9677	196	176	90	48	27	III
Oficinistas	29083	196	180	92	58	28	III
SECTOR RURAL							
Propiet. Admin. granjas comerciales	739	174	174	100	56	32	I
Trabajadores en granjas comerciales	61000	171	169	99	19	11	III
Propiet. Admin. ganaderías	921	200	178	89	65	37	I
Campesinos* tradicionales	39741	200	182	91	150	82	VII
Campesinos de reforma agraria	5091	200	191	96	57	30	VII
SECTOR CULTURAL							
Profesores universitarios	3.73	206	190	92	46	24	I
Profesores escuela secundaria	16608	206	183	89	72	39	1
Maestros escuela primaria	30837	202	202	100	27	13	IV
Sacerdotes	454	212	193	91	52	27	I
Líderes estudiantiles	387	200	197	99	84	17	I
Líderes sindicales	500	287	220	77	66	30	II
Habitantes de los ranchos	13200	400	258	65			VI
GUAYANA							
Ejecutivos extranjeros	143	40	31	78			II
Ejecutivos venezolanos	204	41	41	100			II
Trabajadores especializados	3122	41	41	100			II
Trabajadores no especializados	2400	40	40	100			II
Propietarios de pequeña industria	86	42	42	100			
Santo Tomé de Guayana	20000	200	300	100	14	5	V

Los dos primeros de unos 20 volúmenes que se han proyectado ya se han publicado. Muestra de Líderes Sindicales (CENDES, UCV, 1965) y Muestra de Profesores Universitarios (Caracas: CENDES, UCV, 1966)

Dos son los puentes que enlazan el universo calmoso, enigmático y aséptico de la investigación con el mundo real, agitado y contaminado de la sociedad. Uno de esos puentes es el de la comunicación, tomada ésta en el sentido de diseminación del conocimiento, mientras que por el otro puente transitan las bondades y desdichas o las glorias y miserias devenidas de las interacciones, sociales o políticas, de los actores. Es en este segundo camino que se centra el accionar de talentosos sociólogos, entre ellos, Olga Gasparini. En 1967, desde el IVIC, ella (junto a Marcel Roche) llevó a cabo el primer estudio cuantitativo de la incipiente comunidad de investigadores de Venezuela, diseñado para evaluar el significado de cada uno de ellos, como profesionales, junto al impacto social de su oficio. El estudio apareció publicado dos años más tarde (Gasparini, 1969).

El accionar de periodistas como Arístides Bastidas[76] (1924-1992) transita por el primer puente con la divulgación de los hechos y logros de los científicos y tecnólogos. Arístides Bastidas, autodidacta, fue periodista y divulgador de la ciencia, educador, a quien los vaivenes de la vida lo llevaron a desempeñar diversos oficios hasta 1945, cuando se inició en el periodismo impreso en *Últimas Noticias*.

Nadie más apropiado para evaluar la labor del periodismo y el impacto de su accionar que el presidente Ramón J. Velásquez[77] (1916-2014), quien sostiene que la aparición del diario caraqueño *Últimas Noticias*, en el año 1943, impulsó grandes cambios en la actividad periodística nacional con su manera particular de presentar los personajes y de enfocar las noticias. En el prólogo del libro de Bastidas, *El anhelo constante*, Ramón J. Velásquez hace notar que, por vez primera entre nosotros:

> la gente de la calle, el vecino anónimo, el pasajero de autobús, la mujer de la casa de vecindad, el estudiante, aparecían en las columnas de un periódico al lado de ministros, científicos y personajes de la oligarquía, para ejercer el derecho a emitir su opinión sobre cuanto ocurría en Venezuela (Velásquez, 1981. [p. 9]).

Como sindicalista y gremialista, Bastidas formó parte de la resistencia contra la dictadura de Pérez Jiménez. Por 10 años fue reportero en el diario *El Nacional* y, en atención a su militancia en la extrema izquierda, le fueron asignadas actividades reporteriles políticamente neutras, como perseguir las noticias de la incipiente comunidad científica, muy especialmente, dándole seguimiento a las convenciones anuales de la AsoVAC o a las noticias científicas de la Federación Médica Venezolana. El quehacer profesional de Arístides Bastidas se consolida un 24 de febrero de 1971, cuando aparece en el diario caraqueño *El Nacional* la primera entrega de su columna semanal "La Ciencia Amena", la cual mantiene por 21 años y sin fallar una vez. Bastidas hizo inteligible al común de los venezolanos los maravillosos logros de la ciencia. Eso lo convirtió en pionero del periodismo científico: moderno en lo informativo, interpretativo y de opinión, tanto en los medios impresos como en los radiofónicos. Arístides Bastidas es responsable de haber bajado la ciencia, la tecnología y la innovación del pedestal al que sólo tenían acceso unos cuantos privilegiados, para acercarla al dominio de toda una sociedad. Por ello, su vida profesional fue coronada con el otorgamiento del premio Kalinga, de la UNESCO[78].

Bastidas crea en 1971 el Círculo de Periodismo Científico y se empiezan a multiplicar sus seguidores: jóvenes periodistas divulgadores de la ciencia, formados en Cátedras *ad hoc* dentro de las nuevas escuelas de comunicación social creadas en universidades públicas y privadas. Desde su "brujoteca", esa legión de jóvenes reporteros lo ayudaron a llevar adelante su misión transformadora. Fue un escritor de amenos relatos científicos y tecnológicos, produjo más de 20 libros. Su obra se caracteriza no solamente por su lucidez e interés, sino por su perseverancia ante la adversidad. Desde muy temprano enfrentó severos problemas de salud que, a pesar de llegar a incapacitarlo, no lograron doblegarlo: ni la salud ni la policía política pudieron con él. La última columna que escribió en "La Ciencia Amena" fue la del viernes 5 de junio de 1992, y poco después murió abatido por la enfermedad que padeció durante décadas. De seguidas, se reproduce su primera columna en el diario *El Nacional* (Bastidas, 1971).

—Artículo—
ARÍSTIDES BASTIDAS. "DOS NUEVOS VECINOS EN EL ESPACIO"

Las agrupaciones de estrellas se denominan galaxias. Las estrellas son soles como el nuestro. A pesar de su soberbia, nuestro Sol en el espacio es una pobre estrella de quinta categoría, perteneciente a la Galaxia llamada Vía, en la cual nuestra Tierra es un corpúsculo flotante al lado de otros millones, en forma parecida a los que vemos en el rayo de luz colado en una habitación oscura.

El CIMPEC (Centro Interamericano para la Producción de Material Educativo y Científico) nos informa ahora que tenemos vecinos que habíamos ignorado a pesar de sus colosales proporciones. En efecto, los investigadores anuncian el descubrimiento de dos galaxias, cercanas a la nuestra, que llevarán el nombre de "Maffei" en honor a un joven astrónomo italiano que anticipó la existencia de las mismas. ¿A qué distancia se hallan estas nuevas amigas? Casi en la esquina: a 3 millones de años luz, equivalentes a 28 millones de kilómetros. (Un año luz equivale a la velocidad de la luz: 300 mil kilómetros por segundo, multiplicado por los segundos que hay en doce meses).

El hallazgo de las Maffei fue posible mediante radiotelescopios y la luz infrarroja, con los cuales se atravesó una neblina del espacio conocida como polvo interestelar. Así se han elevado a 15 seguras y 18 posibles el número de galaxias que forman el grupo de éstas a que pertenecemos. Para darse una idea de la inmensidad del espacio, bastará pensar que en la Vía Láctea, hay doscientos mil millones de estrellas (200.000.000.000), así como está escrito.

La primera lista de galaxias fue elaborada en 1784 e incluía solamente 50. Actualmente están catalogadas más de 12 mil, pero hay centenares de miles de ellas que ni siquiera alcanzamos a incluir. La fotografía ha sido usada con eficacia por los astrónomos quienes han retratado galaxias como el "Cúmulo de Boyero", a 3.500 millones de años luz.

Esta noche, si el cielo está claro, quizá divisemos las estrellas de Andrómeda, parienta de la Vía Láctea. Si logramos ese propósito deberemos recordar que la luz que vemos de Andrómeda partió hacia nosotros hace dos millones de años, cuando los antepasados del hombre se movían de rama en rama entre los árboles y no tenían más voz que los sonidos guturales de una garganta rudimentaria.

Los científicos aseguran que el Universo está en permanente expansión. El cielo no es una vista fija, sino una película de movimiento lentísimo, porque los cambios en el mismo ocurren a través de millones de años. Las galaxias, sus integrantes, las estrellas, los planetas o astros que giran en torno de ellas, son como las personas: nacen, crecen, mueren y vuelven a nacer. Las galaxias actuales se desintegran. Nacerán otras. El nacimiento de una galaxia se produce a partir de una masa informe de polvo y gas en rotación al que se vinculan posteriormente estrellas e incluso planetas. Cuando la masa prosigue su rotación, los llamados brazos de la galaxia, ramas luminosas unidas al eje central, empiezan a cerrarse alrededor del mismo.

Bueno es recordar que ni el tiempo ni el espacio son absolutos como lo proponía Newton. Einstein demostró lo contrario. Una pareja de novios que escaparan de la tierra en una nave a 250 mil kilómetros por segundo, si regresaran a la misma velocidad cuatro horas después, comprobarían que en la Tierra su ausencia ¡4 horas! equivalió a 20 mil años. Si una nave partiera en línea recta regresaría al mismo lugar. Valgan estos comentarios para rematar con el menor aburrimiento esta columna que iniciamos hoy.

HECHO EN VENEZUELA

Entre los venezolanos, la innovación no es una actividad totalmente extraña. A finales del siglo XVIII, conocimos el ingenio de Carlos del Pozo y Sucre, y durante todo el siglo XIX, hubo muchos intentos por mejorar herramientas o métodos de producción (Bifano, 2001). Empero, y a pesar de la originalidad que puedan haber demostrado, nada trascendió a otras sociedades.

A medida que la segunda mitad del siglo XX avanzaba, los inventos casuales o en solitario se hicieron cada vez menos frecuentes, bien sea por razones estrictamente económicas o en atención a la complejidad tecnológica inherente a la producción de un bien o servicio exitoso en sociedades con necesidades cada vez más difíciles de satisfacer. Sin embargo, una nueva modalidad para la innovación y/o el desarrollo tecnológico de productos de alto impacto —económico y social— comenzó a gestarse, hasta que terminó surgiendo un nuevo paradigma: el uso intensivo del conocimiento por grupos altamente calificados en los que el liderazgo individual cede el paso al empeño gerencial. Una sola limitante opera en el proceso: la tasa de retorno del producto.

Durante sus primeros años de existencia y hasta bien entrada la década de los años setenta, CONICIT centró su actividad en el mundo de la academia. En una segunda etapa, hasta los años noventa del siglo XX, CONICIT trató de reivindicar lo tecnológico frente a lo científico mediante tímidos acercamientos a lo empresarial y productivo. Parafraseando a Ávalos (1984), a mediados de los setenta, el descubrimiento de la transferencia de tecnología por parte de la élite político administrativa venezolana impulsó la búsqueda de una identidad propia para la política tecnológica nacional. Una que deslindase ciencia de tecnología, ordenadas así y relacionadas linealmente según el paradigma desarrollista de la CEPAL. Y es que, con el correr del tiempo, en el país se estaba haciendo patente el agotamiento del modelo de desarrollo adoptado en el año 1958. Más específicamente, y en lo que a ciencia y tecnología correspondía, lo planificado no estaba dando los resultados esperados (Ávalos y Antonorsi, 1980).

Las nuevas condiciones y situaciones que en aquel entonces emergían en un mundo que se tornaba digital y global, alentaron al CONICIT a transitar una tercera etapa durante los años noventa. Bajo el liderazgo de Ignacio Ávalos, el ente rector se aboca al asunto de lo tecnológico y su nueva variante: la innovación, para lo cual establece su programa Agendas, cuya intención fue conectar el sector industrial con el académico. En medio de un escenario de recursos financieros limitados, y convencidos del imperativo de transformar y diversificar el aparato industrial venezolano —necesitado de modernizar sus procesos tecnológicos—, CONICIT da los primeros pasos para el establecimiento de una política tecnológica vinculada a la política económica, que privilegia lo industrial-empresarial y se fundamenta en el aprendizaje de las experiencias locales, sustentándose en las capacidades académicas locales. Ello, deslindado de la política científica.

En Venezuela y durante el siglo XX, tres importantes logros tecnológicos nos impactaron. El primero fue la harina de maíz precocida, un gran avance desde el sector privado; el segundo, una serie concatenada de invenciones producidas por el científico Humberto Fernández-Morán, y el tercero, el desarrollo de una nueva fuente de energía desde el sector público, la Orimulsión®.

Existe una cierta controversia en relación con la paternidad de la harina de maíz precocida, componente fundamental para la preparación de la *arepa*, el equivalente tradicional del pan en Venezuela (y Colombia). El 4 de junio de 1954, le fue asignada al ingeniero venezolano Luis Caballero Mejías una patente venezolana por su producto "Harina de Maíz Deshidratada". Por otra parte, el maestro cervecero Carlos Roubicek, junto a Lorenzo Mendoza Fleury y su hijo Juan Lorenzo Mendoza Quintero —de la gerencia empresarial de Cervecería Polar—, entre los años 1954 y 1960, en la búsqueda de sustitutos para los ingredientes importados necesarios para la producción local de cerveza, dieron con un procedimiento industrial para preparar harina de maíz precocida y refinada[79]. Bajo la denominación comercial de PAN, en el año 1960, Remavenca —una subsidiaria de Empresas Polar— lanzó al mercado una harina de maíz para hacer arepas sin mayores esfuerzos (así como los múltiples platos criollos a base de maíz).

Sin duda alguna, la harina de maíz precocida es la innovación de mayor impacto nacional, en tanto que revolucionó la forma de vida de los venezolanos. Por un lado, en lo que a nutrición se refiere, mientras que, por el otro, fue un factor que cooperó en la modernización de nuestra sociedad. En efecto, las amas de casa fueron liberadas de la tediosa esclavitud de tener que pilar y moler el maíz cada vez que se necesitaba preparar las arepas para acompañar el desayuno, el almuerzo y la cena del núcleo familiar. Y es que, para los venezolanos, especialmente los del medio rural, la arepa ha sido desde tiempos inmemorables la fuente primaria de alimentación. Con la migración de las gentes del campo hacia las áreas urbanas, se debía desarrollar un nuevo patrón de vida propio de un ambiente comercial-industrial en el que la preparación de la arepa por el método convencional estaba destinada a desaparecer. La harina de maíz precocida cambió todo eso al permitir al hombre del campo, trasladado a la ciudad, continuar alimentándose de acuerdo a sus patrones ancestrales.

En otro campo, Humberto Fernández-Morán contribuyó de manera fundamental al avance y perfeccionamiento de la microscopía electrónica, a través de sus aplicaciones en medicina y en biología. Para poder observar estructuras subcelulares, desarrolló la célebre cuchilla de diamante, instrumento que permitió el seccionado ultrafino de materiales biológicos (y hasta metálicos). La patente que protegió su invento (US N° 3.060.781) estuvo por muchos años vigente para el IVIC. Este instrumento siempre le trajo gran reconocimiento a la institución por su calidad. Hasta no hace mucho, se seguían elaborando de acuerdo a las especificaciones originales de Fernández-Morán y en las mismas máquinas que él había diseñado e instalado. La cuchilla de diamante le valió en 1967 la Medalla John Scott de la ciudad de Filadelfia; un honor concedido con anterioridad a Claude Bernard, Marie Curie, Alexander Flemming y Jonas Salks. Pero fue en la Universidad de Chicago, y a partir del año 1967, donde Fernández-Morán le dio rienda suelta a su creatividad y se dedicó íntegramente a sus proyectos de tecnologías de punta en microscopía electrónica, bajas temperaturas, miniaturización y exploración espacial, produciendo desarrollos, inventos y realizando descubrimientos que hasta hoy llaman la atención de sus colegas[80].

Como investigador, fue pionero de varias técnicas importantes de microscopía electrónica y bajas temperaturas, así como de sus aplicaciones en la biología, la medicina y la ciencia de los materiales. Para muchos, su logro más importante, recién redescubierto hace apenas un lustro atrás, fue sin duda combinar esos desarrollos e inventos y hacerlos realidad en la experimentación. Conocidos hoy en día como criomicroscopía electrónica, la novel técnica está revolucionando la Biología Estructural. En efecto, Fernández-Morán logró observar, a nivel casi atómico, la estructura de complejos sistemas biológicos, en estado hidratado y a muy bajas temperaturas, lo cual hasta no hace mucho se consideraba como impensable ya que, tradicionalmente, al reducirse la temperatura a niveles muy bajos, las muestras en microscopía electrónica, por estar al vacío, perdían su agua —por sublimación—, lo cual inevitablemente tendía a distorsionar la imagen del objeto.

Por otra parte, en el año 1970, el CONICIT, bajo la dirección de Marcel Roche, creó un grupo de trabajo que se dedicó a estudiar la situación de la industria petrolera nacional. Un año más tarde, ese grupo se transformó en una comisión de área del CONICIT y entre sus múltiples informes al alto gobierno señaló, entre otras cosas, que la falta de investigación en petróleo constituía una seria amenaza económica en el mediano y largo plazo. La comisión identificó una falta de motivación de las operadoras extranjeras para crear esas estructuras investigativas, en su empeño de extraer la mayor cantidad posible de crudo para la exportación y mantener un férreo control sobre las innovaciones. Una vez identificadas las áreas de expertica a las que se le debería dedicar especial atención —crudos pesados—, la comisión formuló la recomendación de crear una instancia para la investigación en hidrocarburos y petroquímica.

A raíz de esas acciones preparatorias, el Ejecutivo Nacional decidió, en agosto del año 1973, crear el Instituto Tecnológico Venezolano del Petróleo (INVEPET), el cual arrancó operaciones en el año 1974, bajo la forma jurídica de una Fundación, con 40 profesionales.

Simultáneamente, en el IVIC, un grupo de sus químicos se había organizado a principios de los años setenta en un Departamento de Petróleo y Petroquímica, y propiciaron su transformación, en el año 1973, en un Centro de Petróleo y Química. Desde el Ministerio de Energía y Minas se promovió la creación del FONINVES, un fondo dedicado al entrenamiento avanzado del personal de la industria petrolera y al financiamiento de proyectos de investigación en hidrocarburos. Este inició operaciones en febrero de 1974, y funcionaría hasta el año 1983, siendo responsable de la formación de numerosos profesionales al más alto nivel en el extranjero y en el país.

Todas estas acciones apuntaban a la hora de la nacionalización (o reversión anticipada) de la industria petrolera. Para dar ese paso, el Estado venezolano debía consolidar los cuadros mínimos indispensables para que la naciente industria contara con un dispositivo investigativo y de desarrollo tecnológico capaz de resolver los retos que tendría que enfrentar. En agosto del año 1975, se decretó la nacionalización de la industria petrolera, y el 1 de enero de 1976, esto se hizo realidad. El personal de INVEPET, junto con profesionales del IVIC, fueron transferidos en julio de 1977 a una nueva filial de Petróleos de Venezuela, y así dio inicio a sus actividades el Centro de Investigación y Desarrollo de Petróleos de Venezuela (INTEVEP) (Brossard, 1994).

Según data de la Oficina Federal de Patentes del Gobierno de los Estados Unidos de Norte América, desde el año 1976 hasta finales del año 2010, le fueron otorgados a los inventores venezolanos unas 390 patentes (Requena, 2011). Entre ellas, sobresalen las 236 patentes otorgadas al INTEVEP en áreas tales como perforación, gas, exploración, emulsiones, catalizadores, procesos, lubricantes, petroquímica, destilados, gasolina y crudos pesados. Empero, una de ellas resalta entre todas: Orimulsión®. Para nosotros, el tercer gran éxito tecnológico nacional.

Orimulsión® es la marca comercial dada al combustible fósil que se produce de bitumen natural (70%) mezclado con agua (30%) y estabilizado con agentes surfactantes. Es un combustible para plantas de generación eléctrica o vapor, y que compite ventajosamente con el carbón y el diesel, en lo que a costos de adquisición y bondades ambientales se refiere. En productos como Orimulsión® reposa, en buena medida, el futuro de nuestro país, ya que le da una salida comercial a las grandes reservas de petróleo no convencional que poseemos. En efecto, los 42 mil millones de toneladas métricas que constituyen las reservas de arenas bituminosas en la Faja del Orinoco garantizan el suministro confiable (a la rata de 3 millones de barriles diarios) de Orimulsión® hasta bien entrado el siglo XXIII.

El desarrollo de Orimulsión® no estuvo libre de inconvenientes, debido a que Venezuela no tenía tradición o lineamientos para enfrentar la difícil y compleja tarea de producir un nuevo tipo de combustible para uso global (Vessuri y Canino, 2002). Apenas contábamos con una comunidad que, mientras desarrollaba los conceptos fundamentales, o el *know*, en paralelo, tuvo que aprender el *how*, o los métodos de almacenamiento, transporte y comercialización.

Durante el primer gobierno (1998-2004) de Hugo Chávez Frías (1954-2012), Orimulsión® fue centro de una gran controversia. Si bien en los comienzos de esa administración se valoraron adecuadamente las bondades del novel combustible y éste le fue ofrecido al gobierno chino, al poco tiempo, Orimulsion® fue victimizada y sus plantas de producción desmanteladas o reducidas a su mínima expresión. La versión oficial justificó el cambio de actitud a consideraciones de tipo fiscal en atención a que sus detractores sostenían que la comercialización del producto era inconveniente para los intereses del país. La realidad era otra y muy distinta; la controversia tenía un trasfondo político-ideológico de grandes dimensiones[81]. La desaparición de la exitosa Orimulsión® era necesaria en tanto que era considerada como un gran triunfo de la industria petrolera nacionalizada y de su gerencia profesional y meritocrática. Dentro del imaginario nacional, Orimulsión® había alcanzado el estatus de ícono de la capacidad científica y tecnológica de Venezuela. Por ello, la revolución bolivariana no podía permitir que el fruto de la creatividad y el tesón de un grupo de "escuálidos" de la cuarta República fuese no sólo un avance tecnológico de calidad global, sino también un éxito comercial.

Desde el punto de vista de innovación y desarrollo tecnológico, Orimulsión® representa un hito entre nosotros por haber impulsado cambios paradigmáticos. Por un lado, la comunidad de ciencia y tecnología nacional tomó conciencia de sus capacidades y potencial, mientras que, por el otro, logró desmitificar la explotación de las arenas bituminosas del Orinoco, asunto que se consideraba secundario en atención a las dificultades de comercialización. Es así que Orimulsión® demostró, inequívocamente, que los crudos pesados y extrapesados podían ser explotados comercialmente. Ello conllevó un cambio de mentalidad; una verdadera apertura intelectual que trajo nuevas posibilidades tecnológicas, como la transformación catalítica hacia crudos sintéticos. Hoy en día, Orimulsión®, junto a nuevas posibilidades tecnológicas, conforma un amplio espectro de opciones sobre las cuales se puede materializar el sueño de sembrar la faja petrolífera del Orinoco.

Como buena corporación energética de estatura global, PDVSA e INTEVEP presentan al público sus desarrollos tecnológicos de forma anónima, privilegiando así lo corporativo. No obstante, en la patente de Orimulsión® otorgada al INTEVEP en el año 1989, bajo el N° 4.801.304, sí figuran los nombres de los investigadores que participaron en su desarrollo. Ellos fueron Domingo José Rodríguez Polanco, Ignacio Armando Layrisse Ramírez, Hercilio José Rivas Siervo, Euler Jiménez Grazzina, Lirio del Mar Quintero García, José Antonio Salazar Pérez, Lourdes Mayela Rivero Albarrán, Emilio Guevara Millán y María Luisa Chirinos Piña. A continuación se reproduce una traducción libre del texto de la patente, nombrada como *Process for the production and burning of a natural-emulsified liquid fuel* o "Proceso para la producción y quema de un combustible líquido natural emulsificado" (INTEVEP, 1989).

—Artículo—

INTEVEP. "PROCESO PARA LA PRODUCCIÓN Y QUEMA DE UN COMBUSTIBLE LÍQUIDO NATURAL EMULSIFICADO"

Patente 4.801.304 (Estados Unidos). Enero 31, 1989.
"Proceso para la producción y quema de un combustible líquido natural emulsificado"

Resumen: Un proceso para la preparación de un combustible líquido natural y, particularmente, un proceso que permite convertir un combustible natural con alto contenido de sulfuro, en energía, por combustión, con una reducción substancial en emisiones de óxido de sulfuro.

Inventores: Polanco, Domingo (Los Teques, VE); Layrisse, Ignacio (Edif San Luis, VE); Rivas, Hercilio (Caracas, VE); Jiménez G., Euler (Caracas, VE); del Mar, Lirio Q. (Los Teques, VE); Salazar, José P. (San Antonio Altos, VE); Rivero, Mayela (Edo Miranda, VE); Guevara, Emilio (Caracas, VE); Chirinos, María L. (Caracas, VE).

Dominio: INTEVEP SA (Caracas, VE).
Solicitud N°: 875450.
Registrado: Jun 17, 1986.

Clase corriente US: 44/301; 137/13; 166/371; 431/3; 431/4; 431/8; 431/12; 516/41; 516/43; 516/45; 516/47; 516/51; 516/66; 516/67; 516/68; 516/69; 516/71; 516/74; 516/75; 516/76
Clase Internacional: C10L 001/32
Dominio para búsqueda: 431/3,4,8,12 44/51 137/13 166/371 252/312

Referencias Citadas [Referido por]

Número	Fecha	Investigadores	Referencia
2845338	Jul 58	Ryznar et al.	44/5
3332755	Jul 67	Kukin	44/4

3380531	Apr 68	McAuliffe et al.	166/371
3467195	Sep 69	McAuliffe et al.	166/371
3519006	Jul 70	Simon et al.	137/13
3837820	Sep 74	Kukin	44/5
3876391	Apr 75	McCoy et al.	44/51
3902869	Sep 75	Friberg et al.	44/51
3943954	Mar 76	Flournoy et al.	137/13
4002435	Jan 77	Wenzel et al.	44/51
4046519	Sep 77	Piotrowski	44/51
4084940	Apr 78	Lissant	44/51
4099537	Jul 78	Kalfoglou et al.	137/13
4108193	Aug 78	Flournoy et al.	137/13
4144015	Mar 79	Berthiaume	431/8
4158551	Jun 79	Feuerman	44/51
4162143	Jul 79	Yount III	44/51
4239052	Dec 80	McClaflin	137/13
4315755	Feb 82	Hellsten et al.	44/51
4379490	Apr 83	Sharp	166/371
4382802	May 83	Beinke et al.	44/51
4392865	Jul 83	Grosse et al.	44/51
4416610	Nov 83	Gallagher, Jr	431/4
4445908	May 84	Compere et al.	44/51
4477258	Oct 84	Lepain	44/51
4488866	Dec 84	Schirmer	431/4
4512774	Apr 85	Meyers	44/51
4570656	Feb 86	Matlach et al.	137/13
4618348	Oct 86	Hoyes et al.	431/4
4627458	Dec 86	Prasad	137/13

Documentos de patentes extrajeras:
55-63035   Dec. 1981   Japón.
974042   Nov. 1964   UK
Examinador Principal: Dixon, Jr.; William R.
Asistente al Examinador: Medley; Margaret B.
Procurador Agente o Firma: Bachman & LaPointe.

ESTABLECIMIENTO DE DERECHOS.
Aquello sobre lo cual se establecen derechos es:

1. Un proceso para la preparación y quema de un combustible líquido natural proveniente de petróleo extra pesado con alto contenido de sulfuros, sin necesidad de más proceso de refinación, que comprende los siguientes pasos:

(a) Extracción de crudo extra pesado de yacimiento profundo mediante una bomba de pozo, dicho crudo extra pesado tiene las siguientes características físicas y químicas:

C peso % de 78,2 hasta 85,5;
H peso % de 10,0 hasta 10,8;
O peso % de 0,26 hasta 1,1;
N peso % de 0,50 hasta 0,66;
S peso % de 3,68 hasta 4,02; Ceniza peso % de 0,05 hasta 0,33;
Vanadio, ppm de 420 hasta 520;
Níquel, ppm de 90 hasta 120;
Hierro, ppm de 10 hasta 60;
Sodio, ppm de 60 hasta 200;
Gravedad, °API de 1,0 hasta 12,0;
Viscosidad (CST) a 122°F de 1,400 hasta 5,100,000; 210°F de 70 hasta 16,000;
LHV (KCAL/KG) de 8.500 hasta 10.000; y
Asfáltenos peso % de 9,0 hasta 15,0.

(b) inyección de una mezcla de agua más un aditivo emulsificante dentro de dicho pozo donde dicho aditivo emulsificante está presente en una proporción de entre 0,1 hasta 5% por peso, basado en el peso total de la emulsión de crudo en agua de manera de crear una emulsión de crudo en agua la cual tiene un contenido de agua de aproximadamente entre 15% hasta 35% por peso y un tamaño de gota de crudo aproximadamente entre 10 µm hasta 60 µm;

(c) bombeado de dicha emulsión de crudo en agua desde dicho pozo hasta una estación de flujo;

(d) extracción de gas de dicha emulsión de crudo en agua;

(e) transporte de dicha emulsión de crudo en agua desde dicha estación de flujo a una estación de combustión sin requerir ningún otro proceso de refinamiento;

(f) acondicionamiento de dicha emulsión de crudo en agua con el objeto de optimizar el contenido de agua y tamaño de gota y añadido de un metal alcalino con el objeto de obtener una emulsión de crudo en agua donde dicha emulsión de crudo en agua tenga 20-40% peso de agua, 40-60 µm de tamaño medio de gota y por lo menos 50 ppm de contenido alcalino, seleccionado del grupo consistente de Na^+, Ca^{++}, Mg^{++} y K^+ y mezclas subsecuentes, con el propósito de reducir el volumen de emisiones de sulfuro producidas durante el subsecuente quemado como combustible líquido natural;.

(g) calentamiento de dicho combustible líquido natural optimizado de emulsión de crudo en agua a una temperatura de 20° C hasta 80° C. Y atomizar dicho combustible con un diluyente seleccionado de un grupo consistente de vapor y agua donde dicho vapor esté a una presión de 2 hasta 6 Bar en una proporción de vapor a combustible de 0,05 hasta 0,5 y dicho aire estando a una presión de 2 hasta 7 Bar en una proporción de aire a combustible de 0,05 hasta 0,4.

(h) quemado de dicho combustible atomizado donde la emisión de dióxido de sulfuro y trióxido de sulfuro son menores que aquellas de combustible de petróleo N° 6.

2. Un proceso de acuerdo al procedimiento de reclamo 1, donde la temperatura de dicho combustible es 20° hasta 60° C., dicha presión de vapor es 2 hasta 4 Bar, dicha proporción de combustible a vapor es 0,05 hasta 0,4, dicha presión de aire es de 2 hasta 4 Bar y dicha proporción de aire a combustible es de 0,05 hasta 0,3.

3. Un proceso de acuerdo al procedimiento de reclamo 1, donde dicho aditivo de emulsión es seleccionado de un grupo consistente de surfactantes aniónicos, surfactantes no-iónicos surfactantes catiónicos y mezclas de catiónicos y surfactantes no-iónicos.

4. Un proceso de acuerdo al procedimiento de reclamo 3, donde dichos surfactantes no-iónicos son seleccionados del grupo consistente de alquil fenol etoxilado, alcoholes etoxilado, esteres sorbitan etoxilados y mezclas subsecuentes.

5. Un proceso de acuerdo al procedimiento de reclamo 3, donde dichos surfactantes catiónicos son seleccionados de grupo consistente pordiaminas hidrocloradas grasas, imidazolinas, aminas etoxiladas, amido-aminas, compuestos de amonio cuaternario y mezclas subsecuentes.

6. Un proceso de acuerdo al procedimiento de reclamo 3, donde dichos surfactantes aniónicos son seleccionados del grupo consistente de cadenas largas de carboxilos, ácidos sulfónicos y mezclas subsecuentes.

7. Un proceso de acuerdo al procedimiento de reclamo 1, donde dicho aditivo emulsificante es un surfactante no-iónico con un balance hidrofílico-lipofílico de mayor a 13.

8. Un proceso de acuerdo al procedimiento de reclamo 7, donde dicho surfactante no-iónico es monofenol oxilato con 20 unidades de óxido etileno.

9. Un proceso de acuerdo al procedimiento de reclamo 6 donde dicho surfactante aniónico es seleccionado del grupo consistente de sulfonatos alquiláricos, sulfatos alquiláricos y mezclas subsecuentes.

10. Un proceso de acuerdo al procedimiento de reclamo 1, incluyendo añadir un aditivo anti-corrosivo a dicha emulsión de crudo en agua, anterior al transporte del mismo.

DESCRIPCIÓN

Antecedentes del Invento

El presente invento está relacionado con un proceso para la preparación de un combustible líquido natural y, particularmente, un proceso que permite convertir un combustible natural con alto contenido de sulfuro, en energía, por combustión, con una reducción substancial en emisiones de óxido de sulfuro.

Bitúmenes naturales encontrados en Canadá, La Unión Soviética, los Estados Unidos, China y Venezuela son líquidos, normalmente con viscosidades que van desde 10.000 hasta 200.000 CP y API gravedad menor a 10°. Estos Bitúmenes naturales son corrientemente producidos, bien sea por bombeo mecánico, inyección de vapor o por técnicas mineras. El uso generalizado de estas substancias como combustible, es limitado por una serie de factores, tales como dificultades para producirlo, transporte y manejo del material y, lo más importante, características desfavorables de combustión que incluyen altas emisiones de óxido de sulfuro y sólidos incombustibles. Debido a lo anterior, los Bitúmenes naturales no han sido utilizados exitosamente en términos comerciales como combustibles debido a los altos costos asociados a la inyección de vapor de agua, bombeo y sistemas de desulfurización de gas en conducto, todos factores necesarios para vencer las anteriormente mencionadas dificultades.

Naturalmente sería altamente deseable el poder utilizar los Bitúmenes del tipo, tal como ha sido expuesto arriba, como combustible natural. De tal manera que, el objetivo principal de este invento es el de proveer un proceso para la producción de un combustible líquido natural de los Bitúmenes naturales.

El objeto particular del presente invento es producir un combustible líquido natural de los Bitúmenes naturales formando una emulsión de crudo en agua de los dichos Bitúmenes naturales.

Otro de los objetivos del presente invento es el de proveer una emulsión de crudo en agua para usarse como combustible líquido conteniendo características especiales para favorecer el proyecto de combustión. Aún más, un propósito ulterior del presente invento es el de proveer condiciones óptimas de combustión para la combustión de una emulsión de crudo en agua de Bitúmenes naturales de manera de obtener una eficiencia excelente de combustión, bajo nivel de partículas sólidas sin quemar y bajos niveles de emisión de óxido sulfúrico.

Mas objetivos y ventajas de la presente invención aparecerán abajo y a continuación.

RESUMEN DEL INVENTO

El presente invento tiene que ver con un proceso para la preparación de un combustible líquido natural y, más aún, un proceso que permite a un combustible natural con alto contenido de azufre, ser convertido en energía por combustión con una reducción substancial de emisiones de sulfuro.

De acuerdo con el presente invento una mezcla de agua más un agente emulsificante es inyectado en un pozo de manera de formar una emulsión de crudo en agua inyectable. US Pat. No. 3,467,195 a McAuliffe *et al.* revela un proceso adecuado para formar una emulsión de crudo en agua, inyectable, apropiado para ser utilizado en el proceso del presente invento y es incorporado por lo tanto aquí como referencia. El volumen de agua en el agente emulsificante inyectado dentro del pozo es controlado de manera de formar una emulsión de crudo en agua con características específicas, en relación con contenido de agua, tamaño de gota y contenido metálico alcalino. De acuerdo con una característica particular del presente invento, se ha encontrado que con el objeto de optimizar la combustión de la emulsión de crudo en agua, la emulsión de crudo en agua formada dentro del yacimiento deberá estar caracterizada por un contenido de agua de 15% hasta 35% (peso), un tamaño de gota de cerca de 10 hasta 60 μm y un contenido metálico alcalino de cerca de 50 hasta 600 ppm. El agente emulsificante está presente preferiblemente en la emulsión de crudo en agua, en una proporción de entre 0,1 hasta 5% (peso) basado en el peso total del peso de la emulsión de crudo en agua.

La emulsión de crudo en agua en el yacimiento es entonces bombeada por una bomba de pozo de yacimiento profundo, tal como es conocida en el medio a una estación de flujo donde la degasificación pueda ser llevada a cabo en caso de ser necesario. La emulsión de crudo en agua es entonces transportada a una estación de combustión. En la estación de combustión la emulsión de crudo en agua es entonces acondicionada en cuanto a optimización del contenido de agua, tamaño de la gota y contenido de metales alcalinos para la combustión. La emulsión de crudo en agua debe caracterizarse por un contenido de agua de 15 hasta 35% (peso), un tamaño de gota de cerca de 10 μm hasta 60 μm y un contenido de metales alcalinos de cerca de 50 hasta 600 ppm. La emulsión es entonces quemada bajo las siguientes condiciones: temperatura de combustible de 20°C hasta 80°C, preferiblemente 20°C hasta 60°C, proporción chorro/combustible (peso/peso) desde 0,05 hasta 0,5, preferiblemente 0,05 hasta 0,4, proporción aire/combustible (peso/peso) de 0,05 hasta 0,4, preferiblemente 0,5 hasta 0,3 y presión de vapor de 2 Bar hasta 6 Bar, preferiblemente 2 Bar hasta 4 Bar, o presión de aire de 2 Bar hasta 7 Bar, preferiblemente 2 Bar hasta 4 Bar.

De acuerdo con el presente invento se ha encontrado que la emulsión de crudo en agua producido en el proceso del presente invento una vez acondicionada de acuerdo con el presente invento y quemada bajo las condiciones operativas controladas, resulta en una eficiencia de combustión de 99.9%, un bajo contenido de partículas sólidas y una emisión de óxido de sulfuro consistente con aquella que resulta de quemar combustibles tradicionales No. 6, combustible de petróleo.

DESCRIPCIÓN DETALLADA

El proceso del presente invento será descrito en referencia a la Fig1. Un pozo profundo, (10) provisto de una bomba para pozo de yacimiento profundo es alimentado con agua y un aditivo emulsificante con el objeto de formar una emulsión de crudo en agua, la cual pueda ser bombeada del pozo, (10) por la bomba de pozo de yacimiento profundo y transportada por la línea, (12) a una estación degasificadora, (14). La emulsión de crudo en agua degasificada, puede entonces ser almacenada en área de almacenamiento, (16) para subsecuente transporte, (18) tal como buque tanque, camión, oleoducto o similares. Una vez transportada la emulsión de crudo en agua puede ser almacenada en área de almacenamiento, (20) y/o entregada a una zona acondicionadora, (22) donde será acondicionada anteriormente a la quema en el área de combustión, (24).

De acuerdo con el presente invento el proceso está dirigido a la preparación y quema de un combustible natural extraído de un pozo profundo. El combustible el cual es apropiado para dicho proceso es un bitumen de petróleo pesado, el cual posee un alto contenido de sulfuro, tales como aquellos crudos típicamente encontrados en la faja petrolífera del Orinoco en Venezuela.

De acuerdo con el presente invento, una mezcla compuesta de agua y un aditivo emulsificante es inyectado dentro del pozo con el propósito de crear una emulsión de crudo en agua la cual es bombeada por medio de una bomba de pozo de yacimiento profundo desde el pozo.

Un aspecto crítico del presente invento es que las características de la emulsión de crudo en agua han de ser tal que optimice el transporte y el quemado de la emulsión de crudo en agua. La emulsión de crudo en agua del pozo ha de estar caracterizada por un contenido de agua de entre 15 hasta 35% (peso), preferiblemente de entre 20 hasta 30% (peso); un tamaño de gota de entre 10 µm hasta 60 µm, preferiblemente cerca de 40 µm hasta 60 µm, y un contenido de metal alcalino cerca de entre 50 hasta 600 ppm. Se ha encontrado que el nivel de metales alcalinos en la emulsión de crudo en agua tiene un gran efecto en el volumen de emisiones gaseosas en el momento de la combustión de la emulsión.

El bitumen de petróleo pesado tiene las siguientes propiedades químicas y físicas:

C 78,2 hasta 85,5% (peso).
H 10,0 hasta 10,8% (peso)
O 0,26 hasta 1,1% (peso).
N 0,50 hasta 0,66% (peso).
S 3,68 hasta 4,02% (peso).
ceniza 0,05 hasta 0,33% (peso).
V 420 hasta 520 ppm.
Ni 90 hasta 120 ppm.
Fe 10 hasta 60 ppm.
Na 60 hasta 200 ppm.
Gravedad 1.0°API a 12.0°API.
Viscosidad a 122°F 1.400 CST a 5.100.000 CST.
Viscosidad a 210°F. 70 CST a   16.000 CST.
LHV 8.500 a 10.000 kCal/kg.
Asfáltenos 9,0 a 15,0% (peso).

Durante el proceso de la producción del bitumen de petróleo pesado por inyección de agua, es subsecuentemente coproducida, agua de formación. Un análisis del agua de formación encontrada en la faja del Orinoco es establecido en el Cuadro 1.

Como puede ser observado en el Cuadro 1, el agua de formación contiene significativos volúmenes de metales alcalinos (Na^+, Ca^{++}, Mg^{++} y K^+). Controlando el volumen y contenido de metales alcalinos del agua inyectada con el agente emulsificante se asegura que la emulsión de crudo en agua producido, tenga los contenidos requeridos de agua y metales alcalinos tal como han sido establecidos más arriba. Como ha sido establecido anteriormente el agua inyectada también contiene un agente emulsificante.

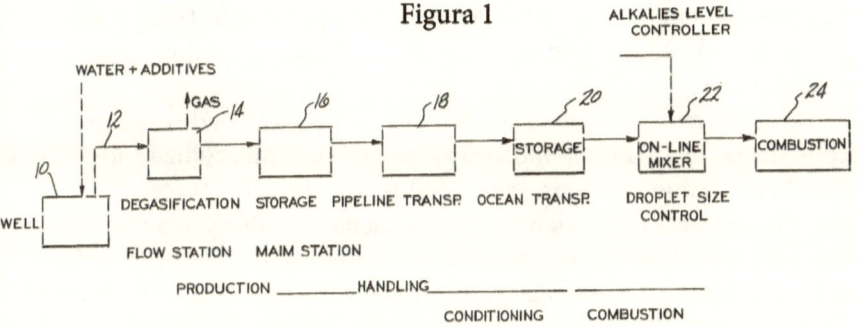

Figura 1

CUADRO N° 1
Análisis de agua de formación

Cl	23640
CO3	2.1
HCO3-	284
NO3-	10
SO4-	--
Na+	14400
Ca++	427
Mg++	244
K+	462
NH_4^+	32
SiO_2	64
pH	8

El emulsificante es añadido de manera de obtener un volumen de entre cerca 0,1 hasta 5,0% (peso), preferiblemente de entre 0,1 hasta 1,0% (peso), basado en el peso total de la emulsión de crudo en agua producido. De acuerdo con el presente invento el aditivo emulsificante es seleccionado de entre un grupo compuesto por surfactantes aniónicos, surfactantes no-iónicos, surfactantes catiónicos, mezclas de surfactantes iónicos y no-iónicos y mezclas de surfactantes catiónicos y no-iónicos. Los surfactantes no-iónicos apropiados para ser usados en este proceso son seleccionados del grupo compuesto por Fenoles alquil etoxilados, alcoholes etoxilados, esteres sorbitan etoxilados y mezclas subsecuentes.

Surfactantes catiónicos apropiados son seleccionados del grupo consistente de diamina hidrocloradas grasa, imidazolinas, aminas etoxiladas, amido-aminas, compuestos de amonio cuaternario, y mezclas subsecuentes, mientras que surfactantes aniónicos apropiados son seleccionados del grupo consistente de cadenas largas de carboxilos, ácidos sulfónicos, y mezclas subsecuentes. El surfactante preferible es un surfactante no-iónico con un balance hidrofílico-lipofílico de mayor de 13 tal como nonilfenol oxilatado con 20 unidades de oxido etileno. Surfactantes aniónicos preferidos son seleccionados del grupo consistente de alquilarico sulfonato, alquilarico sulfato, y mezclas subsecuentes.

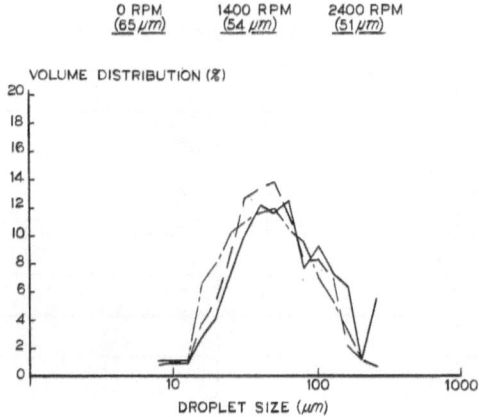

Figura 2. Tamaño típico de una gota de una emulsión de crudo en agua.

La mezcla de aditivo y agua inyectada en el pozo estabiliza la emulsión de crudo en agua. El agua inyectada dependerá del agua de formación coproducida con el bitumen. El contenido de sal dependerá también de la proporción agua/bitumen requeridos para un manejo adecuado y quemado y finalmente dependerá del tipo y volumen de emulsificante.

Puede ser observado que el promedio de tamaño de la gota es reducido de 65 μm bajando a 51 μm. También se puede observar que la distribución de tamaño de gota es suavizado, es decir, se transforma en una curva con forma de campana. De acuerdo con el presente invento la emulsión de crudo en agua debe estar caracterizada por un tamaño de gota de cerca de entre 10 μm hasta 60 μm.

Es en este punto que el combustible está diseñado para tener las características necesarias para ser manejado y quemado. Una vez formada la emulsión y extraída fuera del pozo, puede ser degasificada sin mayores inconvenientes debido a su baja viscosidad. Éste no es el caso cuando el bitumen sólo ha de ser degasificado lo cual requiere calentamiento previo a la separación del gas.

La emulsión puede entonces ser almacenada y bombeada a través de la estación de flujo y estación principal y aditivos tales como imidazolinas pueden ser añadidos para evitar cualquier corrosión en las paredes de metal debidos a la presencia de agua.

En cualquiera de los pasos puede ser instalado un mezclador en línea, (después de la degasificación, antes de bombear a través de un oleoducto, antes de cargar un buque tanque, etc.) para asegurar una buena emulsión con una distribución de tamaño de gota adecuada tal como es requerido más arriba.

Una vez que la emulsión de crudo en agua es transportada a la instalación de quemado, el combustible emulsificado es acondicionado de manera de optimizar el contenido de agua, tamaño de gota y contenido de metales alcalinos de la emulsión de crudo en agua.

El acondicionamiento consiste de un mezclador en línea y un controlador de niveles de metales alcalinos. El propósito del mezclador en línea es el de controlar el promedio de la gota del combustible líquido emulsificado.

La distribución del tamaño de la gota tiene un efecto muy importante en las características de combustión de este combustible natural, particularmente en cuanto al control de flujo y quema. La distribución del tamaño de las gotas es mostrada en la Fig. 2, inmediatamente antes y después del mezclador en línea.

Se ha encontrado también que el contenido de metales alcalinos en la emulsión de crudo en agua tiene un gran efecto en sus características de combustión, particularmente en la emisión de óxido de sulfuro. Álcalis tales como sodio, potasio, calcio y magnesio tienen un efecto positivo para reducir las emisiones de dióxido de sulfuro. Se cree que debido a la alta proporción de superficie de agua interfacial de bitumen contra volumen, álcalis reaccionan con compuestos de sulfuro presentes en el combustible natural para producir sulfidos alcalinos tales como sulfido de sodio, sulfido de potasio, y sulfido de calcio. Durante la combustión estos sulfidos son oxidados a sulfatos fijando así los sulfatos a las cenizas de combustión, previniendo de esta manera que el sulfuro sea emitido a la atmósfera como parte de los gases de chimenea.

Como fue apuntado anteriormente, los álcalis ya han sido añadidos a la emulsión durante el procedimiento de producción de la emulsión combustible natural por medio de una mezcla natural de álcalis contenidos en el agua de producción. Si los niveles de álcalis en la emulsión combustible se encuentran que no son los óptimos, se puede añadir volúmenes adicionales a la emulsión en el controlador de niveles de álcalis. Esto es logrado añadiendo agua de producción. Agua salina o soluciones acuosas de álcali sintético.

De acuerdo con el presente invento la emulsión de crudo en agua debería estar caracterizada por un contenido de metales alcalinos de cerca de entre 50 ppm hasta 600 ppm, preferiblemente 50 ppm hasta 300 ppm.

Una vez la emulsión de crudo en agua ha sido acondicionada esta lista para el quemado. Puede utilizarse cualquier pistola de quemado de combustible convencional tales como un quemador de mezcla interno o atomizadores hiperbólicos gemelos. Es preferible la atomización usando vapor o aire bajo las siguientes condiciones operativas:

- Temperatura de combustible de 20°C hasta 80°C preferiblemente 20°C hasta 60°C.
- Proporción vapor/combustible de 0,05 hasta 0,5 (peso/peso), preferiblemente de 0,05 hasta 0,4.
- Proporción aire/combustible de 0,05 hasta 0,4 (peso/peso), preferiblemente 0,5 hasta 0,3 y;
- Presión de vapor de 1,5 hasta 6 Bar, preferiblemente 2 hasta 4 Bar;
- Presión de aire de 2 hasta 7 Bar, preferiblemente 2 hasta 4 Bar.

Bajo estas condiciones se obtuvo excelente atomización y eficiente combustión a la par de buena estabilidad de llama. Las ventajas del presente invento serán aclaradas a través del estudio de los siguientes ejemplos.

EJEMPLO 1

Con el objeto de demostrar los efectos de niveles de metales alcalinos en las características de la combustión de la emulsión de crudo en agua comparadas con el bitumen Orinoco, se prepararon dos emulsiones con las características establecidas más abajo en el Cuadro II (bitumen Orinoco está también incluido).

Los resultados indican que un incremento en la eficiencia de quemado se logra con Orinoco emulsificado contra bitumen Orinoco virgen eso es, 99,9% comparado con 99,0%. Adicionalmente, una comparación de Emulsión #1 y Emulsión #2 indica que las emisiones de óxido de sulfuro, SO_2 y SO_3 disminuyen con un incremento de niveles de metales alcalinos.

EJEMPLO 2

Se estudiaron los efectos de las condiciones de operatividad en las características de operatividad de varios combustibles. El Cuadro V compara al crudo Orinoco con 7 crudos en emulsión de agua.

La eficiencia de combustión y emisiones gaseosas están establecidas más abajo en el Cuadro VII.

Los resultados indican una substancial reducción de óxidos sulfúricos al quemar emulsiones que contienen metales alcalinos además de un incremento en la eficiencia. Adicionalmente, mientras más baja sea la relación aire/combustible mayor es la reducción en óxidos sulfúricos. Lo mismo pareciera ser verdad para la relación vapor/combustible más baja.

El presente resumen puede ser, por lo tanto, ilustrativo y no restrictivo en todo respecto, estando el ámbito del invento indicado por el reclamo de derechos, y todo cambio que entre dentro del sentido y rango de equivalencia, está abarcado de manera incluyente. Finalmente, el volumen de óxidos de nitrógeno fue reducido. Comparado con crudos Orinoco, las condiciones operacionales son, por lo general, menos severas al quemar combustibles emulsificados; son más bajas la atomización de combustible, las temperaturas y las presiones, mientras que el uso de aire o flujo añade flexibilidad operativa.

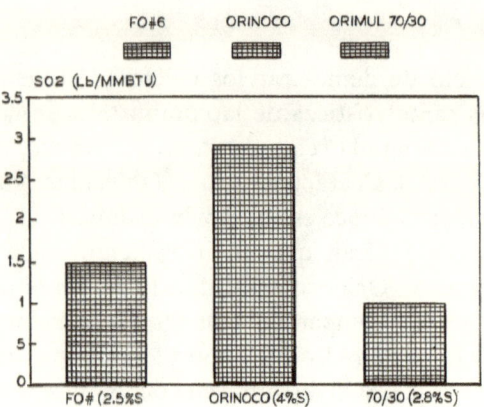

Figura 3. Emisiones comparativas de dióxido de sulfuro, entre la emulsión de crudo en agua del presente invento y el combustible de petróleo N°6.

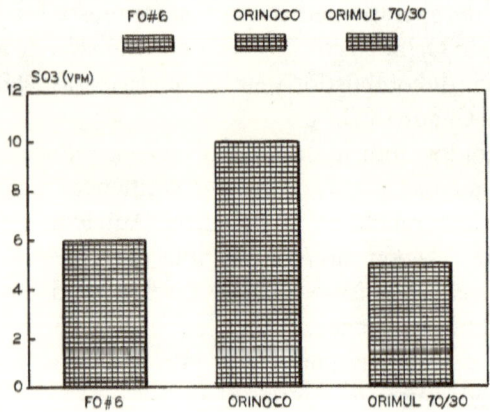

Figura 4. Emisiones comparativas de trióxido de sulfuro entre la emulsión de crudo en agua del presente invento y el combustible de petróleo N°6.

Reducción de emisión de óxidos sulfúricos, es un rasgo importante de emulsiones alcalinas de crudo en agua. Emisiones de trióxido de sulfuro son los responsables de las llamadas corrosiones de parte-fría, esto es ácido sulfúrico condensado en partes más frías de los calentadores (calentadores de aire y ahorradores), así como también es responsable de la acidez de cenizas en precipitadores electrostáticos y otros equipos de captura de sólidos.

EJEMPLO 3

Las emisiones de sulfuro de las emulsiones de crudo #3 del ejemplo II fueron comparadas con combustible No. 6 y los resultados establecidos en las Fig. 3 y 4. Los resultados indican que las emisiones de óxido de sulfuro de la emulsión de crudo en agua son favorables al compararse con combustible No. 6 y muy superiores al bitumen Orinoco SO_2 reducción de emisiones es 33% al compararse con combustible No. 6 y 66% al compararse con bitumen Orinoco. Emisiones de trióxido de sulfuro son también más bajas para emulsión #3 al compararse con combustible No. 6 (2.5% S) y bitumen Orinoco. Estas reducciones alcanzan un 17% y 50% respectivamente.

CUADRO N°2
Características de Combustible

	ORINOCO	EMULSIÓN #1	EMULSIÓN #2
Nivel de Alcalinidad	0	10	160
LHV (BTU/Lb)	17.455	13.676	13.693
% de Bitumen	100	77	77
% de Agua	0	23	23

Todos los combustibles fueron quemados bajo las condiciones operativas establecidas en Cuadro N°3.

CUADRO N°3
Condiciones Operativas

	ORINOCO	EMULSIÓN #1	EMULSIÓN #2
Tasa Alimentación (Kg/h)	19,5	23,5	23
Entrada de Calor Total (BTU/H)	75.000	750.000	750.000
Temperatura de Combustible (°C)	115	24	60-70
Relación Vapor / Combustible (P/P)	0,4	0,2	0,43
Presión de Vapor (BAR)	4	4	2,8
Tamaño Promedio Gota (μm)	--	60	51

Las Emisiones gaseosas y eficiencia de quemado para cada combustible están establecidas más abajo en el Cuadro N°4.

CUADRO N°4
Características de Combustión

	ORINOCO	EMULSIÓN #1	EMULSIÓN #2
CO_2	13,5	14	21
CO	0	0	0
O_2	3	3,5	3
SO_2	1.500	1.450	850
SO_3	12	8	6
NO_x	690	430	417
Particulado (mg/Nm3)	20	13	11
Eficiencia (%)	99,0	99,9	99,9
Duración de Corrida (Hr.)	100	36	100

CUADRO N°5
Características de Combustión

	Orinoco	EMULSIÓN							
		#3	#4	#5	#6	#7	#8	#9	#10
Alcalinidad (PPM)	0	80	80	80	80	80	80	80	80
LHV (BTU/Lb)	17.455	2.900	2.900	2.900	3.600	3.600	3.600	3.600	3.712
% Bitumen	100	0	0	0	6	6	6	6	8
% Agua	0	30	30	30	24	24	24	24	22

El bitumen Orinoco y emulsiones #3, #6, #7 y #10 fueron atomizadas con vapor. Emulsiones #4, #5, #8 y #9 fueron atomizadas con aire. Las condiciones de operatividad están establecidas en el Cuadro N°6.

CUADRO N°6
Condiciones de Operación

	Orinoco	EMULSIÓN							
		#3	#4	#5	#6	#7	#8	#9	#10
Tasa de Alimentación (Kg/h)	0	180	180	180	180	180	180	180	180
Entrada de Calor Total (kBTU/Hr.)	820	820	820	820	820	820	820	820	820
Temperatura de Comb. (°C)	115	60-70	60-70	60-70	60-70	60-70	60-70	60-70	60-80
Rel. Vapor/Comb. (W/W)	0,40	0,34	--	--	0,40	0,45	--	--	0,20
Rel. Aire/Comb. (W/W)	--	--	0,20	0,27	--	--	0,27	0,34	--
Presión Vapor/Aire. (Bar)	4	1,6	3	3	3,8	3,2	2,8	2,8	2,8
Tamaño Promedio de Gota (μm)	--	43	43	43	60	60	60	60	18

CUADRO N°7
Características de Combustión

	Orinoco	EMULSIÓN							
		#3	#4	#5	#6	#7	#8	#9	#10
CO_2 (% Molar)	15,5	12,9	12,6	12,8	13,9	13,5	13,9	13,5	13,0
CO (ppm/V)	1000	20	50	60	25	22	25	30	20
O_2 (% Molar)	3	3	3	3,2	2,7	3,3	2,8	3,2	2,8
SO_2 (ppm/V)	1617	475	420	508	740	550	682	692	1350
SO_3 (ppm/V)	10	5	5	5	6	6	9	9	10
NO_x (ppm/V)	717	434	478	645	434	600	451	454	690
Eficiencia (%)	98,7	99,9	99,9	99,9	99,9	99,9	99,9	99,9	99,9
Duración de Corrida (Hr.)	428	100	100	100	40	40	40	40	40

NOTA: Este invento puede ser resumido de otras maneras o llevado a cabo de otras formas sin alejarse del espíritu o características esenciales aquí establecidas.

MARXISMO CON POSMODERNISMO: RECETA DESASTROSA

En el año 1998, el militar golpista Hugo Chávez Frías llegó a la Presidencia de la República por la vía electoral. Venezuela estaba perdiendo rumbo y memoria, inmersa en un gran descontento por una deuda social que Chávez supo aprovechar, culpando a las élites de esa deuda y de todos los males existentes en el país y prometiendo fórmulas mágicas diseñadas para atrapar tanto la esperanza de los necesitados —bautizados como excluidos— como los buenos deseos de ciudadanos cándidos —rebautizados como escuálidos—. Bajo la consigna de cambio revolucionario, promovió una Asamblea Constituyente que promulgó una nueva Constitución a finales del año 1999. En lo conceptual, la administración de Chávez abrazó una variante del comunismo que llamó *socialismo del siglo XXI*, mientras que en lo operativo propulsó un populismo que privilegiaba lo clientelar sobre cualquier otra consideración. Chávez se propuso redefinir el modo y razón de vida de los venezolanos y terminó siguiendo las directrices de la dictadura cubana de los Castro.

A principios de la década de los noventa, ciertamente el país mostraba preocupantes signos de estancamiento, probablemente arrastrados por desajustes orgánicos y agudizados por la crisis económica de 1983 y las secuelas que ésta dejó. En lo académico e investigativo estas dificultades se hicieron muy presentes (Roche y Freites, 1992) y dieron base para justificar que en la nueva Constitución se le otorgara a la actividad científica un rango máximo[82]. La adaptación al nuevo marco constitucional comenzó con la creación del Ministerio de

Ciencia, Tecnología e Innovación y el desmantelamiento del CONICIT como ente rector sectorial. Así, la quinta República le dio fin al modo de gerenciar la ciencia y la tecnología que estuvo en operación durante las cuatro últimas décadas del siglo XX, concebido y desarrollado sobre cuatro conceptos fundamentales: libertad de pensamiento y acción, el método científico[83], racionalidad y meritocracia (Requena, 2003).

El modelo de organización administrativa de la investigación científica y del desarrollo tecnológico adoptado por el país durante el mandato de Chávez es, en esencia, del tipo vertical, en tanto que un ente rector —el Ministerio— regenta las cuatro funciones operativas: conducción, planificación, financiamiento y producción. El modelo conlleva centralización de la gestión y control de los entes subordinados. El modelo de gestión adoptado en 1999 introduce la figura de la innovación y permite nuevas modalidades de financiamiento de la investigación, hecho que le dio satisfacción a una vieja aspiración de administradores, investigadores y empresarios[84] del país, quienes añoraban terminar con el divorcio entre los que producen bienes y servicios y los que pueden innovar, crear o mejorar conocimiento de utilidad.

Esa satisfacción duró poco. En efecto, la Ley Orgánica de Ciencia, Tecnología e Innovación (LOCTI), promulgada inicialmente en el año 2001 (y modificada en el año 2005), trató de trasladar parte del financiamiento de la actividad científica y tecnológica —que tradicionalmente estaba en el sector público— hacia el sector privado mediante una carga fiscal a las empresas con ingresos netos superiores a una cierta cantidad. La magnitud de este pseudo impuesto, eufemísticamente definido por la ley como "aporte", dependía de la naturaleza comercial de la empresa (un porcentaje de 0,5% a todas y 2% para las empresas mineras y petroleras). El aporte tenía que ser destinado por la empresa —interna o externamente— a actividades propias de la ciencia y técnica de su conveniencia. Sin embargo, en diciembre del año 2010, LOCTI fue radicalmente reformada y se obligó a las empresas a entregar al Ministerio de Ciencia la totalidad del porcentaje establecido por la Ley, quedando así eliminada para la empresa privada la posibilidad de investigar e innovar de acuerdo a sus necesidades. La efímera vida de la LOCTI —concebida como un instrumento de transformación sociopolítica— no le permitió rendir fruto alguno.

Las raíces del modelo de CyT implantado por Chávez pueden ser trazadas hasta un manifiesto programático desarrollado por Jorge Giordani, Juan de Jesús Montilla[†], Víctor Morles y Héctor Navarro, hecho del conocimiento público en el año 1994, y que pudieron implementar, sin tropiezo alguno, desde instancias ministeriales[85], bajo el mandato del mismo Chávez. Llama la atención que los proponentes fueron destacados profesores de la más importante universidad autónoma del país (UCV), formados por la cuarta República, sin costo de sus programas de formación —en el país o en el exterior—, sin miramientos a su perfil ideológico, o a la naturaleza de sus investigaciones, las cuales no fueron cuestionadas por su "pertinencia social", sino valoradas en atención al criterio de excelencia. No obstante, en su modelo —que pasó a ser lo sectorial en el programa de acción de la revolución bolivariana—, sin ambages sólo se acepta lo socialmente pertinente, criterio absolutamente subjetivo del administrador de turno, mientras que se cuestionan valores, universalmente aceptados para la investigación académica, científica y tecnológica, como la libertad de pensamiento y acción junto al respeto al mérito.

El objetivo de la propuesta de Giordani, Montilla, Morles y Navarro era revolucionar el quehacer científico y técnico del país, siendo necesario para ello "el establecimiento de un gobierno popular, nacionalista y patriótico, cuyo proyecto nacional [implicara] la existencia de un Estado (...) que administra[ra] sectores estratégicos de la economía [y que implementara además] una ampliación de la propiedad social o cooperativa sobre la privada", y en el que la investigación fuera concebida como una actividad de todos, dirigida primordialmente a atacar problemas relevantes de la sociedad mediante la democratización y desmitificación de la ciencia y la tecnología.

A continuación se reproducen la "Introducción" [pp. 5-11] y de seguidas el Capítulo IV, titulado "Lineamientos generales en ciencia y tecnología" [pp. 30-35], del libro *Ciencia y tecnología: una propuesta alternativa*. (Giordani, Montilla, Morles y Navarro, 1994).

—Artículo A—

J. GIORDANI, J. J. MONTILLA, V. MORLES Y H. NAVARRO. *"INTRODUCCIÓN"* DE SU LIBRO *CIENCIA Y TECNOLOGÍA: UNA PROPUESTA ALTERNATIVA*

Aunque la ciencia y la tecnología[1] no pueden resolver todos los problemas de la humanidad, es indudable que en la actualidad no puede existir una nación avanzada o con alta calidad de vida, sin una gran capacidad científico tecnológica, porque la ciencia y la técnica, aunque todavía son obra de una minoría privilegiada, hace tiempo que dejaron de ser pasatiempos de la aristocracia y se han convertido, junto con la educación, en factores directos de la producción económica, del poder político y de la toma de decisiones en la administración pública y privada. En otras palabras: los recursos intelectuales de un pueblo —es decir, su gente capacitada, su concepción del mundo, sus saberes, conocimientos y valores— son y serán cada vez más importantes que los recursos materiales que pueda poseer. Por eso se puede decir hoy, por ejemplo, que Japón es una nación materialmente rica que habita un país pobre, mientras Venezuela es un pueblo materialmente pobre que habita un país rico. En otras palabras, la ciencia, la técnica y la educación deben ser hoy, y más en el futuro, necesariamente, componentes estratégicos de cualquier proyecto político nacional.

Porque los problemas de la sociedad crecen constantemente en complejidad, la búsqueda y aplicación de soluciones adecuadas ya no puede ser producto de la simple intuición o genio, de un dirigente o de reducidos grupos, sino que debe soportarse en el trabajo de equipos multidisciplinarios, conformados por expertos compenetrados con los problemas sociales, con participación amplia de diversas instituciones y comunidades, apoyados en tecnología informática avanzada.

Pero, es cierto, el diseño y ejecución de una política científico tecnológica nacional es una tarea difícil, sobre todo en países atrasados como el nuestro, no solamente por el alto costo de las actividades que de ella se derivan, el carácter de inversión a largo plazo de las mismas y la alta dependencia científico-técnica que se vive, sino por otras dos razones importantes:

a) porque la ciencia y la técnica son actividades esencialmente contradictorias: los beneficios que evidentemente proporcionan pueden ser anulados, a mediano y largo plazo, por sus efectos nocivos sobre el ambiente y la salud humana;

b) porque así como una sociedad puede estructurarse de distintas maneras y con ello beneficiar a unos y otros sectores o a toda la población, así también hay modos o estilos distintos de hacer ciencia y tecnología (conservador, reformista o transformador) y, por lo tanto, distintas maneras de definir prioridades y estrategias, de asignar presupuestos y adoptar metodologías, los cuales se corresponden con estilos distintos de desarrollo (Varsavsky, 1972).

Por otra parte, cualquier intento de planificación social ha de tomar en cuenta que la humanidad vive una época de grandes transformaciones. La revolución industrial nacida en Europa, durante el siglo XVIII, produjo la caída de las sociedades feudales y esclavistas dominantes —centradas en el predominio de la herencia, la fuerza de las armas o la fe religiosa— e impuso la estructura o sistema social capitalista que, privilegiando el valor del dinero y de la competencia sobre la justicia y la solidaridad humana y estimulando una tecnología altamente innovadora, pero dispendiosa y depredadora del ambiente, ha ido dominando y explotando a amplios estratos de sus propias sociedades y al resto del mundo.

Como reacción contra los defectos de este sistema, aparecen en este siglo las primeras experiencias socialistas, encabezadas por la Unión Soviética, y por más de medio siglo fueron modelos de organización social más justa.

Pero de pronto, la URSS se desintegró, y entre las diversas causas del fenómeno está haber copiado la ciencia funcionalista de Occidente y no haberla puesto al servicio de la economía y de las necesidades básicas de la población. Europa Oriental abandonó la vía del socialismo impuesto y ahora sus nuevos gobernantes tratan de imponerle la economía del mercado. El reciente avance industrial y tecnológico de Japón —basado en la copia masiva de tecnología avanzada, la educación competitiva y tecnocrática, y la explotación inclemente del trabajador, por lo cual, en forma alguna, puede ser modelo de alta calidad de vida es imitado luego por otros países asiáticos, presentándose hoy como otro estilo de desarrollo social neoliberal. El socialismo se mantiene, con grandes esfuerzos, en China, donde pudo acabar con el hambre y la miseria de siglos, en Corea del Norte que, aunque aislada y solitaria, ha logrado una economía sólida como también propia en América Latina, en Cuba, con 30 años de bloqueo económico inhumano, pero cuyos logros en salud, educación, ciencia y cultura son una espina que molesta a la potencia del Norte.

En las últimas décadas se conforman grandes bloqueos económicos en Europa, Asia y Norteamérica. Los Estados Unidos, con su alta tecnología militar, se convierte en poder hegemónico. La miseria, la desvalorización de las materias primas y la deuda externa, agobian a la mayoría de los países del desvanecido Tercer Mundo. Aparecen o aumentan los conflictos regionales y étnicos en varios continentes. Las naciones capitalistas más desarrolladas (donde el poder está en las grandes corporaciones) y, donde tampoco existe la justicia social, viven crisis internas en lo económico, en lo político y en lo social, incluyendo, entre otras, profundas diferencias, en cuanto a salud, educación, alimentación, cultura, etc., entre grupos étnicos y entre los diferentes estratos sociales, que tratan de superar sojuzgando a los otros pueblos, mediante la imposición de sistemas políticos negadores del progreso, e imponiendo a todo el mundo, pero sólo en aquello que a ellas conviene, la economía de mercado y la mundialización del comercio.

Todo esto sucede en un mundo signado por una prodigiosa, pero contradictoria y alienante revolución industrial, científica y tecnológica que, con el desarrollo de la informática, la electrónica y la biotecnología, es anunciadora de transformaciones sociales cada vez más profundas. Al parecer no hay alternativa: cualquier modelo de sociedad futura tiene que incorporar la creación científica y tecnológica como uno de sus componentes esenciales.

La situación mundial también demuestra que el sistema capitalista dominante, con todo su inmenso poderío y riqueza acumulados, es incapaz de resolver los grandes problemas de la humanidad: el hambre y la falta de justicia, libertad y paz.

Por otra parte, la gran dependencia externa a la cual están sometidos hoy los países atrasados, cuyos recursos naturales son generalmente explotados por corporaciones multinacionales o vendidos como materias primas a precios irrisorios a las naciones industrializadas, es un indicador del poder, no solamente de la fuerza y del dinero, sino también del saber y de la información. Porque la revolución científico-tecnológica que hoy vive el mundo, es base de sustentación y poder de las naciones dominantes, siendo hoy condición indispensable, aunque no suficiente, para mejorar la calidad de vida de toda la humanidad.

En síntesis, se puede decir que en el umbral milenio nos encontramos con un mundo dividido y lleno de tensiones. Un mundo rico en potencialidades y promesas, pero también lleno de peligros y de oscuros augurios. Por esto, hoy es necesario que el científico, el tecnólogo, el ciudadano responsable, replanteen los problemas del hombre y de la sociedad con sentido crítico y creativo; empeñarse en diseñar paradigmas o proyectos nacionales, en los cuales se pueda combinar la productividad económica con la democracia y la justicia social.

Sin embargo, hay que precisar que los grandes adelantos en tecnología física, en los que se han centrado los proyectos nacionales dominantes, no son suficientes para lograr el bienestar general. Los problemas de la humanidad no implican solamente cómo producir más, sino también cómo distribuir las riquezas y cómo hacer del hombre un ser más solidario, más capaz, más humano. Por otra parte, hay que recordar que la justicia y la libertad, bienes tan pregonados por la cultura dominante, no pueden realmente existir cuando hay hambre y miseria.

Lo cierto es que en los países atrasados, particularmente en América Latina, el modelo de desarrollo social que se ha impuesto en años recientes, como consecuencia de su debilidad ante el mundo avanzado, de sus crisis recurrentes y del fortalecimiento del capitalismo mundial, es lo que podríamos llamar el capitalismo dependiente neoliberal, el cual se soporta en la economía de mercado, en el debilitamiento del poder estatal, en favorecer los grandes capitales y las empresas transnacionales, en la competitividad internacional y en la democracia representativa o formal. Es el modelo que defienden los sectores más conservadores del sector económico, de la socialdemocracia y de la democracia cristiana y es el modelo para el cual la ciencia y la tecnología en los pueblos atrasados tienen que ser actividades marginales, elitistas e importadas, el cual es el modelo que ha ido empeorando el nivel de nuestras vidas.

Al modelo anterior, las fuerzas progresistas deben contraponer, para el corto plazo, uno distinto: el establecimiento de un gobierno popular, nacionalista y patriótico, cuyo proyecto nacional implique la existencia de un Estado nacional soberano que administra sectores estratégicos de la economía; una democracia del pueblo; una ampliación de la propiedad social o cooperativa sobre la privada (especialmente la monopólica) y la estatal; una vinculación mayor con países de similar desarrollo, y una expansión y democratización de la ciencia, la tecnología y la cultura.

¿Cómo debe ser la ciencia y la tecnología que debe promoverse en tal proyecto político? ¿Cuáles son las prioridades en este sector para el caso de Venezuela? ¿Con cuáles recursos se cuenta? ¿Cuál debe ser la estrategia para el corto y mediano plazo? Intentar definir tales áreas es el objetivo de este documento.

Nuestra propuesta de política científico-tecnológica para un gobierno popular nacionalista, en un país latinoamericano con economía atrasada, se sintetiza en: expandir, democratizar y desmitificar la ciencia, la tecnología y la cultura y hacer de ellas instrumentos para mejorar la vida de toda la población. Lo anterior significa adoptar los siguientes principios u orientaciones:

1. La finalidad principal de la ciencia y de la tecnología nacional es, o debe ser, estudiar los problemas relevantes de la sociedad y proponer las soluciones viables que beneficien a la mayoría de la población. En consecuencia, la ciencia y la tecnología serán concebidas como sectores estratégicos de la política nacional y el Estado le asignará presupuestos relativamente elevados para su crecimiento y consolidación.

2. La creación científica y técnica se concebirá como una actividad valiosa, crítica y transformadora, la cual es competencia, no sólo del Estado, de la comunidad académica y de los científicos profesionales, sino responsabilidad y obra de todo hombre o mujer intelectualmente capaz. Por ello, se estimulará, tanto el fortalecimiento y expansión de los estudios avanzados, como la creación de empresas, centros, grupos y comunidades científicas y técnicas.

3. El sistema educativo, las publicaciones periódicas y los medios masivos de comunicación, tendrán como atribución importante la difusión, así como la crítica de los enfoques, métodos y logros científico-técnicos.

4. Se privilegiará el uso de tecnología avanzada en los proyectos y sectores estratégicos de la economía nacional, como también se promoverá en otros sectores y en el campo, el uso extensivo de tecnologías alternativas, populares y autóctonas, que sean de bajo costo e intensivas en trabajo.

5. Por último, se dará alta prioridad a la búsqueda de soluciones a problemas relacionados con el bienestar social, la soberanía nacional, la integración Latinoamericana, la explotación y comercialización de los recursos naturales, la transferencia de tecnología avanzada, la ciencia social y a la preservación del ambiente.

6. Por último, el criterio básico para evaluar y financiar los proyectos u obras científicas o técnicas será siempre su pertinencia o relevancia social, pero garantizándose amplia libertad en todo lo concerniente a enfoque, métodos y procedimientos de investigación.

NOTA:

Por Ciencia entenderemos en este documento el conjunto de saberes o conocimientos organizados que la comunidad científica acepta como "verdaderos", lo cual incluye las teorías científicas, los resultados de investigaciones sistemáticas y la ciencia consolidada; y por Tecnología —la cual puede considerarse como componente de la Ciencia— adoptaremos la definición de Sábalo y Mackenzie (1982), es decir: "es un paquete de conocimientos organizados de distintas formas, (científico, técnico, empírico, etc.), provenientes de diversas fuentes (descubrimiento científico, otras tecnologías, libros, manuales, patentes, etc.), a través de métodos diferentes de: investigación, desarrollo, adaptación, copia, espionaje, expertos, etc.)", el cual —agregamos nosotros— sirve para resolver un problema social concreto.

—Artículo B—

J. GIORDANI, J. J. MONTILLA, V. MORLES Y H. NAVARRO. *"LINEAMIENTOS GENERALES EN CIENCIA Y TECNOLOGÍA"*

En concordancia con los lineamientos establecidos en la Propuesta Alternativa, se plantean los siguientes lineamientos estratégicos en el sector:

*La investigación científica y tecnológica es imprescindible para alcanzar la meta de satisfacer las necesidades básicas de la población, a partir de los recursos existentes. Ella es por tanto necesaria, pero al mismo tiempo costosa y **corresponde al Estado la responsabilidad fundamental de garantizar los recursos necesarios para su adecuado funcionamiento**.

*Lograr el crecimiento y fortalecimiento de la Comunidad Científica y Tecnológica, en función de los requerimientos nacionales y sociales. Con esto se pretende, en primer lugar, incorporar toda la potencialidad humana y de equipos, existentes en el país, al quehacer científico y tecnológico. En segundo lugar, dotarla de los recursos, conectividad, sentido, orientación y finalidad que le permita constituirse en un verdadero Sistema de Ciencia y Tecnología, autónomo, integrado y capaz de mantener un crecimiento estable, tanto en lo cuantitativo como en lo cualitativo. Todo ello orientado a la satisfacción de las necesidades más inmediatas de nuestra sociedad, de acuerdo a las áreas prioritarias que se definen más adelante.

***Democratización y desmitificación de la Ciencia y la Tecnología.** Hacer de la actividad científica y tecnológica una responsabilidad de la sociedad en su conjunto y no una labor de élites. Esto al mismo tiempo implica que todos tienen el mismo derecho a participar de la creación científica y tecnológica, como también a ser preparados para ello, sin más limitaciones que los derivados de sus aptitudes y que, por supuesto, todos tienen igual derecho a los beneficios que tal actividad puede producir al cuerpo social. Si buena parte de los resultados del trabajo de la comunidad científica y tecnológica se traduce en beneficios tangibles a corto o mediano plazo para la comunidad, es de esperar que ésta retribuirá a sus científicos y tecnólogos, elevando sostenidamente el reconocimiento social hacia quienes se dedican a dichas actividades. La democratización también significa que la comunidad de ciencia y tecnología organizada sea tomada en cuenta, por parte del Estado, en la toma de decisiones del más alto nivel, llevando esto al siguiente lineamiento.

*Inserción de una dirección Científico Técnica y Educativa genuinamente representativa de la comunidad de científicos y tecnólogos, en la dirección política nacional, regional y sectorial para garantizar que las decisiones tomadas cuenten con los criterios técnicos más adecuados y que además, exista completa sintonía entre la labor de investigación y los grandes planes del país.

*En función del objetivo primordial de esta propuesta alternativa (…alcanzar para los hombres y mujeres que pueblan este territorio, un creciente bienestar material y espiritual en términos de equidad), se definen como prioritarias a los efectos de la orientación fundamental de la investigación científica y tecnológica en nuestro país: la agroalimentación, la salud y la vivienda. En función de las mismas y a manera de soporte, tendrán preferencia las siguientes áreas del conocimiento: biotecnología; metalurgia y metalmecánica; química y petroquímica; electrónica e informática; construcción y vivienda. Estas áreas de soporte nutrirán a las áreas prioritarias, indirectamente (producción petrolera y minera, permitiendo la adquisición de los recursos necesarios) en forma directa, mediante la producción de insumos, tales como los requeridos en metalmecánica (herramientas, tractores, implementos agrícolas, etc.), petróleo y petroquímica (fertilizantes, insecticidas, herbicidas, lubricantes, combustibles, etc.) o, aún más directamente, en la biotecnología, en la construcción de sofisticados equipos electrónicos de control de procesos o para aplicaciones médicas. De más está decir que la fijación de una prioridad no significa que excluye o proscribe la actividad en otras áreas o campos; sólo indica a cuál se le va a prestar la mayor atención (Koshland, 1993).

*Valoración y estímulo a las soluciones tecnológicas Populares, con el fin de hacer uso del enorme caudal de conocimientos acumulados por los tecnólogos populares. Esto presupone una estrecha vinculación de la actividad de ellos con los centros de investigación "formal" y viceversa. De esta manera, tecnologías populares ya probadas, acordes con las condiciones de trabajo y con nuestros aspectos culturales, se verían enriquecidas y mejoradas al dotarlas de elementos metodológicos rigurosos de investigación y de la instrumentación adecuada, y se abriría la posibilidad de su producción en masa para beneficio de la sociedad en su totalidad. La llamada ciencia y tecnología "formal" también se vería ampliamente beneficiada al facilitársele la contrastación de los conocimientos adquiridos por métodos deductivos o inductivos, con la experiencia acumulada por los tecnólogos populares. En otras palabras, se facilitaría, en términos prácticos, la investigación-acción.

*Orientación latinoamericanista de la Ciencia y la Tecnología frente a los conceptos actualmente predominantes de globalización que pasan por alto que, si bien la ciencia es una sola, los países no se encuentran en las mismas condiciones para utilizar los conocimientos. Los países dominantes entonces los usarán como instrumento de dominación. Esta orientación se dará a partir de la definición de proyectos binacionales y multinacionales para la solución de problemas comunes, a nivel latinoamericano y la constitución de equipos de trabajo a esos niveles, dotados de grandes facilidades de intercambio. Es decir, la orientación latinoamericanista facilitará la globalización, en términos nuestros para colocarnos en mejor posición de negociación y de presión frente a los países dominantes.

*Centralización estratégica y descentralización táctica. La centralización de la investigación para aquellos aspectos de carácter estratégico como lo relativo a petróleo, petroquímica, relaciones internacionales y justicia, por otra parte, la descentralización profunda de las actividades de investigación sobre problemas de nivel local, tales como: agricultura, y sistemas de riego, sistemas de atención primaria en salud, minería, elementos propios del grado de desarrollo industrial de la localidad. Es decir que, sin perder las ventajas de un sistema integrado y coherente, con metas comunes bien definidas y sujeto a un uso muy eficiente de los recursos, al mismo tiempo deberá atender las necesidades que se puedan originar de forma local.

*Vinculación real y efectiva entre las Universidades (Centros de Investigación) y las empresas productoras (Centros de Producción), con el fin de lograr un temprano aprovechamiento de los resultados de la investigación en el proceso productivo y facilitar el desarrollo de tecnologías adaptadas a nuestra realidad. Esto permitirá el desarrollo regional, por áreas de experticia, donde converjan los que generan las tecnologías (investigadores), los que hacen uso de las tecnologías (empresas productoras) y los que se benefician de la producción (las comunidades): simbiosis investigadores + productores + usuarios. Esta vinculación puede darse, de manera efectiva, mediante la integración de los tres sectores mencionados en organismos de toma de decisiones de las empresas y los centros de investigación. Estamos planteando que los investigadores hagan vida activa en los centros de producción (incluyendo los servicios) y que los profesionales de estos últimos hagan presencia en el ámbito académico.

*Combinar adecuadamente los procesos de innovación con los de transferencia y adopción de tecnologías, para lo cual, los pueblos de América Latina y Venezuela, en especial, con su mestizaje cultural, están particularmente bien acondicionados, culturalmente hablando, dado su poco apego a lo convencional y su facilidad para aceptar la innovación y el invento, todo ello combinado con una extraordinaria dotación de recursos naturales, susceptibles de ser utilizados en función del bienestar común.

*Utilización de los postgrados como la más eficiente instancia de investigación científica y tecnológica para los países de la región. Esto significa potenciar los postgrados no escolarizados (por investigación), aprovechando al máximo sus virtudes, en cuanto a la investigación realizada en ellos y en cuanto a la formación de los recursos humanos, tanto para conformar las generaciones de relevo de los investigadores, como para la jerarquización de la administración pública y privada.

*Alcanzar montos importantes para el financiamiento de la actividad científica y tecnológica, acordes con las necesidades del sector y con su crecimiento. Para ello se propone, a partir del 0,5% del PTB, incrementos interanuales del 0,15% hasta alcanzar el 2% del PTB.

*Se plantea la necesidad de legislar para dotar la actividad investigativa de instrumentos Legales que formen y obliguen en relación a cuestiones fundamentales como:
- La vinculación de los sistemas educativos y científico-tecnológicos;
- La vinculación de estos dos sistemas con el sistema productivo y la sociedad en general;
- Mecanismos de financiamiento idóneo, suficiente, creciente y recurrente;
- Integración latinoamericana de los sistemas educativos y científico-tecnológicos;
- Regionalización efectiva de la Ciencia y la Tecnología;
- Administración eficaz y eficiente de los recursos asignados;
- Participación idónea de la comunidad científica en la toma de decisiones en todos los niveles del Estado.

*En cuanto a lo institucional: debe jerarquizarse la actividad científica y tecnológica, mediante la creación de un Ministerio de Educación Superior, Ciencia y Tecnología, que garantice la inserción en la dirección política, la coherencia en la ejecución de los planes de ciencia y tecnología con la formación de recursos humanos en pre y postgrado y que facilite el uso de los nuevos desarrollos tecnológicos autóctonos o la utilización de tecnologías foráneas.

———•———

Si bien durante los primerísimos años del gobierno de Hugo Chávez Frías algunos indicadores sectoriales mostraron buen desempeño, eso fue temporal. El declive comenzó una vez que el socialismo del siglo XXI mostró su verdadero rostro (Requena, 2010; Requena, 2011a). El mejor ejemplo del bagaje que lleva la política científica y tecnológica inserta dentro del socialismo del siglo XXI (y que sigue el modelo de Giordani *et.al.*) se encuentra en la Misión Ciencia.

En el año 2006 y con ese nombre, la administración del presidente Chávez lanzó un proceso extraordinario de "...incorporación y articulación masiva de actores e instituciones relacionadas a la ciencia, técnica e innovación, a través de redes económicas, sociales, académicas y políticas, para uso intensivo y extensivo del conocimiento en función de su desarrollo endógeno, la profundización del proyecto nacional bolivariano y la integración en la perspectiva multipolar y latinoamericana" (*Interciencia*, 2006).

El objetivo publicitado de la Misión Ciencia fue identificar y fomentar la formación del talento en el país, impedir la fuga de cerebros e incentivar la investigación por la vía del financiamiento de grupos de trabajo. Hoy en día se sabe que esos objetivos fueron sólo una cortina para esconder los verdaderos propósitos del programa: Misión Ciencia se propuso cambiar el fundamento epistemológico de la investigación científica y del desarrollo tecnológico en Venezuela por una concepción postmoderna (y tropicalizada) de la actividad, que desecha premisas de racionalidad y rechaza el método científico, lo cual evoca la definición de Mario Bunge de:

> Postmoderno: Un concepto claro en arquitectura, donde representa la reacción en contra del "Modernismo" iniciado por Le Corbusier y el grupo Bauhaus. En otros campos es mucho menos claro, excepto como un rechazo a los valores intelectuales de la "Ilustración", en particular, la claridad, la racionalidad, la coherencia y la verdad objetiva. La crítica deconstruccionista literaria, los "estudios culturales" y la filosofía postmodernista son versiones contemporáneas del viejo irracionalismo. En realidad, la filosofía postmodernista es antifilosófica, ya que la racionalidad conceptual es una condición necesaria para el auténtico filosofar, en cuanto opuesto a las divagaciones incoherentes (Bunge, 2002. [p. 167]).

Para lograr sus objetivos se destinó a la Misión Ciencia una importantísima cantidad de dinero que fue manejada discrecionalmente por el promotor y ejecutor de la iniciativa, Rigoberto Lanz (1945-2013), gran adalid del postmodernismo dentro de los medios académicos nacionales. La suma doblaba lo asignado al Ministerio de Ciencia y Tecnología, encargado de centralizar los recursos ordinarios destinados a la investigación en el país.

Rigoberto Lanz reveló los verdaderos objetivos de la Misión Ciencia en una carta dirigida al Presidente de la República, fechada en abril de 2009, que tituló "La Misión Ciencia... perdió su filo subversivo" y que hizo pública en su columna "A Tres Manos" del diario *El Nacional* el 18 de abril de 2010. A continuación, el texto completo de la misiva.

Caracas, 14 de abril de 2009

Ciudadano: Hugo Chávez
Presidente de la República Bolivariana de Venezuela
Presente.

Distinguido amigo:
    Acudo a este inusual procedimiento de comunicación con la intención de evitar la especulación pública sobre un asunto que prefiero tratar con la mayor discreción. Me refiero a la lenta desaparición de la Misión Ciencia y el consiguiente marasmo de nuestras políticas públicas en el terreno científico-técnico.
    Desde los días en que fue lanzada esta misión (febrero del año 2006) la amiga Yadira Córdova te hizo llegar el documento "Diez Preguntas sobre la Misión Ciencia" que sirvió de guion para el programa que hicimos desde Puerto Ordaz. Allí quedaba claramente establecido el propósito central de esta importantísima misión: transformar radicalmente las concepciones reaccionarias sobre las ciencias, las visiones anacrónicas sobre su enseñanza y, sobre todo, impulsar un agresivo programa de articulación orgánica con el poder popular.

¿Qué ha ocurrido con la Misión Ciencia? Para resumirlo: fue engullida por la burocracia ministerial, perdió su filo subversivo hasta diluirse en medidas inocuas que pueden ser desarrolladas por cualquier dependencia del Ministerio de Ciencia y Tecnología sin necesidad de referirse a ninguna misión.

Los esfuerzos de Yadira Córdova y Héctor Navarro fueron a la postre desvirtuados por una mentalidad tecnocrática que predomina en muchas esferas de este ministerio. La creación del Centro de Altos Estudios Estratégicos por la amiga Yadira Córdova tenía el claro propósito de crear un espacio apropiado para la producción de conocimiento desde una visión revolucionaria. De ese centro me ocupé junto con un valioso equipo que ha sido desmantelado.

Creo que es posible un relanzamiento de esta misión estratégica sobre la base de revisar críticamente lo que ha ocurrido en estos tres años, sobre la base de un realineamiento con el Plan Simón Bolívar y en clara sintonía con la tarea mayor de transformar a fondo el Estado que hemos heredado.

El equipo de camaradas que ha trabajado durante estos años acompañando la instauración de la Misión Ciencia en todo el país está a disposición de una iniciativa como ésta. Hay documentos elaborados que permitirían un auténtico reimpulso de esta política pública. La coyuntura es favorable para una amplia discusión interna que retome el espíritu subversivo con el que arrancó la Misión Ciencia. Aquella metáfora de "guerrilleros de la ciencia" con la que saludaste a la concurrencia en Santa Bárbara de Monagas es emblemática del espíritu que hay que insuflar a estos cascarones burocráticos que son nuestros ministerios. Hay mucha gente atenta a esta discusión y dispuesta a continuar impulsando este trabajo en el seno de la revolución.

Recibe un cordial saludo.
Rigoberto Lanz

PD. En todos estos meses he intentado sin resultados alguna discusión pertinente con actores competentes del sector. Por fortuna, entiendo que ha surgido nuevamente la voluntad de recuperar la fuerza transformadora que este proyecto inspiró en su arranque y que es esencial para insuflar espíritu subversivo en todos los ámbitos del accionar revolucionario. Esas buenas noticias me han animado a compartir públicamente el debate que está pendiente. Sería un grave error actuar como si no ha pasado nada. Menester será agudizar el espíritu crítico para erradicar procesos degenerativos como el que vivió la Misión Ciencia. No se trata de buscar "culpables" y enrarecer los ambientes con retaliaciones. Se trata sí de posicionar con fuerza una nueva concepción de la ciencia que guarde correspondencia con la envergadura de los cambios revolucionarios en la sociedad. Volveríamos a acariciar la idea de una "misión de misiones", como simpáticamente la llamaban los miles de compañeros que se involucraron activamente en su construcción" (Lanz, 2010).

Algunas de las entradas del terrorífico catálogo de prácticas oficiales en los dominios de lo académico y lo investigativo puestas en práctica por el Chavismo fueron: serias amenazas en contra de instituciones de ciencia y sus científicos; condenar el modelo de investigación basado en el método científico; presentar los logros de la investigación hecha en Venezuela como estrafalarios; descabellados planes sectoriales, como la supresión de los programas de incentivo a la investigación o inviables esquemas de financiamiento de la actividad, y el ahogamiento de las grandes universidades autónomas, junto a la promoción de pseudo universidades sin ninguna capacidad académica (Requena, Caputo y Scharifker, 2015). Cuando a todo lo anterior se le sumó el despido irracional[86] de tres cuartos de la fuerza profesional del INTEVEP, en 2003, terminó de configurarse una tormenta perfecta que sólo podía resultar en la destrucción del sistema de investigación, tecnología e innovación venezolano.

El socialismo del siglo XXI —forma de gobierno de Chávez y Maduro— logró acabar con uno de los tres mejores logros de los gobiernos democráticos de la segunda mitad del siglo XX: Ciencia y

Tecnología. En *stricto sensu*, los desaciertos de esa forma de gobierno también acabaron con los otros dos grandes logros de la democracia venezolana: Educación y Salud.

La revolución bolivariana ha terminado por arruinar al país, desatando una crisis humanitaria de proporciones inimaginables, evidenciable ésta por una dramática escasez de alimentos, insumos médicos, agua y hasta de energía (electricidad y gasolina). La crisis generada ha forzado a una buena fracción (~20%) de la población de Venezuela a emigrar para escapar del yugo de un esquema político y económico que ha incapacitado al país. La migración masiva de venezolanos a otros países en busca de mejores condiciones de vida se debe, sin duda alguna, no sólo a la carencia de bienes elementales, sino también a la inseguridad, la insalubridad y la ilegalidad que ha llevado a la sociedad venezolana a ser inviable.

Es del conocimiento público que millones de venezolanos han abandonado el país. Muchos informes de agencias internacionales especializadas, ONG o estudios académicos (Peralta, Lares Vollmer y Kerdel Vegas, 2014) apuntan a que entre 3 o 4 millones de venezolanos han dejado a Venezuela (UNHRC, 2019; Páez, 2015). Un estudio sobre el tema, que destaca por su originalidad, es el de Miguel Ángel Santos, quien para la segunda semana de noviembre de 2018 estimó el número de venezolanos emigrados en 3,186,216, de acuerdo a la categoría de Facebook "Expatriados de Venezuela" (Santos, 2019). A la fecha, mitad de 2020, ya se habla de 6 millones de fugados de un país que llegó a tener 30 millones de habitantes.

En el caso puntual de la comunidad de investigadores y tecnólogos, la pérdida de talento ha sido muy significativa y su magnitud fue revelada, por primera vez, en el año 2016 por Requena y Caputo, quienes personalizaron y cuantificaron la dinámica de la fuga de cerebros venezolana. Si bien hasta ese momento el fenómeno estaba dándose con mucha intensidad, muy pocos de la academia habían puesto su foco sobre el hecho, asumiendo que se trataba de una modalidad de la clásica fuga de cerebros.

Requena y Caputo encontraron que mientras en las últimas seis décadas unos dos mil científicos habían abandonado el país, la gran mayoría de ellos lo había hecho durante las últimas dos décadas. Los investigadores migrantes constituían una parte considerable (16%) de la comunidad nacional y eran responsables de la producción de una cuarta parte de todas las publicaciones académicas registradas para Venezuela.

Ecuador ha sido destino para un número significativo (8%) de los investigadores que dejaron a Venezuela, aunque el gran preferido ha sido Norteamérica, donde un tercio de los migrados han marchado a continuar sus carreras académicas. La pérdida de talento ha afectado a todas las instituciones académicas del país, pero especialmente a las grandes universidades públicas autónomas. Referido a los campos del conocimiento, la pérdida de talento es similar en magnitud para todas las áreas del saber, aunque un par sobresale por su impacto en las actividades productivas del país: la pérdida de investigadores y expertos en petróleo y en energía.

Es justo hacer notar que aunque el conjunto de investigadores venezolanos migrantes constituye una muy pequeña parte (<1‰) del éxodo de población del país, su impacto en el devenir de Venezuela como nación ha sido muy alto, dada su relevancia dentro del contexto de la sociedad del conocimiento. Por ejemplo, como consecuencia directa de la pérdida de los expertos del INTEVEP, la producción de la industria petrolera ha caído a niveles sin precedentes —un décimo de su mejor registro—, mientras que en el caso de energía, el sistema eléctrico nacional se ha vuelto absolutamente disfuncional. La consiguiente crisis fiscal de estos descalabros ha conllevado que hoy en día las arcas públicas se encuentren vacías, lo que no permite la adquisición de suministros básicos y necesarios, que ya no son producidos tampoco por un sector privado que ha sido diezmado. En su empeño de cambiar el rumbo del país, la revolución bolivariana retrotrajo a Venezuela a épocas pretéritas: ¡todos los indicadores presentan al país como aquel de hace 74 años!, pero sin las posibilidades de crecimiento que en aquel momento comenzaban a plantearse.

Si bien el fenómeno de migración de expertos es consubstancial a los procesos de globalización —y por ello algunos lo consideran como positivo—, creemos que ese no puede ser el caso para lo que ha ocurrido en Venezuela. Ello simplemente en atención a la magnitud del fenómeno, que en Venezuela dista mucho de la clásica de fuga de cerebros, caracterizada por ser de muy baja intensidad —numéricamente muy pequeña— y circunscrita a las mejores mentes. El caso venezolano es abrumador en cantidad y abarca todo el espectro de talento, desde bachilleres hasta profesores eméritos.

En los últimos 35 años, Venezuela llegó a contar con unos 15.394 investigadores activos (definidos éstos como publicadores con 2 o más trabajos científicos en su haber), de los cuales y en el momento que estas letras se transcriben, 2.531[87] de ellos nos vimos forzados a dejar el país para poder continuar practicando el modo de vida que —sin tasar esfuerzos— Venezuela nos dio. En el mejor momento de nuestra historia —*ca*. el año 2000— el país pudo contar con unos 6.190 investigadores activos; sin embargo ahora, en agosto de 2020, el país apenas cuenta con dos tercios de ellos, de los cuales la mitad no están dentro de sus fronteras. Estos números indican que dentro del territorio venezolano, hoy en día, están unos 2.200 científicos activos, mientras que un número, un tanto mayor, sigue haciendo ciencia pero fuera del país. A continuación, se reproduce el trabajo de Requena y Caputo publicado en *Interciencia* en su número de junio de 2016 (Requena y Caputo, 2016).

—Artículo—

JAIME REQUENA Y CARLO CAPUTO. "PÉRDIDA DE TALENTO EN VENEZUELA: MIGRACIÓN DE SUS INVESTIGADORES"

INTRODUCCIÓN

Durante los siglos del coloniaje, la formación de los criollos dependió de su peregrinaje a la madre patria. La gesta independentista redujo esa influencia y permitió que otras formas de ver el mundo se hicieran presentes en Venezuela; nuevas concepciones filosóficas prosperaron entre nosotros. Es así que durante el curso del siglo XIX el destino privilegiado de los estudiantes de medicina venezolanos dejó de ser España pasando a ser Francia, Alemania o Inglaterra, sociedades cunas del positivismo (Plaza Izquierdo, 1977). El padre Arturo Sosa, S.J., sostiene que el pensamiento positivista europeo se "presentó, [en Venezuela] como tabla de salvación en medio de la tempestad social provocada por el rompimiento del orden colonial" (Sosa, 1985).

A principio de siglo XX, Venezuela contaba sólo con dos universidades operativas, conformadas por unos 100 profesores que atendían a 1.000 estudiantes. Cincuenta años más tarde eran tres las universidades que funcionaban —Central, Andes y Zulia— contando entre ellas algo menos de siete mil estudiantes para ser formados como profesionales por unos mil docentes. La modernización del sector universitario venezolano comienza bajo el gobierno del general Isaías Medina (1941-1945) con un programa de mejoramiento del personal docente universitario, el inicio de la construcción de la ciudad universitaria de Caracas (nueva sede de la Universidad Central de Venezuela UCV) y con la creación de los institutos de investigación universitarios dentro de ella.

Durante el siglo XX la atención intelectual del venezolano viró de los países europeos hacia los Estados Unidos de Norteamérica. Las razones para ello fueron dobles: la primera, el desplazamiento de las casas de comercio europeas, encargadas de la exportación de productos tradicionales del campo, que dieron paso a las grandes empresas norteamericanas encargadas de la producción y exportación de petróleo (Brandt, 2015). En segundo lugar, por el aislamiento de Europa durante la Segunda Guerra Mundial, junto al asombroso desarrollo de la ciencia norteamericana en apoyo del esfuerzo bélico de ese país. Ese tránsito intelectual de los venezolanos a Norte América ha sido asumido como el primer estadio de la "Teoría de la Dependencia" de la moderna actividad científica venezolana (Sáez Mérida, 1979; Gasson y Wagner, 1994; Meneses Pacheco, 2010; Requena y Requena, 2014).

Durante las dictaduras de Castro y Gómez, entre los años 1900 y 1935, el Estado envió a unos cuantos profesionales (unos 138 individuos) a cursar estudios fuera del país. Con el fin del gomecismo, los gobiernos siguientes promovieron mejoras substanciales en la educación universitaria brindada en el país, complementada con programas de formación de recursos humanos en el exterior. Empezado de manera muy modesta, el programa oficial estuvo conformado casi exclusivamente por becas de formación profesional avanzada, especialmente en ciencias médicas o agrícolas a nivel de especialización, pero no para estudios formales de doctorado. Es así que, entre los años 1936 y 1948, diversas dependencias oficiales enviaron 504 profesionales para ser capacitados en el extranjero. El resto de los recursos humanos especializados y la mano de obra calificada que el país empezaba a requerir para su modernización se obtuvo por la vía de la inmigración selectiva (Ruiz Calderón, 1997).

A partir de la década de los sesenta del siglo pasado, la actividad de formación de recursos humanos al más alto nivel se intensificó con la creación de nuevos laboratorios de investigación en las universidades (particularmente en las novísimas facultades de ciencias), junto al fortalecimiento de los programas de becas de formación en el extranjero de las grandes universidades autónomas, el del Instituto Venezolano de Investigaciones Científicas (IVIC), el del Consejo Nacional de Investigaciones Científicas y Tecnológicas (CONICIT) y el de Fundayacucho. A este respecto, la creación del Centro de Estudios Avanzados del IVIC abrió la compuerta para los programas de estudios doctorales locales, con la creación de la figura de Estudiante Graduado a tiempo integral, un modelo de formación del cuarto nivel que se expandió rápidamente a las universidades nacionales en las últimas décadas del siglo XX.

La salida de profesionales e investigadores venezolanos hacia otros países era un asunto temporal, casi siempre reducido al disfrute de licencias de formación o años sabáticos. La migración era algo tan ajeno al gentilicio local que, en el programa de gobierno del candidato vencedor en las elecciones de 1988 (Carlos Andrés Pérez), una de las líneas estratégicas en política exterior era tratar de "llenar las cuotas de funcionarios venezolanos en los organismos internacionales". El apego del venezolano por su tierra era entonces tan marcado que ellos preferían trabajar en el país antes de hacerlo afuera.

Empero, Venezuela, como otros países, no se pudo escapar de la tendencia mundial de la migración de los talentos más capacitados. A raíz de la crisis económica nacional del año 1983 (18 de febrero o viernes negro) la fuga de cerebros en Venezuela comenzó a hacerse evidente, tanto como para que en el año 1991 el Instituto de Estudios Superiores de Administración (IESA) organizara un evento para su análisis (Garbi, 1991), pasando a convertirse en un tópico de estudio académico (De La Vega, 2003).

Con el arribo al poder del teniente coronel Hugo Chávez Frías en el año 1999 y con el cambio constitucional promovido en Venezuela, se implantó el llamado socialismo del siglo XXI y se desató en el país la migración al exterior de sus profesionales, adquiriendo en los últimos años visos de extrema gravedad. Este estudio explora, desde una perspectiva cuantitativa e histórica, la dinámica de la pérdida de talento de la comunidad de investigadores y tecnólogos de Venezuela desde 1960 al presente.

Las causas del fenómeno de fuga de cerebros (migración de profesionales o pérdida de talento) son muchas, siendo las más citadas las grandes diferencias en la calidad de vida y en las condiciones laborales de desempeño del profesional, específicamente la posibilidad de realizar un trabajo de excelencia, asunto consustancial a la investigación científica. Cuando a estas causas se le suman políticas científicas basadas en el clientelismo que rechaza la excelencia y se enaltece la mediocridad, se genera una social que se constituye en una de las fuerzas del mecanismo tipo '*push-pull*' que se piensa motoriza el fenómeno de pérdida de talento. La fuerza de atracción en ese modelo estaría ejercida por las mejores condiciones de vida y de trabajo presentes en otras sociedades y países (Ibarra y Rodríguez, 1998).

Las consecuencias de la pérdida de talento son múltiples y se manifiestan en muchos campos del quehacer en tanto que la sociedad deja de recibir el beneficio que le corresponde a cambio de los recursos (tiempo y dinero) empleados en la formación del recurso humano. Aparte del daño estrictamente económico (Palma, 2014), se manifiesta con intensidad en el terreno de lo académico en donde la pérdida de la capacidad docente anula la posibilidad de formar nuevos talentos, interrumpiéndose así el circuito virtuoso de la generación de relevo. En una era que ha sido descrita como la del conocimiento, la pérdida de talento pone en peligro las posibilidades de desarrollo locales en áreas críticas, como pueden ser la electrónica, telecomunicaciones, informática y bio o nanotecnología.

MATERIALES Y MÉTODOS
Bases de datos

BIBLIOS recoge la información bibliográfica de los trabajos de investigación producidos en Venezuela desde principios del siglo XX al presente, a partir de los artículos reseñados por las revistas periódicas venezolanas y extranjeras de mayor relevancia académica y reconocida trayectoria, junto a información bibliográfica recopilada de las grandes bases de datos globales, fundamentalmente la *'Web of Science'* del *'Institute for Scientific Information'* de Thompson-Reuters (WoS/ISI). BIBLIOS, como programa informático, posee capacidad de edición, análisis y graficación mediante simples comandos en lenguaje SQL y produce información sobre la producción bibliométrica nacional, institucional o personal, indizables y filtrables (o segmentables) con base en campos como autoría, especialidad, revista, fecha de publicación o filiación académica del autor. Cada entrada bibliográfica está clasificada por especialidad académica según el nomenclador de seis dígitos de la UNESCO. BIBLIOS comprende un conjunto relacional de base de datos auxiliares como la de revistas científicas o la de instituciones académicas o la de autores, estando ésta constituida por datos curriculares básicos del profesional como fecha de nacimiento, número de identificación personal, género y datos de educación de tercer, cuarto o quinto nivel junto a su(s) filiación(es) académica(s). La base de autores fue construida con base en información curricular disponible de los programas oficiales de promoción o estímulo a la investigación (PPI o PEI), el censo de investigadores nacionales del año 1983 y comunicaciones personales. El cruce de información entre las bases de publicaciones y la de autores, asistido por algoritmos apropiados permite identificar mediante nombre(s) y apellido(s) a cada autor de las entradas bibliográficas y asignar correctamente la filiación académica de los publicadores. Esa precisión permite la obtención de indicadores y parámetros cuantitativos de muy baja incertidumbre (2%) o la construcción de redes de cooperación confiables.

El programa BIBLIOS es un software propiedad de la Fundación Universidad Metropolitana de Caracas, desarrollado en Microsoft FOX9 y corre sobre computadoras bajo el sistema operativo Windows. La calidad de la información almacenada en BIBLIOS y su versatilidad ha sido verificada a través de los estudios de las diversas facetas de la actividad investigativa en Venezuela hechos con su data sobre género en la universidad (Caputo, Vargas y Requena, 2016) o género en la ciencia (Requena et al., 2016).

Procedimiento

El presente estudio está circunscrito a científicos y tecnólogos que han llevado a cabo sus investigaciones en Venezuela y reportado sus resultados en publicaciones periódicas arbitradas por pares o en '*proceedings*' de conferencias especializadas periódicas y que están registradas en la base de datos BIBLIOS. Los 1.783 talentos perdidos fueron identificados a través de varias modalidades (que pueden ser redundantes entre ellas), basados en el cruce de información entre la base de publicaciones, la base de autores venezolanos de publicaciones científicas concurrente a BIBLIOS y el Registro Electoral Permanente (REP del 2016). Específicamente, mediante:

1) Coincidencia entre ciudadanos venezolanos registrados para votar en el exterior (identificados internamente en el REP mediante código 99xxxxx) y autores venezolanos de publicaciones científicas en la base BIBLIOS (campos comunes pueden ser nombre más apellido o número de identificación personal o CI). Corresponde a 1.058 publicadores.

2) Existencia de autor con más de una entrada en BIBLIOS hecha desde una institución académica nacional que aparece posteriormente publicando desde alguna institución foránea, muy probablemente en conjunción con sus antiguos colegas locales. Estos representan unos 300 casos.

3) Investigadores de la industria petrolera que mantenían un cierto ritmo de publicación e intempestivamente dejaron de publicar y desaparecen de la base BIBLIOS a partir del año 2002/2003 y que corresponde a 210 investigadores.

4) Mediante información personal suministrada por colegas (unos 100 casos) o información recopilada de programas oficiales como Prometeo (104 casos).

Segmentación de los Recursos Humanos calificados

Para los efectos de este estudio, los recursos humanos calificados del sector ciencia y tecnología nacional han sido segmentados en cuatro categorías (o arquetipos) que describen la frecuencia temporal de autoría de publicación recogida por la base BIBLIOS. Los arquetipos son: a.- Investigador Activo, definido como todo profesional que tenga en el año seleccionado al menos una entrada como autor (o coautor) en BIBLIOS mientras tuvo publicaciones antes y después del año bajo análisis. b.- Investigador Nuevo, aquel que el año seleccionado figura por primera vez (ingresa al sistema) y vuelve a figurar posteriormente con otra publicación en la base BIBLIOS. c.- Investigador Retirado, aquel que el año seleccionado figura por última vez, después de haber figurado anteriormente con otra publicación. d.- Profesional Extra, aquel que sólo muestra una entrada en la base BIBLIOS, registrada en el año bajo análisis. Esta última figura se piensa esté asociada a estudiantes que publican sus tesis de grado y no muestran después ningún interés posterior por publicar.

Conviene resaltar que por definición todo investigador activo figura con 3 o más entradas en la base BIBLIOS, mientras que los investigadores nuevos o retirados al menos deben tener 2 entradas. Si un publicador sólo tiene 2 entradas en la base BIBLIOS, la primera vez será como nuevo y la segunda como retirado. Los investigadores retirados pueden serlo en atención a que se han jubilado o porque han emigrado al exterior. Todos los investigadores que figuran como publicando en un año dado conforman una cohorte llamada investigadores publicadores, estando ésta constituida por los 3 arquetipos fundamentales: los investigadores activos de ese año junto a los investigadores nuevos de ese año más los investigadores que se retiraron ese año.

Segmentación por área de conocimiento

El sistema BIBLIOS (con sus bases, publicaciones y autores) contiene un campo de seis dígitos que corresponde al código UNESCO que describe el dominio y la especialidad del saber. Ese sistema para la clasificación del conocimiento se basa en tres conjuntos de pares de números. Los dos primeros dígitos corresponden al dominio o gran campo científico o humanístico. Las diversas disciplinas que conforman un dominio dado están representadas por los dos dígitos intermedios mientras que los diversos niveles de especialización de una disciplina dada quedan definidos por los dos dígitos finales del código. La naturaleza numérica del sistema de codificación del saber de UNESCO permite filtrar data bibliográfica o personal a través de simples consultas en lenguaje SQL.

La Tabla N° 1 muestra un ejemplo del sistema de códigos del conocimiento de la UNESCO para el dominio de las agrociencias y la disciplina forestal.

Tabla N° 1
Sistema de códigos del conocimiento de la UNESCO:
dominio agrociencias y disciplina forestal

Dominio	Código dígitos iniciales	Disciplina	Código dígitos medios	Especialidad	Código dígitos finales
Matemáticas	12	Agroquímica	3101	Conservación	310601
Astrofísica	21	Ing. Agrícola	3102	Técnicas Cultivo	310602
Física	22	Agronomía	3103	Control Erosión	310603
Química	23	Prod. Animal	3104	Ord. Montes	310604
Biología	24	Peces Fauna	3105	Productos	310605
Agrociencias	31	Forestal	3106	Protección	310606
Medicina	32	Horticultura	3107	Ordenación Pastos	310607
Ingenierías Tecnologías	33	Fitopatología	3108	Silvicultura	310608
Sociología	63	Veterinaria	3109	Ordenación Fluvial	310609

RESULTADOS
Demografía Básica

Durante la segunda mitad del siglo XX, Venezuela tuvo un considerable aumento de su población, matrícula de educandos en el tercer nivel, graduados universitarios y el número de investigadores científicos (Caputo, Requena y Vargas, 2016; Requena, Caputo y Vargas, 2016). Con referencia a estos últimos, la Figura N° 1 muestra, desde el año 1960 hasta el 2012, la distribución en el tiempo de los arquetipos que conforman la comunidad de investigadores venezolanos. En la parte superior de la Figura N°1 se muestran los investigadores activos, seguidos de los nuevos investigadores, de los investigadores que se retiran y, finalmente en la parte inferior de la figura, los llamados profesionales extras y que, para todos los efectos prácticos, deben ser considerados como personal de paso.

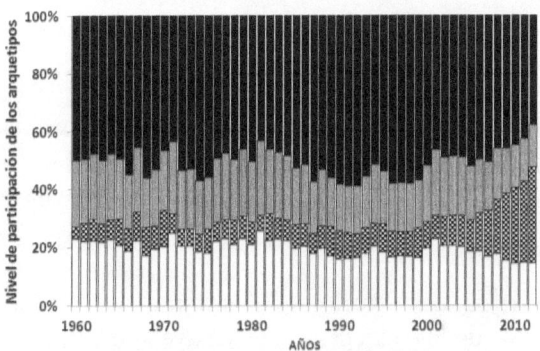

Figura N° 1. Serie histórica de la distribución porcentual de los cuatro arquetipos de la comunidad de investigadores científicos y tecnológicos de Venezuela para el período comprendido entre los años 1960 a 2012. Parte superior, investigadores activos como barras negras, seguidos de investigadores nuevos identificados por las barras grises, investigadores retirados barras con cruces y, finalmente los extras como las barras blancas en la parte inferior.

Como puede apreciarse en la Figura N° 1, la fracción de investigadores en cada una de las categorías permaneció relativamente constante, con ciertos altos y bajos, desde que se inició el estudio hasta 1999. En efecto, pareciera que durante los últimos cuarenta años del siglo XX la distribución de los diversos tipos que conforman el conjunto de arquetipos de quienes hacen investigación científica y tecnológica en Venezuela había alcanzado un estado estacionario. Los activos alrededor de un 50%, los nuevos un 20%, los retirados un 10% y el resto, otro 20%, los extras. No obstante, el sistema científico nacional estaba deteriorándose como tempranamente lo anunciaron Roche y Freites (1992).

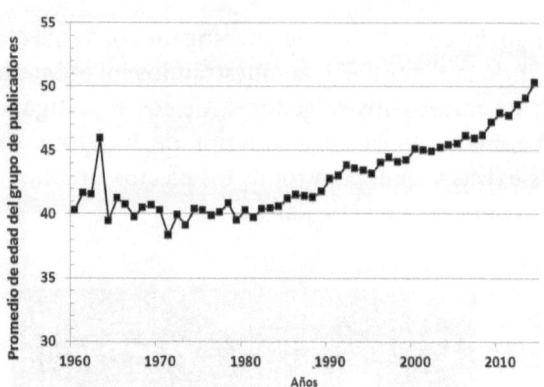

Figura N° 2. Serie histórica de la edad promedio de los integrantes de las cohortes de investigadores publicadores desde el año 1960 hasta 2014.

Una muestra del deterioro del sistema de ciencia venezolano desde mediados de los ochenta lo constituye el incremento de la edad promedio de las cohortes de investigadores publicadores venezolanos. Hasta finales de la década de los ochenta se puede observar en la Figura N°2 que la edad promedio de las cohortes de investigador publicador era estable y del orden de los 40 años, para comenzar a ascender y llegar a ser, hoy en día, unos 51 años la edad promedio del publicador. Es decir, a partir de la década de los noventa y hasta el presente, cada 4 años calendario el investigador venezolano envejece 1 año.

Con el comienzo del siglo XXI y la entrada al poder en Venezuela del modelo político socialista se acentuó el deterioro, haciéndose muy patente al incrementarse sensiblemente el porcentaje de investigadores que se retiraban del sistema junto a una concomitante disminución del nivel de participación de los investigadores activos y los investigadores nuevos en la comunidad (Requena, 2005).

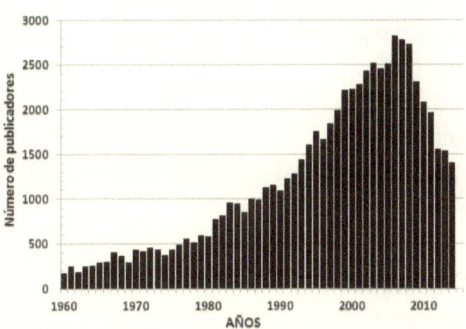

Figura N° 3 Serie histórica del número de integrantes de las cohortes de investigadores publicadores desde el año 1960 hasta 2014.

La Figura N° 3 muestra la serie histórica del número de integrantes de las diversas cohortes de investigadores publicadores venezolanos desde el año 1960 al 2014. Para todo ese periodo se contabilizan 12.850 profesionales. Se debe mencionar que la magnitud de la comunidad de investigadores mostrada en este estudio discrepa radicalmente de las cifras oficiales y que ponen para el año 2013 el personal científico de investigación, desarrollo e innovación en el país en 23.465 personas (ONCTI, 2014).

En atención a la magnitud de la tasa de incremento del número de integrantes de cada cohorte mostrada en la Figura N° 3 se pueden señalar diversas etapas: dos para el siglo XX y otras dos para los años que han transcurrido en el siglo XXI. La primera etapa, comprendida entre los años 1960 y 1980, estuvo caracterizada por un incremento moderado en el número de publicadores, unos 20 por año. A partir de 1980 y hasta finales del siglo, se observa un aceleramiento de esa tasa de incremento, llegando a ser hasta cuatro veces mayor que la primera. Durante los primeros años del siglo XXI y hasta el año 2008, la tasa anual de incremento en el número de publicadores se mantuvo estable e igual a la última tasa del siglo anterior, del orden de unos 80 publicadores por año. No obstante, en los años recientes y a partir del 2008, el número de publicadores en el país se ha derrumbado de manera estrepitosa, reflejo de la crisis que está azotando al sistema de ciencia y tecnología venezolano.

El notable incremento en los investigadores publicadores venezolanos observado a partir de la década de los noventa hasta casi el final de la primera década del siglo XXI pudiera ser un reflejo de la puesta en marcha de políticas públicas en ciencia y tecnología que favorecían al sector, como el programa oficial de Promoción del Investigador, creado por CONICIT en los albores de la década los noventa.

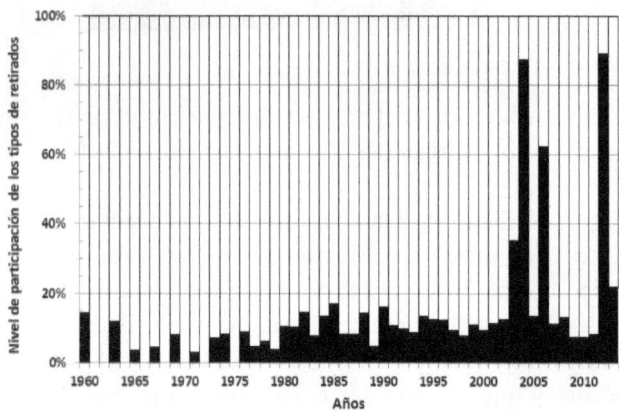

Figura N° 4. Serie histórica del nivel de participación de los migrados dentro de la cohorte de investigadores que se retiran del sistema de ciencia venezolano desde el año 1960 hasta el año 2014. Las barras grises corresponden a la categoría de jubilados y las barras negras a los investigadores que han migrado fuera del país.

La Figura N° 4 muestra la serie histórica del nivel de participación de los investigadores que emigran referidos al conjunto de investigadores que se retiran totalmente de la actividad científica y tecnológica en Venezuela desde el año 1960 hasta 2014. La figura muestra los dos tipos de retiro que pueden ser detectados por el estudio: los que se jubilan por alcanzar el tiempo de servicio reglamentario o por llegar a la edad apropiada dentro de su institución académica, y los que emigran para prestar sus servicios a instituciones académicas foráneas. La figura muestra que la dinámica del grupo de los migrantes es muy diferente a la de los jubilados. Tradicionalmente, los migrantes eran una pequeña fracción, 10% de los retirados, pero en años recientes ellos han llegado a ser del mismo orden que los jubilados.

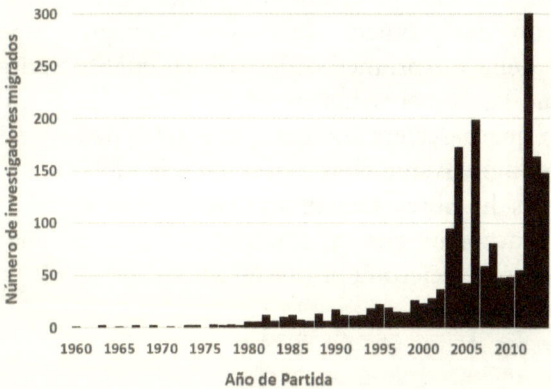

Figura N° 5. Serie histórica del número absoluto de investigadores que se han ido del país desde el año 1960 hasta el año 2014.

La Figura N° 5 explora esa dinámica y revela que durante los primeros veinte años cubiertos en este estudio, entre 1960 y 1980, el número de investigadores venezolanos que se iban era muy reducido, se contabilizan apenas 28 casos. En los veinte años siguientes aumenta la tasa de abandono, pudiéndose estimar un promedio de 12 investigadores por año y alcanzando la cifra de 243 investigadores migrados en los últimos 40 años del siglo XX. A partir del año 2000 se nota un dramático aumento en el número de emigrados, de forma que, durante el siglo XXI, en los últimos 15 años 1.512 investigadores han dejado el país y marchado allende.

Demografía de los emigrados

Este estudio ha revelado que, a partir del año 1960 hasta el presente, un grupo de 1.783 científicos venezolanos han migrado a otras latitudes. Ellos constituyen el 14% del total de la comunidad de investigadores publicadores del país, conformada hasta el año 2014 por 12.850 investigadores publicadores. Ellos han sido responsables de la producción de 13.471 publicaciones acreditadas o el 31% del gran total nacional de las publicaciones hechas desde el país y que montan a

42.782 entre los años 1960 y 2014. Como se registra en la Tabla N° 2, un 49% de los investigadores que se han ido del país son del género femenino con una edad promedio de 41 años y el 55% son del género masculino con edad promedio de 45 años. El grupo de investigadores masculinos tiene un promedio de casi 11 publicaciones por vida, mientras que las mujeres tienen un promedio de 6 publicaciones por vida, lo que pareciera indicar que entre quienes emigran, ellos son más productivos que ellas. Así mismo la tabla recoge que antes de migrar los hombres habían prestado servicio a la institución académica venezolana que los cobijaba por unos 22 años, mientras que las mujeres lo hicieron por casi 20 años.

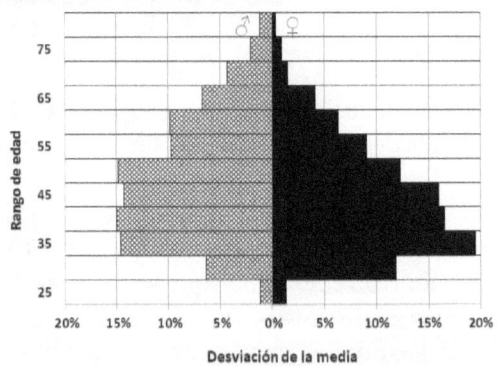

Figura N° 6. Pirámide demográfica correspondiente a los géneros de los investigadores venezolanos que han emigrado entre 1960 y 2014. Ordenada, rango de edad en casillas cumulativas de cinco (5) años. Abscisa; lado izquierdo de la pirámide, desviación porcentual del género masculino del valor esperado de 50% (barras claras punteadas). Lado derecho de la pirámide, desviación porcentual del género femenino (barras sólidas).

La Figura N° 6 muestra en forma de pirámide demográfica la desviación porcentual por encima de la media de los promedios de edad, discriminados de acuerdo al género, del grupo de investigadores publicadores que han emigrado de Venezuela desde el año 1960 hasta el presente.

En ella se puede observar que las pirámides correspondientes a cada género no son imágenes especulares, estando la correspondiente al género femenino desfasada hacia menores edades por unos diez años. Es decir, las mujeres que emigran lo están haciendo a edad mucho más temprana que su contraparte masculina. Es así que entre las mujeres el grupo de edad comprendido entre 30 y 45 años representa el 52% de todas ellas, mientras que en el caso de los hombres, ese grupo etario apenas alcanza el 44%.

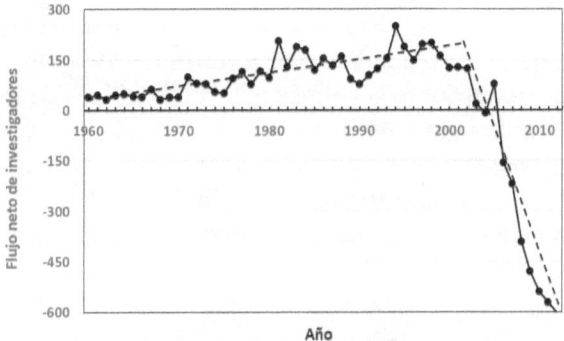

Figura N° 7. Serie histórica del flujo neto de investigadores en el sistema de ciencia venezolano desde el año 1960 hasta 2014.

La naturaleza de la data original de este estudio permite conocer la dinámica de entrada y salida de personal calificado al sistema de ciencia venezolano. La Figura N° 7 muestra la serie histórica del flujo neto de investigadores a ese sistema. El parámetro es calculado año a año como la diferencia, en números absolutos, entre quienes ingresan al sistema y quienes egresan del sistema tanto como jubilado o emigrado.

La figura revela que hasta el año 1999, el flujo neto era positivo, o sea, ingresaban al sistema más investigadores que los que lo dejaban. A partir del año 2000 esa situación cambió y el flujo neto se hizo negativo. En la actualidad, el sistema de ciencia venezolano está perdiendo cientos de investigadores al año. Esta data vista en conjunto con el devenir del arquetipo del investigador nuevo (y mostrada en la Figura N° 1) revela la virtual inexistencia de la generación de relevo a los cuadros de investigadores nacionales.

La Tabla N° 3 recopila información acerca del lugar de formación de los investigadores que han emigrado y a donde han ido al emigrar. El nivel de preparación de quienes se han ido del país es muy alto. Todos tienen grado inicial de tercer nivel, el 68% de ellos tienen un doctorado mientras que otro 32% alcanzó el grado de maestría. Del grupo de doctorados, un 26% obtuvo el máximo grado académico en Venezuela mientras que el 76% restante lo obtuvo en el extranjero.

La Figura N° 8 muestra de manera gráfica la distribución por país destino. Allí se observa que un grupo de países identificados como 'Sur' se han llevado una considerable fracción del talento venezolano, un 23%, muy especialmente el Ecuador a través del Programa Prometeo con el 6% del total. Sobre la coincidencia entre el país de formación y el destino elegido para continuar su carrera académica al emigrar de Venezuela, se observa que en un 13% de los casos existe coincidencia, lo que sugiere que no existe una correlación significativa entre el país de formación y el destino escogido por el investigador al decidir emigrar.

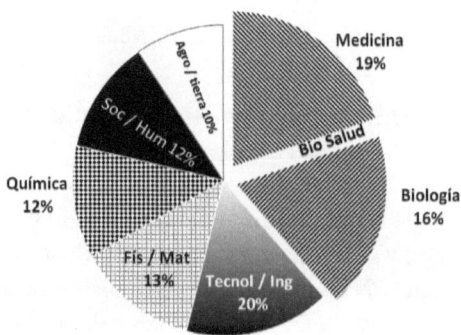

Figura N° 8. Distribución por región de destino de los investigadores que han dejado su puesto de trabajo en Venezuela.

La Figura N° 9 muestra la distribución por área de experticia de la cohorte de 1.783 investigadores emigrados. A primera vista se observa que todas las áreas del conocimiento están afectadas en proporción similar: biología, medicina, petróleo y agrociencias. Ahora, cuando se considera que la biomedicina es el área más trabajada en Venezuela y que la energía (petróleo) es una de las menos trabajadas en el país, permite concluir que, proporcionalmente, el país ha perdido más talento en algunas áreas que en otras, de forma que, en áreas poco representadas, como petróleo, la pérdida monta a descalabro.

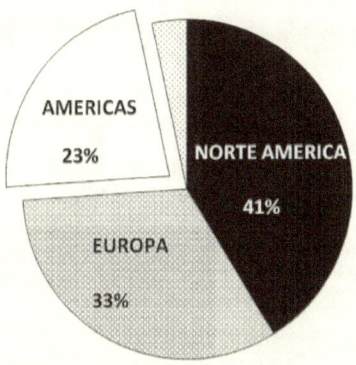

Figura Nº 9. Distribución por área o disciplina de conocimiento de la cohorte de investigadores migrantes de Venezuela.

Finalmente, la Tabla Nº 4 registra para las principales instituciones que hacen investigación en el país el número de emigrados y el número de investigadores total de sus investigadores publicadores presente a través del período bajo estudio. Esa data permite construir la Figura Nº 10 que representa gráficamente el impacto de la pérdida de talento para cada institución construida en base a la relación porcentual entre investigadores emigrados referidos a los investigadores publicadores.

La data revela que las instituciones más afectadas fueron la Universidad Simón Bolívar y la compañía estatal del petróleo (PDVSA y su filial de investigación INTEVEP) que, proporcionalmente perdieron más de su talento que las otras. Bajo la figura del Ministerio de Ciencia y Tecnología se agrupan sus institutos de investigación, como el Instituto Venezolano de Investigaciones Científicas (IVIC), la Fundación Instituto de Estudios Avanzados (IDEA), mientras que el INIA representa el sistema de institutos oficiales de Investigación Agrícola. Bajo el nombre de Salud se agrupan los hospitales oficiales del Seguro Social y el Ministerio de Salud.

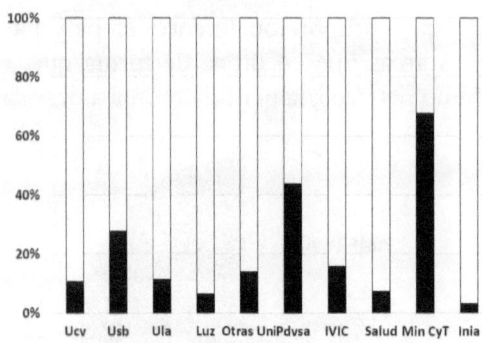

Figura N° 10. Nivel de afectación institucional por la migración de talento.

Tabla N° 2
Parámetros demográficos de los emigrados

Género	#	%	Edad		Publicaciones		Prod.	Vida útil	
			media	± esm	media	± esm	#	media	± esm
Mujeres	796	45%	41,3	0,40	6,0	0,42	3.988	0,31	19,6	0,53
Hombres	987	55%	45,3	0,41	11,0	0,66	9.483	0,49	22,5	0,51

Tabla N° 3
Países de formación de cuarto nivel y destino al emigrar

País	Formación		Destino	
	Número	%	Número	%
Europa	226	41%	553	41%
Norte América	147	26%	695	33%
Venezuela	144	26%		
Américas y otros	39	7%	439	26%

Tabla N° 4
Origen institucional de los migrados

Institución	Publicadores	Emigrados
UCV	3.606	379
USB	1.021	282
ULA	1.273	145
LUZ	2.004	128
Otras Universidades	1.251	175
PDVSA	444	194
Salud	1.239	195
Min CyT	1.110	80
INIA	217	147

DISCUSIÓN

Es indiscutible que en Venezuela, uno de los grandes frutos del cambio hacia la democracia en el año 1958 fue el progreso de sus instituciones de educación superior y la institucionalización de las de investigación científica y tecnológica. En cuarenta años, casi dos generaciones, el país pasó de tener unos cuantos laboratorios de investigación y unos pocos doctores (Ph.D.) a cientos de laboratorios y casi cinco mil doctorados. No obstante, el país todavía distó de cumplir con las metas mínimas sugeridas por UNESCO para ciencia y tecnología. Por ejemplo, si se requiere un investigador por cada mil habitantes, el país debería tener en la actualidad unos 30 mil científicos. En el mejor de los casos, Venezuela llegó a contar con un tercio de ellos y, a la mejor tasa de crecimiento del sistema dada por el flujo neto máximo que se ha podido registrar y que fue cercano a la centena de investigadores por año, el país hubiera necesitado un par de siglos más para acercarse a cumplir la meta.

Hay quienes sostienen que, en un mundo globalizado, caracterizado por el apetito por el talento y alimentado por la movilidad, la migración de talento puede que no sea un problema sino algo positivo y beneficioso. De acuerdo a ello, la presencia de investigadores venezolanos emigrados a laboratorios del exterior, además de atestiguar la vitalidad del sistema científico nacional, abre las posibilidades de colaboraciones e intercambios. Este enfoque pudiera ser aceptable mientras que la emigración de talento sea discreta y no adquiera características masivas, poniendo en riesgo la viabilidad de la sociedad del conocimiento. En el caso venezolano, no sólo los números relativos a la pérdida de sus recursos humanos calificados señalan lo peligroso de la situación, sino que otros indicadores refuerzan tal conclusión, como son los relativos a publicaciones científicas y tecnológicas que se han visto dramáticamente disminuidas en los últimos años (Requena, 2010; Requena, 2011a; Requena, Caputo y Scharifker, 2015).

Cuando la pérdida de recursos humanos, como en el caso bajo estudio, empieza a ser registrada como una estadística gruesa el asunto adquiere connotaciones de gravedad. Y es que el talento educado —referido a una capacidad profesional fuera de lo común— es, por definición, escaso. Es así que, si bien la fuga de un solo eminente profesional podría pasar desapercibida en un conteo entre muchos, otra cosa es cuando el muestreo detecta una reducción significativa en el número de profesionales que han dejado sus puestos de trabajo. El primer caso es una fuga de talento, el segundo es una ¡hemorragia! El tema de la pérdida de talento va más allá de ser un asunto de números. Fundamentalmente es uno de calidad del recurso humano. No es lo mismo para Venezuela perder a un juan bimba que a alguien reconocido, por ejemplo Humberto Fernández-Morán cuando parte al exilio en año 1958 convirtiéndose en uno de nuestros primeros fugados (Requena, 2011c).

Si bien es muy difícil detectar tempranamente la pérdida de talentos, existen alarmas a las que se les debe prestar atención. Una de esas es la capacidad que tenga el sistema para capturar talento. Y es que si una sociedad no es capaz de absorber a los mejores, es porque sus condiciones no son idóneas y, más pronto que tarde, los más brillantes se percatarán de ello y buscarán mejores horizontes de vida y trabajo, más allá de sus fronteras.

El análisis temporal del fenómeno venezolano revela que, desde el año 1960 hasta finales del siglo XX, el país experimentó una cierta pérdida de talento, pero ella estuvo circunscrita a números muy bajos. Ese fenómeno, muy probablemente, estuvo motorizado por las mismas razones que se veían en otras latitudes, sensible a vicisitudes económicas. En aquel entonces las alarmas se dieron pero las autoridades sectoriales no les prestaron atención y, por ende, no tomaron medidas para evitar o contener lo que se avecinaba. Habría que esperar hasta mediados de la última década del siglo XX para que las autoridades sectoriales venezolanas enfrentaran (tímidamente) el problema de la fuga de talento a través de iniciativas oficiales como el Programa de Promoción del Investigador (PPI), el Programa Pérez Bonalde y las Agendas del CONICIT. No obstante lo anterior, durante el siglo XXI, coincidente con los profundos cambios políticos, se estableció en Venezuela un nuevo patrón al tornarse masiva la marcha al exterior de los investigadores locales.

Si bien una estrategia bibliométrica para el estudio de la pérdida de científicos publicadores ha sido considerada incompleta por no contar con información previa acerca del autor, asunto que se reconoce inconveniente por disminuir la precisión de un análisis sobre la migración de autores científicos en algunos países desarrollados y otros en vías de desarrollo (Moed y Halevi, 2014), esa deficiencia puede ser subsanada mediante la incorporación a la data de información curricular pertinente. Este el caso del presente estudio.

En un análisis basado en las figuras de los arquetipos del personal científico y tecnológico no es posible la duplicidad de individuos en la conformación de las diversas cohortes, extras o retirados, en tanto que es mandatorio que su presencia en ellas sólo pueda ser considerada una vez. En contraste, en el caso del arquetipo investigador activo la presencia del mismo individuo en varias cohortes (o su repetición en el tiempo) es una posibilidad inherente al paradigma lógico que soporta la segmentación. El arquetipo de investigador retirado comprende a su vez dos sub categorías: la primera, aquella que corresponde a quienes dejan de publicar al alcanzar la edad reglamentaria para parar el trabajo investigativo (jubilados en el sentido estricto del vocablo), y la segunda, aquellos que abandonan el país estando en capacidad de seguir publicando (los emigrados). Si bien estos últimos son de difícil cuantificación, el método desarrollado permite establecer una aproximación.

Un análisis histórico del desenvolvimiento de las cohortes de arquetipos del sistema de CyT venezolano revela que si bien este estuvo caracterizado hasta finales del siglo XX por una condición que rondaba al estado estacionario, en los últimos años esa estabilidad se ha visto comprometida al aparecer en el país un flujo neto negativo de investigadores en el sistema, fundamentalmente debido a la pérdida de talento, investigadores locales que se han marchado del país en busca de mejores oportunidades. Este estudio sólo contabilizó 1.783 emigrados, lo que representa el 14% de los investigadores que ingresaron al sistema en los 54 años bajo estudio. Si ese número constituye el límite inferior, muy probablemente, la pérdida de talento venezolano en los últimos años pudiera ser hasta 2 veces mayor.

Hacia principios del siglo XX, Iván de la Vega estudió cuantitativamente el asunto de la fuga de profesionales venezolanos con énfasis en el grupo de los investigadores quedando sus análisis plasmados en un libro (De La Vega, 2005). Según De La Vega, Venezuela había perdido 413 investigadores durante la segunda mitad del siglo XX. Si bien el presente estudio sólo contabiliza 243 investigadores perdidos para ese período, la discrepancia puede deberse a que De La Vega toma en cuenta los becarios de la época mientras que nuestro análisis está restringido a investigadores publicadores, condición que conlleva un desfase temporal entre ambas modalidades de conteo.

En cualquier caso, este estudio demuestra que hasta el año 1999 ingresaban al sistema de ciencia venezolano más investigadores que los que lo abandonaban, situación que cambió radicalmente a partir de ese año cuando el flujo neto se hizo negativo, siendo para los últimos años del orden de 500 investigadores cada año, lo cual, si es referido al pool de investigadores presentes en el país, constituye un alto porcentaje de ellos.

Es obvio que si cerca del 80% de la investigación científica hecha en Venezuela es realizada en las grandes universidades autónomas (Requena, Caputo y Scharifker, 2015), la fuga de investigadores tiene que afectar profundamente a esas instituciones, y ese es, sin duda, el caso. Aunque, como se revela, entre las universidades locales la más afectada es la Universidad Simón Bolívar de Caracas, esto se debe a que la USB es una universidad relativamente pequeña, con un perfil tecnológico y con opciones educativas muy escogidas. Lo cierto es que la institución más afectada ha sido la petrolera estatal y sus filiales de investigación; INTEVEP, que perdió la mitad de su talento, emigrados al extranjero.

En efecto, ese episodio, posiblemente el más triste de la ciencia venezolana, se llevó a cabo un martes 4 febrero de 2003. Aupados por el entonces Presidente de la República Hugo Chávez, las autoridades del INTEVEP notificaron a tres cuartos de su fuerza investigativa que quedaban despedidos por haberse adherido al paro nacional, utilizando para ello el insólito mecanismo de un comunicado de prensa (*Últimas Noticias*, 2003). La retaliación política incapacitó severamente a INTEVEP como organización investigativa y junto a la carencia de una política y planes para el reemplazo del personal botado o reingeniería de la institución, resultó en pérdida casi total de su productividad. Finalmente, al serle imposible a los ex empleados del INTEVEP encontrar fuentes de trabajo en el país, se forzó su migración (Requena, 2011b).

Adicionalmente, el análisis de las variaciones en el número de investigadores publicadores en el país, durante los últimos 60 años, sugiere una baja frecuencia de respuesta del sistema científico venezolano. Por ejemplo, la alta tasa de aumento del número de investigadores observada en la década de los ochenta y los noventa puede ser atribuida al resultado de las políticas científicas ejecutadas entre 1960 y 1977 con la puesta en marcha del CONICIT, su programa de subvenciones y becas y, en general, por la consolidación del proceso de institucionalización de la ciencia nacional durante esos años. Similarmente, el desplome del número de investigadores publicadores visto a partir del año 2009 sería la respuesta tardía del sistema a la crisis de la ciencia en los años 2003 y 2004 ocasionada, entre otras cosas, por políticas públicas centradas en rechazo a la excelencia, estigmatización de la figura del investigador, desaliento al ingreso de nuevos investigadores, fomento de la fuga de talento, obstaculización de la operatividad del aparato investigativo mediante negación de recursos económicos a los laboratorios de investigación ejecutada a través del cerco financiero a las grandes universidades autónomas, el control de cambio y, finalmente, la destrucción del INTEVEP (Requena, 2011a; Requena, Caputo y Scharifker, 2015).

CONCLUSIONES

Durante el siglo XX la migración de investigadores venezolanos hacia otros países era un asunto ocasional, extraño a la idiosincrasia nacional. En los últimos años, el dejar el país se ha convertido en un anhelo para muchos de sus científicos, especialmente los más jóvenes. Y es que el sistema de ciencia y tecnología venezolano está inmerso en una profunda crisis, debido al clientelismo político, la glorificación de la mediocridad, rechazo a la excelencia y erradas medidas de financiamiento, promovidos como políticas desde la Presidencia de la República.

En efecto, el que talentos venezolanos tengan que abandonar sus puestos en laboratorios de investigación locales después de haberlo estado haciendo por dos décadas para continuar haciendo ese mismo trabajo fuera del país, tiene que ser el resultado de políticas, sociales y económicas locales tan inconvenientes que han conmovido los cimientos del académico venezolano. Y tiene que ser así, en tanto que una de las más conspicuas facetas del venezolano era, tradicionalmente, el apego por su tierra, evidenciada, entre otras cosas, por la cuasi inexistente fuga de talento antes de la llegada al poder del socialismo del siglo XXI y la catastrófica magnitud de la migración de nuestros científicos y tecnólogos presente durante los últimos 15 años.

La gran mayoría de los investigadores venezolanos que se han ido (62%) prestaban sus servicios en las grandes universidades públicas. Entre los que han dejado el país sobresalen, no sólo por su magnitud sino por su relevancia, el grupo de los investigadores del centro de investigaciones petroleras (INTEVEP). Los investigadores que han dejado el país prefieren a los países de mayor desarrollo en Norte América y Europa. No obstante, un país de la región, Ecuador, se ha convertido en un destino privilegiado a través de su programa de captura de talento Prometeo, que cobija un centenar de nuestros investigadores. El número de los talentos venezolanos que han migrado y computados en este estudio representa el límite inferior, pudiendo llegar a ser mucho mayor, probablemente hasta el doble de lo computado.

BIBLIOGRAFÍA

Brandt, Robert. (2015). *Chameleon: The True Story of an Impostor's Remarkable Odyssey*. Paperback. Create Space. USA. 298pp.

Caputo, Carlo. Domingo Vargas y Jaime Requena. (2016). "Desvanecimiento de la brecha de género en la universidad venezolana". *Interciencia*, **41** (3), 154.

De La Vega, Iván. (2005). *Mundos en movimiento. El caso de la movilidad y migración de los científicos y tecnólogos venezolanos*. Ediciones Fundación Polar. Caracas, Venezuela.

De la Vega, Iván. (2003). "Emigración intelectual en Venezuela: El caso de la ciencia y la tecnología". *Interciencia*, **28** (5), 259.

Garbi, Esmeralda. (1991). *La fuga de talento en Venezuela*. Compilador. Serie Simposios IESA. Caracas. Venezuela. 112pp.

Gasson, Rafael y Wagner, Erika. (1994). "Venezuela: Doctors, Dictators and Dependency (1932 to 1948)". En *History of Latin American Archeology*. Augusto Oyuela Caycedo. Editor. pp. 124-136 Capítulo VIII. Averbury Aldershot. UK. 212pp.

Ibarra Lampe, María Carolina y Rodríguez, Christian. (2011). "Invirtiendo en el Futuro: Una Mirada del Migrante Calificado en el Proceso Migratorio de Venezuela hacia Australia". *Temas de Coyuntura*, **63**, pp. 69-106.

Meneses Pacheco, Lino. (2010). "La Arqueología Venezolana de Fines del siglo XIX y comienzos del siglo XX". En *Historias de Arqueología Sudamericana*, editada por Javier Nastri y Lúcio Menezes Ferreira, pp. 21-53. Fundación de Historia Natural Félix de Azara. Universidad Maimonides. Buenos Aires. Argentina. 240pp.

Moed, H. F. y Halevi, G. (2014). A bibliometric approach to tracking international scientific migration". *Scientometrics*, **101** (3).

ONCTI. (2014). *Total anual de innovadores(as) e investigadores(as) registrados en Venezuela. Período 1990-2013*.

Palma, Pedro. (2014). "Arbitraje en la fuga de capitales financieros y en la fuga de talentos". pp. 89 a 110. En Peralta, R. D., Lares Vollmer, C, y Kerdel Vegas, F. *Diáspora de Talento Migración y Educación en Venezuela: análisis y propuestas*. Signos Ediciones y Comunicación C.A., Valencia. Venezuela. 313pp.

Plaza Izquierdo, Francisco. (1977). *Historia de la Cirugía especialmente relacionada con la Facultad de Medicina de Caracas*. Celebración de los ciento cincuenta años de la fundación de la Facultad de Medicina. Impresos Don Bosco. Caracas. Mimeo. 18pp.

Requena, Jaime. (1985). "La Crisis de los virólogos". *El Diario de Caracas*. p17. 17 de Noviembre. Caracas, Venezuela.

Requena, Jaime. (2003). *Medio siglo de Ciencia y Tecnología en Venezuela*. FonCIED PDVSA. ExLibris, Caracas. 380pp.

Requena, Jaime, (2005). "Dynamics of the modern Venezuelan research community profile". *Scientometrics*, **65** (1), 95.

Requena, Jaime. (2010). "Science Meltdown in Venezuela". *Interciencia*, (6), 437.

Requena, Jaime. (2011a). *Ciencia y Poder: eco de sus conflictos* Fondo Editorial Simón Rodríguez. Lotería del Táchira, San Cristóbal. Impreso Graficas El Portatítulo CA, Mérida. Venezuela.

Requena, Jaime. (2011b). "Decay of Technological Research and Development in Venezuela". *Interciencia*, **36** (5), 341.

Requena, Jaime. (2011c). *Humberto Fernández-Morán; el brujo de Pipe*. Serie Biblioteca Biográfica Venezolana. Volumen N° 136. *El Nacional* y Fundación BanCARIBE. Editorial Arte, Caracas. 114pp.

Requena, Alvaro Gonzalo y Requena, Jaime. (2014). "A propósito de *Vestigios de la Atlántida*: Proyecto de discurso de recepción del Señor Doctor Rafael Requena como Individuo de Número de La Academia Nacional de la Historia (1933)". *Boletín de la Academia Nacional de la Historia*, **381**, Sección Estudios, pp. 83-110. Caracas.

Requena, Jaime; Carlo Caputo y Benjamín Scharifker. (2015). "Un gobierno ajeno a sus obligaciones en Ciencia, Tecnología e Innovación". Capítulo del libro interacadémico *Sobre corrupción, ética y desarrollo en Venezuela*. Academias Nacionales de Venezuela, pp. 225-274. Caracas. 444pp.

Requena, Jaime; Domingo Vargas y Carlo Caputo. (2016). "Género en la ciencia venezolana: desvanecimiento de la brecha". *Interciencia*, **41** (3), 162.

Roche, Marcel y Yajaira Freites (1992). "Rise and Twilight of the Venezuelan Scientific Community". *Scientometrics*, **23** (2), 267-289.

Ruiz Calderón, H. (1997). *Tras el fuego de Prometeo. Becas en el exterior y modernización en Venezuela (1900-1996)*. Consejo de Desarrollo Científico. Universidad de Los Andes. Nueva Sociedad. Mérida.

Sáez Mérida, Simón. (1979). "El Mito Roosevelt". En *Ensayos Venezolanos*, pp. 155-186. Editorial Ateneo. Caracas.

Sosa Abascal S.J., Arturo. (1985). *Ensayos sobre el pensamiento político positivista venezolano*. Ediciones Centauro 85. Avilarte. Caracas. 269pp.

Últimas Noticias. (2003, 4 de febrero). Comunicado de INTEVEP. pp. 12-14.

UNESCO. <http://bibliotecauniversia.net /directorio.do>.

A MODO DE EPÍLOGO

Una evidente ausencia en el recuento efectuado corresponde al aporte de la mujer venezolana en ciencia y tecnología; ello no obedece a un sesgo, sino que es el reflejo de una realidad histórica. Hasta los años cincuenta del siglo pasado, en Venezuela, los ámbitos académico e investigativo estuvieron completamente dominados por el género masculino. Las primeras mujeres con grado universitario del país fueron tres hermanas, graduadas de agrimensoras en el año 1899, seguidas por una farmaceuta en 1925 y una médico en 1936; todas ellas egresadas de la Universidad Central de Venezuela. Entre los años 1900 y 1939, egresaron de la UCV 2.800 hombres, mientras que sólo lo hicieron 15 mujeres. En la década siguiente el número de graduadas pasó a 180. En contraste, en las dos últimas décadas del siglo XX, de los 260 mil graduados universitarios de Venezuela, 126 mil fueron mujeres (el 49%) (Caputo, Vargas y Requena, 2016).

En relación con la investigación, apuntaremos que el primer artículo científico que registra a una mujer como autor corresponde a un par de cartas que Trina Olavarría De Courlaender envió al editor de la *Gaceta Médica de Caracas* en 1915 y 1916, sobre el tema de los estudios médico-psicológicos de Bolívar y el análisis psiquiátrico de sus ideas y actos. El siguiente artículo del que tenemos noticia es uno de Virginia Pereira Álvarez (1888-1947) quien, habiéndose graduado de médico en Filadelfia en 1920 (después de haberse inscrito en la facultad de medicina de Caracas en 1911), publicó en el año 1939 un trabajo titulado "Contribución a la investigación experimental de la Leptospira icterohemorrágica en Venezuela", en su condición de integrante del equipo de sanitaristas de Arnoldo Gabaldón. Como tercera y cuarta entrada, en los años 1941 y 1946, figuran un par de artículos de la médico veterinaria María de Lourdes Salom Aponte. Llegando a la mitad del siglo —1947 y 1949— se encuentran artículos de la bioanalista Italia Ramos, producidos desde el laboratorio de investigación de José Francisco Torrealba en Calabozo, estado Guárico[88] (Requena, Vargas y Caputo, 2016). Siendo todo esto así, y a pesar de que en los días que corren se evidencia un desvanecimiento de la brecha de género que existió en nuestro país, en los altos cargos académicos no se ha alcanzado la deseable paridad; aun, con algunas notables excepciones, los hombres venezolanos siguen dominando en las esferas del poder académico e investigativo.

El éxito de los constructores del sistema de ciencia y tecnología de Venezuela puede ser medido en simples términos: mientras que en los alrededores del año 1950 el número de doctorados en Venezuela podía ser estimado en el orden de la docena[89] (o de investigadores, según Marcel Roche en Dickson, 1978), en los albores del siglo XXI, el país llegó a tener 288 docenas de doctores[90] y el quehacer de muchas decenas de miles de profesionales, con grandes logros en atención a sus creaciones, invenciones, descubrimientos o innovaciones (Requena, 2003a). Ello, como se ha visto, no fue azaroso, sino el fruto del pensar y accionar de investigadores muy singulares que supieron entender cabalmente el medio en donde se desenvolvían, y que idearon sistemas de organización y trabajo que, aun adoptando métodos y roles foráneos, resultaron muy efectivos para el bien de la sociedad a la que se debían.

Durante la primera mitad del siglo XX, los profesionales venezolanos que hicieron investigación eran gentes educadas en carreras universitarias clásicas como Medicina e Ingeniería. Sin embargo, en la segunda mitad del siglo ellos fueron sustituidos por egresados de las facultades de ciencias, las cuales, rápidamente, se convirtieron en la fuente principal de recursos humanos para la investigación científica y el desarrollo tecnológico en el país. La trascendencia de la puesta en marcha de las facultades de ciencias en el país la revelan estas estadísticas: a comienzos del siglo XXI se encontró que uno de cada centena de graduados en Ingeniería, o uno de cada par de decenas de egresados de las carreras propias de las ciencias de la salud, ejercían su profesión como investigadores, mientras que uno de cada dos graduados de las facultades de ciencias se dedicaba a la investigación científica o tecnológica (Requena, Vargas y Caputo, 2016).

El mayor número de profesionales autocalificados como "investigadores" en Venezuela se encuentra en los dominios de las ciencias sociales, humanidades o las artes (33% del total nacional) y esos son los campos del conocimiento en los que se registra la menor producción escrita. Contrariamente, la mayor producción de artículos publicados se encuentra entre las ciencias básicas o de salud, pero ellas son las áreas del saber que cuentan con menos investigadores (24% del total).

A las puertas del siglo XXI, el cuerpo de hacedores de ciencia y tecnología nacional se encontraba distribuido entre las grandes universidades autónomas, como la UCV, ULA, LUZ, UDO y USB; los institutos de investigación del Estado, como el IVIC, INIA/FONAIAP, FII, CIEPE e IDEA; y en los centros de investigación y desarrollo tecnológico de las empresas públicas como INTEVEP de Petróleos de Venezuela o SIDOR/CVG (Requena, 2005).

A comienzos del siglo XXI, una minoría (apenas el 8%) del personal académico docente de las instituciones de educación superior está comprometido con la creación de nuevos conocimientos. El resto, es decir, el 92% de los docentes universitarios, simplemente se dedica a transmitir conocimientos que otros generan allende. Es decir, nuestras universidades públicas han estado más comprometidas con diseminar conocimiento que en producirlo (Caputo, Vargas y Requena, 2016). A pesar de ello, se debe dejar sentado que son las grandes universidades públicas nacionales las que se encargan de producir algo más de dos tercios de la ciencia nacional. Sobre esas instituciones reposa el quehacer creativo científico de Venezuela.

En la década de los ochenta del siglo pasado, las contradicciones internas del país se agudizaron; por una parte, debido a la crisis económica global de 1983 que sacudió con fuerza a Venezuela, mientras que, por la otra, las élites políticas gobernantes cambiaron los grandes objetivos nacionales, establecidos por los fundadores de nuestra democracia, por el poder como fin supremo, abrazando para ello el clientelismo y, eventualmente, el populismo.

Con la puesta en práctica del socialismo del siglo XXI se empezaron a desdibujar las conquistas sociales, económicas y políticas conseguidas a través de la agenda democrática venezolana del siglo XX. Hoy en día, los niveles de esas conquistas han retrocedido a valores vistos cien años atrás. Los postulados socialistas-comunistoides, unidos al raterismo de la élite bolivariana presidida por Chávez y Maduro, conformó una tormenta perfecta que muy pocos imaginaron podría ocurrir en un país con el aventajado patrimonio —social, económico y político— como el que acumuló Venezuela. En la presentación de este libro, de fecha 2012, el filósofo Eduardo Vásquez dejó claro que la puesta en práctica del credo de los empoderados bolivarianos no podía resultar en otra cosa distinta al desastre. En lo científico y tecnológico, la anunciada catástrofe no tardó mucho en hacerse realidad y alcanzó a todo el país, golpeando tanto a citadinos y campesinos como a instituciones públicas y privadas. Lamentablemente, el desastre tampoco quedó circunscrito a Venezuela, sino que se ha desbordado a países vecinos y lejanos, en los cuales se han refugiado millones de venezolanos en busca de paz, trabajo, alimentos, medicinas, educación para los hijos y seguridad, escenarios que alguna vez abundaron en la tierra que los vio nacer pero que hoy en día —septiembre de 2020— no existen en ningún rincón del país.

RECONOCIMIENTOS

Este libro se empezó a escribir en el año 2009, sobre un manuscrito del año 2007, que salió finalmente publicado por la Fundación Polar en el año 2011, como un capítulo dentro del libro editado por Asdrúbal Baptista, José Balza y Ramón Piñango titulado *Suma del Pensar Venezolano*. Fernando Merino Niño (1945-2011) y Blas Bruni Celli (1925-2013) consideraron que el alcance de ese texto era insuficiente y se dieron el trabajo de ayudarme a ampliarlo mediante nuevas entradas antológicas: Vargas, la "*Aclimatación*" de Beauperthuy, Ernst, Domínici, Rangel, Torrealba y Jaffé, dejando así su sabia huella en el presente texto.

Muchas personas colaboraron en la hechura, revisión y puesta a punto de este libro: En primer lugar, Eduardo Vásquez, quien escribió la presentación. Seguidamente, Pablo Pulido Musche, por su amistad de años y su soporte desde la Presidencia de Fundamet; a mi esposa Diana Pinedo por sus acertados comentarios; a mi asistente de muchos años Miosotys Mónaco y, finalmente, a Marina Gasparini Lagrange por su encanto literario.

Antes de finalizar, permítaseme referirme a ciertos comentarios que pudieran considerarse como improcedentes pero que consideré necesario hacer a la luz de lo que Venezuela ha estado padeciendo durante lo que va del siglo. Esas acotaciones están circunscritas al hecho público y notorio del desmantelamiento de la institucionalidad y el saqueo sistemático de la Hacienda Pública por parte de la élite revolucionaria bolivariana presidida por Chávez, Maduro y kamaradas. Tropelías que han traído el macabro infortunio de la pérdida de los grandes logros de la democracia practicada por los venezolanos durante la segunda mitad del siglo XX. Uno de esos logros fue la generación de un robusto y muy respetable aparato de investigación académica, científica y técnica en Venezuela, actividad que animó la vida de quienes escribimos estas letras. Y si bien los juicios de valor son íntegramente responsabilidad mía, estoy seguro de que Fernando y Don Blas no hubieran objetado ni una sola de las letras de esos comentarios. Es más, creo que ellos hubieran sido más críticos de lo que yo he sido.

Jaime Requena, Sc.D. (Cantab)

BIBLIOGRAFÍA

- Agramonte, Arístides. (1903). "An account of Dr. Louis Daniel Beauperthuy. A pioneer in yellow fever research". *Boston Medical and Surgical Journal.* **CLVIII** (25), 927-930.
- Albornoz, Orlando. (1989). "El proyecto educativo democrático: el caso venezolano". *Revista Cayey.* **XII** (64-65), 37-62.
- Archila, Ricardo. (1966). *Historia de la Medicina en Venezuela.* Ediciones de la Universidad de los Andes. Mérida. 409pp.
- Ávalos, Ignacio. (1984). "Breve historia de la política tecnológica Venezolana". En el libro *El caso Venezuela: una ilusión de armonía.* Moisés Naim y Ramón Piñango, Editores, pp. 182-187. Ediciones IESA. Caracas.
- Ávalos, Ignacio y Marcel Antonorsi. (1980). *La Planificación Ilusoria.* CENDES/Ateneo de Caracas. 204pp.
- Baptista, Asdrubal. (1998). *Bases cuantitativas de la economía venezolana 1830-1995.* Fundación Polar. Caracas. 338pp.
- Bastidas, Arístides. (1971). "Dos nuevos vecinos en el espacio", en "La Ciencia Amena". Diario *El Nacional.* Febrero, 24. Caracas.
- Bastidas, Arístides. (1980). "Discurso ante la UNESCO", en ocasión de recibir el Premio Kalinga. <http://aristidesbastidas.blogspot.com>.
- Beauperthuy, Luis Daniel. (1854). "Fiebres". *Gaceta Oficial de Cumaná*, N° 57, 23 mayo. Tomado de *La obra de Beauperthuy (1807-1871)* de José María Llopis. 1963, Sección Trabajos Científicos. pp. 258-270. Tipografía Remar. Caracas. 274pp.
- Beauperthuy, Luis Daniel. (1856). "Carta del Doctor Beauperthuy a Mr. Fleurens, secretario de la Academia de Ciencias de París".

Fechada 18 de enero. Reproducida en *La Unión Médica*, N° 22/23, pp. 13-14, 1882. Caracas, y transcrita en "Recherches sur la cause du choléra asiatique, sur celle du typhus ictérode et des fièvres de marécages". *Séance de l'Académie des Sciences*. Numéro 17ème du 14 Avril, pp. 297. L'Athénium Française. Paris.
- Beauperthuy, Luis Daniel. (1875). "Miasmas". En *Escuela Médica: Periodismo Médico-Quirúrgico*, año I, N° del 15 de julio. Caracas.
- Beauperthuy, Luis Daniel. (1963). "Aclimatación". Tomado de *La Obra de Beauperthuy (1807-1871)* de José María Llopis. Sección Trabajos Científicos. pp. 192-193. Tipografía Remar. Caracas. 274pp.
- Benarroch, Elías I. (1928). "Estudios relativos al paludismo". *Gaceta Médica de Caracas*. **35** (24), 367-382.
- Beorlegui, Carlos y Roberto Aretxaga Burgos. (2014). *Juan David García Bacca. Antología de textos filosóficos*. Editorial Tecnos. Madrid, España. 381pp.
- Bifano, Claudio. (2003). *Vicente Marcano. Hombre de ciencia del siglo XIX y reedición de su biografía escrita por Gaspar Marcano*. Fundación Polar / Academia de Ciencias Físicas, Matemáticas y Naturales. Caracas, Venezuela. 251pp.
- Bifano, José Luis. (2001). *Inventos, inventores e invenciones del siglo XIX venezolano*. Fundación Polar. Caracas. 277pp.
- Bigott, Luis A. (1995). *Ciencia, educación y positivismo en el siglo XIX venezolano*. Biblioteca de la Academia Nacional de la Historia. Colección Estudios, Monografías y Ensayos. Volumen 169. Caracas. 464pp.
- Bonazzi, Augusto. (1937). "Cell inclusions in Azotobacter chroococcum Bej". *Science*, **85** (2207), 385.
- Bonilla, Frank y José Agustín Silva Michelena. (1967). *Exploraciones en análisis y en síntesis*. Volumen I de la Serie "Cambio político en Venezuela". Edición del CENDES/MIT. Caracas. 540pp.
- Briceño Iragorry, Leopoldo. (1980). "Instituto Pasteur de Caracas". *Gaceta Médica de Caracas*, **88** (7-9), 331-335.
- Brossard, Emily. (1994). *INTEVEP: ruta y destino de la investigación petrolera en Venezuela*. Artes Gráficas de INTEVEP. Caracas. 313pp.

- Bruni Celli, Blas. (1960). *Rafael Rangel: trabajos científicos*. Fundación Vargas de Publicaciones Médicas. Caracas. 192pp.
- Bruni Celli, Blas. (1998). *Venezuela en 5 siglos de imprenta*. Academia Nacional de la Historia. Caracas. 1.635pp.
- Bunge, Mario. (2002). *Diccionario de Filosofía*. Siglo XXI Editores, 2ª Edición. Buenos Aires, Argentina. 221pp.
- Caponi, Sandra. (2002). "Trópicos, microbios y vectores". *História, Ciências, Saúde-Manguinhos*, **9** (Suppl), 111-138. <https://www.scielo.br/scielo.php?script=sci_arttext&pid=S0104-59702002000400006>
- Caputo, Carlo; Domingo Vargas y Jaime Requena. (2016). "Desvanecimiento de la brecha de género en la universidad venezolana". *Interciencia*, **41** (3), 154-161.
- CONICIT. (1985). *Directorio de investigadores en ciencia y tecnología en Venezuela (año 1983)*. 2 volúmenes. Ediciones CONICIT. Caracas. 884pp.
- Córdova, Armando. (1991). "Semblanza de José Agustín Silva Michelena". En *Semblanzas*, pp. 29-35. Universidad Central de Venezuela (UCV), Centro de Estudios del Desarrollo (CENDES). Caracas.
- Canals Frau, Salvador. (1976). *Prehistoria de América*. Editorial Suramericana. Buenos Aires. 604pp.
- DaRos, Maureen y Roger H. Colten. (2009). "A history of Caribbean archeology at Yale university's Peabody museum of natural history". *Bulletin of the Peabody Museum of Natural History*, **50** (1), 49-62.
- De Venanzi, Francisco. (1953). "Las facultades de ciencias de las universidades nacionales". *Acta Científica Venezolana*, **4** (3), 83.
- De Venanzi, Francisco. (1967). "La investigación científica en la Universidad". *Acta Científica Venezolana*, **18** (2), 33-35.
- De Venanzi, Francisco. (1970). "¿Es necesaria la ciencia?" *Acta Científica Venezolana*, **21** (4), 129-134.
- Díaz Seijas, Pedro. (1989). "Tres lustros de la educación en Venezuela (1974-1989)". En *Venezuela contemporánea*. Pedro Cunill Grau Compilador, pp. 563-630. Fundación Mendoza. Caracas. 823pp.

- Dickson, Paul. (1978). "Venezuela: still out in the cold". *Nature*, **275** (5680), 472-475.
- Di Prisco, María Cristina. (1992). "La Asociación Venezolana para el Avance de la Ciencia". En *La Ciencia en Venezuela: pasado, presente y futuro*, pp. 35-50. Cuadernos Lagoven. Editorial Arte. Caracas. 162pp.
- Domínici, Santos Aníbal. (1896). "Contribución al estudio del hematozoario de Laveran en Venezuela". *El Cojo Ilustrado*, **VI**, 674-677. Caracas.
- Domínici, Santos Aníbal. (1897). "Estudio sobre las fiebres palúdicas de Caracas". *Gaceta Médica de Caracas*, **5** (2), 9-11.
- Domínici, Santos Aníbal. (1937). *Siete meses y medio en el Ministerio de Sanidad y Asistencia Social, del 9 de julio de 1936 al 24 de febrero de 1937*. Tipografía Americana. Caracas. 127pp.
- Domínici, Santos Aníbal. (1945). "Palabras del Dr. Santos A. Domínici respecto a la conexión de Rafael Rangel con el Instituto Pasteur de Caracas". *Gaceta Médica de Caracas*, **53** (12), 100-101.
- Editorial. (1950). "Acerca del Proyecto del Instituto de Investigaciones sobre el Cerebro". *Acta Científica Venezolana*, **1** (4), 134-135.
- Ernst, Adolfo. (1877). "Apoteosis del eminente ciudadano del Dr. José Vargas". En *Adolfo Ernst, Obras Completas*. Blas Bruni Celli Compilador (1986). Tomo IX, *Misceláneas*, pp. 481-482. Ediciones de la Presidencia de la República. Caracas.
- Ernst, Adolfo. (1877). "Ethnographische mitteilungen aus Venezuela (Comunicaciones etnográficas de Venezuela)". *Verhandlungen der Berliner Gesellschaft für Anthropologie (Berlín)*, pp. 514-545. En *Adolfo Ernst, Obras Completas*. Blas Bruni Celli Compilador (1986). En Tomo VI. *Antropología*, pp. 128-234. Ediciones de la Presidencia de la República. Caracas.
- Ernst, Adolfo. (1879). "Seismic disturbance at Venezuela", *Nature*, **39** (1006), 341.
- Esparza, José y Raúl Padrón. (2018). "Un análisis de la obra científica de Humberto Fernández-Morán, a los veinte años de su muerte". *Gaceta Médica de Caracas*, **126** (4), 304-325.

- Fernández Heres, Rafael. (1983). *Educación en democracia: historia de la educación en Venezuela 1958-1983*. Ediciones del Congreso Nacional. Dos tomos. Caracas.
- Fernández-Morán, Humberto. (1950). "Ideas generales sobre la fundación de un Instituto Venezolano para Investigaciones del Cerebro". *Acta Científica Venezolana*, 1 (3), 85-87.
- Freites, Yajaira. (1984). "La Institucionalización del ethos de la ciencia: el caso IVIC". En *La ciencia académica en la Venezuela moderna: historia reciente y perspectivas de las disciplinas científicas*. Hebe Vessuri Compilador, pp. 351-388. Fondo Editorial Acta Científica Venezolana. Caracas. 460pp.
- Freites, Yajaira. (1992a). "La producción bibliográfica venezolana en ciencias físicas, matemáticas y naturales hasta 1895". En *Visión de la ciencia. Homenaje a Marcel Roche*. Carlos A. Di Prisco y Erika Wagner Editores, pp. 55-76. Monte Ávila Latinoamericana. Caracas. 174pp.
- Freites, Yajaira. (1992b). "El IVIC en cuatro momentos". En *La ciencia en Venezuela: pasado, presente y futuro*, pp. 65-80. Cuadernos Lagoven. Editorial Arte. Caracas. 162pp.
- Freites, Yajaira. (1996). "De la colonia a la república oligárquica". En *Perfil de la ciencia en Venezuela*. Marcel Roche Compilador. Fundación Polar. Tomo 1. pp. 25-92. Caracas. Dos Tomos. 288pp. y 315pp.
- Freites, Yajaira. (1999). "La implantación de la medicina veterinaria en Venezuela. El papel de los pioneros extranjeros (1933-1955)". *Interciencia*, 24 (6), 344-351.
- Freites, Yajaira. (2002). *Ciencia y Tecnología en Venezuela*. Enciclopedia Temática. Tres volúmenes. Editorial Planeta Venezolana, S.A., pp. 217-239. Caracas. También en URL: <http://www.ivic.gob.ve/memoria/ensayos/cien_tec/ciencia_tecnologia.htm#seccion_7>
- Fundación Polar. (2011). *Diccionario de Historia de Venezuela*. Fundación Polar. 2ª Edición. Caracas, Venezuela. <http://bibliofep.fundacionempresaspolar.org/dhv>

- Gabaldón, Arnoldo. (1998). "Introducción" a su libro *Malaria aviaria en un país neotropical Venezuela*, pp. 1-6. FEPAFEM. Caracas. 343pp.
- García Bacca, Juan David. (1983). "Choques científicos contra el fondo filosófico". Ensayo en su libro *Autobiografía Intelectual y otros Ensayos*, pp. 34-45. Fondo Editorial UCV. Caracas. 505 pp.
- Gasparini, Olga. (1969). *La Investigación en Venezuela: condiciones de su desarrollo*. Publicaciones del Instituto Venezolano de Investigaciones Científicas (IVIC). Caracas. 262pp.
- Gassón, Rafael y Erika Wagner. (1994). "Venezuela: doctors, dictators and dependency (1932 to 1948)". En *History of Latin American archeology*. Augusto Oyuela Caycedo Editor, pp. 124-136. Capítulo VIII. Averbury Aldershot. UK. 212pp.
- Giordani, J.; Montilla, J.; Morles, V. y Navarro, H. (1994). *Ciencia y tecnología: una propuesta alternativa*. Ediciones APUCV. Caracas. 38pp.
- Guerrero, Carolina. (2007). *José María Vargas*. Volumen 47 de la Biblioteca Biográfica El Nacional. Editorial Arte. Caracas. 122pp.
- Gumilla S.J., Joseph. (1741). *El Orinoco ilustrado y defendido. Historia natural, civil y geográfica de este gran río y de sus caudalosas vertientes*. Edición de la Academia Nacional de la Historia, Serie Fuentes para la Historia Colonial de Venezuela, año 1963, N° 68. 580pp.
- Hecker, Sonia. (2007). *Francisco De Venanzi*. Volumen 51 de la Biblioteca Biográfica El Nacional. Editorial Arte. Caracas. 122pp.
- Herrera, Francisco C. (2009). "Recopilación de las investigaciones electrofisiológicas llevadas a cabo en Venezuela durante el siglo XIX". En *Colección Razetti*, Clemente Heimwerdinger y Leopoldo Briceño Iragorry Editores. Tomo VII, pp. 305-346. Editorial Ateproca. Caracas.
- Herrera, Amílcar. (1970). *América Latina: ciencia y tecnología en el desarrollo de la sociedad*. Editorial Universitaria. Chile. 206pp.
- Hill, Rolla. (1928). "El Paludismo en Venezuela". *Gaceta Médica de Caracas*, **35** (23), 353-359.
- Hill, Rolla y Benarroch, Elías. (1940). *Anquilostomiasis y paludismo en Venezuela*. Editorial Elite. Caracas. 204pp.

- Humboldt, Alejandro. (1820). *Viaje a las regiones equinocciales del nuevo continente*. Traducción de Lisandro Alvarado. 2ª Edición. Ministerio de Educación. Caracas (1956); y 2ª Edición. Monte Ávila Editores. Caracas. Equivalente a *Voyage aux régions équinoxiales du nouveau continent fait en 1799, 1800, 1801, 1802, 1803 et 1804 par A. de Humboldt et A. Bonpland, rédigé par Alexandre de Humboldt. 1820. Chez N. Maze Libraire Imprimerie de Firmin Didot. Paris, Francia.
- Interciencia. (2004). "Orimulsión®". Cabildo Abierto. *Interciencia*, **29** (1 y 4), pp. 8 a 12 y pp. 179 a 182.
- Interciencia. (2006). "Misión Ciencia". Cabildo Abierto. *Interciencia*, **31** (9), 628 a 631.
- INTEVEP. (1989). "Proceso para la producción y quema de un combustible líquido natural emulsificado". Patente de Estados Unidos N° 4.801.304.
- Iturbe, Juan. (1917). "Intermediate host of Schistosoma mansoni in Venezuela". *J. Tropical Medicine & Hygiene*, **20**, 130-131.
- Kozma, Carlos; Rudolf Jaffé y Werner Jaffé. (1958). "Estudio de auto-anticuerpos en miocarditis alérgica experimental". *Rev. Latinoamericana de Anatomía Patológica*, **2**, 117-124.
- Jaffé, Rudolf; Werner Jaffé y Carlos Kozma. (1959). "Experimentelle herzveränderungen durch organspezifische auto-antikörper (Cambios cardiacos experimentales por auto-anticuerpos órganos específicos)". *Frankfurt Zeitschrift fur Pathology*, **70**, 235.
- Jaffé Rudolf, A. Domínguez, Carlos Kozma y Bela de Gavallér. (1961). "Bemerkungen zur pathogenese der chagaskrankheit (comentarios sobre la patogénesis del mal de Chagas)". *Zeitschrift fur Tropenmedizin und Parasitologie*, **12**, 137-146.
- Kubes, Vladimir y Francisco A. Ríos. (1939). "The causative agent of infectious equine encephalomyelitis in Venezuela". *Science*, **90** (2323), 20-21.
- Lanz, Rigoberto. (2010). "Misión Ciencia: Apostillas. Carta al Presidente Hugo Chávez Frías". Espacio "A Tres Manos". *El Nacional*. 18/04, p. A10.

- Leal, Ildefonso. (1963). *Historia de la UCV 1721-1981*. Ediciones de la Biblioteca de la Universidad Central de Venezuela. Caracas. 539pp.
- Leal, Ildefonso. (1987). "La recepción tardía de la ciencia en la Universidad de Caracas y la labor del doctor José María Vargas (1786-1854)". Congreso Internacional de Historia de las Universidades americanas y españolas en la Edad Moderna. *Claustros y Estudiantes*. Valencia, España, pp. 369-378.
- Lemoine, M. W. y María Matilde Suárez. (1984). *Beauperthuy. De Cumaná a la Academia de Ciencias de París*. Universidad Católica Andrés Bello. Caracas. 166pp.
- Lindorf, Helga. (2008). *Primeros tiempos de la Facultad de Ciencias de la Universidad Central de Venezuela*. Fundación Amigos de la Facultad de Ciencias. Fondo Editorial de la Facultad de Ciencias. Caracas. 160pp.
- Llopis, José María. (1963). *La Obra de Beauperthuy (1807-1871)*. Tipografía Remar. Caracas. 283pp.
- López Piñero, José María. (1990). *Historia de la Medicina*. Editorial Historia 16. Madrid. 223pp.
- Marcano, Gaspar. (1889). *Ethnographie précolombienne du Venezuela: vallées d'Aragua et de Caracas (Etnografía precolombina de Venezuela: valles de Aragua y de Caracas)*. Typographie A. Hennuyer. Paris. 91pp.
- Mari, Manuel. (1982). *Evolución sobre las concepciones sobre política y planificación científica y tecnológica*. OEA. Washington D.C. 69pp.
- Martín Fiorino, Víctor. (2009). *El positivismo venezolano ante la condición humana: El pensamiento de Rafael Villavicencio*. <http://www.cervantesvirtual.com/servlet/SirveObras/12604395337041533 087624/029244.pdf>.
- Martín Frechilla, Juan José. (2008). "El dispositivo venezolano de sanidad y la incorporación de los médicos exiliados de la Guerra Civil española". *Historia Ciencia Saude Manguinhos*, **15** (2), 519-541.
- Martz, John D. y David J. Myers. (1977). *Venezuela: the democratic*

- *experience* (*Venezuela: la experiencia democrática*). Praeger Publishers. New York. 406pp.
- Mason, Stephen Finney. (1956). "*Main currents of scientific thought; a history of the sciences* (*Principales corrientes del pensamiento científico: una historia de las ciencias*)". Abelard Schuman, NY. USA. 520pp.
- Meneses Pacheco, Lino. (2010). "La arqueología venezolana de fines del siglo XIX y comienzos del siglo XX". En *Historias de arqueología Sudamericana*. Javier Nastri y Lúcio Menezes Ferreíra Editores, pp. 21-53. Fundación de Historia Natural Félix de Azara. Universidad Maimonides. Buenos Aires. Argentina. 240pp.
- Merino, Fernando y J. C. Pérez Cobo. (2010). "Luis Daniel Beauperthuy y la teoría insectil". Manuscrito en prensa. *Boletín de la Academia de Ciencias Físicas, Matemáticas y Naturales de Venezuela*. Caracas.
- Muskus, G. S. (1950). "Un Instituto de Química en la Ciudad Universitaria". *Acta Científica Venezolana*, **1** (2), 50-51.
- Padrón, Raúl. (1999). "Contribución de Humberto Fernández-Morán a la Microscopía Electrónica". *Rev. Latinoamericana de Metalurgia y Materiales*, **19**, 5-6.
- Peralta, R. D.; C. Lares Vollmer y Francisco Kerdel Vegas. (2014). *Venezuelan Diaspora of Talent: Analysis and Proposals* (*Diáspora de Talento. Migración y Educación en Venezuela: análisis y propuestas*). Signs & Communications Editors. Valencia. Venezuela. 313 pp.
- Páez, Tomas. (2015). *The Voice of the Venezuelan Diaspora* (*La Voz de la Diáspora Venezolana*). La Catarata Printers. Madrid. 384pp.
- Plaza Izquierdo, Francisco. (1977). *Historia de la cirugía especialmente relacionada con la Facultad de Medicina de Caracas*. Celebración de los ciento cincuenta años de la fundación de la Facultad de Medicina. Impresos Don Bosco. Caracas. Mimeo. 18pp.
- Ponte, Manuel María. (1877a). "Estudios sobre las fiebres que reinan en Venezuela. Art. I. La fiebre". *Gaceta Científica de Venezuela*, **1** (6), 83-85.

- Ponte, Manuel María. (1877b). "Estudios sobre las fiebres que reinan en Venezuela. Art. II. Etiología. Miasmas (parte primera)". *Gaceta Científica de Venezuela*, 1 (7), 97-100.
- Ponte, Manuel María. (1877c). "Estudios sobre las fiebres que reinan en Venezuela. Art. III. Miasmas (parte segunda)". *Gaceta Científica de Venezuela*, 1 (9), 112-133.
- Ponte, Manuel María. (1877d). "Estudios sobre las fiebres que reinan en Venezuela. Art. III. Miasmas (Conclusión)". *Gaceta Científica de Venezuela*, 1 (9), 148-150.
- Prebish, Raúl. (1950). *The economic development of Latin America and its principal problems* (*El desarrollo económico de América Latina y sus principales problemas*). UN Department of Economic Affairs, Lake Success. USA. 59pp.
- Quintero, Rodolfo. (1969). *¿Interviene la CIA en las investigaciones sociológicas que se realizan en Venezuela?* Ediciones Teoría y Praxis. Caracas. 59pp.
- Ramón y Cajal, Santiago. (1897). *Reglas y consejos sobre investigación biológica: los tónicos de la Voluntad*. Edición 1991. Espasa Calpe. Madrid. <http://www.ccapitalia.net/descarga/docs/1897-cajal-reglas-y-consejos.pdf>.
- Rangel, Rafael. (1903a). "Descubrimiento del ankilostoma o uncinaria duodenalis como causa específica de las anemias graves de Petare, Guarenas, Guatire, Santa Lucía y sus alrededores". *Boletín de los Hospitales*, 11 (10), 257-278.
- Rangel, Rafael. (1903b). "Etiología de Ciertas Anemias Graves de Venezuela". *Gaceta Médica de Caracas*, 10 (18), 137-140.
- Rangel, Rafael. (1905). "Nota Preliminar sobre la *peste boba* y la *derrengadera* de los equideos de los llanos de Venezuela (Tripanosomiasis)". *Gaceta Médica de Caracas*, 12 (14), 105-112.
- Razetti, Luis. (1955). *Obras Completas*. Ricardo Archila Editor. Ediciones del Ministerio de Sanidad y Asistencia Social. 9 volúmenes. Caracas.
- Requena, Álvaro Gonzalo y Jaime Requena. (2014). "A propósito de *Vestigios de la Atlántida*: proyecto de discurso de recepción del Señor Doctor Rafael Requena como Individuo de Número de la

Academia Nacional de la Historia (1933)". *Boletín de la Academia Nacional de la Historia*, Sección Estudios, **381**, 83-110. Caracas.
- Requena, Jaime. (2003a). *Medio siglo de ciencia y tecnología en Venezuela*. Ediciones FonCIED / PDVSA, Editorial Exlibris. Caracas. 388pp.
- Requena, Jaime. (2003b). "A propósito del cambio estructural del sector ciencia y tecnología nacional". *Revista Venezolana de Ciencia Política*, Universidad de los Andes. N° 24, 5-29.
- Requena, Jaime. (2005). "Dynamics of the Modern Venezuelan Research Community Profile". *Scientometrics*, **65** (1), 95-130.
- Requena, Jaime. (2010). "Science Meltdown in Venezuela". *Interciencia*, **35** (6), 437-444.
- Requena, Jaime. (2011a). "Decay of technological research and development in Venezuela". *Interciencia*, **36** (5), 341-347.
- Requena, Jaime. (2011b). *Ciencia y poder: eco de sus conflictos*. Fondo Editorial Simón Rodríguez. Lotería del Táchira. San Cristóbal. 170pp.
- Requena, Jaime. (2011c). *Humberto Fernández-Morán*. Volumen 137 de la Biblioteca Biográfica *El Nacional*. Editorial Arte. Caracas. 122pp.
- Requena, Jaime. (2011d). "El Hacer Científico y Técnico". Tomo I. *Sociedad y Cultura* del Libro 2° "*Orden Social*". En *Suma del Pensar Venezolano*. Asdrúbal Baptista, José Balza y Ramón Piñango, Editores, pp. 585-714. Fundación Polar. Caracas, Venezuela.
- Requena, Jaime. (2019). "Talent Loss in Venezuela: migration of its researchers". In *Venezuela in Focus: Economic, Political and Social Issue*. Editor: Matthew S. Bisson. Nova Science Publishers. New York. <https://novapublishers.com/shop/venezuela-in-focus-economic-political-and-social-issues/>.
- Requena, Jaime; Domingo Vargas y Carlo Caputo. (2016). "Género en la Ciencia Venezolana: Desvanecimiento de la Brecha". *Interciencia*, **41** (3), 162-170. <http://www.interciencia.org/v41_03/162.pdf>.
- Requena, Jaime y Carlo Caputo. (2016). "Pérdida de talento en Venezuela: migración de sus investigadores". *Interciencia*, **41** (7), 444-453.

- Requena, Jaime; Carlo Caputo y Benjamín Scharifker. (2015). "Un gobierno ajeno a sus obligaciones en ciencia, tecnología e innovación". Capítulo del libro interacadémico *Sobre corrupción, ética y desarrollo en Venezuela*. Academias Nacionales de Venezuela, pp. 225-274. Caracas. 444pp. <http://acfiman.org/site/wp-content/uploads/2016/02/libro-_corrupcion-_completo.pdf>.
- Requena, Rafael. (1932). *Vestigios de la Atlántida*. Tipografía Americana. Caracas. 264pp.
- Rey, Juan Carlos. (1989). "Treinta años de democracia en Venezuela: Balance y Perspectivas". *Revista Cayey*, **XII** (64-65), 77-104.
- Rey González, Juan Carlos. (2012). *Huellas de la inmigración en Venezuela*. Fundación Empresas Polar. Caracas. 295pp.
- Rivas Coll, Carlos. (2005). *Humberto Fernández-Morán: de Frente y de perfil*. 2ª edición patrocinada por el Banco Occidental de Descuento. Editorial Arte. Caracas. 233pp.
- Roche, Marcel. (1968). *La Ciencia entre nosotros y otros ensayos*. Ediciones IVIC. Caracas. 212pp.
- Roche, Marcel. (1973). *Rafael Rangel. Ciencia y política en la Venezuela de principios de siglo*. Monte Ávila Editores. Caracas. 259pp.
- Roche, Marcel. (1976). "Early history of science in Spanish America". *Science*, **194** (4267), 806-810.
- Roche, Marcel. (1992). "Gestación y desarrollo del CONICIT". En *La ciencia en Venezuela: pasado, presente y futuro*, pp. 81-92. Cuadernos Lagoven. Editorial Arte. Caracas. 162pp.
- Roche, Marcel. (1996). *Memorias y Olvidos*. Fundación Polar. Editorial Exlibris. Caracas. 233pp.
- Roche, Marcel y Yajaira Freites. (1992). "Rise and twilight of the Venezuelan scientific community". *Scientometrics*, **23** (2), 267-289.
- Rodríguez Lemoine, Vidal. (1999). "Los inicios de la investigación biomédica en Venezuela: el Instituto Pasteur de Caracas". En *Modelos para desarmar. Instituciones y disciplinas para una historia de la ciencia y la tecnología en Venezuela*. Martín Frechilla, Juan José y Yolanda Texera Arnal Compiladores. Ediciones CDCH, UCV. pp. 219-256. Caracas. 365pp.
- Ruiz Calderón, Humberto. (1992). "Ciencia, tecnología y modernización en Venezuela: primer período". En *La ciencia en*

- *Venezuela: pasado, presente y futuro*, pp. 9-19. Cuadernos Lagoven. Caracas. 162pp.
- Sabato, Jorge. (1975). *El pensamiento Latino Americano en la problemática ciencia, tecnología, desarrollo y dependencia*. Paidos. Buenos Aires, Argentina. 349pp.
- Santos, Miguel Angel. (2019). "How Many and what profile have Venezuelan émigrés?: an Approximation from Facebook (¿Cuántos son y qué perfil tienen los venezolanos en el exilio? Una aproximación a través de Facebook)". *Prodavinci*. <https://prodavinci.com/cuantos-son-y-que-perfil-tienen-los-venezolanos-en-el-exilio-una-aproximacion-a-traves-de-facebook/>.
- Secretaría UCV. (1985). *La Universidad Central de Venezuela en los Años de Julio de Armas*. Archivo Histórico. Volumen IX, Alix García Rodríguez. Ediciones de la Secretaría de la Universidad Central de Venezuela. Caracas. 664pp.
- Sáez Mérida, Simón. (1979). "El mito Roosevelt". En *Ensayos Venezolanos*, pp. 155-186. Editorial Ateneo. Caracas.
- Silva Michelena, José Agustín. (1979). "El contexto socio-político de la investigación científica y tecnológica". *Economía y Ciencias Sociales*, (1). Centro de Estudios del Desarrollo (CENDES). FACES, UCV. Caracas. 31pp.
- Sonntag, Heinz. (1986). "En recuerdo de José Agustín Silva Michelena". *Pensamiento Iberoamericano. Revista de Economía Política*, N°10 (Julio-Diciembre), 459-461. Caracas.
- Sonntag, Heinz. (2011). *José Agustín Silva Michelena*. Volumen 122, Biblioteca Biográfica del diario *El Nacional*. Editorial Arte. Caracas.
- Sosa Abascal S.J., Arturo. (1985). *Ensayos sobre el pensamiento político positivista venezolano*. Ediciones Centauro85/Avilarte. Caracas. 269pp.
- Texera Arnal, Yolanda. (1992). "La Facultad de Ciencias de la Universidad Central de Venezuela". En *La ciencia en Venezuela: pasado, presente y futuro. Cuadernos Lagoven*, pp. 51-64. Caracas. 162pp.

- Texera Arnal, Yolanda. (2014). *"Especialistas del exterior en el Ministerio de agricultura y cría de Venezuela. 1936-1958"*. Bitacora-e, N° 2, 39-68.
- Torrealba, José Francisco. (1932). "Breves notas para el estudio de algunas parasitosis intestinales en Zaraza y otras poblaciones del Guárico y Anzoátegui". *Gaceta Médica de Caracas*, **49** (23), 355-358.
- Torrealba, José Francisco. (1933). "Pequeñas observaciones sobre el Rhodnius prolixus y Tripanosomosis en el Distrito Zaraza (Guárico)". *Gaceta Médica de Caracas*, **40** (13), 178-180.
- Torrealba, José Francisco. (1934). "Algo más sobre Tripanosomosis. Ensayo de Xenodiagnóstico". *Gaceta Médica de Caracas*, **41** (3), 33-37.
- Torrealba, José Francisco. (1935a). "Consideraciones sobre la enfermedad de Chagas en Zaraza (1)". *Gaceta Médica de Caracas*, **42** (23), 356-361.
- Torrealba, José Francisco. (1935b). "Consideraciones sobre la enfermedad de Chagas en Zaraza (2)". *Gaceta Médica de Caracas*, **42** (24), 372-378.
- Torrealba, Ricardo. (1983). "La migración rural-urbana y los cambios en la estructura del empleo: el caso venezolano". En *Cambio social y urbanización en Venezuela*. Gastón Carvallo, María Matilde Suárez, Ricardo Torrealba y Hebe Vessuri Compiladores. Monte Ávila Editores, pp. 109-140. Caracas. 318pp.
- UNHRC. (2019). *"Global Portal of ACNUR on the situation of Venezuela"* <http://data2.unhcr.org/en/situations/vensit>. Fact Sheet; Venezuela.
- Vargas, José María. (1833). "Instrucción Popular acerca de la *cólera morbo*, o su mejor método de preservación: su descripción y el tratamiento que la experiencia ha probado ser más feliz". Tomado de la *Biografía del doctor José Vargas*. Laureano Villanueva, pp. 224 y ss. Imprenta Editorial de Méndez. Caracas. 372pp.
- Velásquez, Ramón J. (1981). "Prólogo" del libro *El anhelo constante de Arístides Bastidas*. Maraven. Caracas. 190pp.

- Vessuri, Hebe. (1996). "La Facultad de Ciencias de la Universidad Central de Venezuela". En *Perfil de la ciencia en Venezuela*. Marcel Roche Compilador. Fundación Polar. Tomo 2. pp. 9-45. Caracas. Dos Tomos. 288pp. y 315pp.
- Vessuri, Hebe y Ma. Victoria Canino. (2002). "Restricciones y oportunidades en la conformación de la tecnología: el caso de la Orimulsión®". En *Venezuela: el desafío de innovar*. A. Pirela Editor, pp. 189-201. Fundación Polar / CENDES. Caracas. 261pp.
- Villavicencio, Rafael. (1879). *La República de Venezuela bajo el punto de vista de la geografía y topografías médicas y de la demografía*. A. Rothe. Caracas. 137pp.
- Wikipedia. (2020). <https://es.wikipedia.org/wiki/Método_científico>.
- Weinberg, Gregorio. (1996). "La ciencia y la idea de progreso en América Latina 1860-1930". En *Historia Social de la Ciencias en América Latina*. Juan José Saldaña Coordinador, pp 349-436. Colección Humanidades de la UNAM.

NOTAS EN EL TEXTO POR SECCIONES

PRESENTACIÓN

1   Nota al §270, página 276. Hegel, Georg F. W. (1976). *Rasgos Fundamentales de la Filosofía del Derecho o compendio de derecho natural y ciencia del Estado*. Traducción de Eduardo Vásquez. Ediciones de la Biblioteca de la Universidad Central de Venezuela. Caracas.
2   Este texto lo reproduce Hegel en su *Filosofía del Derecho* pero lo toma de Laplace, Pierre Simon y su libro *Exposición del sistema del mundo* de 1796, Libro Quinto, Capítulo 4º.
3   Citando a T. Carlyle en la página 92 de Heilbroner, Robert I. (1970). *La formación de la sociedad económica*. Fondo de Cultura Económica. México. 288pp.
4   *Idem.*
5   *Idem.*
6   Comte, Auguste. (1844). *Cours de philosophie positive. Discours sur l'esprit positif avec une Introduction et un commentaire de Ch. Le Verrier* Classiques Garnier. Edición de 1926. 263 pp.
7   Marx, Karl. (1847). *Miseria de la Filosofía: Respuesta a la 'Filosofía de la miseria' del señor Proudhon*. Séptima y última observación. Ediciones en Lenguas Extranjeras, Moscú. 116 pp. También en <http://www.marxists.org/espanol/m-e/1847/miseria/index.htm>.
8   Citado en Herbert Marcuse. (1967). *Razón y Revolución*. Traducción de Julieta Fombona de S. Instituto de Estudios Políticos, Facultad de Derecho, U.C.V. Caracas.
9   *Idem.*

PREFACIO

10 La investigación científica es la búsqueda intencionada de conocimiento y se caracteriza por ser un proceso organizado, objetivo y sistemático basado en el método científico (Véase nota 28).
11 La experimentación es el estudio controlado de un fenómeno, reproducido en un ambiente apropiado, donde a voluntad se pueden eliminar o introducir variables que lo afectan.
12 Escolástico, escuela o corriente filosófica medieval que sintetiza la doctrina de la iglesia católica con la filosofía griega de origen aristotélico, fundamentalmente representada por las enseñanzas de Santo Tomás de Aquino. Se basó en la coordinación entre fe y razón, que en cualquier caso siempre suponía una clara subordinación de la razón a la fe.
13 Para una visión más amplia —Latinoamérica— consúltese a Roche, 1976, mientras que, para el caso particular venezolano, véase a Freites, 1996.

14   Otras universidades fueron el Colegio Seminario San Buenaventura de Mérida, creado en el año 1785, convertido en su Real Universidad en el año 1810 y posteriormente conocida como la Universidad de Los Andes. La Universidad del Zulia y la de Carabobo fueron creadas en los años 1891 y 1892, respectivamente.

15   La ficha bibliográfica de ese trabajo es: Gilbert, Augustin Nicolas y Domínici Otero, Santos Aníbal. (1893). "L'Action De L'acide Lactique Sur Le Chimisme Stomacal (La acción del ácido láctico en la química del estómago)". *Comptes Rendus des Séances de la Société de Biologie Paris*, **1** (1), 165-172.

16   Fundada en 1893, pasa a ser en 1900 el órgano divulgativo de la 'American Association for the Advancement of Science' (AAAS) y desde entonces se publica semanalmente.

17   Consideramos como producción científica o tecnológica las contribuciones especializadas, escritas en canales idóneos de publicación periódica, como pueden ser artículos (en una expresión amplia de su significado), libros y patentes, preferiblemente con valor académico.

18   Para ser seguidas por la *Revista Científica del Colegio de Ingenieros* en el año 1861, la *Escuela Médica, Periodismo Médico-Quirúrgico* en el año 1874, la *Gaceta Científica de Venezuela* en el año 1875, *La Beneficencia* publicada en Maracaibo en el año 1883, la *Clínica de los Niños Pobres* en el año 1889 (primera revista de pediatría publicada en Hispanoamérica) y la *Gaceta Médica de Caracas* en 1893.

19   Marcel Roche. Caracas (Venezuela), 15 agosto 1920-Miami (Estados Unidos), 3 abril 2003. Médico, científico, gerente y humanista. Hijo de Luis Roche y Beatrice Dugand. Su infancia transcurrió en Caracas, pero a los 9 años fue enviado a Francia con sus abuelos paternos. Ingresó al College Saint Croix de Neuilly, donde incursionó en la música y la literatura a través de la revista mensual que él y un compañero publican —*Le Vampire*—, así como en las ciencias naturales, creando un herbario de plantas disecadas enviadas desde Venezuela. Se graduó con honores y decidió seguir la carrera de medicina en la Facultad de Medicina de París. Su padre lo envía a Estados Unidos en 1938, en virtud de la inminencia de la II Guerra Mundial. Egresó en 1942 como Bachelor en biología y química del College Saint Joseph's (Filadelfia), para luego ingresar a la Escuela de Medicina de la Universidad John Hopkins (Baltimore), graduándose de médico en 1946. Ese mismo año se casó con María Teresa (Maruja) Rolando, de la que enviudó en 1970. Tuvo 4 hijos. Se desempeñó como residente asistente en el hospital Peter Ben Brignham (Boston), teniendo como maestros a los doctores George W. Thorn y Samuel Levine. Posteriormente ingresó como Research Fellow (1948-1950) en la Universidad de Harvard para realizar investigaciones en el laboratorio a cargo del Dr. Peter H. Frosham en las áreas de endocrinología, diabetes y nutrición. Publicó algunos trabajos junto con varios colegas en el *New England Journal of Medicine*. Después se destacaría como investigador voluntario en el Instituto de Salud Pública de Nueva York hasta 1951. En este año regresó a Venezuela y comenzó a trabajar con el Dr. Francisco De Venanzi, en la cátedra de fisiopatología de la Universidad Central de Venezuela (UCV) y en el hospital Vargas. Ambos crearon el Laboratorio Médico Analítico, primer paso en la creación del Instituto de Investigaciones Médicas de la Fundación Luis Roche (FLR) (1952-1958). Se involucró asimismo en las actividades de la Asociación Venezolana para el Avance de las Ciencias (ASOVAC), siendo su Secretario General (1958). En 1953 revalidó su título de médico y presentó su tesis doctoral en la UCV. Su estancia en la FLR le permitió indagar más sobre la fisiología clínica suprarrenal, el estudio del ácido úrico y el metabolismo de la creatina en la gota y la distrofia muscular progresiva, mediante el uso del nitrógeno pesado. Igualmente adelantó estudios relacionados con dolencias tropicales, utilizando

como método el uso de radioisótopos. Con De Venanzi realizó el primer estudio serio sobre el bocio endémico en Venezuela. También estudió las anemias de las poblaciones rurales junto con Miguel Layrisse, Estela Di Prisco y María Enriqueta Tejera de Pérez-Giménez, mediante métodos diseñados por el propio grupo. Luego de la caída del General Marcos Pérez Jiménez, la Junta Cívico-Militar de Gobierno lo llamó para hacerse cargo del Instituto Venezolano de Neurología e Investigaciones Cerebrales, fundado en 1954 por Humberto Fernández-Morán en los Altos de Pipe, que después daría paso al Instituto Venezolano de Investigaciones Científicas (IVIC), dando cabida a otras áreas de investigación. Encargado del IVIC, disminuyó sus actividades científicas, pero continuó sus investigaciones con Miguel Layrisse sobre las anemias en el medio rural, y con Carlos Martínez Torres dedicó su atención al estudio del anquilostomo, para lo cual diseñó un aparato que permitía su observación y filmación. También produjo el programa "La ciencia entre nosotros", transmitido por la Televisora Nacional (Canal 5). En 1969 fue designado como primer director del Consejo Nacional de Investigaciones Científicas y Tecnológicas (CONICIT). Promovió la enseñanza de las ciencias en la escuela secundaria a través del Centro Nacional para el Mejoramiento de la Enseñanza de las Ciencias (CENAMEC). Asimismo, gracias a la acción de Roche en el CONICIT, se creó el Centro de Investigaciones Astronómicas Francisco José Duarte (CIDA) en Hato del Llano (Mérida), donde pudo alojarse todo el equipo de astronomía que a mediados de los cincuenta había comprado el gobierno de Pérez Jiménez, basado en un proyecto para modernizar el viejo Observatorio Cajigal de Caracas. Otros institutos como el Centro de Investigaciones para Exportación (CIEPE), localizado en San Felipe (Yaracuy), fueron "nacionalizados", cuando el CONICIT propició la entrada de investigadores venezolanos. También con la creación del Comité de Hidrocarburos, se dio paso primero al INVEPET. Parte de sus experiencias y reflexiones al frente del CONICIT las vertería en su libro *Descubriendo a Prometeo*. Roche inició su segunda carrera científica al salir del CONICIT en 1972, año éste en el que contrajo segundas nupcias con Flor Blanco Fombona. Inició entonces estudios de postgrado en la Universidad de Sussex (Brighton, Reino Unido), en el departamento de Historia y Sociología de la Ciencia (1972-1973). A su regreso en 1973 se reincorpora al IVIC, en el departamento de Antropología, creando el Laboratorio de Historia y Sociología de la Ciencia. Allí escribió su texto clásico: *Rafael Rangel: Ciencia y política a principios del siglo XX*. En 1976 organizó el departamento de estudio de la ciencia dentro del IVIC, del cual fue jefe fundador hasta su jubilación en 1990. En cierta forma Roche fijó los parámetros de esta especialidad, realizando el papel fundamental de la historia de la ciencia como parte de la reconstrucción de la identidad nacional. Se destacó como divulgador de la ciencia escribiendo artículos de prensa para *El Diario de Caracas*, algunos de los cuales fueron compilados en su libro *Mi compromiso con la ciencia*. Esta actividad le valió el premio José Moradell 1982 de divulgación, y, en 1987, el premio Kalinga otorgado por la UNESCO a la divulgación científica. Entre 1985 y 1989 se desempeñó como embajador permanente ante la UNESCO, donde empezó la escritura de su autobiografía *Memorias y olvidos* (1996) y organizó la escritura de la obra colectiva *Perfil de la ciencia en Venezuela* (1996), la cual recibió el premio al Mejor Libro Divulgativo del año (1995), otorgado por Fundalibro. A lo largo de su vida escribió poesía en francés, llegando a publicar una compilación de sus versos en ese idioma bajo el título *Refuge du divin* (1984). Por su deseo expreso, sus cenizas fueron esparcidas por los jardines del IVIC tras su muerte en el año 2003. (*Diccionario de Historia*, Fundación Polar, 2011).

20   Diario *El Nacional*, 22 septiembre 1963.

21   Este libro está basado en Requena, 2011d. Los textos antológicos se han tratado de reproducir lo más fielmente posible y sólo se han introducido algunas mínimas correcciones estilísticas. El formato usado para esos textos no es el original.

CIENCIA MUERTA

22   Carlos del Pozo y Sucre (¿Calabozo? (Estado Guárico) c. 1743 - ¿Camaguán? (Estado Guárico) c. 1813). Científico e inventor autodidacta. Hijo de José del Pozo y Honesto y de María Isabel de Sucre. Decidido partidario de la Corona española, su vida pública gira en torno a este sentir. Participa en Trujillo (Edo. Trujillo) contra el Movimiento de los Comuneros (1781) en el ejercicio de su cargo de visitador de la Renta del Tabaco en esa ciudad. Se retira luego a Calabozo, donde desarrolla su habilidad mecánica y su afición por la física para producir electricidad. Construye pararrayos que coloca en sitios estratégicos de Calabozo a fin de evitar los estragos de las tempestades atmosféricas. Igualmente sugirió abrir una zanja o canal para desviar las aguas en época de lluvias. No era ingeniero; sin embargo, por lecturas de autores científicos, lleva a cabo sus inventos y así Alejandro de Humboldt, al visitar Calabozo en 1800, se asombra de encontrar baterías, electrómetros, electróforos, etc., hechos por Carlos del Pozo, quien no conocía otros instrumentos que los suyos y no tenía a nadie a quien consultar. En 1803, el Real Consulado de Caracas lo propone como director de Obras Públicas, pero es rechazado por el entonces gobernador Manuel de Guevara Vasconcelos, pues este cargo debía ser desempeñado por un ingeniero según las ordenanzas de la ciudad; sin embargo, es capaz de llevar a cabo el deslinde de las tierras de Calabozo (1804) y el Ayuntamiento de Caracas le propone por sus "notorios conocimientos" que sea él quien acometa la colocación del techo del Coliseo de Caracas (1805). Participó en la vacunación contra la viruela a raíz de la visita a Venezuela de Francisco Javier Balmis (1804). En un informe del médico José Domingo Díaz a la Junta Central de la Vacuna, en 1805, se hace referencia a la utilidad de los descubrimientos de Carlos del Pozo. En 1810 renuncia a la tenencia de Camaguán (Edo. Guárico) como demostración de su lealtad a la Corona. El 3 de noviembre de 1812 acusa mal estado de salud, y se dirige al superintendente de Caracas, pidiendo restitución de sueldos. Sus pararrayos pudieron ser admirados aún en 1832 por el diplomático inglés Sir Robert Ker Porter. En 1870, según noticia publicada en el diario caraqueño *El Federalista*, del 4 de febrero, el licenciado Francisco Cobos Fuerte donó a la Biblioteca Nacional de Venezuela 5 cartas autógrafas de Carlos del Pozo dirigidas al doctor Alejandro Echezuría y fechadas en Calabozo en 1805 y 1806. Las mismas tratan sobre materias de física experimental. (*Diccionario de Historia*, Fundación Polar, 2011).

23   Publicado en su *"Relación de la visita a la ciudad de Calabozo"* (Libro VI, Capítulo XVII, pp. 191 a 193, y reproducido en el Tomo III del *"Viaje a las regiones equinocciales del nuevo continente"*, edición de 1956.

VITALISMO

24   José María Vargas. La Guaira (Distrito Federal) 10 marzo 1786 - Nueva York (Estados Unidos) 13 julio 1854. Médico cirujano, científico, catedrático y rector de la Universidad de Caracas, político, escritor y presidente de Venezuela. Hijo de José Antonio de Vargas Machuca y Ana Teresa Ponce. En 1798, ingresó en la Universidad Real y Pontificia de Caracas, donde cursó de 1802 a 1808. Se graduó de bachiller en filosofía el 11 de julio

de 1803. Obtuvo sus grados de bachiller, licenciado y doctor en Medicina en el año de 1808. Apenas termina sus estudios médicos se traslada a Cumaná, donde vive hasta 1812; luego de iniciado el movimiento de la Independencia, Vargas es parte del Supremo Poder Legislativo de Cumaná en 1811. Se encontraba en La Guaira cuando el terremoto del 26 de marzo de 1812, y allí prestó destacados servicios como médico y hombre público a la comunidad de su ciudad natal, los cuales fueron reconocidos oficial y públicamente por la municipalidad guaireña. Después del terremoto regresó a Cumaná, y se reencargó de sus actividades profesionales. Cuando llegó Francisco Javier Cervériz a Cumaná, redujo a prisión a todos los que habían tomado parte en la Legislatura, y Vargas fue enviado a las bóvedas de La Guaira, donde permaneció hasta comienzos de 1813, cuando fue liberado. A fines de ese año, se embarcó hacia Europa con el propósito de ir a Edimburgo a perfeccionar sus estudios médicos y quirúrgicos. Allá estudió cirugía, química, botánica, anatomía, dentistería. En Londres obtuvo su incorporación al Real Colegio de Cirujanos. De regreso a América, en 1819, se estableció en la isla de Puerto Rico, pues a este sitio, durante la guerra, habían ido a refugiarse sus hermanos con su madre, y administraban una propiedad en el sitio de Aguas Prietas, cerca de la ciudad de Ponce. En Puerto Rico desarrolló una ingente labor profesional y científica. Allí escribió numerosos trabajos y colaboró con la Junta de Sanidad de la isla. En 1825, decidió regresar a Venezuela definitivamente. El 18 de octubre de 1825 ya está en Saint Thomas y poco después se encuentra en Venezuela. Desde su llegada se dedicó al ejercicio de su profesión y se incorporó a la Universidad de Caracas como profesor de Anatomía. Primero dictaba las clases en su casa de habitación y luego inició los estudios oficiales en la universidad, habiéndose dedicado a componer un texto de estudio. En 1827, después de la reorganización de la Universidad por el Libertador, fue electo rector, el primer rector médico, como lo permitían ya los nuevos estatutos. Es a partir de esa época cuando Vargas comienza a dar en Caracas muestras de su capacidad administrativa, de su sabiduría y sentido común. En todas partes se le admira y se le respeta. Las rentas de la universidad, dispersas y atrasadas, son puestas al día bajo su exacta laboriosidad. Se dedica a reorganizar las diversas facultades, a la creación de nuevas cátedras, a las reparaciones físicas de los locales, a la organización de bibliotecas, a relacionar la universidad con otros planteles. De modo que, cuando termina el rectorado de Vargas, la universidad se ha remodelado y puesto al día. Fuera de su condición de médico y cirujano, como profesor de anatomía, inaugura las disecciones sobre cadáveres, procedimiento novedoso para la época, lo que le confiere extraordinaria reputación como docente. Funda en 1827 la Sociedad Médica de Caracas, gracias a lo cual comienzan a practicarse reuniones científicas en el país. Es ampliamente conocida su labor botánica en este período y sus relaciones con hombres notables de esta ciencia en el mundo entero; De Candolle, uno de los más grandes botánicos de la época, bautiza algunas plantas con el nombre de Vargasia en homenaje a los trabajos de Vargas sobre la materia. Una vez terminado su rectorado, Vargas se dedica de lleno a la instrucción, y ya en 1832, funda la cátedra de Cirugía. Simultáneamente con sus actividades científicas y educativas, Vargas tomó parte en las actividades políticas, y así lo vemos asistir al Congreso Constituyente de 1830, donde desplegó una gran actividad en las comisiones de trabajo, en las sesiones plenarias y en muchas oportunidades salvó su voto cuando se atacó al Libertador. Va a ser en 1830 albacea testamentario de Bolívar, encargo que cumple junto con los otros 3 albaceas con religiosa acuciosidad. En 1829, al ser fundada en Caracas la Sociedad Económica de Amigos del País, Vargas es designado su primer director. Su obra científica es extraordinaria. Sus conocimientos son sólidos y precisos.

Goza de una merecida fama de hombre de carácter recio, firme, de una sabiduría universal, humanística y técnica, de un espíritu despierto y una inteligencia viva. Es por ello que no resulta extraño que, cuando en 1834 se comienza a hablar de los candidatos para el segundo período presidencial (1835-1839), se fijen en él todas las miradas, especialmente las de aquellos hombres que representan la clase intelectual. Había obviamente en esta selección un sentimiento o una reacción antimilitarista. Venezuela se encontraba, hacia 1835, con la presencia personal viva de muchos de los jefes que habían tomado parte en la independencia de Venezuela y de los otros países bolivarianos. La mayoría de estos jefes militares eran hombres que oscilaban en el promedio de los 40 años, y estaban todos activos en sus rangos militares. Venezuela veía con desconfianza esa multitud de hombres que tenían lógicas ambiciones políticas y de poder, y las clases intelectuales trataron de anteponer a ellos, como recurso para un posible reforzamiento del poder civil, la personalidad de Vargas. Es por ello que, a sabiendas de que a este no le atraía la figuración política y que prefería el gabinete tranquilo del estudio, hicieron todo lo posible para vencer su resistencia. La opinión pública caraqueña y nacional lo presiona en forma sistemática para que acepte la primera magistratura. Vargas insiste repetidas veces en no ser el candidato, ni ser el hombre que puede conjurar los peligros que acechan a la República en esa época, pero al fin cede ante la universal presión que lo lleva en una forma casi unánime al solio presidencial. Fue electo presidente en las elecciones de 1834, voto ratificado por el Congreso el 6 de febrero de 1835, y se posesionó de la presidencia el día 9. El 8 de julio siguiente estalló la llamada Revolución de las Reformas, que lo depuso del cargo y lo envió exiliado a Saint Thomas. Páez, facultado para ello por el presidente Vargas, asume la dirección del ejército constitucional y en pocas semanas expulsa de la capital a los rebeldes y repone a Vargas como presidente constitucional. Continúa en el ejercicio del cargo hasta abril de 1836, cuando renuncia irrevocablemente. Después de esta experiencia se dedica durante el resto de su vida exclusivamente a la causa de la educación. Asume la presidencia de la Dirección general de Instrucción Pública, la cual ejercerá desde 1839 hasta 1852. Continúa dando en la Universidad sus clases de anatomía y cirugía y funda en 1842 la cátedra de Química. Preside además la comisión encargada de exhumar en Santa Marta los restos del Libertador y conducirlos a la Patria, misión que queda cumplida en diciembre de ese mismo año. Escribió durante aquellos tiempos numerosos trabajos científicos. En agosto de 1853, sintiéndose enfermo, viaja a Estados Unidos, donde reside primero en Filadelfia y luego en Nueva York, donde muere. En 1877, sus cenizas fueron traídas a Caracas y sepultadas en el Panteón Nacional el 27 de abril de ese mismo año. (*Diccionario de Historia*, Fundación Polar, 2011).

25   Publicada en la Gaceta de Venezuela N° 54 de 18 de enero de 1832.
26   Transcrita de la "*Biografía del doctor José Vargas*", publicada por Laureano Villanueva en 1893 [pp. 24 y ss].

OCASO DEL VITALISMO

27   El "empirismo" es una forma de pensar que surge en la Edad Moderna —siglos XV al XVII— y que enfatiza el papel de la experiencia en la adquisición de conocimiento. Es contrario al "racionalismo" que acentúa el papel de la razón en la adquisición del conocimiento. El racionalismo se desarrolló en Europa continental durante los siglos XVII y XVIII, al final de la Edad Moderna.

28 El método científico es un procedimiento intelectual consistente en la observación sistemática, medición y experimentación, y en la formulación, análisis y modificación de las hipótesis relativas a un hecho. Es un conjunto de pasos que evitan la subjetividad en la obtención del conocimiento y se sustenta en dos principios: la reproducibilidad, o la capacidad de repetir una determinada experiencia en cualquier lugar y por cualquier persona, y la refutabilidad (o falsabilidad), que implica que toda proposición científica tiene que ser susceptible de ser negada.

29 Luis Daniel Beauperthuy. Isla de Guadalupe, 26 agosto 1807 - Bartica (Guyana) 3 septiembre 1871. Médico e investigador, descubridor del agente transmisor de la fiebre amarilla. Hijo del químico y farmacéutico Pierre Beauperthuy. Cursó estudios primarios y secundarios en París, graduándose de bachiller en letras en 1826. Doctor de la Facultad de Medicina de París (1837), inicia ese mismo año su teoría acerca de la transmisión de las enfermedades a través de insectos y pone el microscopio en relación directa con el estudio de las mismas. En una publicación, afirma que "...el gusano zancudo Cuterebra de Linneo deposita sus huevos en la piel del hombre y sus larvas cavan galerías...". Niega en 1838 la teoría de la generación espontánea. Viajero naturalista del Museo de Historia Natural de París (1838-1841), llega a Maturín (1839), desde donde envía al museo cantidad de muestras de minerales, flora y fauna venezolana. Se radica en Cumaná, donde contrae matrimonio con la dama cumanesa Ignacia Sánchez Mayz (1842) y revalida su título ante la Facultad de Medicina de Caracas (1844). Fundador de los estudios médicos en Cumaná (1850-1853), médico de Sanidad de Cumaná (1853-1866), atiende a la población en varias epidemias de viruela, fiebre amarilla y cólera. Durante la epidemia de fiebre amarilla de 1853 experimenta con el mosquitero y demuestra que, sin la picada del mosquito, la enfermedad no se propaga. Describe y clasifica (1854) al principal vector: un zancudo de patas rayadas de blanco, especie doméstica, hoy identificado con el nombre de *Aedes aegypti*. Refuta la teoría reinante del miasma (vapores o emanaciones) y afirma que la malaria se transmite también por la picada de un mosquito. Halla vibriones en las deyecciones de los coléricos y los mide: "...de 1, de 2 y de 3 cm de largo...". Sin embargo, sus investigaciones no son tomadas en cuenta por las autoridades médicas. Sus comunicaciones a la Academia de Ciencias de París son archivadas. Es sólo en 1891 cuando, a raíz de los trabajos de Carlos Finlay, se logra comprobar el fundamento de sus teorías. Director de la Sociedad en Comandita para la Mejora de la Sal de las Salinas de Araya (1856), se desempeña como médico cirujano del hospital de Cumaná (1859), médico de la Comisión de Revisión y Reconocimiento de Inválidos del estado Sucre (1869) y médico del hospital de lázaros de Cumaná (1867). Recibe misiones de los gobiernos de Francia e Inglaterra, interesados en conocer su "método" para tratar la lepra (1868-1869). Director del primer hospital experimental del mundo para tratar la lepra que, gracias a él, se crea en la isla de Kaow, Guyana (1871), prescribe medidas higiénico-dietéticas, acogidas por el Real Colegio de Médicos de Londres (1873), todavía imperantes en la actualidad. (*Diccionario de Historia*, Fundación Polar, 2011).

30 La fiebre amarilla, enfermedad del vómito negro o Plaga Americana es una seria enfermedad hemorrágica causada por un virus del género *Flavivirus amaril* de la familia de los *Flaviviridae*. Lo de amarillo deviene de los síntomas de ictericia que caracterizan a la enfermedad.

31 Malaria es una enfermedad producida por parásitos del género *Plasmodium*. Es la principal enfermedad debilitante del medio tropical. El término malaria proviene del italiano medieval "mala aria" (mal aire). En español se la conoce también como paludismo, del latín "palus" (pantano).

32   Las enfermedades pueden ser contagiosas, de persona a persona por contacto directo, o no-contagiosas, en cuyo caso se requiere de un vehículo de transmisión.
33   Flegmasís (Del gr. *'phlegmasía'*, de *'phlego'*, quemar, arder). Conjunto de síntomas y signos que denotan la existencia de un proceso inflamatorio.
34   La conexión entre malaria y mosquitos fue mencionada en el *Sushruta*, afirma Stephen E. Mason en su obra *Main currents of scientific thought; a history of the sciences* (Mason, 1956), en la página 69, y refiriéndose a los textos de *Sushruta Samhita*, un conjunto de escritos del siglo sexto A.C. escrito en sánscrito y contentivo de los conceptos de la medicina ayurvédica, con especial énfasis en innovaciones en cirugía y alotrasplantes.
35   ¿Qué es el miasma?". Manuel María Ponte (1834-1903), Catedrático de Obstetricia y Rector de la Universidad Central, lo define de una manera bastante gráfica: "era la x de toda ecuación", y que "querría decir algo así como influencias locales o modalidad de ser de una o más entidades patológicas". Nos ofrece la definición de Olivier Claude Auguste Delioux De Savignac (1806-1882): "son capas o masas de aire atmosférico, de una extensión variable, impregnadas de las exhalaciones de materias orgánicas alteradas, y susceptibles de ejercer una acción nociva sobre la economía animal" (Ponte, 1877, a, b c, y d).
36   Lo mejor de Beauperthuy comprende sus publicaciones en los *Compte Rendu des Séances de l'Académie des Science* de París y en la *Gaceta Oficial de Cumaná*. Otros fueron reimpresos en las revistas *Escuela Médica: Periodismo Médico-Quirúrgico* (1875) y en *La Unión Médica* (1881).Muchos de sus escritos adolecen de fecha de escritura, lo que impide establecer o precisar si se trata de ideas personales empíricas y fruto de la experiencia, del conocimiento y deducción o, simplemente, notas de las lecturas efectuadas a lo largo de los años. Algunos de sus escritos fueron traducidos al español y recopilados *post morten* en 1891 por su hijo y su hermano en el libro *Travaux Scientifiques*. Buena parte de todos ellos fueron reproducidos en el libro *La Obra de Beauperthuy*, editado por José María Llopis (1963).
37   Reproducida en el año 1882 en *La Unión Médica*, N° 22/23, pp. 13-14.

BEAUPERTHUY: PRECURSOR DE LA INMUNOLOGÍA

38   El concepto de aclimatación ha variado en el tiempo. De acuerdo con el Diccionario de la Real Academia Española (DRAE), en el año 1822, aclimatar es definido como "la acción y el efecto de aclimatar; con naturalizar o acostumbrarse al clima", mientras que en el año 2007 es "hacer que se acostumbre un ser vivo a climas y condiciones diferentes de los que le eran habituales".
39   El concepto de inoculación ha variado en el tiempo. De acuerdo con el DRAE, en el año 1803 era "Comunicar o pegar a otro las viruelas por medio de cierta operación artificiosa", pero en su última edición es "la acción y efecto de inocular". Para los años 1817 y 1847, inocular era "Ingerir las viruelas introduciendo el pus por medio de la lanceta", pero en 1852 fue "Introducir por medios artificiales en el cuerpo humano el virus de un mal contagioso". Esto es, introducir en un organismo una sustancia que contiene los gérmenes de una enfermedad.
40   Todo organismo posee mecanismos que le confieren un estado de protección —inmunidad— frente a las infecciones por gérmenes provenientes del medio externo. Estos pueden ser elementos moleculares o celulares constitutivos del cuerpo y proporcionan una inmunidad innata o natural. Otros, por el contrario, deben ponerse en funcionamiento mediante un reconocimiento de estructuras químicas del microrganismo y desarrollar a partir de ello

una respuesta que lleve a la destrucción del invasor. Es la inmunidad adquirida o específica por cuanto actúa sólo sobre el germen reconocido e inductor de la misma. A su vez está puede ser artificial, como en el caso de las vacunas, o natural, como en el caso de las picadas de vectores.

41   Como lo han sostenido Fernando Merino (1945-2010) y Juan Carlos Pérez Cobo, (Merino y Pérez Cobo, 2010).

42   Extraído de sus "Trabajos científicos", recogidos en el libro *Beauperthuy (1807-1871)* de Llopis (1963, [pp. 192-193]).

ALBORADA DEL POSITIVISMO

43   Adolfo Ernst. Primkenau (Silesia, Prusia) 6 octubre 1832 - (Caracas, Venezuela) 12 agosto 1899. Profesor universitario, fundador de la escuela positivista venezolana. Hijo de Adolfo Ernst y de Carlina Bischoff. Realiza sus estudios de bachillerato en su pueblo natal, matriculándose luego en la Universidad de Berlín donde cursa ciencias de la naturaleza, pedagogía y lenguas modernas. Conoce a dos hijos del general venezolano Judas Tadeo Piñango, con quienes entabla una cordial amistad. Ellos lo animan a viajar a Venezuela donde tendrá grandes oportunidades como educador. Llega al país, procedente de Hamburgo, el 2 de diciembre de 1861. Contrae matrimonio en Caracas el 5 de agosto de 1864 con Enriqueta Tresselt, con quien tuvo 5 hijos. En mayo de 1867, funda la Sociedad de Ciencias Físicas y Naturales de Caracas y posteriormente el Museo Nacional (1874); en ese entonces dio igualmente un gran impulso a la Biblioteca Nacional, cuya Dirección asumió en 1876. Durante el Septenio participó en la organización de las exposiciones internacionales de Viena (1873), Bremen (1874), Santiago de Chile (1875) y Filadelfia (1876). A petición del presidente Antonio Guzmán Blanco, formó a partir de 1874 la cátedra de Historia Natural en la Universidad Central de Venezuela, en la cual proclamó el "transformismo" de Lamarck y la "selección natural" de Charles Darwin como teorías fundamentales de la zoología y de la botánica, y de igual forma, los principios de Charles Lyell como base de la geología. Fue el inspirador y fundador de la escuela positivista venezolana. Entre sus discípulos figuraron Lisandro Alvarado, José Gil Fortoul y Rafael Villavicencio. La Universidad Central reconoció su labor académica y le otorgó, en 1889, el grado de Doctor en Filosofía. Su obra publicada es variada y extensa. Publicó más de 478 trabajos sobre diversas disciplinas, siendo los más numerosos aquellos sobre botánica, zoología y etnografía. Cultivó igualmente la geografía, geología, lingüística, antropología, física, paleontología y arqueología. Realizó estudios sobre la geografía de varias regiones del país: el Valle de Caracas, el Lago de Maracaibo, la Cordillera de los Andes, la Guayana venezolana, la Isla de La Orchila, las minas de cobre de Aroa y las minas de diamante de Betijoque. Igualmente se interesó y realizó estudios sobre las aguas termales de San Juan de los Morros y las de Las Trincheras. Fue el precursor de la etnobotánica en Venezuela al enfocar temas tales como la historia de la yuca (1890) y el banano (1893). Publicó en los periódicos y revistas venezolanas más importantes de la época: *El Federalista, La Opinión Nacional,* la *Revista Científica* de la UCV, *Vargasia, El Zulia Ilustrado,* el *Boletín del Ministerio de Obras Públicas* y *El Cojo Ilustrado.* Las colecciones etnográficas y arqueológicas que estaba adquiriendo el Museo Nacional le sirvieron como base para publicar una serie de trabajos antropológicos descriptivos. Publicó artículos sobre diversos grupos indígenas: guajiros, ayamanes, warao; sobre lenguas indígenas y sobre antropología física. En sus trabajos arqueológicos hizo énfasis en la región andina,

de la cual describió en particular las placas líticas conocidas como "alas de murciélago". También aportó datos etnográficos sobre los aborígenes andinos y dedicó algunos trabajos a los petroglifos (1885-1889). Tuvo el mérito de divulgar material venezolano entre las sociedades científicas internacionales del siglo XIX y publicó sus aportes en revistas tales como *Globus, Zeitschrift für Ethnologie, American Anthropologist* y en el *Bulletin de la Société du Anthropologie* de París. (*Diccionario de Historia*, Fundación Polar, 2011).

44 La primera edición del libro de Charles Darwin (1809-1822) *On the origin of species by means of natural selection, or the preservation of favoured races in the struggle for life* es del año 1859 y su primera traducción al español es del año 1877.

45 Recopilada en el Tomo VI. *Antropología*, pp. 128-234, de las obras completas de Ernst editadas por Blas Bruni Celli en 1986.

46 Para mayores detalles, consúltese un reciente estudio sobre esta materia de Martín Fiorino (2009).

47 Santos Aníbal Domínici Otero, (Carúpano, 19 junio 1869 - Caracas, 29 septiembre 1954). Médico, escritor, diplomático y político. Hijo de Aníbal Domínici y de Elina Otero. Estudió la secundaria en el colegio Bolívar de Puerto España, Trinidad, y posteriormente se graduó de médico en la Universidad Central de Venezuela en 1890. Continuó sus estudios en París, donde colaboró con el profesor Nicolás Agustín Gilbert en varios trabajos sobre enfermedades gastrointestinales. A su regreso en 1894, junto con Enrique Meier Flegel, Pablo Acosta Ortiz, Elías Rodríguez hijo y Nicanor Guardia, funda el Instituto Pasteur de Caracas (1895), en donde se elaboraron sueros antidiftéricos, antitetánicos y antiofídicos, así como la vacuna antivariólica. Fue fundador en la Universidad Central de Venezuela de la cátedra de Clínica Médica y Anatomía Patológica (1895), y fue quien formó a Rafael Rangel en el campo de la parasitología. En 1896 publica en *El Cojo Ilustrado* los resultados de sus investigaciones sobre el hematozoario de Laveran *plasmodium* en la sangre de los enfermos de paludismo. Fue rector de la Universidad Central a finales de 1899 y comienzos de 1901. Destituido por negarse a expulsar a los estudiantes implicados en el movimiento de La Sagrada, se unió a la Revolución Libertadora (1902-1903). En 1903, después de una corta prisión, fue expulsado del país, al que no regresó sino en 1936. Apoyó a Juan Vicente Gómez en su reacción contra Cipriano Castro (diciembre 1908). Fue Ministro plenipotenciario de Venezuela en Alemania (1910), Inglaterra (1911-1915) y Estados Unidos (1915-1922); renunció en 1922 ante la maniobra continuista y dinástica de Gómez. Exiliado en París, participó activamente en la organización de la expedición del "Falke" (1929) y fue designado presidente de la Junta de Liberación Nacional, con sede en París, que debía presidir provisionalmente el Gobierno de Venezuela una vez triunfante la revolución capitaneada por Román Delgado Chalbaud. Fue Ministro de Sanidad y Asistencia Social durante el gobierno del general Eleazar López Contreras (9 septiembre 1936 - 24 febrero 1937). Individuo de número de la Academia Nacional de Medicina (11 febrero 1943) y de la Academia Venezolana de la Lengua (31 enero 1949). (*Diccionario de Historia*, Fundación Polar, 2011).

48 Charles Louis Alphonse Laveran (1845-1922). Médico, patólogo y parasitólogo francés, premio Nobel de Fisiología y Medicina en el año 1907 por sus trabajos sobre el descubrimiento del protozoo parásito que causa la malaria (paludismo) en el hombre, bautizado en su honor con su nombre.

49 Ya en el año 1853 Calixto González (1816-1900) había promovido los estudios microscópicos en la enseñanza médica desde su Cátedra de Fisiología e Higiene de la Universidad Central.

50   Para un conocimiento detallado del Instituto Pasteur de Caracas consúltese a Briceño Iragorry, 1980, o a Rodríguez Lemoine, 1999.
51   Rafael Rangel. Betijoque (Edo. Trujillo) 25.4.1877 - (Caracas) 20.8.1909. Científico e investigador que se dedicó al estudio de las enfermedades tropicales. Era hijo de Eusebio Rangel y de Teresa Estrada; fue reconocido por su padre y criado por su madrastra María Trinidad Jiménez de Rangel. Aunque no tenía gran fortuna, la familia Rangel era relativamente acomodada, por los negocios de Eusebio, y no es cierta la leyenda de su pobreza. Rafael Rangel fue, desde temprana edad, alumno aplicado. Para 1896, obtiene su diploma de bachiller en filosofía en la Universidad del Zulia, y en septiembre de ese mismo año, ingresa como estudiante de medicina en la Universidad Central de Venezuela; sin embargo, por razones todavía no bien dilucidadas, sin haber cursado todavía su tercer año, resuelve abandonar, en 1898, los estudios de medicina, impulsado por su gran amor al laboratorio y a la investigación. Durante esos estudios, había cursado bacteriología en el Instituto Pasteur de Caracas, bajo la dirección de Santos Aníbal Domínici. A comienzos de 1897, Rangel es nombrado asistente del laboratorio de José Gregorio Hernández, quien fuera su segundo maestro y mentor; allí terminó de familiarizarse con las técnicas de microbiología e inició sus investigaciones con un tema relacionado con la fisiología del sistema nervioso. El 7 de febrero de 1901, la Junta Administrativa de los Hospitales aprobó la creación del laboratorio del hospital Vargas, y un año después, el 18 de febrero de 1902, Rangel es nombrado como su primer director. En el laboratorio, entre los años 1904 y 1909, dirigió un total de 16 tesis médicas, haciendo alarde de técnicas de laboratorio y de medicina experimental, moderna para la época. En 1903, inicia el estudio que más fama le ha dado: el de la anquilostomiasis como causa de anemias graves en el medio rural; estudia 25 casos de anemia, con su típico cortejo sintomático, examina la sangre y encuentra en las heces huevos parásitos; en un caso autopsiado, descubre un sinnúmero de gusanitos adheridos a la mucosa intestinal que identifica como anquilostomos; al examinar cuidadosamente tales gusanos, se da cuenta de que se trata de una nueva especie, diferente de la *Ancylostoma duodenale* del Viejo Mundo. Sin embargo, en 1904, sabe que tal especie, el *Necátor americanus*, había sido ya descubierto por el norteamericano Stiles. Su hallazgo fue fundamental y útil, pues permitió que se trataran en forma adecuada y eficaz numerosos casos que anteriormente se confundían con la enfermedad de Bright, una inflamación en el riñón. A fines de 1904, se traslada a los llanos, donde logra desentrañar la causa de una enfermedad caballar que se llama vulgarmente "derrengadera" o "peste boba" y muestra la presencia de un organismo unicelular, un *Trypanosoma*, en la sangre de los caballos afectados. En 1906-1907, se traslada otra vez al interior, esta vez a Miraca, cerca de Coro, donde diagnostica correctamente como ántrax, enfermedad bacteriana, lo que en la zona se denominaba el "grito de la cabra". A mediados de marzo de 1908, se presenta en el puerto de La Guaira una enfermedad infecciosa, con síntomas sospechosos de peste bubónica. En un primer intento, el 20 de marzo, Rangel no logra aislar la bacteria de la enfermedad y declara que no se trata de peste bubónica, con gran regocijo de las autoridades que temían por las consecuencias económicas del cierre del puerto; sin embargo, sigue investigando el caso y, unas semanas más tarde, aísla y caracteriza el bacilo específico de la peste. Se cierra el puerto y el general Cipriano Castro, para entonces presidente de la República, lo pone a cargo de la campaña sanitaria, que lleva a cabo con gran eficacia y, para el 23 de mayo, se declara terminada la epidemia. El presidente Castro sale el 24 de noviembre de 1908 para Europa, para hacerse operar un riñón enfermo. Comienza para Rangel un período

difícil, que lo llevará a la muerte; en su campaña antipestosa en La Guaira, había tenido que tomar duras medidas, como la de quemar ranchos infectados, cuyos propietarios invaden ahora su laboratorio y vienen a reclamarle un pago de indemnización. Se le echa en cara su error inicial en el diagnóstico de la peste y se le acusa de haber malversado los dineros públicos en la campaña antipestosa; para colmo, se le niega una beca para ir a estudiar a Europa "porque era negro", según dice la tradición oral. Castro ha sido remplazado por Juan Vicente Gómez y ya Rangel no tiene protección oficial; había sido adepto al ex mandatario, quien le había protegido y dotado al laboratorio de numerosos aparatos. Ahora, sin defensa oficial, atacado por sus amigos, perdida la paz de su laboratorio, se desarrolla en él una depresión psíquica. En su laboratorio y vestido con su bata blanca, se suicida tomando cianuro, a los 32 años de edad. Fue un adelantado de la ciencia en Venezuela. Fundador de los estudios de parasitología en el país, sus indagaciones sobre la anquilostomiasis y la derrengadera abrieron nuevos senderos en la investigación de éstas y otras enfermedades. Sus restos reposan en el Panteón Nacional desde el 20 de agosto de 1977. (*Diccionario de Historia*, Fundación Polar, 2011).

52   Aun cuando se suele interpretar la originalidad de Rangel en el estudio de la anquilostomiasis en Venezuela, la documentación histórica señala que ello le fue sugerido por Santos Aníbal Domínici.

53   La Universidad Central fue reformada una vez más para lograr desarticularla como institución; desconcentrando a los estudiantes y bachilleres, el régimen pensó que los mantendría bajo control político. Para ese único propósito, a partir del año 1915 se crea una Escuela Superior para cada una de las disciplinas que el régimen consideraba como útil: medicina, abogacía, ingeniería, farmacia y odontología. A cada Escuela Superior se le asignó una sede y éstas fueron dispersadas en la geografía de la ciudad. Se eliminó el "trienio" y fue transferido a los Colegios Federales.

54   Pozo Barroso II o R4. 22 de diciembre de 1922. Campo La Rosa en el municipio Cabimas del estado Zulia.

55   José Francisco Torrealba. Santa María de Ipire (Edo. Guárico) 16.6.1896 - (Caracas) - 24.7.1973. Médico, investigador científico, escritor. Hijo de Tereso Torrealba y de Ana María González Sánchez. Cursó sus primeros estudios en escuelas particulares de Santa María de Ipire y San Diego de Cabrutica, después de lo cual se trasladó a Zaraza para cursar los estudios secundarios en el Colegio San Gabriel y en el Colegio Federal (1910-1916). En 1917 viajó a Caracas para iniciar estudios de medicina en la Universidad Central de Venezuela, institución que le otorgó el título de Doctor en Ciencias Médicas (1923), mención *Summa Cum Laude*. Conviene mencionar a algunos de sus profesores para entender su interés por el ejercicio de la medicina y de la investigación científica: José Gregorio Hernández, Francisco Antonio Rísquez, Luis Razetti, José Izquierdo, Domingo Luciani y otros. En 1924 se le designó director del asilo de enajenados de Caracas, hoy Hospital Municipal Psiquiátrico, donde estableció una serie de cambios que lo convirtieron en uno de los iniciadores de la práctica psiquiátrica moderna en Venezuela. Allí introdujo los diagnósticos psiquiátricos, mejoró la asistencia médica y propició la tolerancia y comprensión hacia los pacientes. En 1928 se trasladó a Alemania para realizar estudios en la Escuela de Medicina Tropical de Hamburgo, los cuales tuvo que suspender al poco tiempo por motivos de salud. De regreso a Venezuela se radicó en su estado natal ejerciendo como médico rural en Santa María de Ipire (1929-1932), Zaraza (1932-1943) y San Juan de los Morros (1943-1973). Como docente regentó las cátedras de Química Orgánica,

Psicología y Biología en el Colegio Federal de Zaraza (1943). Otros cargos desempeñados fueron los de médico de la Penitenciaría General de Venezuela (1943-1947) y director del Centro de Investigaciones sobre la enfermedad de Chagas (1948-1973), ambos en San Juan de los Morros. Como médico e investigador, Torrealba se interesó por diagnosticar, experimentar y tratar numerosas enfermedades: anquilostomiasis, bilharzia, paludismo, leishmaniasis, lepra, buba, gastroenteritis, sífilis, tripanosomiasis o mal de Chagas, cáncer, etc. Mención especial merece su contribución para detectar, tratar y erradicar el llamado mal de Chagas en Venezuela. En 1934 aplicó, por primera vez en el mundo, el método xenodiagnóstico ideado por el científico francés Emile Brumpt, como una prueba de despistaje de dicha enfermedad. En 1949 publicó y distribuyó gratuitamente una Cartilla antichagásica, resumiendo los aspectos generales de la enfermedad, señalando los lugares que la padecían y proponiendo medidas urgentes para erradicarla. También son originales sus investigaciones, a partir de 1960, para mitigar y frenar la evolución del cáncer a través de una vacuna acuosa preparada según el método del científico ruso Filiatov, el cual consiste en la utilización de parásitos de Chagas exterminados. Como escritor, Torrealba fue autor de unas 150 publicaciones, entre libros, folletos, capítulos de obras colectivas, prólogos, traducciones y artículos. Cabe señalar que muchos de esos trabajos fueron preparados contando con la colaboración de otros autores. Además de los temas propios de su profesión y de sus investigaciones científicas, escribió sobre cuestiones sociales y humanísticas, siempre en un tono crítico, buscando y proponiendo soluciones a los problemas más graves del país. Perteneció a numerosas corporaciones científicas de Venezuela y del exterior. Como homenaje póstumo a su labor, varias instituciones educativas, sanitarias y científicas del país llevan su nombre. Igualmente existe el premio José Francisco Torrealba otorgado por tres instituciones diferentes: Colegio de Médicos del estado Guárico, Universidad Simón Bolívar y CONICIT. (*Diccionario de Historia*, Fundación Polar, 2011).

56 El mal de Chagas, o tripanosomiasis americana, es una enfermedad parasitaria tropical, generalmente crónica e incapacitante, causada por el protozoo flagelado *Trypanosoma cruzi* (Chagas, 1909), miembro del mismo género que el agente infeccioso causante de la enfermedad del sueño africana y del mismo orden del agente que causa la leishmaniasis. Es transmitida al hombre comúnmente por triatominos hematófagos (Reduvídeos) que transmiten el parásito al defecar sobre la picadura realizada para alimentarse. Tiene como reservorio natural animales silvestres como armadillos, marsupiales, roedores, murciélagos y primates silvestres, además de domésticos como perros, gatos, incluso ratas.

57 El *Rhodnius prolixus* (Stal, 1859) es también conocido como chipo en el llano venezolano.

58 Reduvídeos, insectos del orden hemiptera, sub-orden Henoptera, familia reduvioidae y sub-familia Triatominae.

VIRAJE DEL FOCO INTELECTUAL

59 El más notorio fue el Padre Jesuita José Gumilla (1686-1750) quien, durante la primera mitad del siglo XVIII, recorrió la cuenca del río Orinoco, produciendo en el año 1741 una obra enciclopédica única titulada *El Orinoco Ilustrado y Defendido: Historia Natural, Civil y Geográfica de este Gran Río y de sus Caudalosas Vertientes* (Gumilla, 1741); sin duda alguna, referencia obligada para todos los interesados en la naturaleza de la zona intertropical y fuente de inspiración de los naturalistas que añoraban conocer el Nuevo Mundo.

LA CONQUISTA DE LA SALUD PÚBLICA

60   Arnoldo Gabaldón. Trujillo (estado Trujillo), 1 marzo 1909 -Caracas, 1 septiembre 1990. Médico, parasitólogo, entomólogo, especialista en salud pública y malariología. Hijo de Joaquín Gabaldón y Virginia Carrillo Márquez. Graduado de bachiller en filosofía (1928). Se doctoró en Ciencias Médicas (1930) en la Universidad Central de Venezuela. Al año siguiente obtuvo el certificado de especialista en el Instituto de Enfermedades Tropicales de Hamburgo (Alemania) y viajó a Estados Unidos como becario de la Fundación Rockefeller; en la Universidad de Johns Hopkins de Baltimore se doctoró en ciencias de higiene con mención especial en protozoología (1935). Al año siguiente fue nombrado titular de la Dirección Especial de Malariología en el recién creado Ministerio de Sanidad y Asistencia Social, después División de Malariología de la cual fue jefe hasta 1950, y asesor de la Dirección General de Malariología y Saneamiento Ambiental desde esa fecha hasta 1973 cuando se jubiló, momento a partir del cual fue nombrado asesor emérito del Ministerio de Sanidad y Asistencia Social, y director del Laboratorio para Estudios sobre Malaria, cargo *ad honórem* que ocupó hasta su muerte. Entre 1959 y 1964 fue ministro de Sanidad y Asistencia Social; durante el desempeño de este cargo realizó importantes actividades sanitarias y de saneamiento ambiental. Bajo su dirección Venezuela se convirtió en el primer país que organizó una campaña a escala nacional contra la malaria utilizando el insecticida DDT, lo cual le permitió ser también el primero en alcanzar la erradicación de esa enfermedad en el área de mayor extensión de la zona tropical. Por su carácter recio y voluntad tenaz, su experiencia y dotes de organizador, se le considera como el principal "estadista" de la lucha antimalárica en América Latina. Al curso anual de la Escuela de Malariología y Saneamiento Ambiental, fundada en 1936, le dio carácter Internacional en 1944, y hasta ahora han recibido el título de malariólogos más de un millar de venezolanos y extranjeros, lo cual ha contribuido a acentuar su influencia y capacidad científica en el ámbito internacional. Sus trabajos cubren muy diversas materias y aspectos, y contienen originales concepciones que integran una verdadera doctrina sobre malaria, saneamiento ambiental, salud pública y educación. Fue autor de más de 200 trabajos publicados en revistas médicas y otros órganos divulgativos, escritos en castellano, inglés, francés y alemán. Sobre las características que definen su polifacética personalidad se han escrito libros, ensayos, trabajos biográficos y artículos periodísticos. Como entomólogo describió algunos anofelinos: *A. vargasi, A. benarrochi, A. rangeli* y *A. nuneztovari*, que es uno de nuestros vectores. Hizo investigaciones de malaria en las aves, contenidas en una obra inédita, que le sirvió para incorporarse como Individuo de número de la Academia de Ciencias Físicas, Matemáticas y Naturales. Fue también numerario de la Academia Nacional de Medicina (1970). Profesor de la Cátedra Simón Bolívar de Estudios Latinoamericanos en la Universidad de Cambridge, Inglaterra (1968-1969); y miembro de numerosas sociedades científicas nacionales y extranjeras. Igualmente fue galardonado con múltiples premios, condecoraciones, medallas y diplomas de reconocimiento de alto rango por gobiernos, sociedades y organizaciones académicas, tanto de Venezuela como del exterior. Llevan su nombre algunas promociones médicas, cátedras universitarias y la Escuela de Malariología y Saneamiento Ambiental. Desde 1936 concurrió a más de 130 asambleas científicas internacionales, en muchas de las cuales dictó conferencias y tomó participación activa como experto de la Organización Mundial de la Salud, y, desde 1947, en trabajos para la lucha antimalárica en países de los 5 continentes. Fue fundador y presidente de la Fundación Bicentenario de Simón Bolívar (1977). Con el

fin de asociarse a la celebración del octagésimo aniversario de Gabaldón, el Presidente de la República, por decreto núm. 25, del 15 de febrero de 1989, dispuso: editar por cuenta del Ejecutivo su obra escrita; la emisión de una estampilla postal con su efigie; dar su nombre al complejo de edificios que conformarán la Dirección de Malariología y Saneamiento Ambiental, en Maracay; y sugerir a la Asamblea Legislativa del estado Trujillo designar con su nombre al municipio Monay. Estuvo casado con María Teresa Berti, con quien procreó 5 hijos. (*Diccionario de Historia*, Fundación Polar, 2011).

61   El DDT o Dicloro Difenil Tricloroetano es un compuesto organoclorado que, hasta el año 1972, fue ampliamente usado como eficaz insecticida en la lucha contra la malaria.

PININOS DE LA EXPERIMENTACIÓN

62   Para una reciente revisión del tema véase Rey González, 2012.
63   Rudolf Jaffé (14 de octubre de 1885-13 de marzo de 1975) fue un médico y patólogo alemán. Nacido en Berlín en una familia judía, era hijo del conocido químico e industrial Benno Jaffé. Estudió medicina en Berlín, Munich y Friburgo, y después de graduarse como médico, trabajó en el Instituto de Enfermedades Marítimas y Tropicales en Hamburgo (1909-1910) y como médico de un barco en el este de Asia. Se convirtió en profesor asistente de bacteriología en Giessen en 1911 y se unió al Instituto de Patología Senckenberg en Frankfurt en 1912, como asistente de Bernhard Fischer-Wasels. Durante la Primera Guerra Mundial, se desempeñó como médico militar en Galicia y Rumania y luego se convirtió en un patólogo del ejército en Vilna. Durante su servicio militar recibió la Cruz de Hierro de segunda clase. En 1919 obtuvo su habilitación en la Universidad Goethe de Frankfurt y fue nombrado profesor asociado. Se convirtió en director del Instituto Patológico-Bacteriológico en Berlín-Moabit en 1926, un cargo que ocupó hasta que los nazis lo obligaron a retirarse en 1934. En 1936 emigró a Venezuela, donde se convirtió en el director fundador del Instituto de Patología en el Hospital Vargas de Caracas, basado en el modelo alemán. Después de la Segunda Guerra Mundial, reanudó su contacto con Alemania y tuvo una amplia cooperación con científicos alemanes, y fue un colaborador habitual de las actividades de la Sociedad Alemana de Patología. Se retiró en 1953. Antes de 1934, su investigación se centró notablemente en los lípidos en la glándula endocrina. En Venezuela se centró en enfermedades infecciosas como la esquistosomiasis y la sífilis. Murió en Caracas. Recibió la Cruz del Comandante de la Orden del Mérito de la República Federal de Alemania en 1954. También hay una placa conmemorativa fuera del Hospital Moabit en Berlín. <https://en.wikipedia.org/wiki/Rudolf_Jaff%C3%A9>.
64   La serie completa de tres artículos la completan los siguientes dos: Jaffé Rudolf, Werner Jaffé y C. Kozma. 1959 y Jaffé Rudolf, A. Domínguez, G. Kozma y B. V. Gavallér. 1961.
65   Los términos de la columna "ANTÍGENOS" de la Tabla 1 fueron modificados para hacerlos más inteligibles.

ALTOS DE PIPE: CRISOL DE UN *ETHOS*

66   Francisco de Venanzi. (Caracas) 12 marzo 1917 - (Caracas) 12 septiembre 1987. Médico, investigador científico, escritor, profesor universitario y rector de la Universidad Central de Venezuela. Hijo de Augusto De Venanzi y de Rosa De Novi. Cursó los primeros estudios en Caracas, recibiéndose de bachiller en Filosofía y Letras en el liceo Andrés Bello

(1936). Ingresó a la Universidad Central de Venezuela, institución en la que obtuvo el doctorado en Ciencias Médicas (1942). Becado por la Fundación Rockefeller, realizó una maestría en Ciencias en la Universidad de Yale, especializándose en bioquímica (1945). De regreso al país se desempeñó como jefe de Trabajos Prácticos (1945-1948) y del Departamento de Investigación (1948-1951) del Instituto de Medicina Experimental de la Universidad Central de Venezuela, así como catedrático de Fisiología (1945-1946), Patología General (1945-1951) y Fisiopatología (1949-1951). Su interés por la investigación científica lo llevó a propiciar la creación de la Asociación Venezolana para el Avance de la Ciencia (ASOVAC, 1950), del Centro de Investigación de Cáncer de la Sociedad Anticancerosa de Venezuela (1950) y del Instituto de Investigaciones Médicas (1952) de la Fundación Luis Roche, este último junto con Marcel Roche y un destacado grupo de científicos. Sus investigaciones se centraron en problemas propios de la bioquímica, la fisiología, la endocrinología y el metabolismo. Particularmente se preocupó, bien fuera trabajando en equipo o individualmente, por encontrar las causas de la deficiencia nutricional en la población venezolana de escasos recursos, así como las que originan el bocio endémico y la diabetes, entre otros aspectos. En 1951, a raíz de lo dispuesto en el decreto núm. 321, por el cual la Junta Militar de Gobierno nombró un Consejo de Reforma que intervino la Universidad, De Venanzi renunció a su cargo junto con otros profesores. Ésta fue una década que dedicó a fortalecer la actividad desarrollada por ASOVAC y a trabajar intensamente en la Fundación Luis Roche. Derrocado el régimen de Marcos Pérez Jiménez (1958), De Venanzi fue designado por la Junta de Gobierno presidente de la Comisión Universitaria, organismo que tuvo a su cargo la definición del nuevo perfil que se le daría a la universidad venezolana, concibiéndola como una institución autónoma y democrática. De esa comisión salió la Ley de Universidades, aprobada por el Gobierno Nacional en 1958. Este mismo año asumió de manera temporal el cargo de rector, que luego se le otorgó en propiedad (1958-1963), como resultado de las primeras elecciones realizadas por el claustro de esa casa de estudios en el siglo XX. Bajo su gestión rectoral se intensificó la gratuidad de la educación superior, aumentando la matrícula estudiantil y el personal docente y administrativo; se amplió la misión investigativa y formativa de la institución al crearse nuevas facultades (Ciencias), escuelas (Salud Pública, Servicio Social, Ingeniería Química, Ingeniería Eléctrica, Ingeniería Mecánica y Medicina), institutos y centros (Consejo de Desarrollo Científico y Humanístico, Instituto de Estudios Políticos, Instituto de Investigación Periodística y Centro de Estudios del Desarrollo), entre otros logros. Esos fueron años de serias dificultades para la universidad debido a la delicada situación política existente en el país como resultado de la lucha armada y del interés de algunos grupos por desestabilizar el sistema democrático recién implantado. Como escritor, De Venanzi produjo más de un centenar de artículos dando a conocer los resultados de sus investigaciones, muchas de ellas realizadas en equipo, y varios libros en los que reflexiona sobre la necesidad de mejorar la educación superior, de mantener la autonomía universitaria, de promover la investigación científica en todas las áreas del conocimiento, etc. Fue cofundador de la revista *Acta Científica Venezolana* y fundador de *Acta Médica Venezolana*. Escribió durante varios años artículos divulgativos y de opinión para *El Universal* y *El Nacional* de Caracas. Su labor como investigador y profesor universitario le fue ampliamente reconocida con el otorgamiento de varios premios, entre ellos, el Premio José Gregorio Hernández (1945), el Premio Nacional de Ciencias (1955), éste junto con Marcel Roche, el Premio CONICIT (1980), junto con Félix Pifano, y el

Premio Simón Bolívar a la labor universitaria (1983). Igualmente fue distinguido con varios doctorados honoris causa, conferidos por la Universidad Central de Venezuela (1965), la Universidad de Los Andes (1972) y la Universidad de Carabobo (1981). Perteneció a numerosas corporaciones científicas del país y del exterior. Actualmente la Universidad Central de Venezuela otorga un reconocimiento a sus investigadores denominado Premio Orden Francisco De Venanzi. (*Diccionario de Historia*, Fundación Polar, 2011).

67 Humberto Fernández-Morán (1924-1999). Científico pionero de varias técnicas importantes de microscopía electrónica, y de sus aplicaciones en la biología, la medicina y la ciencia de los materiales. Humberto Fernández-Morán Villalobos realizó sus estudios de primaria y parte del bachillerato en The Witt Junior School en Nueva York. En 1936 regresa a Maracaibo, donde sigue por un año cursos preparatorios en el Colegio Alemán. En 1937 ingresa al liceo Schulgemeinde Wichersdorf de Sallfeld, Alemania, donde se gradúa de Bachiller a los 15 años. Inicia sus estudios de medicina en la Universidad de Munich, graduándose *Summa cum Laude* en 1944. Regresa nuevamente a Venezuela y revalida su título de médico-cirujano en la Universidad Central de Venezuela. En 1945 trabaja en el Hospital Psiquiátrico de Maracaibo, y entre 1945 y 1946 realiza una especialización en Neurología y Neuropatología en la Universidad George Washington. En 1946 se traslada a Estocolmo para trabajar en el Hospital Serafimer con el neurocirujano Herbert Olivecrona. Afectado por las muertes causadas por los tumores malignos, y estimulado por el Prof. Olivecrona, Fernández-Morán se orienta hacia la investigación básica para aprender más sobre la organización de las células tumorales. En el mismo año visita al Prof. Manne Siegbahn (Premio Nobel de Física, 1924), quien lo invita a trabajar en los laboratorios de microscopía electrónica del Instituto Nobel de Física que él dirigía. Allí y en el Instituto Karolinska Fernández-Morán se forma como microscopista electrónico. En esa etapa de su vida concibe la crio-ultramicrotomía[1] y la cuchilla de diamante para ultramicrotomía[2]. Esta última le lleva a obtener la primera de más de una docena de patentes, y 14 años después, en 1967, a recibir el Premio John Scott, otorgado también, entre otros, a Jonas Salk por la vacuna antipoliomielítica, a Marie Curie por el descubrimiento del Radio y la determinación de sus propiedades radiactivas, a Thomas Edison por la lámpara incandescente y a Alexander Fleming por el descubrimiento de la penicilina. Fernández-Morán regresa a Venezuela en 1954 invitado por el entonces Ministro de Sanidad Dr. P. A. Gutiérrez Alfaro, quien le asigna la misión de desarrollar un centro regional para investigación y entrenamiento en investigaciones neurológicas y cerebrales. Fernández-Morán funda el Instituto Venezolano de Investigaciones Neurológicas y Cerebrales (IVNIC) en abril de 1954, como un ente gubernamental autónomo adscrito al Ministerio de Sanidad y Asistencia Social. En sólo 7 meses logró que se construyera la carretera principal y los servicios básicos del Instituto, y al año siguiente, el 2 de diciembre de 1955 se inauguraron los laboratorios de ultraestructura de nervio (con instalaciones de microscopía electrónica en pleno funcionamiento), la unidad de neurofisiología, el taller central (incluyendo la unidad de cuchillas de diamante), la biblioteca y las residencias para el personal y visitantes. Las investigaciones del nuevo instituto, condujeron a una primera investigación sobre la estructura fina de la retínula de insectos que fue publicada en la revista *Nature* en 1956. En el IVNIC, Fernández-Morán además se ocupó de la producción, aplicaciones en biología, medicina y ciencia de los materiales[3] y distribución de cuchillas de diamante que eran enviadas sin costo alguno a laboratorios de microscopía electrónica en todo el mundo. El 13 de Enero de 1958 Fernández-Morán fue llamado por el Ministro de Sanidad Dr. Gutiérrez

Alfaro para solicitarle aceptara el cargo de Ministro de Educación, en el cual se desempeñó por 10 días. El 14 de febrero de 1958 Fernández-Morán entregó el IVNIC a quien sería su segundo director, el Dr. Marcel Roche. El IVNIC, institución precursora del IVIC, constituye la primera demostración exitosa en Venezuela de un instituto capaz de llevar a cabo investigación científica y tecnológica de una manera organizada y con planes a largo plazo. Fernández-Morán puso a Venezuela en el mapa científico mundial, al producir investigación original en el campo de las investigaciones cerebrales y las neurociencias. Estos campos fueron ampliados a otras áreas científicas en años subsiguientes por el IVIC, creado en 1959 en las mismas instalaciones del IVNIC. A finales de febrero de 1958 Fernández-Morán viaja a los EE.UU. para trabajar en el Massachusetts General Hospital de Boston, donde organiza el 'Mixter Laboratory for Electron Microscopy', y colabora con el Departamento de Biología del Massachusetts Institute of Technology (MIT). Entre 1958 y 1962 realiza su trabajo en microscopía electrónica de alta resolución y microscopía electrónica de baja temperatura de sistemas biológicos[4, 5]. En 1962 acepta el cargo de Profesor de Biofísica en la Universidad de Chicago, donde luego es designado Profesor A. N. Pritzker of Biofísica y Director de la División de Ciencias Biológicas y de la Escuela Pritzker de Medicina. Entre 1962 y 1985 Fernández-Morán introduce el concepto de crio-microscopía electrónica[6], el crio-microscopio electrónico[7], el uso de lentes superconductoras[8] y el crio-ultramicrotomo[9]. En 1985 escribe sus reminiscencias y reflexiones sobre la crio-microscopía electrónica[10] y luego viaja a Estocolmo, donde reside hasta su muerte, acaecida en 1999. Fernández-Morán estuvo casado con la sueca Anna Browallius y de ese feliz matrimonio resultaron dos hijas, María Elena, graduada en matemáticas, y Verónica, graduada en biología. Humberto Fernández-Morán contribuyó de manera fundamental al desarrollo de la técnica de la microscopía electrónica[10], así como de sus aplicaciones en biología, medicina y ciencia de los materiales. Fernández-Morán introdujo por vez primera el concepto de crioultramicrotomía[1]; la cuchilla de diamante[2] y sus aplicaciones para el seccionado ultrafino de materiales biológicos y metales[3]; la técnica de crio-fijación ultrarrápida con helio[4]; el método de substitución bajo congelamiento para microscopía electrónica[5]; el concepto de crio-microscopía electrónica[6] y el crio-microscopio electrónico[7]; el uso de lentes superconductoras a temperatura de helio líquido en microscopios electrónicos[8] y el crio-ultramicrotomo operado a temperatura de helio líquido[9]. Además, contribuyó a la modificación de los ultramicrotomos[11]; al desarrollo de filamentos de punta y cristal único[12], para proveer microhaces coherentes para la obtención de micrografías electrónicas de baja dosis electrónica, disminuyendo el daño por irradiación electrónica, y al desarrollo de porta especímenes para nitrógeno y helio líquidos. Las contribuciones de Fernández-Morán en Biología y Medicina son múltiples y variadas, pudiéndose mencionar entre otras sus estudios pioneros sobre la estructura de las membranas de la mielina, con registro simultáneo de los espectros de difracción de rayos-X[13]; y sus estudios pioneros sobre las membranas mitocondriales[14]. Las micrografías electrónicas de Fernández-Morán fueron las primeras en revelar la complejidad de la estructura de las membranas mitocondriales[14]. La correlación de datos bioquímicos y de microscopía electrónica le permitió definir una partícula submitocondrial en la superficie de las membranas de las crestas mitocondriales[14]. Estas partículas, que se denominan partículas elementales o partículas de Fernández-Morán, consisten en una cabeza globular, en un eje cilíndrico y en una pieza basal. Estudios ulteriores demostraron que el eje y la pieza basal incluían un dominio (F0) transmembrana que transportaba protones a través de las membranas de las crestas y que la cabeza comprendía la ATPasa (F1), que sintetizaba ATP al pasar los protones a través de F0 siguiendo el gradiente electroquímico. Las imágenes obtenidas por Fernández-Morán demostraron claramente la asimetría de las proteínas en las membranas, iniciando las investigaciones bioquímicas que condujeron a una comprensión de cómo la quimiósmosis se acopla a la síntesis de ATP para producir una fosforilación oxidativa en las células. Durante su carrera científica, Fernández-Morán recibió múltiples reconocimientos y homenajes, tanto en Venezuela, como en el exterior, por sus contribuciones pioneras a la microscopía electrónica; entre ellas, ocupó el Sillón XXVI de la Academia de Ciencias Físicas, Matemáticas y Naturales de Venezuela y la designación en su honor del Departamento de Biología Estructural Humberto Fernández-Morán, creado en 1997 por el Instituto Venezolano de Investigaciones Científicas (IVIC), sucesor del IVNIC por él fundado 43 años antes.

BIBLIOGRAFÍA: 1.- H. Fernández-Morán. (1952). *Ark. Fys.* **4** (471). 2.- H. Fernández-Morán. (1953). *Exp. Cell Res.* **5** (255). 3.- H. Fernández-Morán. (1956). *J. Biophys. Biochem. Cytol.* **4** (suppl. 2), 29. 4.- H. Fernández-Morán. (1961). En *Macromolecular Complexes* (M. V. edds, ed.) p. 113. Ronald Press, NY y H. Fernández-Morán. (1960). *Ann. N. Y. Aca. Sci.* **85** (689). 5.- H. Fernández-Morán. (1959). *Science* **129** (1284). y H. Fernández-Morán. (1960). *Ann. New York Acad. Sc.* **85** (689). 6- H. Fernández-Morán. (1966). *Proc. Natl. Acad. Sci. USA* **56** (801). 7.- H. Fernández-Morán. (1982). *Proc. 10th. Int. Cong. E.M. Berlin* **1**, 751pp. 8.- H. Fernández-Morán. (1965). *Proc. Natl. Acad. Sci. USA* **53** (445). 9.- H. Fernández-Morán. (1973). *Appl. Cryog. Technol.* **5** (153). 10.- H. Fernández-Morán. (1985). *Adv. in Electronics and Electron Phys.* sup. 16: p167. 11.- H. Fernández-Morán. (1956). *Ind. Diamond Rev.* **16** (128). 12.- H. Fernández-Morán. (1960). *J. Appl. Phys.* **31** (1840) y H. Fernández-Morán. (1980). *Proc. Robert A. Welch Found. Conf. Chem. Res.* **23**, p315. 13.-H. Fernández-Morán. (1959). *Rev. Mod. Phys.* **31**, p319. 14.- H. Fernández-Morán, Oda, T., Blair, P.V. y Green, D.E. (1959).*J. Cell Biol.* **22** (63). 15.- (1999). Portada de la revista *Molecular Biology of the Cell* **10** (6). (*Diccionario de Historia*, Fundación Polar, 2011).

68 Editorial acerca del proyecto del Instituto de Investigaciones sobre el Cerebro. *Acta Científica Venezolana*, (1950), **1** (4), 134-135.

69 Para una visión integral del asunto hay que referirse a los trabajos de Raúl Prebisch (1950) y su gestión al frente de la Comisión Económica para la América Latina (CEPAL), y la contribución de Jorge Sábato (1975), Amílcar Herrera (1970) y José Agustín Silva Michelena (1979).

70 Decreto N° 5212, publicado en la Gaceta Oficial de la República de Venezuela N° 25.883, del 9 de febrero de 1959.

71 Página 145 del Capítulo V (IVIC 1958-1969) de Marcel Roche (1996a). *Memorias y Olvido*. Fundación Polar. Editorial ExLibris, Caracas.

LAS FACULTADES DE CIENCIAS

72 El conjunto arquitectónico está inspirado en la Bauhaus y constituye una pieza maestra de la arquitectura contemporánea y de planificación urbana. La ciudad consiste en un conjunto de edificaciones que se distinguen no sólo por su estética sino por su funcionalidad, interconectados ellos por vastos espacios colmados de obras de arte, esculturas y murales. Su máxima expresión artística se encuentra en el Aula Magna y en su techo de nubes acústicas de Alexander Calder (1998-1976).

HABILITACIÓN DE LAS HUMANIDADES
Y LAS CIENCIAS SOCIALES

73 Juan David García Bacca. (Pamplona, 1901 - Quito, 1992) Filósofo español nacionalizado venezolano. Tras cursar estudios primarios y secundarios con los claretianos en Alagón (Zaragoza), entró en el Seminario Claretiano de Solsona, donde estudió filosofía y teología e ingresó en la orden. De 1928 a 1932 amplió estudios en Munich, Friburgo y París, orientándose hacia la física y la matemática. En este último año inició su larga carrera como docente universitario enseñando lógica formal en la Universidad de Barcelona (España). Con apenas poco más de treinta años, se convertía así en el primer español en enseñar esta disciplina con rango académico. En 1936, año del estallido de la contienda civil, ganó la cátedra de Filosofía de la Universidad de Santiago de Compostela, siendo para esa fecha el catedrático más joven de España. Su abandono de España data de 1938. Huido primero a Francia, pasó a América del Sur y se instaló en Quito, en cuya universidad dio clases hasta 1942. Fue en la capital de Ecuador donde conoció a Fanny Palacios, con quien se casó tras colgar los hábitos. De esta unión nacieron tres hijos: Francisco, Anita y Cristina. De 1942 a 1946 fijó su residencia en Ciudad de México y dio clases en la Universidad Nacional Autónoma de México, invitado por el también filósofo exiliado español José Gaos. A finales de 1946 aceptó una invitación de la Universidad Central de Venezuela, y desde este año hasta comienzos de los ochenta vivió en Caracas. En 1952 adquirió la nacionalidad venezolana. A su llegada a Venezuela, la Universidad atravesaba un período de refundación de sus disciplinas y marco académico. En este proceso participó activamente, y la fundación de la Facultad de Filosofía y Letras (hoy Facultad de Humanidades y Educación) le debe mucho. En una primera etapa, hasta 1962, ejerció en paralelo la docencia en el Instituto Pedagógico de Caracas. Fue decano de la Facultad de Humanidades y Educación (1959-1960), titular de la cátedra de Filosofía Antigua y fundador y director del Instituto de Filosofía. Obtuvo su retiro en 1971. En 1934 publicó *Introducción a la logística*, y casi simultáneamente el tratado *Assaigs moderns per la fonamentació de les matemàtiques*. García Bacca, que no abandonó nunca del todo el marco filosófico y conceptual en el que se había formado, la escolástica, hizo sin embargo el esfuerzo de interpretar las enseñanzas de Aristóteles. La segunda vertiente de su pensamiento, la más original y arriesgada, mezcla las tres raíces de su filosofía: Platón, la ontología aristotélica y la lógica, para dar un conjunto de obras que, desde *Metafísica natural estabilizada y problemática metafísica espontánea* (1963), se orienta hacia una filosofía de la "transformación" más que de la "interpretación". La nueva metafísica elaborada por este filósofo problematiza su propia condición y no se contenta con especular sobre el mundo, sino que integra el pensamiento técnico y científico, de la economía a la física cuántica, y el principio de indeterminación, para trazar el posible mapa del sentido del hombre en un mundo mucho más complejo y tecnificado. García Bacca fue además un historiador de la filosofía, sensible a la dimensión literaria de esta disciplina, y simétricamente abordó asuntos de historia y crítica literaria desde un punto de vista filosófico. Por último, fue un traductor que renovó la lectura de los filósofos antiguos, de los presocráticos a Platón, de quien dejó una versión íntegra de las obras completas que constituye la primera traducción íntegra del corpus platónico lograda por un filósofo de lengua española; empresa ésta sólo comparable al esfuerzo de traducción de los diálogos realizado por el filósofo alemán Friedrich Schleiermacher a comienzos del siglo XIX. (extraído parcialmente de Ruiza, M., Fernández, T. y Tamaro, E. (2004). Biografía de Juan

David García Bacca. En *Biografías y Vidas. La enciclopedia biográfica en línea*. Barcelona (España). <https://www.biografiasyvidas.com/biografia/g/garcia_bacca.htm>.
74   José Agustín Silva Michelena, Caracas 9 de junio 1934 - Caracas 8 diciembre 1986. Sociólogo, politólogo y educador. Hijo de Héctor Silva Urbano y Josefina Michelena. Realizó sus estudios secundarios en el colegio San Ignacio, donde se graduó en 1951. En 1956 culminó *Summa Cum Laude* la carrera de Sociología en la Universidad Central de Venezuela, formando parte de la primera promoción de estos profesionales en el país. Sus estudios de postgrado los realizó en Estados Unidos donde obtuvo el Máster en Sociología Rural en la Universidad de Wisconsin (1957) y el Ph.D. en Ciencias Políticas del Instituto Tecnológico de Massachusetts (1968). Silva Michelena desarrolló una intensa vida académica. La investigación la combinó con la docencia universitaria, tanto de pregrado en la Escuela de Sociología de la Universidad Central de Venezuela, como de postgrado en el Centro de Estudios del Desarrollo (CENDES), cuya dirección asumió entre 1979 y 1983, en las temáticas de los problemas de desarrollo y metodología de la investigación. Igualmente participó y coordinó importantes iniciativas en las ciencias sociales en América Latina. Fue miembro del Consejo Superior de la Facultad Latinoamericana de Ciencias Sociales (FLACSO), miembro del Comité Ejecutivo del Consejo Latinoamericano de Ciencias Sociales (CLACSO, 1975-1980) y vicepresidente de la Asociación Latinoamericana de Sociología. Su carrera académica estuvo acompañada por una posición y práctica política identificadas con el socialismo como doctrina defensora de un desarrollo económico, social y de distribución progresista entre toda la población. Se afilió a la organización política Movimiento al Socialismo (MAS), siendo el jefe de campaña de su primer candidato a la presidencia de la República en 1973, José Vicente Rangel, y diputado suplente por el Distrito Federal durante el período 1979-1984. En 1978 obtuvo el Premio Nacional de Investigación Social otorgado por el CONICIT, por su obra *Política y bloques de poder*. En 1981 le fue otorgado el Premio Nacional de Ciencia por la visión totalizadora de la problemática social que contiene su obra. Silva Michelena fue considerado uno de los exponentes más representativos de la intelectualidad latinoamericana de las décadas de 1960 y 1970 (*Diccionario de Historia*, Fundación Polar, 2011).
75   Orlando Albornoz. Comunicación Personal.
76   Arístides Bastidas (1924-1992). San Pablo (estado Yaracuy) 12 marzo 1924 - Caracas, 23 septiembre 1992. Periodista, educador y divulgador de la ciencia. Hijo de Nemesio Bastidas y Castorila Gámez. Se trasladó a Caracas con su familia en 1936, radicándose en una modesta barriada de la zona sur de la capital. Estudió primer año de bachillerato en el liceo Fermín Toro, estudios que no culminó pues el apremio económico familiar le obligó a desempeñar diversos oficios hasta 1945 cuando se inició en el periodismo impreso. Como sindicalista y gremialista formó parte de la resistencia contra el régimen de Marcos Pérez Jiménez (1948-1958). De formación autodidacta, fue pionero del periodismo científico moderno en lo informativo, interpretativo y de opinión, en el género impreso y radiofónico. Luego de 10 años de ejercicio reporteril en el diario caraqueño *El Nacional* creó su columna "Ciencia amena" en 1971. En ese mismo periódico dirigió la página científica dominical desde octubre de 1968 hasta octubre de 1981. Bastidas fundó el Círculo de Periodismo Científico de Venezuela, el 21 de abril de 1974, para albergar en su seno a periodistas y divulgadores de la ciencia y la tecnología. Copatrocinó el establecimiento de la Asociación Iberoamericana de Periodismo Científico de la cual fue presidente. Fundó en *El Nacional* la cátedra libre de periodismo científico, en la cual se formaron generaciones de relevo; bajo

su guía y con el concurso de Manuel Calvo Hernando, su homólogo español, organizó el I Congreso Iberoamericano de Periodismo Científico, celebrado en Caracas en 1974. Por sus méritos como educador, fue designado profesor honorario de la Universidad Central de Venezuela en junio de 1975 y de la Universidad Simón Rodríguez en enero de 1979. Escritor de amenos relatos científicos y tecnológicos, produjo más de 20 libros, entre ellos: *Los órganos del cuerpo humano* (1981), *Hombres de la salud y de la ciencia* (1982), *El átomo y sus intimidades* (1983) y *La tierra, morada de la vida y el hombre* (1990). Por su contribución al desarrollo del periodismo científico recibió el reconocimiento de los gobiernos de Venezuela y de España, y de la Organización de las Naciones Unidas para la Educación, la Ciencia y la Cultura (UNESCO), la cual le otorgó el Premio Kalinga (París, 1982). La Universidad Católica Andrés Bello inauguró en 1991 la cátedra de periodismo científico que lleva su nombre. (*Diccionario de Historia*, Fundación Polar, 2011).

77   Historiador y periodista, nacido en el estado Táchira, ejerció la presidencia de la República entre los años 1993 y 1994.

HECHO EN VENEZUELA

78   El Premio Kalinga para la Divulgación de la Ciencia es un reconocimiento otorgado por la UNESCO para una labor excepcional en el campo de la divulgación científica. Fue creado en 1952, después de una donación de Biju Patnaik, Presidente Fundador de la Fundación Kalinga en India. El otro venezolano que recibió tan alto honor fue Marcel Roche en 1987.

79   ¿Fue un acto de serendipia? Término derivado del ingles *serendipity* y que el DRAE define como un hallazgo valioso que se produce de manera accidental o casual.

80   Una excelente revisión técnica de sus contribuciones científicas y técnicas fue elaborada por Padrón (1999).

81   Véase un cabildo abierto en *Interciencia* (2004) sobre el tema en donde por primera vez un alto oficial—Bernard Mommer— de PDVSA y dell Ministerio de Petróleo y Minas (Hidrocarburos) discurre sobre el tema de Orimulsión®.

82   Artículo 110. El Estado reconocerá el interés público de la ciencia, la tecnología, el conocimiento, la innovación y sus aplicaciones y los servicios de información necesarios por ser instrumentos fundamentales para el desarrollo económico, social y político del país, así como para la seguridad y soberanía nacional. Para el fomento y desarrollo de esas actividades, el Estado destinará recursos suficientes y creará el sistema nacional de ciencia y tecnología de acuerdo con la ley. El sector privado deberá aportar recursos para las mismas. El Estado garantizará el cumplimiento de los principios éticos y legales que deben regir las actividades de investigación científica, humanística y tecnológica. La ley determinará los modos y medios para dar cumplimiento a esta garantía. (*Constitución de la República Bolivariana de Venezuela*. Gaceta Oficial Extraordinaria N° 5453 del 24 de marzo de 2000).

MARXISMO CON POSMODERNISMO: RECETA DESASTROSA

83   Véase la Nota N°28 de este texto.
84   Reportada en Dickson, 1978.
85   Giordani fue designado Ministro de Planificación (CORDIPLAN) en 4 oportunidades: 02/1999-05/2002; 04/2003-01/2008; 02/2009-2014. Navarro fue Ministro en 5 oportunidades: en la cartera de Educación en 1999, 2001 y 2008-2010; en las cartera de

Educación Superior en 2002-2004; en Ciencia y Tecnología en 2007-2008, y en Energía Eléctrica en 2012-2013. Montilla fue Ministro de Agricultura en 1999-2000.

86   Sin duda, el episodio más triste de la ciencia venezolana lo constituye la defenestración del INTEVEP. Un martes 4 de febrero de 2003, aupados por el verbo encendido del presidente de la república Hugo Chávez, las autoridades del INTEVEP le notificaron a tres cuartos de su fuerza investigativa que quedaban despedidos por haberse adherido al paro nacional en curso. Para ello utilizaron el insólito mecanismo de un comunicado de prensa en el diario *Últimas Noticias* (páginas 12 a 14). 881 científicos y tecnólogos de una fuerza laboral de 985 profesionales fueron despedidos y su presupuesto reducido en tres cuartos, dejando sólo un 10% para investigación. El INTEVEP no se pudo recobrar de semejante golpe.

87   Representa el 16% de la fuerza investigativa del país quienes son responsables de la producción del 26% de todas las publicaciones hechas desde Venezuela. Data contabilizada en noviembre 2020 por JR.

A MODO DE EPÍLOGO

88   Las referencias bibliograficas a esos trabajos son: Olavarría De Courlaender, T., (1915). "Carta Referente al Estudio Médico Psicológico de Bolívar y Análisis Psiquiátrico de sus Ideas y de sus Actos". *Gaceta Médica de Caracas*, **22** (20), 160-162; Olavarría De Courlaender, T., (1916). "Otra Carta Referente al Estudio Médico Psicológico de Bolívar y Análisis Psiquiátrico de sus Ideas y de sus Actos". *Gaceta Médica de Caracas*, **23** (4), 29-31; Pereira Álvarez, V., Rísquez González, J., y Ríos, F., (1939). "Contribución a la Investigación Experimental de la Leptospira Icterohemorrágica en Venezuela". *Gaceta Médica de Caracas*, **47** (21), 424-427; Salom Aponte, M., (1941). "Tratamiento del Moquillo Canino por Omnadina". *Revista de Medicina Veterinaria y Parasitología UCV*, **3** (1), 70-79. Salom Aponte, M., (1946). "La Sulfamidoterapia en el Tratamiento y Prevención de las Metritis Consecutivas a la Retención Placentaria de las Vacas". *Revista de Medicina Veterinaria y Parasitología UCV*, **5** (2), 160-169; Torrealba González, J., Pieretti Padilla, R., Ramos B, I., y Rojas Marroquín, F., (1947). "Investigaciones sobre Enfermedad de Chagas en el Estado Guárico". *Gaceta Médica de Caracas*, **55** (19), 219-234; Torrealba González, J., Pieretti Padilla, R., y Ramos B, I., (1949). "Investigaciones sobre Enfermedad de Chagas en el Estado Guárico. Otros 39 Casos Comprobados. Estudio de la Escuela Rural de Canta". *Gaceta Médica de Caracas*, **57** (1), 1-40.

89   Por doctorados se entiende graduados de quinto nivel de educación superior, es decir, con el título de Ph.D. o su equivalente. La base censal de científicos venezolanos del CONICIT del año 1983 (CONICIT, 1985) revela que J. Steyermak, un biólogo de Inparques, pudo haberlo obtenido en los Estados Unidos de América del Norte en el año 1933; B. F. Grossve, un metereólogo de la UCV, pudo haberlo obtenido en Europa en el año 1941; P. A. Mazeika, un oceanógrafo de la Fundación La Salle, pudo haberlo obtenido en Europa en el año 1943; R. Isaac Díaz, un epidemiólogo del Ministerio de Sanidad, pudo haberlo obtenido en los Estados Unidos de América del Norte en el año 1945; G. Malaguti Balboni, un ingeniero agrónomo del FONAIAP, pudo haberlo obtenido en Europa en 1945; P. B. Mazzani, un ingeniero agrónomo del FONAIAP, pudo haberlo obtenido en Europa en el año 1947; M. H. Ricardi Salinas, un químico farmacéutico, pudo haberlo obtenido en Argentina en el año 1947. También lo obtuvieron Rudolf Jaffe, médico patólogo de la UCV; M. Mayer, medico sanitarista del Ministerio de Sanidad. Arnoldo Gabaldón, del Ministerio de Sanidad, en el

año 1935 en los Estados Unidos de Norte América; C. L. González, médico epidemiólogo del Ministerio de Sanidad; V. Varesky, botánico de la UCV; Humberto Fernández-Morán en 1952, de la Universidad de Estocolmo, y por último y muy probablemente, el Ingeniero Melchor Centeno de la UCV. En total, para el año de 1950, Venezuela contaría con una docena de Ph.D. diplomados, muchos de los cuales eran científicos y migrantes.

90   Hasta 1999, Venezuela había preparado unos 3.541 doctores en áreas conexas con la ciencia y la tecnología, 1.137 de ellos en el país, a través de los postgrados nacionales, y la diferencia (2.404) en el extranjero, mediante becas del CONICIT, IVIC, INTEVEP, FundaAyacucho y los becarios de las diversas universidades nacionales (Requena, 2003a).

Otras publicaciones de Kalathos ediciones S.L., España

NARRATIVA

| *Cuarto azul.*
  Raquel Abend van Dalen

| *Nuestros más cercanos parientes.*
  Breve antología del cuento
  venezolano de los últimos 25 años.
  VVAA.
  Miguel Marcotrigiano,
  compilador.

| *África íntima.*
  Laura Cracco

| *Por inocentes.*
  María Fihman

| *El crepúsculo del hebraísta.*
  Atanasio Alegre

| *Mi querida muerte.*
  David Alizo

| *Blue label / Etiqueta azul.*
  Eduardo Sánchez Rugeles

| *Anclados.*
  Inés Muñoz Aguirre

| *Segunda mano.*
  Ben Amí Fihman

| *Broadway-Lafayette.*
  El último andén.
  Pedro Plaza Salvati

| *Un café con el dictador*
  y otros relatos sin ficción.
  Milagros Socorro

| *Ver Barcelona.*
  Dorelia Barahona Riera
  (Colección Terra Nostra)

| *El silencio de los abedules.*
  Carmen García Guadilla

| *Deshabitando el alma.*
  Manuel Hernández Silva

| *Los años sin juicio.*
  Federico Vegas

| *El arreo de los vientos.*
  Israel Centeno
  (en preparación)

POESÍA

| *Del fluir.*
  Santos López
| *Cantos de fortaleza.*
  Antología de poetas venezolanas.
  VVAA
| *Juan Liscano. Poesía selecta*
  (1939-2000).
  Carmen Verde Arocha
  y Rafael Arráiz Lucca,
  compiladores
| *El almendro florido.*
  Patricia Guzmán
| *Sol y soledades. Antología mínima.*
  Ida Gramcko
  María Antonieta Flores,
  compiladora
| *Rojo como la cabeza de un fósforo.*
  Carmelo Chillida
| *En la costa de cacao /*
  Sulla costa di cacao.
  Erika Reginato
| *Toledana. Bruxa.*
  Sonia Chocrón
| *Fruta hendida.*
  Edda Armas
| *El conjuro de los cardos.*
  John Petrizzelli
| *NO FALL (diario entreotoños)*
  Salvador Galán Moreu

CRÓNICA Y POLÍTICA

| *Siete sellos:*
  Crónicas de la Venezuela
  revolucionaria.
  VVAA, Gisela Kózak Rovero,
  compiladora
| *La diplomacia venezolana*
  en democracia 1958-1998.
  VVAA, Fernando Gerbasi,
  compilador
| *Sangre y asfalto, 135 días*
  en las calles de Venezuela.
  Carol Prunhuber
| *Democracia y autoritarismo*
  en América Latina.
  VVAA, Tomás Páez, compilador
| *Las raíces de Europa, el hallazgo de*
  la milenaria historia de los Godos.
  Jurate Rosales
| *Transiciones políticas.*
  Alejandro Arratia
  (en preparación)
| *Los años feroces.*
  Leonardo Padrón
  (en preparación)

| Este libro se compuso y llevó a imprenta, durante el inicio del invierno del duro año 2020, año en el cual gracias a la Ciencia y la Razón, la Humanidad logrará vencer una de las peores amenazas de los últimos tiempos, la pandemia por covid. No por ello dejamos de invocar a la Virgen de Guadalupe, patrona de las Américas, a San Nicolás de Bari, a Santa Lucía y al Niño Jesús, para que con sus bendiciones le acompañen y hagan propicio su camino, y abran seseras y entendimiento a los políticos, para que apoyen e inviertan en Ciencia y Tecnología, como únicas garantías de la supervivencia de la especie humana y del planeta"

www.ingramcontent.com/pod-product-compliance
Lightning Source LLC
Chambersburg PA
CBHW031603210526
45464CB00004B/1408